“生命早期1000天营养改善与应用前沿”编委会

姜毓君　东北农业大学
蒋卓勤　中山大学预防医学研究所
李光辉　首都医科大学附属北京妇产医院
厉梁秋　中国营养保健食品协会
刘　彪　内蒙古乳业技术研究院有限责任公司
刘烈刚　华中科技大学同济医学院
刘晓红　首都医科大学附属北京友谊医院
毛学英　中国农业大学
米　杰　首都儿科研究所
任发政　中国农业大学
任一平　浙江省疾病预防控制中心
邵　兵　北京市疾病预防控制中心
王　晖　中国人口与发展研究中心
王　杰　中国疾病预防控制中心营养与健康所
王　欣　首都医科大学附属北京妇产医院
吴永宁　国家食品安全风险评估中心
严卫星　国家食品安全风险评估中心
杨慧霞　北京大学第一医院
杨晓光　中国疾病预防控制中心营养与健康所
杨振宇　中国疾病预防控制中心营养与健康所
荫士安　中国疾病预防控制中心营养与健康所
曾　果　四川大学华西公共卫生学院
张　峰　首都医科大学附属北京儿童医院
张玉梅　北京大学

中国营养保健食品协会推荐用书

生命早期1000天
营养改善与应用前沿

Frontiers in Nutrition Improvement and Application During the First 1000 Days of Life

特殊医学状况婴幼儿配方食品

Formulas for Special Medical Purposes Intended for Infants and Young Children

姜毓君
陈　伟　主编
付　萍

化学工业出版社
·北京·

内容简介

本书系统介绍了我国婴幼儿中常见的特殊医学状况［包括早产与低出生体重、乳糖不耐受、遗传缺陷（如氨基酸代谢障碍）、胃食管反流、乳蛋白过敏等］以及其适用的特殊医学用途配方食品，具体包括特殊医学状况的发病率、发病机制与临床症状、特殊的医学需求，以及在设计相应医学状况配方食品时需要关注和解决的问题、临床应用指征与效果判断、现行的法规与制约行业发展的因素等；同时还重点介绍了特殊医学用途配方食品生产过程中涉及的复配营养素预混料的作用、原辅料的优选、质量控制，生产过程中的生产工艺和设备选择以及质量控制等。本书可作为特殊医学用途配方食品的研发人员、乳品科学家、新生儿专家、妇幼营养保健人员和相关专业研究生的参考用书。

图书在版编目（CIP）数据

特殊医学状况婴幼儿配方食品／姜毓君，陈伟，付萍主编．—北京：化学工业出版社，2024.3
（生命早期1000天营养改善与应用前沿）
ISBN 978-7-122-44456-1

Ⅰ.①特… Ⅱ.①姜…②陈…③付… Ⅲ.①婴儿食品-研究 Ⅳ.①TS216

中国国家版本馆CIP数据核字（2023）第220760号

责任编辑：李　丽　刘　军　　文字编辑：张春娥
责任校对：宋　玮　　装帧设计：王晓宇

出版发行：化学工业出版社（北京市东城区青年湖南街13号　邮政编码100011）
印　　装：中煤（北京）印务有限公司
710mm×1000mm　1/16　印张23½　字数410千字
2024年6月北京第1版第1次印刷

购书咨询：010-64518888　　售后服务：010-64518899
网　　址：http：//www.cip.com.cn
凡购买本书，如有缺损质量问题，本社销售中心负责调换。

定　　价：160.00元

《特殊医学状况婴幼儿配方食品》编写人员名单

主编

姜毓君　陈　伟　付　萍

副主编

张　宇　董彩霞　方　冰　张玉洁　刘百旭

主审

任发政　荫士安

编写人员（按姓氏汉语拼音顺序排列）

陈　伟　陈　宇　丁弋芯　董彩霞　董昊昱　董　凯
方　冰　付　萍　何兰梦　洪　杰　姜俊利　姜毓君
孔昭芳　冷俊凤　李　剑　刘百旭　刘天琦　刘　颖
马炳金　马希朋　苗　超　石利芬　宋　军　孙宏志
孙一林　王剑飞　王　娟　王坤朋　王守靖　王思玥
王心祥　吴　红　杨　丹　杨　飞　杨康玉　荫士安
尤茄潞　张　静　张　烜　张　宇　张玉洁　赵　娜
赵显峰　赵学军　郑路娜　郑添添　庄连超

序一

生命早期1000天是人类一生健康的关键期。良好的营养支持是胚胎及婴幼儿生长发育的基础。对生命早期1000天的营养投资被公认为全球健康发展的最佳投资之一，有助于全面提升人口素质，促进国家可持续发展。在我国《国民营养计划（2017—2030年）》中，将“生命早期1000天营养健康行动”列在“开展重大行动”的第一条，充分体现了党中央、国务院对提升全民健康的高度重视。

随着我国优生优育政策的推进，社会各界及广大消费者对生命早期健康的认识发生了质的变化。然而，目前我国尚缺乏系统论述母乳特征性成分及其营养特点的系列丛书。2019年8月，在科学家、企业家等的倡导下，启动“生命早期1000天营养改善与应用前沿”丛书编写工作。此丛书包括《孕妇和乳母营养》《婴幼儿精准喂养》《母乳成分特征》《母乳成分分析方法》《婴幼儿膳食营养素参考摄入量》《生命早期1000天与未来健康》《婴幼儿配方食品品质创新与实践》《特殊医学状况婴幼儿配方食品》《婴幼儿配方食品喂养效果评估》共九个分册。丛书以生命体生长发育为核心，结合临床医学、预防医学、生物学及食品科学等学科的理论与实践，聚焦学科关键点、热点与难点问题，以全新的视角阐释遗传 - 膳食营养 - 行为 - 环境 - 文化的复杂交互作用及与慢性病发生、发展的关系，在此基础上提出零岁开始精准营养和零岁预防（简称“双零”）策略。

该丛书是一部全面系统论述生命早期营养与健康及婴幼儿配方食品创新的著作，涉及许多原创性新理论、新技术与新方法，对推动生命早期1000天适宜营养的重要性认知具有重要意义。该丛书编委包括国内相关领域的学术带头人及产业界的研发人员，历时五年精心编撰，由国家出版基金资助、化学工业出版社出版发行。该丛书是母婴健康专业人员、企业产品研发人员、政策制定者与广大父母的参考书。值此丛书付梓面世之际，欣然为序。

任发政

2024年6月30日

序二

儿童是人类的未来，也是人类社会可持续发展的基础。在世界卫生组织、联合国儿童基金会、欧盟等组织的联合倡议下，生命早期1000天营养主题作为影响人类未来的重要主题，成为2010年联合国千年发展目标首脑会议的重要内容，以推动儿童早期营养改善行动在全球范围的实施和推广。“生命早期1000天”被世界卫生组织定义为个人生长发育的“机遇窗口期”，大量的科研和实践证明，重视儿童早期发展、增进儿童早期营养状况的改善，有助于全面提升儿童期及成年的体能、智能，降低成年期营养相关慢性病的发病率，是人力资本提升的重要突破口。我国慢性非传染性疾病导致的死亡人数占总死亡人数的88%，党中央、国务院高度重视我国人口素质和全民健康素养的提升，将慢性病综合防控战略纳入《“健康中国2030”规划纲要》。

“生命早期1000天营养改善与应用前沿”丛书结合全球人类学、遗传学、营养与食品学、现代分析化学、临床医学和预防医学的理论、技术与相关实践，聚焦学科关键点、难点以及热点问题，系统地阐述了人体健康与疾病的发育起源以及生命早期1000天营养改善发挥的重要作用。作为我国首部全面系统探讨生命早期营养与健康、婴幼儿精准喂养、母乳成分特征和婴幼儿配方食品品质创新以及特殊医学状况婴幼儿配方食品等方面的论著，突出了产、学、研相结合的特点。本丛书所述领域内相关的国内外最新研究成果、全国性调查数据及许多原创性新理论、新技术与新方法均得以体现，具有权威性和先进性，极具学术价值和社会价值。以陈君石院士、孙宝国院士、陈坚院士、张福锁院士、刘仲华院士为顾问，以任发政院士为编委会主任、荫士安教授为副主任的专家团队花费了大量精力和心血著成此丛书，将为创新性的慢性病预防理论提供基础依据，对全面提升我国人口素质，推动21世纪中国人口核心战略做出贡献，进而服务于“一带一路”共建国家和其他发展中国家，也将为修订国际食品法典相关标准提供中国建议。

中国营养保健食品协会会长

边振甲

2023年10月1日

前言

我国在2015年10月1日正式实施修订后的《中华人民共和国食品安全法》（以下简称《食品安全法》）之前，一些特殊医学用途配方食品产品以“肠内营养制剂”的形式，在临床上已经有多年的使用历史。临床应用效果显示，与肠外营养相比，肠此版内营养（特殊医学用途配方食品）具有保护肠道、使用/食用方便以及应用时并发症少等明显优势，在营养支持和辅助治疗疾病方面发挥重要的作用。

此版《食品安全法》的发布，给予特殊医学用途配方食品以“特殊食品”的位置，其中第八十条规定了我国“特殊医学用途配方食品应当经国务院食品药品监督管理部门注册”，为我国特殊医学用途配方食品的管理提供了法律依据。在我国，特殊医学用途配方食品的出现还是个新生事物，生产企业、消费者和监管部门等对该类产品的使用及其效果的认识仍处于初级阶段；而且该类产品涉及的技术指标复杂，对研发和生产的要求高，因此也需要梳理该类产品注册管理的相关法律法规、产品研发与生产工艺以及原辅料的筛选等全流程的质量控制，在《生命早期1000天营养改善与应用前沿》丛书中，增加了中国特殊医学用途配方食品研究相关内容，可作为特殊医学用途配方食品的研发人员、乳品科学家、新生儿专家和妇幼营养保健人员的参考书使用。

本书第1章介绍了特殊医学用途配方食品的定义、分类和作用，并分析了该类食品在我国现阶段的发展状况；第2章、第3章，讲述了特殊医学用途配方食品与普通食品和保健食品的区别，并介绍了国家相关的法律法规；第4章至第10

章介绍特殊医学用途婴儿配方食品的概念和分类，并举例阐述了临床上针对几种不同医学状况所设计的特殊医学用途婴儿配方食品；第 11 章至第 16 章，介绍了营养素预混料应用的必要性和质量控制；第 17 章、第 18 章，阐述了特殊医学用途配方食品的生产工艺和设备；第 19 章至第 21 章，介绍了特殊医学用途婴儿配方食品的质量控制、共线生产和现场审核等；第 22 章至第 24 章，介绍了特殊医学用途婴儿配方食品的原料种类与要求、未来的发展趋势以及相关的经济学等内容。本书系统地介绍目前我国特殊医学用途食品领域的相关内容和未来发展方向，旨在帮助更多的科研界和产业界的专业人士乃至消费者更加深入地认识和了解特殊医学用途配方食品。

在本书编写过程中，参编人员尽可能收集整理国内外最新的研究成果和论文著作，但是仍难免存在某些疏漏和表达不妥之处，敬请同行专家以及读者朋友们在使用本书的过程中，将发现的问题和意见反馈给作者，以不断改进完善。

最后，感谢每一位作者对本书所做出的贡献。本书是 2022 年度获得国家出版基金的“生命早期 1000 天营养改善与应用前沿”丛书的组成部分，在此感谢国家出版基金的支持；感谢中国营养保健食品协会对本书出版给予的支持。

编者

2023 年 5 月 31 日

目录

特殊医学状况婴幼儿配方食品

Formulas for Special Medical Purposes Intended for Infants and Young Children

第 1 章

概论

食物是维持人类生存、繁衍与健康每日所必需。然而，受不良生活方式（如膳食结构不合理、生活节奏过快和其他不良生活方式等）、食物供给不合理、环境污染以及老龄化加速等因素的影响，我国营养相关慢性病的发病率呈持续上升趋势，严重威胁着中老年人群的健康、生存质量并增加了死亡率；近年来越来越多的研究结果显示，生命最初 1000 天的营养（孕期和生后 2 岁以内）状况优劣，将影响成年时期营养相关慢性病（如肥胖、高血压、糖尿病、血脂紊乱等）的发生发展轨迹[1]。例如，根据 2012 年全国营养调查结果显示，我国早产儿和低出生体重儿的比例超过 10%；根据 2015—2017 年中国居民营养与健康状况监测报告，我国 18 岁及以上成人超重、肥胖率合计为 48.7%（超重、肥胖率分别为 33.7% 和 15.0%），人群平均血压和血脂异常患病率均比 2012 年有不同程度的升高[2]。受以上特定疾病状况的影响，这些人群的营养需求也与正常人群有所不同，因此，针对这些疾病状况或特殊医学状况的人群[3]，提供针对性的营养支持，有助于延缓这些疾病的病情、提高疾病的治疗效果和 / 或加快术后的康复，改善患者的整体营养状况、增强机体抵抗力，提高患者的整体健康水平和改善生存质量。

1.1 特殊医学用途配方食品的概念

特殊医学用途配方食品（foods for special medical purposes，FSMP）是特殊膳食用途食品的一类，通常简称“特医食品”，是随着社会需求和临床营养科学的发展而逐步发展起来的，在我国目前法律法规框架下，特医食品是为患有某些疾病或特殊医学状况下的人群提供营养支持，可以单独食用或与其他食品配合食用[5]，其已经成为临床治疗或辅助治疗中不可缺少的产品之一。FSMP 最突出的特点是能够为进食困难者提供充足的营养以维持其生存和改善其健康状况，该类产品必须在医生或临床营养师指导下食用[6-8]。在我国，FSMP 最早起源于肠内营养，即“肠内营养制剂”（enteral nutrition，EN）。在我国现行标准法规框架下，FSMP 与保健食品和普通食品的定义、许可方式以及市场准入有所不同，这将在本书后续章节进行详细比较和说明。

除去基本定义，在法规层面，我国对 FSMP 有明确要求，即需要通过配方的安全性、科学性和营养充足性的审查和注册许可。对于那些基于《食品安全国家标准 特殊医学用途配方食品通则》（GB 29922—2013）附录 A 规定的 13 种常见特定全营养配方食品，还需要进行临床效果评价和审查。根据以上的法规 / 标准界定，可以对我国的 FSMP 做出以下解释。

1.1.1 满足特定医学状况人群的需要

FSMP 是为了满足特定医学状况下有能量和特殊营养素或膳食需求的人群而设计、研发和生产的特殊“配方食品”，不是为了正常人群或者不属于特殊医学状况下的人群而生产的“食品”。换句话说，每一种 FSMP 必须明确针对某一种特定医学状况而设计、研发和生产，是用于满足这些特殊人群能量、营养素和特殊膳食需要的“配方”食品[9]。

1.1.2 评估医学临床产品的使用

某一 FSMP 的适用人群 / 个体的特殊医学状况，是需要经过医学临床确认的，也就是说对处于某种特殊医学状况下的个体是否需要食用某种 FSMP，需要由专业人员进行评估[10]。因此，在食用过程中或食用一段时间之后，特殊人群的能量和营养素或膳食需要是否能得到满足以及是否需要持续或中止使用也需要经过医学专业人员的评估。

1.1.3 医生或临床营养师指导下使用

由于 FSMP 是为满足进食受限、消化吸收障碍、代谢紊乱或特定疾病状态人群对营养素或膳食的特殊需要，所以消费者应根据自身情况选择使用相应的产品，为保证消费者的合理使用，国际标准和各国标准中均规定要在“医生或临床营养师的指导下使用”。按照这一观点，FSMP 是需要在专业人员指导下食用，用于满足其特殊医学状况下的能量和营养素或特殊膳食需要[11]。

1.1.4 单独或与其他食品配合食用

在我国的法规框架下，规定了 FSMP 必须在医生或营养师的指导下单独食用或与其他食品配合食用。对于大多数 FSMP 单独使用可满足特定人群全部能量和营养素需求，例如全营养配方食品、特殊医学用途婴儿配方食品（除外苯丙酮尿症配方、母乳强化剂配方等）、某些特定全营养配方食品等；但是有些配方食品需要配合其他食物同时使用才能满足目标人群的能量和营养素需要，例如特殊医学用途婴儿配方食品中母乳强化剂需要与母乳配合使用，单独使用非全营养配方食品（组件）也不能满足目标人群的能量和营养素需要。

1.2 特殊医学用途配方食品的要求

FSMP 指的是针对特定人群的特殊营养需求而专门加工生产的一类“配方”食品，用于满足特殊身体或生理状况和 / 或满足疾病、紊乱等状态下的特殊膳食需求[12]。因此，特殊食品通常服务于特定 / 特殊人群（如婴儿）可以满足特殊营养需要。在 2015 年 10 月 1 日开始实施的《中华人民共和国食品安全法》中，FSMP 归入特殊食品类别。

1.2.1 符合特殊医学用途配方食品属性

相对于药品来说，FSMP 不具有预防、治疗或诊断疾病的作用，不能替代药品的使用，也不得声称具有对疾病的预防和治疗功能，但其具有改善患者的营养状况，提高患者的整体健康水平和增加患者抵抗疾病的能力，对患者在治疗和缩短病程（如住院时间）、康复和机体功能维持方面起重要的营养支持作用[13]。

1.2.2 满足特殊医学状况人群的特定营养需要

FSMP 的配方应符合特定目标人群的营养特殊需求[14]。FSMP 包括特殊医学用途婴儿配方食品、全营养配方食品、特定全营养配方食品和非全营养配方食品。

全营养配方食品应包含人体所需的全部营养素和能量，蛋白质、脂肪、碳水化合物和各种维生素、矿物质等各营养素的含量应符合 GB 29922—2013 的规定。在特殊医学用途配方食品原料的选择上，国内外探索应用了菊粉、低聚木糖、小麦低聚肽、玉米低聚肽等植物源新食品原料[15]。特定全营养配方食品的能量和营养成分应以全营养配方食品为基础，依据疾病或医学状况对营养的特殊要求进行适当调整，以满足目标人群的营养需求。非全营养配方食品仅可满足目标人群的部分营养需求，不能作为单一营养来源，需与其他特殊医学用途配方食品或普通食品配合使用，因此对营养素含量不作要求[16]。

特殊医学用途婴儿配方食品（婴儿特医食品），是针对患有特殊生理功能紊乱、疾病等特殊医学状况婴儿的营养需求，设计制成的粉状或液态配方食品。婴儿特医食品包括 6 种，即无乳糖或低乳糖配方食品、乳蛋白部分水解配方食品、乳蛋白深度水解配方食品或氨基酸配方食品、早产或低出生体重婴儿配方食品、氨基酸代谢障碍配方食品和母乳营养补充剂[17-18]。

1.2.3 明确特殊医学用途配方食品的类别

1 岁以上人群 FSMP（特医食品），包括全营养配方食品、特定全营养配方食品、非全营养配方食品。其中，全营养配方食品，是指可作为单一营养来源满足目标人群营养需求的特医食品。由于营养素指标差异，1 岁以上人群的全营养配方食品，又分为 1 ～ 10 岁人群与 10 岁以上人群全营养配方食品。1 ～ 10 岁人群全营养配方食品主要用于生长发育不良的少年儿童。特定全营养配方食品，是指可作为单一营养来源满足目标人群在特定疾病或者医学状态下营养需求的特医食品。GB 29922—2013 附录 A 列出了 13 种常见的特定全营养配方食品[19]。GB 29922—2013 问答中明确规定了其中 8 种特定全营养配方食品的可调整营养素含量技术指标，包括糖尿病全营养配方食品、慢性阻塞性肺（疾）病全营养配方食品、肾病全营养配方食品、恶性肿瘤全营养配方食品、炎性肠病全营养配方食品、食物蛋白过敏全营养配方食品、难治性癫痫全营养配方食品、肥胖和减脂手术全营养配方食品。另外 5 种特定全营养配方食品，包括肝病全营养配方食品，肌肉衰减综合征全营养配方食品，创伤、感染、手术及其他应激状态全营养配方食品，胃肠道吸收障碍、胰腺炎全营养配方食品，以及脂肪酸代谢异常全营养配方食品，因营养素调整依据不充分，未规定调整范围[20]。非全营养配方食品，又称为组件类产品，包括蛋白质组件、脂肪组件、碳水化合物组件、增稠组件、电解质配方、流质配方和氨基酸代谢障碍配方。非全营养配方食品，只能满足目标人群的部分营养需求，不适于作为单一营养来源，可与普通食品或其他特殊膳食食品共同使用[21]。

1.2.4 突出剂型食品属性

特殊医学用途配方食品的剂型可以是普通食品形态，应根据不同的临床需求和适用人群选择适宜的产品种类，并在医生或临床营养师的指导下使用。特殊医学用途配方食品是以提供能量和营养素（营养支持）为目的，其配方组成包括蛋白质、脂肪、碳水化合物及各种维生素和矿物质等，所针对的人群是无法通过进食普通食品来满足自身营养需要的特殊医学或营养状态的人群，由医生或临床营养师根据患者具体情况调整食用量和食用方法（口服或管饲）以及持续时间，考虑到产品使用的依从性和膳食方式，其剂型多采用普通食品形态，如粉剂或液体等[22]。一些成分复杂的原料，如按照传统既是食品又是中药材的原料，由于很难保证不会带入标准规定以外的生物活性物质或可能危害目标人群营养与健康的物质，则不能使用。

目前国内市场上的特殊医学用途婴幼儿配方食品仍是以跨国公司的产品占主导。然而，有些生产运动饮料、强化食品、固体饮料的企业，存有侥幸心理，打着特医旗号，夸大宣传其产品，误导消费者将这类普通食品当作特殊医学用途配方食品购买，这样的行为属于欺骗消费者，应严厉打击。

1.3 特殊医学用途配方食品的作用

FSMP 是特殊膳食用途食品的一类[23]。该类产品包括用于 0 ～ 12 月龄婴儿的 FSMP 和适用于 1 岁以上人群的 FSMP。大量研究结果表明，FSMP 可以改善患者的营养状态，降低可能发生的并发症、感染风险，降低住院率和促进疾病康复，有效降低医疗成本和药物治疗的副作用。由此可见，FSMP 的用途是满足特定疾病 / 医学状况下人群对能量和营养素或膳食特殊要求的配方食品[19, 23]。

1.3.1 重视患者营养状况改善

随着我国人口老龄化加剧和慢性疾病的发生增加，FSMP 在我国的临床应用，尤其是在三级甲等医院中的应用越来越受到关注，如对于外科手术患者术后康复，对于胃肠功能不良患者、老年患者、糖尿病患者等的营养支持在疾病治疗和转归中所发挥的作用逐渐得到认可[24-25]。另一方面，随着我国经济和健康事业的不断发展，我国医学模式也在发生着转变，由重“治疗”逐步转向重“健康/预防”，这也要求广大临床医生、临床营养师以及医务工作者学习医学营养知识，充分了解 FSMP 的应用，更多关注患者的营养状况改善以及配方食品在疾病转归中的作用，以便更好地配合疾病的治疗，更好地针对疾病相关营养不良进行预防和治疗。

1.3.2 提供营养支持

FSMP 可以作为肠内营养制剂。肠内营养是指因机体病理、生理功能的改变或某些治疗的特殊要求，需要利用口服或管饲等方式给予要素制剂，主要通过胃肠道途径提供能量和各种营养素及其他营养成分的营养支持方式。早在 1957 年，Greenstein 等[26]就研制了一种化学成分明确的营养制剂（chemically-defined diet），这种制剂可维持大鼠的正常生长、生殖与授乳，Winitz 等[27]、Tatsuta 等[28]将其用于临床并取得了良好效果。1967 年，Bounous 等[29]使用了“要素膳”（elemental diet）这一概念，并将其用于休克和肠缺血症的患者，结果显示，相对于普通膳食，这种膳食不仅可降低机体产生/分泌有害成分，还可促进肠道黏膜的新陈代谢。Stephens 等[30]和 Fairfull Smith 等[31]将要素膳用于严重异常状态的病人，结果表明经肠道的要素膳可用于小肠切除、胰腺炎等病人或因烧伤、败血病等导致能量需求剧增的病人。肠内营养支持方式由于符合机体生理状态，还可以降低病人发生感染的风险，相较于同时期盛行的肠外营养支持疗法，使用更安全、更方便和更易于监护，而且费用较低易于接受，具有更好的依从性。

20 世纪 80 年代，随着对胃肠道屏障功能认识的深入，肠黏膜屏障功能损害所致的危害越来越引起广大临床医生的关注，肠内营养的作用也日益受到重视。肠内营养引起的机械刺激与对肠激素分泌的刺激，可加速特殊医学状况患者的胃肠道功能与形态的恢复。与肠外营养相比，肠内营养更符合人体的生理状态，能维持肠道结构和功能的完整，并且费用低、使用和监护简便、并发症少、使用持续时间长，这些优点使得肠内营养疗法已经发展成为现在首选的临床营养支持方式[32-33]，因此，只要胃肠道的功能允许，应尽量采用胃肠途径营养支持方式。

1.3.3 提高患者生存质量

FSMP的合理应用有助于改善目标人群的营养状况，因为营养状况的优劣直接影响人体的健康状况，包括机体的新陈代谢和器官功能状态，而且与疾病的发生发展以及转归密切相关，而维持良好的营养状况则取决于日常的膳食和营养素摄入量[34]。

国际上应用FSMP被认为是专业人员对特殊医学状况下人群进行膳食管理的一个重要途径。其临床管理的结局成功与否，需要经过临床专业人员的评估。这个评估在产品上市之前，是对所有研发的FSMP的临床应用效果进行评价；而在产品上市后，则是对FSMP是否有助于食用者生活质量的实质性提升，是否有助于食用者特殊医学状况的改善或疾病的康复等进行评价[35-36]。事实证明，合理使用FSMP，有助于提高该群体的生存质量和降低死亡率。

越来越多的临床试验结果显示，食物和营养素在疾病发生发展过程中发挥了重要作用[37]。因此，为那些发生营养不良或发生营养不良风险患者提供营养支持[38-39]、改善其营养状况，不仅具有显著的临床效果，而且还具有明显的经济学意义，如增加机体抵抗力和降低感染风险（包括肺部、伤口、尿道和胃肠道等）、缩短住院时间、降低医疗费用开支以及再次入院的比例等。

1.4 我国特殊医学用途配方食品的发展

改革开放40多年来，我国的食品市场得到了飞速发展，由过去单纯的以传统市场食物和家庭制作食物为主（更多关注产品的卫生），逐渐发展到品种丰富多彩的市场食物；由满足解决温饱（数量）问题，过渡到重视健康安全（食品安全与营养）。例如，自20世纪80年代开始，不能用母乳喂养的婴儿由过去用牛奶、炼乳、米糊喂养改变为使用婴幼儿配方食品（乳粉）喂养；进入90年代，涌现出越来越多的保健食品以及与健康相关的产品；而进入21世纪后，特殊医学用途食品开始引起人们的关注，对于那些有特殊医学问题的个体，利用“医食结合”的方法，开始使用FSMP作为营养支持治疗或临床治疗的组成部分[40]。

1.4.1 缺乏特殊医学用途配方食品的法律法规

虽然肠内营养产品已经有几十年的使用历史，但在使用之初，我国尚没有特殊医学用途配方食品（FSMP）这一类别，也没有相应的法律法规或国家标准，因此市场上也没有 FSMP 这一名称的产品，因为这类产品是通过胃肠道途径对目标人群实施营养支持，故其被称为肠内营养制剂[38]。我国自 1974 年开始就有了比较规范的肠内营养支持，一直以来，肠内营养制剂（EN）都是按药品进行管理，但其本质仍然是食品。它的主要用途是为患者提供营养支持，而不是治疗疾病。因此，按照药品来进行注册管理，可能会有很多产品无法达到药品注册要求，同时这也导致很多在国外有很长使用历史且效果良好的肠内营养产品无法进入中国市场。而由于缺乏相关产品类别的法规、标准，此类产品在国内的生产、销售和监管等也没有法律依据，这种情况的存在也严重阻碍了我国特殊医学用途配方食品的推广与发展。

随着对肠内营养支持作用认识的不断加深，我国对肠内营养产品的使用也有了一定发展。从产品实际和临床需求出发，各方专业人士不断呼吁出台 FSMP 的相关标准，完善 FSMP 的法规体系，以推动我国 FSMP 产业的发展，为我国大量需要临床营养支持的群体提供丰富的产品，满足市场需求。

1.4.2 发布首部特殊医学用途配方食品安全标准

在 20 世纪初，我国启动了婴儿配方食品标准的制订，与此同时，国际食品法典的相关标准也在修订中。国际食品法典将婴儿配方食品标准分为 A 部分（正常婴儿）和 B 部分（特殊医学状况婴儿），我国基于此，参照其 A 部分制定和发布了《食品安全国家标准　婴儿配方食品》（GB 10765—2010）（本标准现已被 GB 10765—2021《食品安全国家标准　婴儿配方食品》代替），同时将 B 部分制订为《食品安全国家标准　特殊医学用途婴儿配方食品通则》（GB 25596—2010），并于 2010 年 12 月 21 日正式发布、2012 年 1 月 1 日实施，这是我国第一个进入 FSMP 类别的产品标准[18]。之后，我国陆续发布 FSMP 相关的标准，这为我国 FSMP 的市场准入与监管以及产业的发展奠定了基础。

1.4.3 明确法规依据，推进标准体系建设

2012 年发布的《食品安全国家标准　食品营养强化剂使用标准》（GB 14880—2012）中将 FSMP 归类到特殊膳食用食品类别项下，包括上文提及的 GB 25596—2010，这两个标准为该类产品中可使用的食品添加剂、营养强化剂及化合物来源和用量提供了法规依据[41]。2013 年发布的《食品安全国家标准　预包装特殊膳食用食品标签》（GB 13432—2013）中明确了特殊膳食用食品的定义和分类[42]，规定该类产品的标签应符合本标准。与此同时，国家卫生和计划生育委员会先后

发布了《食品安全国家标准　特殊医学用途配方食品通则》(GB 29922—2013)、《食品安全国家标准　特殊医学用途配方食品良好生产规范》(GB 29923—2013)，初步建立了“1个规范标准+2个产品标准”的FSMP标准体系[43]，在两个产品标准中规定了不同产品类别，建立了FSMP产品体系（图1-1），为我国FSMP实行注册许可奠定了法规/标准依据。2021年修订的《中华人民共和国食品安全法》第七十四条规定“国家对保健食品、特殊医学用途配方食品和婴幼儿配方食品等特殊食品实行严格监督管理”，第八十条规定“特殊医学用途配方食品应当经国务院食品安全监督管理部门注册”，明确了FSMP作为“食品”的法律身份，并确定对FSMP实施注册管理制。此后，FSMP相关的产品标准和法规制定工作进入发展快车道，各种标准和法规以及其他相关的管理办法等规范性文件的制定计划或者征求意见稿陆续发布，进一步完善了注册相关的标准体系和监管体系建设。

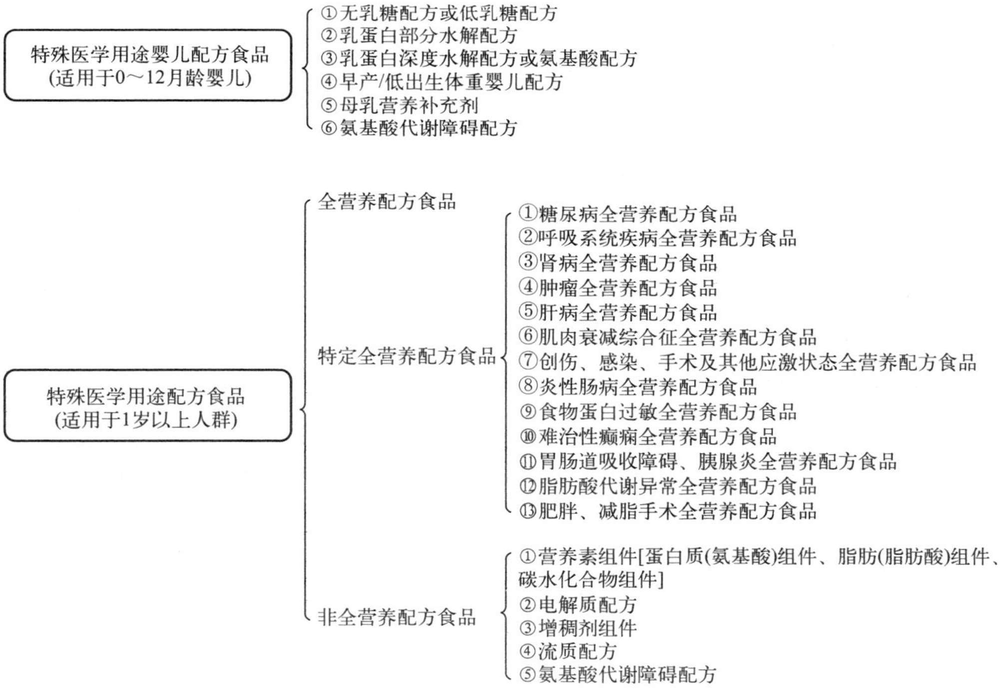

特殊医学用途婴儿配方食品(适用于0～12月龄婴儿)
- ①无乳糖配方或低乳糖配方
- ②乳蛋白部分水解配方
- ③乳蛋白深度水解配方或氨基酸配方
- ④早产/低出生体重婴儿配方
- ⑤母乳营养补充剂
- ⑥氨基酸代谢障碍配方

特殊医学用途配方食品(适用于1岁以上人群)
- 全营养配方食品
- 特定全营养配方食品
  - ①糖尿病全营养配方食品
  - ②呼吸系统疾病全营养配方食品
  - ③肾病全营养配方食品
  - ④肿瘤全营养配方食品
  - ⑤肝病全营养配方食品
  - ⑥肌肉衰减综合征全营养配方食品
  - ⑦创伤、感染、手术及其他应激状态全营养配方食品
  - ⑧炎性肠病全营养配方食品
  - ⑨食物蛋白过敏全营养配方食品
  - ⑩难治性癫痫全营养配方食品
  - ⑪胃肠道吸收障碍、胰腺炎全营养配方食品
  - ⑫脂肪酸代谢异常全营养配方食品
  - ⑬肥胖、减脂手术全营养配方食品
- 非全营养配方食品
  - ①营养素组件[蛋白质(氨基酸)组件、脂肪(脂肪酸)组件、碳水化合物组件]
  - ②电解质配方
  - ③增稠剂组件
  - ④流质配方
  - ⑤氨基酸代谢障碍配方

图1-1　我国特殊医学用途配方食品产品体系

1.4.4　实行特殊医学用途配方食品注册许可

为贯彻落实《食品安全法》，2016年国家食品药品监督管理总局发布了《特

殊医学用途配方食品注册管理办法》，明确了注册条件，规范了FSMP的注册与审评工作。该注册管理办法发布后又陆续发布了相关的配套文件《特殊医学用途配方食品注册申请材料项目与要求（试行）》《特殊医学用途配方食品标签、说明书样稿要求（试行）》《特殊医学用途配方食品稳定性研究要求（试行）》和《特殊医学用途配方食品注册生产企业现场核查要点及判断原则（试行）》，以及《特殊医学用途配方食品临床试验质量管理规范（试行）》《特殊医学用途配方食品注册审评专家库管理办法（试行）》，形成了“1个办法+6个配套文件”的FSMP注册管理体系。自注册管理办法发布到2020年底，已在我国完成注册的FSMP有54个，《特殊医学用途配方食品生产许可审查细则》的发布，为那些已经取得产品注册的FSMP进行商业化生产提供了法规依据。随着FSMP的法规标准及管理措施的日趋完善，FSMP未来在我国必将发挥其重要的临床营养支持作用[44]。

1.4.5 完善现行注册许可相关法规体系

FSMP是随时代进步、医学科学与临床营养学以及经济的发展、社会需求而逐步发展起来的特殊食品类别，其目的是为患有某些疾病或有特殊医学状况的人群提供营养支持。作为一种为患有某种/某些疾病或有特殊医学状况人群提供营养支持或作为治疗组成部分的产品，其在国外已经有很长的使用历史，而且获得了很好的临床效果。即大量临床试验已经证明，早期识别营养不良和采取营养支持可有效促进疾病恢复，减少住院天数和降低医疗开支。国际组织和很多发达国家都有针对性地制订了相应的管理政策和法规与标准。然而，总体来看我国的特殊食品，尤其是FSMP的起步与发展相对比较滞后，我国医疗界对“特殊医学用途配方食品”的认识也是近年才刚刚开始。尽管在我国FSMP的应用已超过30年，然而在早期，由于我国关于此类产品没有相应的食品安全标准，也没有这一类临床食品的分类，起初因临床需要被引入国内时通常冠以“药品”的名义，也一直是作为药品管理，因此该类产品进入中国的许可需要通过药品申报、审批程序，而药品申报、审批程序复杂、耗时、费用高，最终导致了产品供不应求。

1.4.6 建立鼓励产品创新机制

近年来，国际市场上新产品大量涌现和兴起，再加上人们健康观念/意识的提高，推动了我国特殊医学用途配方食品（FSMP）相关法规的制定/修订工作，从而促进了相关产业的发展。产生这样的变化与下列情况密切相关：

① 临床需求紧迫　国际应用经验充分证明并支持临床上 FSMP 存在的必要性和必需性。

② 我国老龄化进程加速所必需　2020 年我国 65 岁及以上人口数约 2.55 亿，估计 2030 年为 3.71 亿，到 2050 年将达到 4.83 亿。为老年人群提供食用方便、安全、营养均衡的全配方食品有助于提高其生存质量、降低医药开支。

③ 规范市场和引领消费所必需　国内市场 FSMP 已经存在多年，出台系列标准法规有助于规范市场、引领消费，促进我国 FSMP 产业健康发展。

1.5 展望

我国特殊医学用途配方食品产业发展，需要培育良好的生态环境，国家管理部门需要完善产品注册和上市监管相关的法律法规与标准体系；生产企业需要承担起社会责任，研发、生产符合规定的产品，规范产品的广告宣传；消费者需要在临床医生的指导下合理使用特殊医学用途配方食品。

（姜毓君，付萍　张宇）

参考文献

[1] 李雪梅，施万英，陈永春，等．2020 年全国 592 家医疗机构特殊医学用途配方食品的日常使用及管理现状．中华临床营养杂志，2021, 29(3): 142-147.

[2] 赵丽云，丁钢强，赵文华，等．2015—2017 年中国居民营养与健康状况监测报告．北京：人民卫生出版社，2022: 274-301.

[3] Li X, Jiang X, Sun J, et al. Recent development of foods for special medical purposes. Food Science, 2017, 38(19): 255-260.

[4] 贾海先，李春雨，梁栋，等．我国已批准注册特殊医学用途配方食品营养成分含量及科学性比对分析．中国食品卫生杂志，2021, 33(4): 485-492.

[5] 李雨哲，肖伟敏，杨俊，等．我国特殊医学用途配方食品配套检验方法标准现状及展望．中国食品卫生杂志，2021, 33(5): 610-615.

[6] 张立实，李晓蒙．我国特殊医学用途配方食品的发展及其监管．中国食品卫生杂志，2023, 35(2): 151-155.

[7] 揭良，苏米亚．特殊医学用途配方食品的研究进展．食品工业，2022, 43(1): 259-262.

[8] 石磊，母东煜，龚杰，等．应用德尔菲法初步完善特殊医学用途配方食品综合评价指标体系：以 2 型糖尿病为例．中国询证医学杂志，2020, 20(9): 1012-1019.

[9] EFSA Panel on Dietetic Products, Nutrition and Allergies (NDA). Scientific and technical guidance on foods for special medical purposes in the context of Article 3 of Regulation (EU) No 609/2013. EFSA J, 2021, 19(3):e06544.

[10] Folwarski M, Kłęk S, Zoubek-Wójcik A, et al. Foods for special medical purposes in home enteral nutrition-clinical practice experience. Multicenter study. Front Nutr, 2022, 9: 906186.

[11] 陈彬合，袁振海，贾婵媛．我国特殊医学用途配方食品批准情况分析与开发建议．食品与药品，2020, 22(4): 294-300.
[12] 李侠，杨宏，刘学波．特医全营养配方食品配方组成分析．中国食物与营养，2021, 27(12): 22-27.
[13] Xiao P. Medical food regulation in the US and its guidance for China. Food and Fermentation Industries, 2017, 43(1): 271-275.
[14] Bresson J L, Burlingame B, Dean T, et al. Scientific and technical guidance on foods for special medical purposes in the context of Article 3 of Regulation (EU) No 609/2013. EFSA J, 2021, 19(3): e06544.
[15] 王炳英，丁玉珍，刘钢，等．特医食品中植物源新食品原料测定方法研究进展．食品安全质量检测学报，2021, 12(2): 740-745.
[16] 姜锦锦，胡海峰，张奇，等．特医食品对荷肝癌小鼠化疗时营养状况的影响．食品科技，2018, 43(7): 45-48.
[17] 李美英，邓少伟，李雅慧，等．我国特殊医学用途婴儿配方食品现状浅析．食品与生物技术学报，2021, 40(5): 104-111.
[18] 中华人民共和国卫生部．食品安全国家标准　特殊医学用途婴儿配方食品通则：GB 25596—2010. [2010-12-21].
[19] 中华人民共和国国家卫生和计划生育委员会．食品安全国家标准　特殊医学用途配方食品通则：GB 29922—2013. [2013-12-26].
[20] 国家食品药品监督管理总局令第 24 号．特殊医学用途配方食品注册管理办法．2016. http://www.gov.cn/gongbao/content/2016/content_5076983.htm.
[21] 张双燕，闫刘慧，陈娟娟，等．特医食品及特医食品全营养粉技术要点简介．食品安全导刊，2017, 28(10): 28-29.
[22] 国务院办公厅．国务院办公厅关于印发国民营养计划（2017—2030 年）的通知（国办发〔2017〕60 号）. (2017-06-30)[2022-09-14].
[23] 党珍，郭启新．膳食纤维在特殊医学用途配方食品中的运用．食品安全导刊，2022(15): 143-145.
[24] 王善志，朱永俊，唐文庄，等．中国成人及老年人群慢性肾脏病患病率 Meta 分析．中国老年学杂志，2017, 37(21): 5384-5388.
[25] 张岱，王炳元．老年人的营养状况和营养风险．肝博士，2020(6): 31-32.
[26] Greenstein J P, Birnbaum S M, Winitz M, et al. Quantitative nutritional studies with water-soluble, chemically defined diets. I. Growth, reproduction and lactation in rats. Arch Biochem Biophy, 1957, 72(2): 396-416.
[27] Winitz M, Greenstein J P, Birnbarum S M. Quantitative nutritional studies with water-soluble, chemically defined diets. V. Role of the isomeric arginines in growth. Arch Biochem Biophys, 1957, 72(2): 448-456.
[28] Tatsuta M, Yamamura H, Iishi H, et al. Effect of a chemically defined diet in liquid form on colon carcinogenesis in rats. J Natl Cancer Inst, 1985, 75(5): 911-916.
[29] Bounous G, Sutherland N G, Mcardle A H, et al. The prophylactic use of an “elemental” diet in experimental hemorrhagic shock and intestinal ischemia. Ann Surg, 1967, 166(3): 312-343.
[30] Stephens R V, Bury K D, Deluca F G, et al. Use of an elemental diet in the nutritional management of catabolic disease in infants. Am J Surg, 1972, 123(4): 374-379.
[31] Fairfull-Smith R, Abunassar R, Freeman J B, et al. Rational use of elemental and non-elemental diets in hospitalized patients. Ann Surg, 1980, 192(5): 600-603.
[32] 姚婕．肠内免疫营养与全素营养疗法在胃肠道肿瘤患者术后护理中的应用效果比较．中西医结合心血管病电子杂志，2020, 8(26): 106, 115.

[33] 郭明，马姝丽．肠内营养疗法对儿童溃疡性结肠炎肠道菌群及肠黏膜屏障的影响．药品评价，2020, 17(14): 33-35.
[34] 中国居民营养与慢性病状况报告（2020 年）．营养学报，2020, 42(6): 521.
[35] 陈伟，李增宁，许红霞，等．特殊医学用途配方食品（FSMP）临床管理专家共识（2021 版）．中国医疗管理科学，2021, 11(4): 91-96.
[36] 石田琼．膳食纤维在特殊医学用途配方食品及临床护理中的应用进展．食品安全质量检测学报，2021, 12(3): 879-884.
[37] 周子琪，苟茂琼，胡雯，等．中国特殊医学用途配方食品行业现况及探索．肿瘤代谢与营养电子杂志，2021, 8(4): 439-444.
[38] 栾晶晶，纪强，刘珊珊，等．肠内营养制剂临床应用进展．中国新药与临床杂志，2018, 37(12): 665-670.
[39] 刘海涛，岳利多，李明，等．肿瘤相关的特殊医学用途配方食品的研究进展．肿瘤代谢与营养电子杂志，2021, 9(6): 872-833.
[40] 阎玉姣，焦鸿飞．特殊医学用途配方食品发展、应用与展望 [C]// 第十届全国中西医结合营养学术会议论文资料汇编．[出版者不详]，2019: 513-522.
[41] 中华人民共和国卫生部．食品安全国家标准　食品营养强化剂使用标准：GB 14880—2012．[2012-03-15].
[42] 中华人民共和国国家卫生和计划生育委员会．食品安全国家标准　预包装特殊膳食用食品标签：GB 13432—2013．[2013-12-26].
[43] 中华人民共和国国家卫生和计划生育委员会．食品安全国家标准　特殊医学用途配方食品良好生产规范：GB 29923—2013．[2013-12-26].
[44] 韦晓瑜，聂大可．关于特殊医学用途配方食品注册管理制度实施的思考．中国食品卫生杂志，2022, 34(6): 1286-1290.

特殊医学状况婴幼儿配方食品

Formulas for Special Medical Purposes Intended for Infants and Young Children

第2章

特殊医学用途配方食品、保健食品和普通食品

特殊医学用途配方食品是介于普通食品和药品之间的一类产品，尽管分类上属于食品，但它不是正常人群食用的普通食品、保健食品和药品，而是为了满足进食受限、消化吸收障碍、代谢紊乱或特定疾病状态人群对营养素或膳食有特殊需要而专门加工配制的配方食品[1-4]。

特殊医学用途配方食品、保健食品和普通食品的执行标准、产品种类与配方、食用目的与食用人群等均存在明显不同[5-8]，如表 2-1 所示。

表 2-1　特殊医学用途配方食品、保健食品和普通食品的比较（一）

产品类型	普通食品	保健食品	特殊医学用途配方食品
概念	指各种供人食用或者饮用的成品和原料以及按照传统既是食品又是中药材的物品，但是不包括以治疗为目的的物品	声称具有特定保健功能的食品，但不以治疗疾病为目的，并且对人体不产生任何急性、亚急性或者慢性危害	指为了满足进食受限、消化吸收障碍、代谢紊乱或特定疾病状态人群对营养素或者膳食的特殊需要，专门加工配制而成的配方食品。这类产品必须在医生或临床营养师指导下食用
标签标示	营养成分含量	可以宣称具有特定保健功能，不能声称具有对疾病的预防和治疗功能	根据不同临床需求和适用人群分类，不得声称具有对疾病的预防和治疗功能
用途	人体从食物中摄取各类营养素，并满足色、香、味、形等感官要求	主要用于特定人群调节机体功能，补充维生素、矿物质等营养物质	针对目标人群提供特殊营养支持
适宜人群	所有人群	因保健食品的不同品类而区分不同的适用人群，需要在标签和说明书中说明	适用于 0 ～ 12 月龄的婴儿及 1 岁以上处于特殊医学状况，对营养有特别需求的人群
成分 / 原料	富含普通营养成分，无急性、亚急性或者慢性危害	富含活性成分，在规定的用量下无急性、亚急性或者慢性危害	富含特殊需求的营养成分
形态	无特定形态，可以是各种普通食品应有的形态，如糖果、巧克力、饮料等	部分普通食品的形态，部分片剂、胶囊等特定形态	粉剂、液体
用法用量	无规定用量	食用有规定剂量	应在医生或临床营养师指导下食用
管理方式	无须注册或备案；需要生产许可	需要注册 / 备案；需要生产许可	需要注册；需要生产许可

注：引自中国特殊食品产业发展蓝皮书[7]，2021。

2.1　法规与执行标准

在我国，特殊医学用途配方食品、保健食品和普通食品，除了必须符合《中华人民共和国食品安全法》的规定，还应该符合其各自的产品标准以及其他相关标准的规定。特殊医学用途配方食品、保健食品和普通食品执行标准不同，如产品标准、良好生产规范、标签 / 说明书等，三者的比较如表 2-2 所示。

表 2-2　特殊医学用途配方食品、保健食品和普通食品的执行标准

类别	产品标准	良好生产规范（GMP）	标签 / 说明书	管理方式
FSMP①	GB 25596—2010② GB 29922—2013③	GB 29923—2013⑤	产品标准规定 / 注册审查	注册制
保健食品	GB 16740—2014④	GB 17405—1998⑥	产品标准规定 / 注册审查	注册备案双轨制
普通食品	分类标准	按食品类别分别制定	GB 7718—2011⑦	许可制

① FSMP，特殊医学用途配方食品；②《食品安全国家标准　特殊医学用途婴儿配方食品通则》[9]；③《食品安全国家标准　特殊医学用途配方食品通则》[6]；④《食品安全国家标准　保健食品》[10]；⑤《食品安全国家标准　特殊医学用途配方食品良好生产规范》[11]；⑥《保健食品良好生产规范》[12]；⑦《食品安全国家标准　预包装食品标签通则》[13]。

特殊医学用途配方食品和保健食品二者均属于食品范畴，根据我国《食品安全法》的定义[5]，两者均为特殊膳食，都是对人体的健康具有某些积极的作用，然而两者的适用法规不同。

2.1.1　特殊医学用途配方食品

特殊医学用途配方食品针对的是处于疾病状态下的人群，其配方中主要含宏量和微量营养素，产品中不能添加标准中规定的营养素和可选择成分以外的其他生物活性物质，仅用于为目标人群提供营养支持，不具有其他功能，也不得以任何形式在任何载体上明示或暗示其具有保健功能或可治疗疾病。特殊医学用途配方食品主要强调的是营养支持效果，全营养配方食品和特定全营养配方食品单独食用时可以满足目标人群的全部营养需求，非全营养配方食品能够满足目标人群某一方面或若干方面的营养需求[6, 9]。

2.1.2　保健食品

保健食品针对的是健康或健康状况低下的人群，其配方中含有功效成分（人体必需微量营养素、动植物提取物、植物化合物等），相应成分需要达到一定的含量要求，具有保健功能（包括营养素补充剂和具有明确功能声称的保健食品），其作用是可以补充人体必需的微量营养素和 / 或调节目标人群机体的某种功能，若宣称特定的保健功能需在具有充分科学依据的基础上，但是不得以治疗疾病为目的。保健食品强调的是保健功能而非提供营养支持，所使用的原料原则上不提供能量、不含全面的营养素、不能代替日常膳食；不得对食用者 / 特定人群产生急性、亚急性或长期慢性危害（毒副作用）。保健食品一般不适用于婴儿食用，具有功能声称的保健食品均需要注明婴幼儿不宜[10]。

2.1.3 普通食品

在管理方式方面，基于《食品安全法》的规定，特殊医学用途配方食品应当经国务院食品安全监督管理部门注册，保健食品应当根据具体情况或类别经相应的食品安全监督管理部门注册或备案，而普通食品依法取得许可即可进行生产经营[5]。

2.2 产品的定义

特殊医学用途配方食品、保健食品和普通食品的适用目标人群和分类明显不同。在特殊医学用途配方食品标准（GB 25596—2010 和 GB 29922—2013）[6, 9]、保健食品标准（GB 16740—2014）[10] 和普通食品相关的标准（GB/T 15091—1994）[14] 中对各自的产品均给出了明确定义。

2.2.1 特殊医学用途配方食品

2.2.1.1《食品安全国家标准　特殊医学用途婴儿配方食品通则》（GB 25596—2010）

适用于 0 ～ 12 月龄婴儿的特殊医学用途婴儿配方食品，是针对患有特殊紊乱、疾病或医疗状况等特殊医学状况婴儿的营养需求而设计制成的粉状或液态配方食品。在医生或临床营养师的指导下，单独食用或与其他食物配合食用时，其能量和营养成分能够满足 0 ～ 6 月龄特殊医学状况婴儿的生长发育需求。

2.2.1.2《食品安全国家标准　特殊医学用途配方食品通则》（GB 29922—2013）

适用于 1 岁以上人群的特殊医学用途配方食品，包括全营养配方食品、特定全营养配方食品和非全营养配方食品。该类产品是为了满足进食受限、消化吸收障碍、代谢紊乱或特定疾病状态人群对营养素或膳食的特殊需要，专门加工配制而成的配方食品，必须在医生或临床营养师指导下，单独食用或与其他食品配合食用。

2.2.2 保健食品

《食品安全国家标准　保健食品》（GB 16740—2014）中的第 2.1 条将保健食品定义为：声称并具有特定保健功能或者以补充维生素、矿物质为目的的食品。即适用于特定人群食用，具有调节机体功能，不以治疗疾病为目的，并且对人体不产生任何急性、亚急性或慢性危害的食品。

2.2.3 普通食品

国家标准《食品工业基本术语》（GB/T 15091—1994）中的第 2.1 条将“食品”定义为：可供人类食用或饮用的物质，包括加工食品、半成品和未加工食品，不包括烟草或只作药品用的物质。

总之，特殊医学用途配方食品的最突出的特点是能够单独或与其他食品配合使用，可为进食困难者提供充足的营养以维持生存，该类产品必须在医生或临床营养师的指导下食用；保健食品则是具有特定保健功能或者以补充矿物质和 / 或维生素为目的的食品；而普通食品的主要目的是为人类提供能量和营养素 / 营养成分，维持人体正常的新陈代谢。

2.3 使用原料的差异

根据我国特殊医学用途配方食品、保健食品和普通食品的管理办法，三者对产品使用的原料要求不同，而且存在形式也有明显差异。

2.3.1 特殊医学用途配方食品

特殊医学用途配方食品，特别是适用于特殊医学状况的婴儿配方食品，其中多种产品是目标人群的能量和主要营养素来源，甚至是生后 6 个月龄内婴儿的全部能量和营养素的来源。因此，原料的选择和使用直接影响产品的安全性、科学性、营养充足性以及临床喂养效果。由于不同疾病状态人群生理特征和医学状况不同，对原料的来源和执行标准有严格的要求。

一些成分复杂的原料，如按照传统既是食品又是中药材的物品，由于很难保证不会带入标准规定以外的生物活性物质或可能危害目标人群营养与健康的物质，则不能使用[6]。

2.3.2 保健食品

可用于保健食品的原料较为广泛，如可使用普通食品、既是食品又是药品的物品、可用于保健食品的维生素、矿物质和食用菌等。保健食品中的营养素补充剂是基于现代营养学和疾病预防科学研发的一类特殊食品，用于补充日常膳食摄入的微量营养素的不足（不以提供能量和宏量营养素为目的），其主要成分是维生素和矿物质；用于改善特定生理功能的保健食品的原料主要是一些动植物提取物、中草药、传统滋补品和某些微量营养素等。保健食品的配方设计主要是根据保健食品的法规要求，应具有科学依据，符合保健食品原料目录、安全和功能声称的要求，根据产品保健功能和市场需求等筛选设计配方[10, 15]。

2.3.3 普通食品

普通食品适用于正常人群，它们的主要作用是为人体提供能量、宏量营养素和微量营养素 / 营养成分，维持正常的机体新陈代谢过程，其产品配方所使用的原料可以是普通食品原料或按照传统既是食品又是中药材的物品（药食两用），也可以添加标准允许的在相应类别中使用的食品添加剂（GB 2760）和营养强化剂（GB 14880）。通常对普通食品的食用或饮用没有数量规定，对在正常条件下食用或饮用的普通食品也没有特别的要求。

2.4 其他区别

特殊医学用途配方食品与保健食品和普通食品的不同之处还表现在产品剂型、适宜人群与不适宜人群、食用量和产品的声称（标签和说明书）等方面（表 2-3）[6, 9, 10, 16]。

2.4.1 产品剂型 / 形态

2.4.1.1 特殊医学用途配方食品

根据 GB 25596—2010 和 GB 29922—2013 的规定，特殊医学用途配方食品的剂型可以是普通食品形态，应根据不同的临床需求和适用人群选择适宜的产品种类，并在医生或临床营养师指导下使用。特殊医学用途配方食品是以提供能量和营养素（营养支持）为目的，其配方组成包括蛋白质、脂肪、碳水化合物及各种维生素和矿物质等，所针对的人群是无法通过进食普通食品来满足自身营养需要的特殊医学或营养状态的人群，由医生或临床营养师根据患者具体情况调整食用量和食用方法（口服或管饲）以及持续时间，考虑到产品使用的依从性和膳食方式，其剂型多采用普通食品形态，如粉剂或液体等。

2.4.1.2 保健食品

保健食品的产品形态则与中药制剂的丸、丹、膏、散的形态较接近，其主要的产品形态多为小剂量浓缩形态，如片剂、胶囊、粉剂 / 颗粒剂、口服液等剂型。

2.4.1.3 普通食品

普通食品的形状则取决于传统食用习惯、文化与历史背景、民族、生活习惯、食物可及性等多方面。

2.4.2 适宜人群 / 不适宜人群

特殊医学用途配方食品是供特殊医学状况（特定疾病或对营养素有特殊需求）人群食用的配方食品，其每天食用量和持续时间，需要根据特殊状况个体来决定；保健食品所针对的特定人群多为需要补充维生素和 / 或矿物质或某些生理功能（如免疫力）低下的健康人群，需要根据其产品原料和批准的特定保健功能，规定适宜人群和不适宜人群；而普通食品则通常不需要规定适宜人群。

2.4.3 食用量与使用方法

特殊医学用途配方食品和保健食品均明确规定了每天食用量，特殊医学用途配方食品还规定“请在医生或临床营养师指导下使用”，可以单独食用或与其他食品配合食用；保健食品的用量限制较为严格，食用过量或使用不当可能会产生一定的安全问题；而普通食品则无规定用量。

2.4.4 产品说明

在产品标签和说明书中，特殊医学用途配方食品可规定该类产品适合的特殊医学状况；特殊医学用途配方食品和保健食品可以基于相关产品标准中标签规定的条款进行声称，而且在产品申报注册过程中，政府主管部门要对特殊医学用途配方食品和保健食品的声称（标签和说明书）进行审查。普通食品对营养成分的声称应符合相应的国标要求。

2.4.4.1 特殊医学用途配方食品

特殊医学用途配方食品的标签 / 说明书上应载明产品的配方特点、配方原理或营养学特征，包括对产品与适用人群疾病或医学状况的说明、产品中能量和营养成分的特征描述、配方原理的解释等。所以特殊医学用途配方食品的标签和说明书声称系基于适用人群的特殊医学状况及产品特性客观的说明。在对特殊医学用途配方食品的能量和营养成分进行含量声称或功能声称时，应符合 GB 13432 的相关规定。

2.4.4.2 保健食品

保健食品包括声称具有特定保健功能的保健食品和以补充维生素、矿物质等营养物质为目的的保健食品。保健食品强调的是其产品的特定保健功能。保健食品声称应符合保健食品声称的保健功能目录。

2.4.4.3 普通食品

普通食品的声称主要包括对特定原料的强调或对能量和营养成分的含量声称及功能声称。当在食品标签或说明书上强调一种或多种有价值、有特性的配料或成分，或对食品中的能量和营养成分进行含量声称或功能声称时，应符合 GB 7718 和 GB 28050 的相关规定。在适用人群、食用量和标签 / 说明书方面，特殊医学用途配方食品、保健食品和普通食品的比较见表 2-3。

表 2-3 特殊医学用途配方食品、保健食品和普通食品的比较（二）

类别	适宜人群 / 不适宜人群	食用量	标签 / 说明书
FSMP①	明确	在医生指导下使用	注册审查声称
保健食品	明确	明确规定	注册审查声称，符合保健食品声称的保健功能目录
普通食品	不需要	无规定	符合 GB 7718 和 GB 28050

① FSMP 即特殊医学用途配方食品。

2.5 展望

与发达国家相比，我国特殊医学用途配方食品的发展尚处于起步阶段，存在的问题大致有：目前获得产品注册许可并上市销售的产品种类和数量还很少，产品从注册受理到获得许可耗时较长；相对于复杂多样的特殊医学状况需求的人群，目前可在临床应用的特殊医学用途配方食品的品牌和种类十分有限，无法满足一些相关疾病患者临床营养支持和治疗的需要；医疗系统进入渠道不畅，消费者使用受限[7]；消费者对特殊医学用途配方食品的认知也有限。

因此，应针对以上存在的问题，逐渐完善我国特殊医学用途配方食品的法规标准体系，包括产品标准、检测标准、原辅料标准、注册许可办法等；规范该类产品的医疗系统进入渠道，方便临床应用；加大特殊医学用途配方食品科学使用的宣传，提高临床医师、管理部门人员和消费者的认知度；加强特殊医学用途配方食品的专业人才队伍建设，提高特殊医学用途配方食品的质量，增加适用种类，满足不同医学状况人群的特殊医学需求等。

（董彩霞，郑添添，荫士安，方冰，付萍）

参考文献

[1] Han Y Y, Lai S R, Partridge J S, et al. The clinical and economic impact of the use of diabetes-specific enteral formula on ICU patients with type 2 diabetes. Clin Nutr, 2017, 36(6): 1567-1572.

[2] 但操，廖坚松．肠道恶性肿瘤术后早期肠内营养的临床应用．中国实用医药，2020, 15(18): 58-60.

[3] 刘端绘，莫毅，陈泽宇，等．含 ω-3 多不饱和脂肪酸早期肠内营养对老年重症肺炎患者机械通气时间与炎性因子及免疫功能的影响．中国临床保健杂志，2021, 24(1): 80-84.

[4] 中华医学会肠外肠内营养学分会，中国医药教育协会加速康复外科专业委员会．加速康复外科围术期营养支持中国专家共识（2019 版）．中华消化外科杂志，2019, 18(10): 897-902.

[5] 全国人民代表大会常务委员会．中华人民共和国食品安全法．[2015-04-24].

[6] 中华人民共和国国家卫生和计划生育委员会．GB 29922—2013 食品安全国家标准　特殊医学用途配方食品通则．2013.

[7] 中国营养保健食品协会．中国特殊食品产业发展蓝皮书．北京：中国健康传媒集团，中国医药科技出版社，2021.

[8] 杨钰莹．普通食品与保健食品的对比识别．现代食品，2021(9): 91-93.

[9] 中华人民共和国卫生部．食品安全国家标准　特殊医学用途婴儿配方食品通则：GB 25596—2010. [2010-12-21].

[10] 中华人民共和国国家卫生和计划生育委员会．食品安全国家标准　保健食品：GB 16740—2014. [2014-12-24].

[11] 中华人民共和国国家卫生和计划生育委员会．食品安全国家标准　特殊医学用途配方食品良好生产规范：GB 29923—2013．[2013-12-26].

[12] 中华人民共和国卫生部．保健食品良好生产规范：GB 17405—1998．[1998-05-05].

[13] 中华人民共和国卫生部．食品安全国家标准　预包装食品标签通则：GB 7718—2011．[2011-04-20].

[14] 国家技术监督局．食品工业基本术语：GB/T 15091—94．[1994-06-03].

[15] 国家食品药品监督管理总局．国家食品药品监督管理总局令第 22 号 保健食品注册与备案管理办法. [2016-02-26].

[16] 国家食品药品监督管理局．关于印发《营养素补充剂申报与审评规定（试行）》等 8 个相关规定的通告（国食药监注 [2005]202 号）．[2005-05-20].

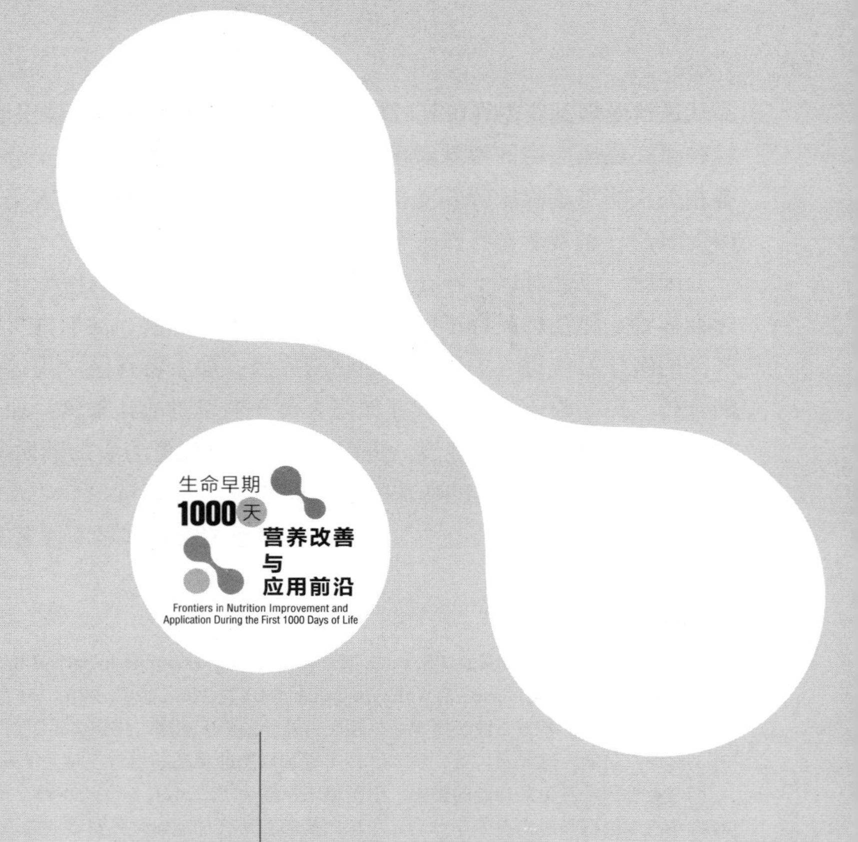

特殊医学状况婴幼儿配方食品

Formulas for Special Medical Purposes Intended for Infants and Young Children

第3章

中国特殊医学用途配方食品相关法规概述

虽然特殊医学用途配方食品进入我国市场已有30多年，但是其发展仍然严重滞后，这主要与我国关于特殊医学用途配方食品的法规缺失或不完善有关[1]。我国于2015年10月1日正式实施的《中华人民共和国食品安全法》(2021年修正)(以下简称《食品安全法》)第八十条规定了我国“特殊医学用途配方食品应当经国务院食品安全监督管理部门注册”，这为我国特殊医学用途配方食品的管理提供了法律依据，同时也明确了我国特殊医学用途配方食品的管理部门[2]。之后又经过几年的努力和多部门的协调，同时参考国际上和发达国家的经验，我国又陆续出台和发布了特殊医学用途配方食品相关标准、注册与生产的管理文件(办法)等，为该类产品的注册、生产、销售和监管等提供了法规依据。目前我国已经建立并逐步完善的具有中国特色的特殊医学用途配方食品标准体系和注册管理法规框架体系见表3-1和图3-1。

表 3-1 我国特殊医学用途配方食品管理相关法规

名称	类别	实施时间	发布部门	主要内容
《中华人民共和国食品安全法》	法规	2015.10.01	全国人民代表大会常务委员会	明确了特殊食品的管理要求，特殊医学用途配方食品应当经国务院食品安全监督管理部门注册，注册时应当提交产品配方、生产工艺、标签、说明书以及表明产品安全性、营养充足性和特殊医学用途临床效果的材料
《中华人民共和国食品安全法实施条例》	法规	2019.12.01	国务院	规定了特殊医学用途配方食品的检验要求，以及特定全营养配方食品的经营、发布广告要求
《特殊医学用途配方食品注册管理办法》	法规	2016.07.01	国家食品药品监督管理总局	规范在中华人民共和国境内生产销售和进口的特殊医学用途配方食品的注册行为
《特殊医学用途配方食品注册申请材料项目与要求（试行）（2017 修订版）》	法规	2017.09.05	国家食品药品监督管理总局	规定了特殊医学用途配方食品注册申请材料应符合的要求
《特殊医学用途配方食品稳定性研究要求（试行）（2017 修订版）》	法规	2017.09.05	国家食品药品监督管理总局	指导在中华人民共和国境内申请注册的特殊医学用途配方食品稳定性研究工作
《特殊医学用途配方食品注册生产企业现场核查要点及判断原则（试行）》	法规	2016.07.13	国家食品药品监督管理总局	规定了特殊医学用途配方食品注册生产企业现场核查时的要点及判断原则
《特殊医学用途配方食品标签、说明书样稿要求（试行）》	法规	2016.07.14	国家食品药品监督管理总局	规定了特殊医学用途配方食品标签、说明书样稿应符合的要求
《特殊医学用途配方食品临床试验质量管理规范（试行）》	法规	2016.10.13	国家食品药品监督管理总局	对特殊医学用途配方食品临床试验研究全过程进行规定
《市场监管总局办公厅关于特殊医学用途配方食品变更注册后产品配方和标签更替问题的复函》	文函	2020.03.16	国家市场监督管理总局	明确了特殊医学用途配方食品变更注册后产品配方和标签更替的相关要求
《特定全营养配方食品临床试验技术指导原则 糖尿病》《特定全营养配方食品临床试验技术指导原则 肾病》《特定全营养配方食品临床试验技术指导原则 肿瘤》	指导文件	2019.10.11	国家市场监督管理总局	明确了糖尿病、肾病、肿瘤特定全营养配方食品临床试验相关要求
《特殊医学用途配方食品生产许可审查细则》	法规	2019.02.01	国家市场监督管理总局	明确了特殊医学用途配方食品生产许可审查时的相关要求

续表

名称	类别	实施时间	发布部门	主要内容
《药品、医疗器械、保健食品、特殊医学用途配方食品广告审查管理暂行办法》	法规	2020.03.01	国家市场监督管理总局	规定了特殊医学用途配方食品广告审查相关要求
《特殊医学用途配方食品标识指南》	指导性文件	2022.12.28	国家市场监督管理总局	规定特殊医学用途配方食品标签、说明书的标识

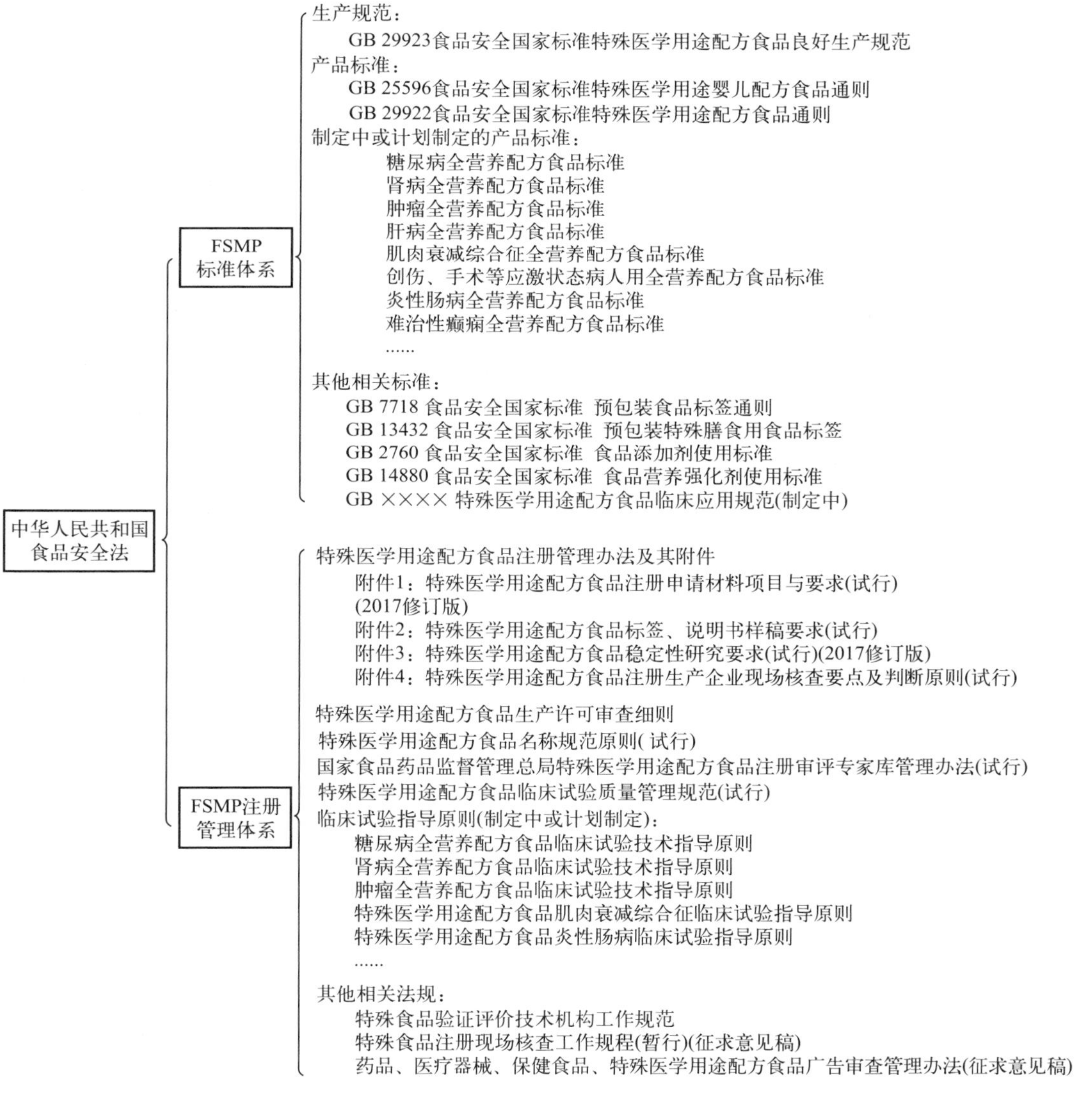

中华人民共和国食品安全法

- FSMP标准体系
  - 生产规范：
    - GB 29923食品安全国家标准特殊医学用途配方食品良好生产规范
  - 产品标准：
    - GB 25596食品安全国家标准特殊医学用途婴儿配方食品通则
    - GB 29922食品安全国家标准特殊医学用途配方食品通则
  - 制定中或计划制定的产品标准：
    - 糖尿病全营养配方食品标准
    - 肾病全营养配方食品标准
    - 肿瘤全营养配方食品标准
    - 肝病全营养配方食品标准
    - 肌肉衰减综合征全营养配方食品标准
    - 创伤、手术等应激状态病人用全营养配方食品标准
    - 炎性肠病全营养配方食品标准
    - 难治性癫痫全营养配方食品标准
    - ......
  - 其他相关标准：
    - GB 7718 食品安全国家标准 预包装食品标签通则
    - GB 13432 食品安全国家标准 预包装特殊膳食用食品标签
    - GB 2760 食品安全国家标准 食品添加剂使用标准
    - GB 14880 食品安全国家标准 食品营养强化剂使用标准
    - GB ×××× 特殊医学用途配方食品临床应用规范(制定中)
- FSMP注册管理体系
  - 特殊医学用途配方食品注册管理办法及其附件
    - 附件1：特殊医学用途配方食品注册申请材料项目与要求(试行)(2017修订版)
    - 附件2：特殊医学用途配方食品标签、说明书样稿要求(试行)
    - 附件3：特殊医学用途配方食品稳定性研究要求(试行)(2017修订版)
    - 附件4：特殊医学用途配方食品注册生产企业现场核查要点及判断原则(试行)
  - 特殊医学用途配方食品生产许可审查细则
  - 特殊医学用途配方食品名称规范原则(试行)
  - 国家食品药品监督管理总局特殊医学用途配方食品注册审评专家库管理办法(试行)
  - 特殊医学用途配方食品临床试验质量管理规范(试行)
  - 临床试验指导原则(制定中或计划制定)：
    - 糖尿病全营养配方食品临床试验技术指导原则
    - 肾病全营养配方食品临床试验技术指导原则
    - 肿瘤全营养配方食品临床试验技术指导原则
    - 特殊医学用途配方食品肌肉衰减综合征临床试验指导原则
    - 特殊医学用途配方食品炎性肠病临床试验指导原则
    - ......
  - 其他相关法规：
    - 特殊食品验证评价技术机构工作规范
    - 特殊食品注册现场核查工作规程(暂行)(征求意见稿)
    - 药品、医疗器械、保健食品、特殊医学用途配方食品广告审查管理办法(征求意见稿)

图 3-1　我国特殊医学用途配方食品法规标准体系

3.1 国家法律规定

在2015年之前，我国的特殊医学用途配方食品一直作为药品进行管理，然而其实质是食品，产品基本不具有/也不能声称治疗功能，主要目的是为有特殊医学需求的人群提供营养支持。因此按照我国的药品注册程序，特殊医学用途配方食品在许多方面还无法满足要求，而且国内产品也面临着没有标准无法进行生产和监管等诸多问题，致使国外已经有很长使用历史并且临床使用证明效果良好的产品无法服务我国的消费者，严重影响了特殊医学用途配方食品产业在我国的发展。

2015年10月1日开始实施的《食品安全法》[2]，对特殊医学用途配方食品（简称特医食品）的监督管理、产品注册、生产以及市场监督管理等做出了明确规定，具体内容表现在：

（1）第七十四条，国家对保健食品、特殊医学用途配方食品和婴幼儿配方食品等特殊食品实行严格监督管理。

（2）第八十条，特殊医学用途配方食品应当经国务院食品药品监督管理部门注册。注册时，应当提交产品配方、生产工艺、标签、说明书以及表明产品安全性、营养充足性和特殊医学用途临床效果的材料。

特殊医学用途配方食品广告适用《中华人民共和国广告法》和其他法律、行政法规关于药品广告管理的规定。

（3）第八十二条，保健食品、特殊医学用途配方食品、婴幼儿配方乳粉的注册人或者备案人应当对其提交材料的真实性负责。

省级以上人民政府食品药品监督管理部门应当及时公布注册或者备案的保健食品、特殊医学用途配方食品、婴幼儿配方乳粉目录，并对注册或者备案中获知的企业商业秘密予以保密。

保健食品、特殊医学用途配方食品、婴幼儿配方乳粉生产企业应当按照注册或者备案的产品配方、生产工艺等技术要求组织生产。

（4）第八十三条，生产保健食品、特殊医学用途配方食品、婴幼儿配方食品和其他专供特定人群的主辅食品的企业，应当按照良好生产规范的要求建立与所生产食品相适应的生产质量管理体系，定期对该体系的运行情况进行自查，保证其有效运行，并向所在地县级人民政府食品药品监督管理部门提交自查报告。

2015年修订通过的《食品安全法》将特医食品纳入特殊食品类别，与婴幼儿配方食品和保健食品一样国家实施严格的注册管理，管理机构框架体系如图3-2

所示，列出了国家食品安全法框架下各部门的分工和职能。目前我国特医食品管理机构涉及国家市场监督管理总局、国家卫生健康委员会、海关总署和各省、自治区、直辖市的市场监管部门等。

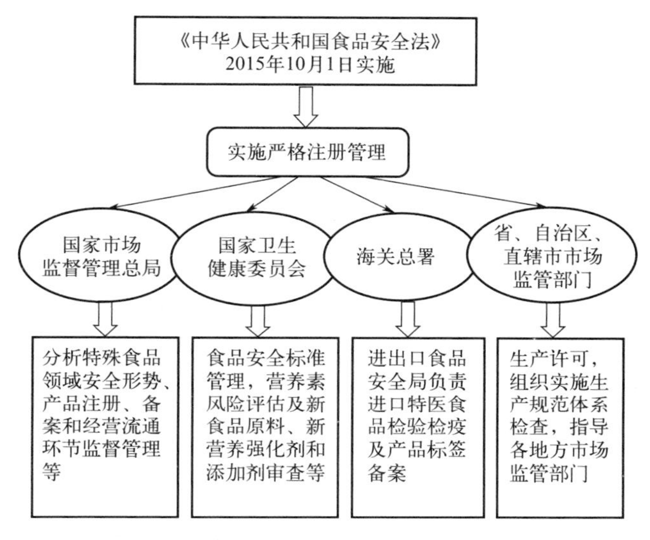

图 3-2　我国特医食品管理机构框架体系

3.2　部门规章

为贯彻落实《食品安全法》，保障特定疾病人群的膳食安全，进一步规范特殊医学用途配方食品监管，2016 年国家食品药品监督管理总局出台了《特殊医学用途配方食品注册管理办法》(国家食品药品监督管理总局令第 24 号)[3]。为保证《特殊医学用途配方食品注册管理办法》的顺利实施，规范特殊医学用途配方食品注册管理过程，逐步完善特殊医学用途配方食品监管体系，国家市场监督管理总局制定和发布了一系列相关法规（参见表 3-1），其中包括《特殊医学用途配方食品注册管理办法》相关配套文件（2016 年第 123 号）：

（1）《特殊医学用途配方食品注册申请材料项目与要求（试行)》，2017 年 9 月 6 日修订版《特殊医学用途配方食品注册申请材料项目与要求（试行)(2017 修订版)》；

（2）《特殊医学用途配方食品标签、说明书样稿要求（试行)》；

（3）《特殊医学用途配方食品稳定性研究要求（试行)》，2017 年 9 月 6 日修订版《特殊医学用途配方食品稳定性研究要求（试行）（2017修订版）》（2017年第108号）；

（4）《特殊医学用途配方食品注册生产企业现场核查要点及判断原则（试行）》。

同期，国家市场监督管理总局继续开展相关文件的制定工作并陆续发布了一系列文件指南，包括特殊医学用途配方食品的生产许可审查细则、名称规范原则、审评专家库管理办法、临床试验质量管理规范、临床试验技术指导原则以及2022年12月发布的《特殊医学用途配方食品标识指南》等。

由于特殊医学用途配方食品在我国一直是以肠内营养制剂的名称按照药品进行管理的，在2015年10月1日起实施的《食品安全法》明确了特殊医学用途配方食品的“食品”身份，并确定对其实施注册管理制之前，没有专门的法规来对特殊医学用途配方食品进行监管，因此，目前大部分法规还在制定中，或者是以试行的形式出现（参见表3-1）。相信随着我国特殊医学用途配方食品产业发展的进步以及行业监管经验的不断丰富，我国特殊医学用途配方食品的法规和标准体系会持续发展并不断完善。

3.3 相关标准

除了以上提到的特殊医学用途配方食品注册管理相关法规文件外，该类产品的注册和生产销售还应符合如下相关标准的规定。

3.3.1 产品标准

（1）GB 25596—2010《食品安全国家标准　特殊医学用途婴儿配方食品通则》，适用于0～12月龄婴儿的特殊医学用途婴儿配方食品。2012年中华人民共和国卫生部发布了GB 25596—2010标准配套的问答，对该标准的部分内容做出解释，以指导该标准的实施。

（2）GB 29922—2013《食品安全国家标准　特殊医学用途配方食品通则》，适用于1岁以上人群的特殊医学用途配方食品，包括：①全营养配方食品，适用于1～10岁/10岁以上人群，作为单一营养来源，满足目标人群在特定疾病或医学状况下的营养需求；②特定全营养配方食品，附录列出13种；③非全营养配方食品，可满足目标人群部分营养需求。2015年国家卫生和计划生育委员会发布了GB 29922—2013的配套问答，对该标准的部分内容做出解释，以指导该标准的实施。

3.3.2 良好生产规范

GB 29923—2013《食品安全国家标准　特殊医学用途配方食品良好生产规范》，适用于特殊医学用途配方食品和特殊医学用途婴儿配方食品的生产企业，规定了特殊医学用途配方食品生产过程中的原料采购、加工、包装、贮存和运输等各环节的场所、设施、人员的基本要求和管理准则。

在2019年之前，由于没有配套的特殊医学用途配方食品生产许可审查细则，国内绝大部分生产企业仍无法取得生产许可。2019年1月29日国家市场监督管理总局发布了《特殊医学用途配方食品生产许可审查细则》，从此，我国的特殊医学用途配方食品生产便有法可依，特殊医学用途配方食品产业的发展向前迈进了一大步。

3.3.3 其他相关标准

特殊医学用途配方食品中使用添加剂和营养强化剂应符合食品添加剂（GB 2760）和营养强化剂（GB 14880）的规定。对适用于1～10岁人群的产品中的食品添加剂可参照GB 2760中婴幼儿配方食品中允许的添加剂种类和使用量，适用于10岁以上人群的产品中的食品添加剂的使用可参照GB 2760中相同或相近产品中允许使用的添加剂种类和使用量；添加的营养强化剂的种类和用量必须要符合国家食品安全标准中关于营养强化剂使用（GB 14880）的规定。

在设计产品配方时，应根据相应产品标准要求，对产品中的营养素含量进行确定和调整，并应在熟悉和了解相关医学营养学最新进展的基础上，科学地进行调整。对于特定全营养配方食品和非全营养配方食品，其配方设计还应符合特定疾病类型目标人群的营养特殊需求，确保该类产品可以起到为目标人群提供适宜的营养支持以及改善生活质量的作用。

3.4 配套文件或规范性文件

在我国特殊医学用途配方食品种类中，特殊医学用途婴儿配方食品、全营养配方食品和营养组件配方食品的配套文件或规范性文件也在逐渐完善，并且有些产品已经获得注册和上市销售，然而关于13种特定全营养配方食品的配套文件或规范性文件仍待制定发布，目前仅有两个相关的文件（试行）发布，即《特殊医学用途配方食品临床试验质量管理规范（试行）》[4]和《特定全营养配方食品临床

试验技术指导原则　糖尿病》《特定全营养配方食品临床试验技术指导原则　肾病》《特定全营养配方食品临床试验技术指导原则　肿瘤》[5]，这在一定程度上制约了该类产品的发展和特殊医学状况消费者的使用。同时还需要全面评价这些特定疾病状况下疾病的复杂性和现行特定全营养配方食品技术指标的适用性以及调整的必要性[6]。

3.5 展望

目前我国特殊医学用途配方食品相关标准缺失是严重制约该行业发展的瓶颈，例如特殊医学用途婴儿配方食品目前仅有 6 类产品、特定全营养也仅限 13 种（而且大部分缺少临床试验细则），而特殊医学状况不仅仅局限于此；国外很多临床研究试验证明可用于特殊医学用途配方食品的原料，受限于我国尚无相关标准而难以应用。因此，除了需要完善现有类别的产品审评细则外，还需要通过修订现有的标准，包括注册许可相关管理办法、产品标准、原辅料标准、检测相关标准等，进一步拓宽我国特殊医学用途配方食品的类别；而且应逐步建立与国际接轨的、完善的相关配套的具有中国特色的标准体系，规范特殊医学用途配方食品的注册许可和市场销售流程，为我国特殊医学用途配方食品产业健康发展提供法律保障。

（郑添添，董彩霞，赵学军，方冰，付萍）

参考文献

[1] 中国营养保健食品协会．中国特殊食品产业发展蓝皮书．北京：中国健康传媒集团，中国医药科技出版社，2021.

[2] 全国人大常委会．中华人民共和国食品安全法．北京：中国法制出版社，2015.

[3] 国家食品药品监督管理总局．特殊医学用途配方食品注册管理办法．2016.

[4] 国家食品药品监督管理总局．特殊医学用途配方食品临床试验质量管理规范（试行）．2016.

[5] 国家市场监督管理总局．特定全营养配方食品临床试验技术指导原则　糖尿病，特定全营养配方食品临床试验技术指导原则　肾病，特定全营养配方食品临床试验技术指导原则　肿瘤．2019.

[6] 中华人民共和国国家卫生和计划生育委员会．GB 29922—2013 食品安全国家标准 特殊医学用途配方食品通则．2013.

第 4 章

特殊医学用途婴儿配方食品相关法规

我国在 2010 年之前的有关于婴儿配方食品的标准有《婴儿配方乳粉 Ⅰ》(GB 10765—1997)、《婴儿配方乳粉 Ⅱ、Ⅲ》(GB 10766—1997) 和《婴幼儿配方粉及婴幼儿补充谷粉通用技术条件》(GB 10767—1997)，这些标准主要针对的是普通婴儿配方食品 (乳粉)，不适合患有特殊医学疾病或医学状况的婴儿。随着消费者对特殊医学用途婴幼儿配方食品的认识程度逐渐加深，对特殊医学用途婴儿配方食品的需求量也随之增加，为了规范这一行业的发展，在 2010 年发布的新修订系列婴儿配方食品标准中，基于国际组织相关法规，我国增加了《食品安全国家标准　特殊医学用途婴儿配方食品通则》(GB 25596—2010)，以利于我国对特殊医学用途婴儿配方食品进行监督管理。

4.1 中国特殊医学用途婴儿配方食品与其他食品的区别

特殊医学用途配方食品（以下简称“特医食品”）在中国境内的商业经营活动，如同其他商业经营活动一样，都要遵守我国的法律法规。我们所说的在中国境内经营的特殊医学用途配方食品或“特医食品”通常包含了“特殊医学用途婴儿配方食品”（GB 25596—2010《食品安全国家标准　特殊医学用途婴儿配方食品通则》）和“特殊医学用途配方食品”（GB 29922—2013《食品安全国家标准　特殊医学用途配方食品通则》）两大类产品。而且这两大类产品的类别归属《中华人民共和国食品安全法》中的特殊食品，本章节将针对特医食品法规进行介绍。

4.1.1 传统食品与特殊食品

2021 年我国修正发布的 2015 年版《食品安全法》中（第一百五十条）的食品定义是：“食品，指各种供人食用或者饮用的成品和原料以及按照传统既是食品又是中药材的物品，但是不包括以治疗为目的的物品。”从这个定义出发，可将食品和以治疗为目的的物品做出严格区分，即：即使某一物品既是食品也是中药材，但如果其使用的目的是达到治病的效果，则可以判定这个物品不是食品。传统食品与特殊食品的区别如图 4-1 所示。

食品
- 传统食品(traditional foods)
  - 广义地讲，传统食品指的是已经跨越了数代的食品——历史悠久或有较长存在周期、区域性。
  - 真正意义上的传统食品的本质特征是食品价值的变异性(制作程序的特性)、进化性和直接感知性。
  - 特点：历史性、地域性、传统性、多样性、文化性
- 特殊食品(special foods)
  - 特殊(膳食用)食品指的是针对特定人群的特殊营养需求而专门加工或配方的食品，用于满足特殊身体或生理状况和/或满足疾病、紊乱等状态下的特殊膳食需要。
  - 特点：特定人群、特殊营养需要、配方食品

图 4-1　传统食品与特殊食品的区别

《食品安全法》除了对食品给予了明确定义，还提及需要特别关注的食品种类，例如特殊食品相关的内容包括：

（1）第二十六条第三款、第六十七条、第七十四条、第八十一至八十三条、第一百零九条第一款、第一百二十四条第六款和第一百二十六条第九款规定了婴幼儿和其他特定人群的主辅食品相关内容；

（2）第三十四条第十一款、第六十七条、第九十七条、第一百二十五条第二款和第一百五十条规定了与包装形式有关的预包装食品相关内容；

（3）第七十四条、第八十条、第八十二条、第八十三条、第一百二十四条第六款规定了特殊医学用途配方食品相关内容。

因此，我国给予了特殊医学用途配方食品独特的法律地位，与其他食品类别有明确区分。

4.1.2 特殊医学用途婴儿配方食品与特殊医学用途配方食品

特殊医学用途婴儿配方食品虽未在《食品安全法》中单列，但是根据相关国家食品安全标准的规定，即

（1）《食品安全国家标准　特殊医学用途婴儿配方食品通则》（GB 25596—2010）3.2 中特殊医学用途婴儿配方食品的定义："针对患有特殊紊乱、疾病或医疗状况等特殊医学状况婴儿的营养需求而设计制成的粉状或液态配方食品。在医生或临床营养师的指导下，单独食用或与其他食物配合食用时，其能量和营养成分能够满足 0 月龄～ 6 月龄特殊医学状况婴儿的生长发育需求。"[1]

（2）《食品安全国家标准　特殊医学用途配方食品通则》（GB 29922—2013）第二条第一款中特殊医学用途配方食品的定义："为了满足进食受限、消化吸收障碍、代谢紊乱或特定疾病状态人群对营养素或膳食的特殊需要，专门加工配制而成的配方食品。该类产品必须在医生或临床营养师指导下，单独食用或与其他食品配合食用。"[2]

因此"特医食品"应该是涵盖了 GB 25596—2010 和 GB 29922—2013 两个标准所指的食品类别，覆盖全生命周期绝大多数特殊医学状况下所需的特殊医学用途配方食品。

根据《食品安全法》第七十四条的规定："国家对保健食品、特殊医学用途配方食品和婴幼儿配方食品等特殊食品实行严格监督管理。"这从食品分类的角度把上述三类产品归入"特殊食品"这一大类，也就是说，我们可以简单地理解为《食品安全法》按照食品安全监督管理的要求，把在中国市场上营销的食品大致分作普通食品和特殊食品两大类，在特殊食品这一大分类中，又包括保健食品、特殊医学用途配方食品和婴幼儿配方食品三大类。《食品安全国家标准　预包装特殊膳食用食品标签》（GB 13432—2013）2.1 中有关于特殊膳食用食品的定义为："为满足特殊的身体或生理状况和（或）满足疾病、紊乱等状态下的特殊膳食需求，专门加工或配方的食品。"[3] 这里有必要将"特殊食品"与 GB 13432—2013 中的"特殊膳食用食品"之间的关系做一讨论（图 4-2）。

在特殊食品中，基于《食品安全国家标准　食品营养强化剂使用标准》（GB 14880—2012），特殊膳食用食品 13.0（食品分类号）中包括 13.01 婴幼儿配方食品、13.01.01 婴儿配方食品、13.01.02 较大婴儿和幼儿配方食品、13.01.03 特殊医学用途婴儿配方食品；13.02 婴幼儿辅助食品、13.02.01 婴幼儿谷类辅助食品、13.02.02 婴幼儿罐装辅助食品；13.03 特殊医学用途配方食品（13.01 中涉及品种除外）；13.04 低能量配方食品；13.05 除 13.01 ～ 13.04 外的其他特殊膳食用食品[4]。

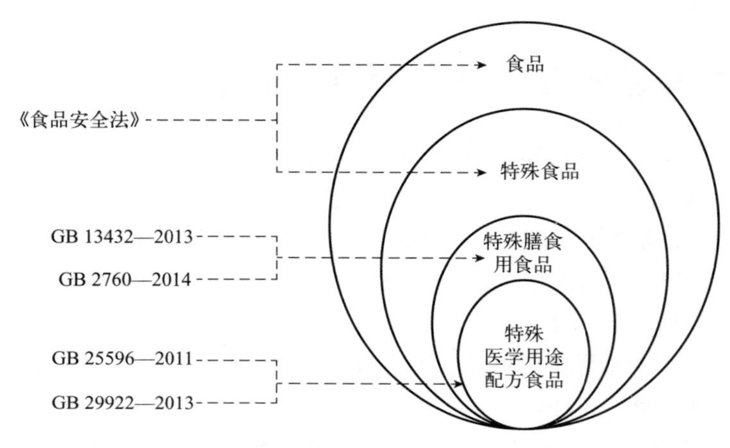

图 4-2　我国食品分类法规框架示意图

4.1.3　特殊食品与特殊膳食用食品

“特殊食品”与“特殊膳食用食品”涉及食品研发、生产及营销过程中的设计原则、原材料应用以及营销宣传等多方面。《食品安全法》、GB 13432—2013 和《食品安全国家标准　食品添加剂使用标准》（GB 2760—2014）中均对此有明确规定。我们已知《食品安全法》中的特殊食品包括保健食品、特殊医学用途配方食品和婴幼儿配方食品；GB 13432—2013 中 2.1 给出了特殊膳食用食品的定义，该定义明确涵盖了《食品安全法》中提到的“婴幼儿和其他特定人群的主辅食品”和“特殊医学用途配方食品”。同时 GB 13432—2013 中附录 A 也明确给出了下辖的特殊膳食用食品的分类，特殊膳食用食品的类别主要包括：

① 婴幼儿配方食品

a. 婴儿配方食品；

b. 较大婴儿和幼儿配方食品；

c. 特殊医学用途婴儿配方食品。

② 婴幼儿辅助食品

a. 婴幼儿谷类辅助食品；

b. 婴幼儿罐装辅助食品。

③ 特殊医学用途配方食品（特殊医学用途婴儿配方食品涉及的品种除外）。

④ 除上述类别外的其他特殊膳食用食品（包括辅食营养补充品、运动营养食品以及其他具有相应国家标准的特殊膳食用食品）[3]。

在 GB 2760—2014 的附录 E 食品分类系统第 13 类中也给出了特殊膳食用食品的细目，前文已介绍，这里不再赘述。

基于以上的法规定义，我们可以知道“特殊食品”涵盖“特殊膳食用食品”，而“特殊膳食用食品”又涵盖“特殊医学用途婴儿配方食品”和“特殊医学用途配方食品”。

图 4-3 是对以上标准法规的梳理总结，本书所提到的“特医食品”涵盖“特

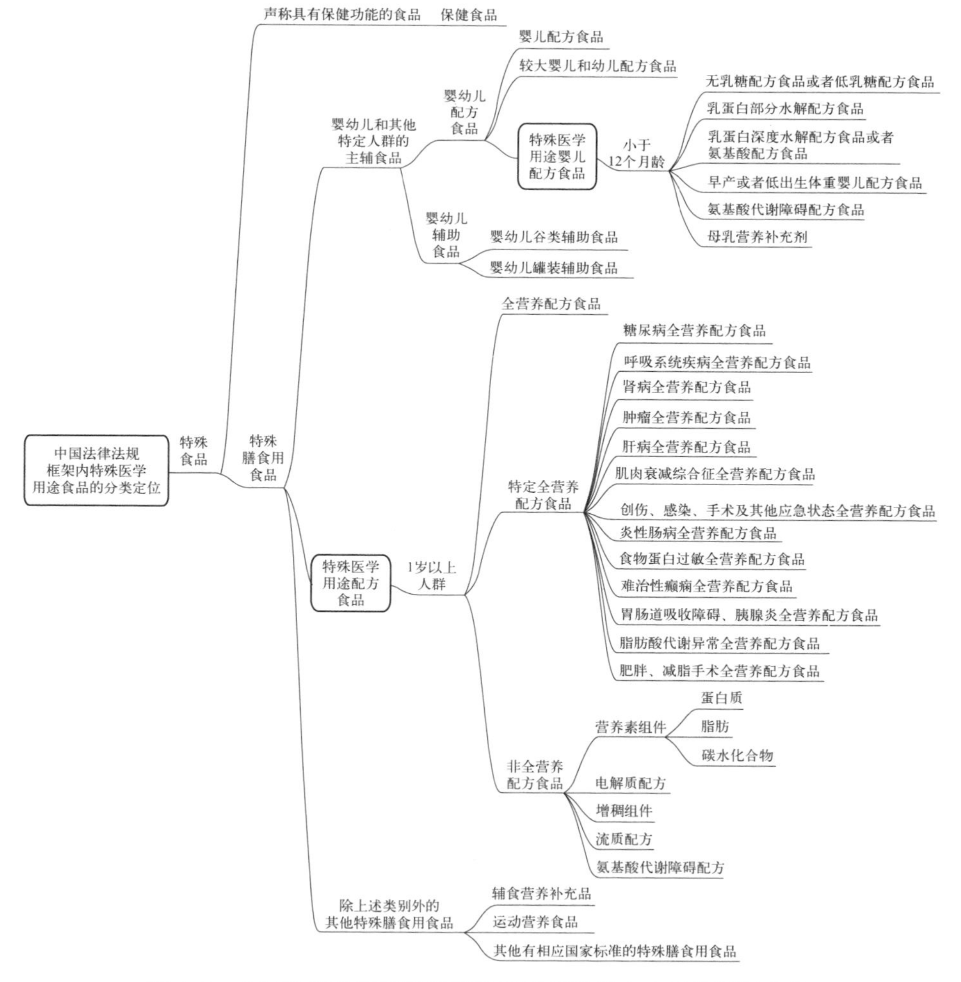

图 4-3　中国法律法规框架下特殊医学用途配方食品的详细分类

殊医学用途婴儿配方食品”和“特殊医学用途配方食品”，及其相应国家标准所规定的食品种类，同时也介绍了其相关的食品安全要求，产品研发设计、生产及营销宣传规范等。

4.1.4 特殊医学用途婴儿配方食品与婴幼儿配方乳粉

特殊医学用途婴儿配方食品为特殊医学用途配方食品中的一种，属于特殊食品，适用于患有特殊医学状况的婴儿。特殊医学用途婴儿配方食品与普通婴幼儿配方乳粉不同，特殊医学用途婴儿配方食品是针对特殊医学状况婴儿生长需要设计的食品，普通婴幼儿配方乳粉不能满足这类婴儿的营养需求或不适合食用[6]。特殊医学用途婴儿配方食品（GB 25596—2010）是针对1岁以下的患有特殊紊乱、疾病或医疗状况等特殊医学状况婴儿的营养需求而设计制成的粉状或液态配方食品。6月龄以上婴儿应配合添加辅食[1]。《食品安全国家标准　婴儿配方食品》和《食品安全国家标准　较大婴儿配方食品》等的相关规定为：婴幼儿配方乳粉（GB10765、GB10766和GB10767）属于特殊食品类别[7-9]。

4.2 中国特殊医学用途配方食品的相关法规

虽然我国特殊医学用途配方食品实行注册许可还不到十年，然而相关的法规已不断得到完善，推动了该产业健康发展，相关的法规可参见本书第3章。

4.3 国际组织及发达国家相关法规

特殊医学用途配方食品在国外发达国家和地区开发较早，其工业化营养产品的应用起源于欧洲。国际食品法典委员会（Codex Alimentarius Commission，CAC）在《特殊医用食品标签和声称法典标准》（CODEX STAN 180—1991）中，将这类食品命名为“特殊医用食品”，特殊医用食品指的是：为病人进行膳食管理并仅能在医生监督下使用的，经特殊加工或配制的，用于特殊膳食的一类食品[11]。全球很多国家针对特殊医学用途配方食品的法规标准是以CAC标准为基础建立的，各国对这类食品的命名略有不同，但定义和基本原则一致，即这类产品是食品，而非药品；为特殊制度或特殊配方；适用人群为特定疾病患者或医疗状况；须以医学和营养学为基础，并有科学依据证实产品的食用安全性和有效性[12-13]。

4.3.1 国际食品法典委员会

CAC 在《婴儿配方及特殊医用婴儿配方食品标准》（CODEX STAN 72—1981）SECTION B 部分规定，特殊医学用途婴儿配方食品标签标识应符合预包装食品标签的 CODEXSTAN 1—1985 和营养标签法典指南 CAC/GL 2—1986，声称应符合医用食品的标签和法典标准 CODEX STAN 180—1991 的标识要求，食品添加剂和营养强化剂、安全性指标等应符合普通婴儿配方食品其他标准要求。

4.3.2 美国

美国发布实施《联邦食品、药品和化妆品法案》和《婴儿配方食品法案》，为保护先天性代谢障碍、低出生体重及其他特殊医学或膳食问题的婴儿，联邦法案第 21 章 107 部分为这些婴儿所需要的配方食品制定了特别的豁免条款和管理规定。此类食品的相关标准要求均包括在普通婴儿配方食品相关规范中，根据特殊需要做出调整的食品，美国食品及药物管理局（FDA）要对这些食品进行评估。FDA 出台了对医用食品生产和进口的指导原则，包括生产、抽样、检验和判定等多项内容，规定在医用食品中添加新成分和新原料需要进行 GRAS（generally recognized as safe，一般公认为安全）评估；具体要求简略介绍如下：

婴幼儿配方食品标签标识的要求应符合联邦法案第 21 章 107.50 款的相关要求；对适用人群和描述产品特性的信息必须作为产品属性声明的一部分（联邦法案第 21 章 102.5 款）；对营养素含量声称应符合联邦法案第 21 章 101.13（q）（4）（i）款的要求；此外还要符合《婴儿配方食品良好生产规范》的要求。在食品添加剂、营养强化剂等方面没有特别规定。

4.3.3 欧盟

欧盟发布实施《欧盟通用食品法》（178/2002 号法规）。婴儿用特殊医学用途食品要符合《可用于婴幼儿、特殊医用食品和体重控制代餐类食品中的营养物质名单》（EU）609/2013；《婴幼儿配方食品的具体成分和信息要求以及关于婴幼儿喂养的信息要求》（EU）2016/127 中的特殊医学用途婴儿食品的规定从 2020 年 2 月 22 日实施；营养成分应基于普通婴儿和较大婴儿配方食品中的相应要求，为满足特殊状态下的营养需求可做调整；食品添加剂、酶制剂、食用香精、安全性指标等的管理与具体名单分别符合（EC）1333/2008、（EC）1332/2008、（EC）1334/2008、（EC）1881/2006、（EC）2073/2005 的规定。

（EU）No 609/2013 法规就婴幼儿配方食品及较大婴儿配方食品、加工谷物基食品及婴儿食品、特殊医疗用途食品和控制体重代餐等食品类别的组成及信息要求建立了通用规定，并就可添加至这些食品类别中的物质建立了一份联合目录及其更新规则。食品所适用的所有欧盟法律适用于本法规所覆盖食品类别，当有抵触时，本法规所述规定优先适用。

欧盟委员会于 2015 年 7 月 20 日之前就以上食品类别的组成、农药使用及残留、标签信息、市场准入，以及婴幼儿配方食品的促销及商业活动，婴幼儿及儿童喂养介绍、特殊医疗用途食品等具体要求，面向年龄较小孩子的乳基饮料及类似产品、面向运动人群的食品陆续发布具体法案。

4.3.4 澳大利亚 / 新西兰

澳新发布实施《澳新食品标准法案》和《澳新标准食品法典》。特殊用途婴儿配方食品应符合《食品安全国家标准　婴儿配方食品》（STANDARD2.9.1），特殊医学用途婴儿配方食品的技术要求在标准的第二部分。2017 年 4 月 7 日，澳新食品标准局修订澳新食品法典标准，附表 12 为营养标签格式，营养标签标准的主要内容包括营养标签的标注格式、每日摄入量要求、含咖啡因饮料的标注要求、婴幼儿食品的标注要求等。新标准已于 2017 年 4 月 13 日开始实施。

4.3.5 新加坡

新加坡发布 2013 年食品条例（修正案），该条例为新加坡食品销售法案的第 56 部分，此次修订主要包括以下几个方面的内容：

一是定义了幼儿的概念，特指 1 ～ 3 岁的儿童；二是新增加了 9 种食品添加剂，并规定了其在 69 类食品中的限量要求；三是规定了婴儿配方奶粉中聚葡萄糖的最大含量不得超过 0.2g/100mL，以及二甲基二碳酸盐使用量的清晰释义；四是规定了真菌毒素黄曲霉毒素 B_1、黄曲霉毒素 M_1、棒曲霉素在婴幼儿食品中的最大限量，以及三聚氰胺在婴儿配方食品及其他食品中的最大限量；五是修改了营养信息面板中营养素含量的单位等[14]。

4.4 展望

我国针对特殊医学用途婴儿配方食品已经建立了专门的食品安全国家标准体

系，明确该类产品可以根据适用人群的特定营养需求在普通婴儿配方食品的基础上对配方进行合理调整，规定了特殊医学用途婴儿配方食品的可选择性成分、目标使用人群、作用、使用方法、标签和声称的方式等内容。国际食品法典委员会、美国、欧盟和澳新（澳大利亚、新西兰）则是把特殊医学用途婴儿配方食品的监管要求，涵盖在普通婴儿配方食品相关的标准规范中，以单独章节或特殊条款进行陈述。通过比较国内、国外特殊医学用途婴儿配方食品标准，得出的基本结论是，我国已经形成较为完善的特殊医学用途（婴儿）配方食品标准体系，标准中规定的指标与 CAC 标准高度一致，且不低于欧盟和澳新的标准[15]。通过对特殊医学用途婴儿配方食品更加严格的监管，为我国特殊医学状况婴儿的健康提供了制度保障。

4.4.1 完善标准体系

进一步拓宽我国特殊医学用途婴儿配方食品的类别，满足更多特殊医学状况儿童的需求，迫切需要尽快制（修）订相关的产品标准，完善现行六类产品的特殊医学用途婴儿配方食品标准；有些产品国际上是按照普通食品中的婴儿配方食品进行管理，如无乳糖和低乳糖类婴儿配方食品、部分水解和深度水解婴儿配方食品，在我国的相关管理无形中消耗了大量行政许可和监管的资源；现行的产品注册审评细则也有待完善。

在注册审批时，应加强对产品标签、标识的管理，避免夸大和虚假宣传，通过客观、准确、有价值的标识信息，让使用者正确了解和正确使用特殊医学用途婴儿配方食品。

4.4.2 规范原辅料使用

特殊医学用途婴儿配方食品的配方涉及多种原辅料，由于标准制定相对滞后，有些原辅料的使用和检测方法缺乏相关的国家标准，应规范这些原辅料的使用，完善管理办法。

4.4.3 加强监管

上市前监管包括对特殊医学用途配方食品实施的注册制和生产经营许可制。应加强对市场销售产品的监管，保证特殊医学用途配方食品的食用安全有效，避免有些“打擦边球”的产品冒充特殊医学用途婴儿配方食品。完善特殊医学用途配方食品尤其是特殊医学用途婴儿配方食品相关从业人员的培养与评价体系，从行业认定、职称评审等多方面完善临床营养师队伍；食品监管部门要加强监管人员尤其是基层监管人员专业知识的教育培训。

4.4.4 加强科普宣传与知识普及

鼓励社会非政府组织（如学会、协会等）以合法形式开展消费者营养健康教育，通过各种传播途径强化特殊医学用途婴儿配方食品的科普宣传，促进生产企业从业人员、监管人员等更加准确地理解这类产品食品安全的重要性，提高医务工作者和消费者对该类产品的认知度，引导大众合理科学使用，保障特殊人群的生命安全。

（赵学军，荫士安，姜毓君，张宇，方冰，付萍）

参考文献

[1] 中华人民共和国卫生部．食品安全国家标准　特殊医学用途婴儿配方食品通则：GB 25596—2010．[2010-12-21].

[2] 中华人民共和国国家卫生和计划生育委员会．食品安全国家标准　特殊医学用途配方食品通则：GB 29922—2013．[2013-12-26].

[3] 中华人民共和国国家卫生和计划生育委员会．食品安全国家标准　预包装特殊膳食用食品标签：GB 13432—2013．[2013-12-26].

[4] 中华人民共和国卫生部．食品安全国家标准　食品营养强化剂使用标准：GB 14880—2012．[2012-03-15].

[5] 中华人民共和国国家卫生和计划生育委员会．食品安全国家标准　食品添加剂使用标准：GB 2760—2014．[2014-12-24].

[6] 李美英，邓少伟，李雅慧，等．我国特殊医学用途婴儿配方食品现状浅析．食品与生物技术学报，2021, 40(5): 104-111.

[7] 中华人民共和国国家卫生健康委员会，国家市场监督管理总局．食品安全国家标准　婴儿配方食品：GB 10765—2021．[2021-02-22].

[8] 中华人民共和国国家卫生健康委员会，国家市场监督管理总局．食品安全国家标准　较大婴儿配方食品：GB 10766—2021．[2021-02-22].

[9] 中华人民共和国国家卫生健康委员会，国家市场监督管理总局．食品安全国家标准　幼儿配方食品：GB 10767—2021．[2021-02-22].

[10] 国家市场监督管理总局．药品、医疗器械、保健食品、特殊医学用途配方食品广告审查管理暂行办法．(2019-12-28)[2020-07-11].

[11] 李湖中，孙大发，屈鹏峰，等．国内外特殊医学用途配方食品法规标准与安全管理对比分析．中国食物与营养，2020, 26(5): 29-34.

[12] 李美英，李雅慧，王星，等．浅析我国特殊医学用途配方食品监管概况．食品工业科技，2016, 37(18): 387-390.

[13] 崔玉涛．正确认识特殊医学用途配方食品．临床儿科杂志，2014, 32(9): 804-807.

[14] 国家市场监督管理总局．关于发布《特殊医学用途配方食品生产许可审查细则》的公告．(2019-01-29) [2020-07-11].

[15] 华家才，姜艳喜，黄强，等．国内外特殊医学用途婴儿配方食品标准分析．浙江科技学院学报，2014, 26(5): 371-378.

第 5 章

特殊医学用途婴儿配方食品的管理要求

婴儿配方食品是那些不能用母乳喂养婴儿的母乳替代品，但是每年我国出生约1000 万新生儿中，部分婴儿经历了特殊医学状况影响，如早产和低出生体重、乳蛋白过敏和 / 或乳糖不耐受、先天性遗传缺陷（如一种或多种氨基酸代谢障碍）等，对于这些婴儿不能完全用母乳喂养（如早产儿和低出生体重儿）或不能用普通婴儿配方食品喂养（如氨基酸代谢障碍）。因此，对于这部分新生儿，特殊医学用途婴儿配方食品是他们生命早期或相当长时间内赖以生存的主要食物来源。本章针对特殊医学用途婴幼儿配方食品的基本概念、管理要求和产品分类等方面进行详细介绍。

5.1 基本概念

母乳是婴儿最理想的食物，每个母亲都希望能自然喂养婴儿——大约 98% 的母亲在分娩后开始母乳喂养婴儿，然而，在婴儿出生后的第一个月，母乳喂养率急剧下降至 46%[1]。婴幼儿配方食品是某些无法实现母乳喂养的婴儿重要的甚至是唯一的营养物质来源。它提供了婴幼儿生长发育所必需的营养素，对婴幼儿的生长发育至关重要[2]。早在 1867 年，德国 Justu Von Liebing 发明了第一个以小麦为基础的商业婴儿配方食品。1915 年，美国 Gerstenberger 和 Colleagues 发明了第一个以乳为基础的婴儿配方食品。而我国婴儿配方食品的相关研究工作起步较晚，1954 年中国医学科学院卫生研究所最先提出了我国第一个以大豆为基础的婴儿配方食品。1979 年，黑龙江乳品工业研究所提出了第一个以牛乳为基础的婴儿配方食品，此后我国婴儿配方食品的研究与开发工作不断深入[3]。

据国家统计局每年发布的《国民经济和社会发展统计公报》[4]，2017 ～ 2019 年我国出生人口分别为 1700 万、1523 万和 1465 万。其中有少部分婴儿因早产 / 低出生体重、乳蛋白过敏和 / 或乳糖不耐受、氨基酸代谢缺陷等特殊医学状况影响，无法完全用母乳喂养或无法喂食普通婴儿配方乳粉，而是需要一种特殊食物作为其生命早期阶段维持生长活动的主要食物来源，这就是特殊医学用途婴儿配方食品[5]。特殊医学用途婴儿配方食品是这些婴儿生命早期或出生后相当长时间内赖以生存的唯一或主要食物来源。

特殊医学用途婴儿配方食品，是特殊医学用途配方食品中的一类，GB 25596—2010 中已对其进行了定义[6-7]。

需要使用特殊医学用途婴儿配方食品的适宜人群为：患有特殊紊乱、疾病或医疗状况的婴儿。由于这些婴儿不能进行母乳或者不能用普通婴儿配方食品喂养，因此根据其特殊营养需求特别设计制成液态或粉状配方食品，这类食品需要纳入相关食品安全国家标准进行管理。

针对不同的医学状况和不同的适应人群，定义中特别规定“单独食用或与其他食物配合食用时，其能量和营养成分能够满足 0 ～ 6 月龄特殊医学状况婴儿的生长发育需求”。其含义为：特殊医学用途婴儿配方食品既包括作为唯一营养来源食用的产品，在单独使用时可以满足婴儿的能量和营养需要，如早产 / 低出生体重婴儿配方奶（粉）；也包括非唯一营养来源的产品，其必须与其他食物配合食用才能满足特定婴儿生长发育所需营养素，如苯丙酮尿症的婴儿，在使用无苯丙氨酸的特殊配方食品时，还需要在医生或临床营养师的指导下，根据婴儿的具体情况配合喂哺适量母乳或普通婴儿配方食品；母乳营养补充剂，也是一类非唯一营养来源产品，它是通过强化母乳给早产 / 低出生体重婴儿补充额外所需要的营养，以满足其宫外追赶生长所需的能量和营养成分 [6]。

5.2 管理要求

具有特殊医学状况的婴儿是脆弱群体，必须采取充分措施保障其生命健康。为加强特殊医学用途婴儿配方食品的监管，我国在 2010 年出台了《食品安全国家标准　特殊医学用途婴儿配方食品通则》(GB 25596—2010) [7]，2016 年出台的《特殊医学用途配方食品注册管理办法》[8] 明确：这类食品实施上市前需注册审批。

5.2.1 注册管理要求

我国对特殊医学用途婴儿配方食品主要依据《食品安全法》实行严格的监督管理。首先，只要是在我国境内生产销售和进口的特殊医学用途婴幼儿配方食品都应当经国务院食品安全监督管理部门（即国家市场监督管理总局）注册。申请特殊医学用途婴幼儿配方食品注册，应当向国家主管部门提交申请材料，申请人应当对其申请材料的真实性负责。审评机构对申请材料进行审查，核查机构对申请人的研发能力、生产能力、检验能力等情况进行现场核查，审评机构委托具有法定资质的食品检验机构进行现场抽样检验，核查机构对临床试验的真实性、完整性、准确性等情况进行现场核查。获得产品注册证书后，拟在我国境内生产并销售特医食品的企业还要根据《特殊医学用途配方食品生产许可审查细则》规定的条件和程序提出特医婴儿食品的生产许可申请，由其所在省份的食品安全监督管理部门（即省、直辖市或自治区的市场监督管理局）对企业进行生产许可审查。企业只有通过该审查后，省级市场监督管理部门才会为其颁发该类别产品的生产许可证，企业方可进行生产销售 [9, 10]。

5.2.2 生产条件要求

由于特殊医学用途婴儿配方食品面向的是患有特殊紊乱、疾病或医疗状况等的婴儿，所以对此类产品自原料采购与存储直至终产品生产上市需进行严格管控，尤其需要重视的是生产环节。针对特殊医学用途婴儿配方食品，我国在生产环节还设置了单独条款要求。《特殊医学用途配方食品生产许可审查细则》[11] 第三十一条第二款规定：“生产特殊医学用途婴儿配方食品所使用的食品原料和食品添加剂不应含有谷蛋白，加入的淀粉应经过预糊化处理；不得使用氢化油脂、果糖和经辐照处理过的原料；生产 0 ～ 6 个月龄的特殊医学用途婴儿配方食品，应使用灰分≤ 1.5% 的乳清粉，或灰分≤ 5.5% 的乳清蛋白粉。”

特殊医学用途婴儿配方食品的注册申请人应当具备与所生产食品相适应的研发、生产能力，设立特殊医学用途配方食品研发机构，配备专职的产品研发人员、食品安全管理人员和食品安全专业技术人员，按照良好生产规范要求建立与所生产食品相适应的生产质量管理体系，具备按照特殊医学用途配方食品国家标准规定的全部项目逐批检验的能力。研发机构中应当有食品相关专业高级职称或者相应专业能力的人员 [12]。特殊医学用途婴儿配方食品的注册申请人应建立危害分析与关键控制点体系，对出厂产品按照有关法律法规和婴幼儿配方乳粉食品安全国家标准规定的项目实施逐批检验，且每年至少 1 次对全部出厂检验项目的检验能力进行验证。

5.2.3 原料要求

特殊医学用途婴儿配方食品的食品原料、食品添加剂等必须符合《食品安全法》《食品安全国家标准　食品添加剂使用标准》（GB 2760）、《食品安全国家标准　食品营养强化剂使用标准》（GB 14880）、《食品安全国家标准　生乳》（GB 19301）、《食品安全国家标准　乳清粉和乳清蛋白粉》（GB 11674）、《特殊医学用途配方食品注册管理办法》及其配套文件等法律法规和食品安全国家标准的规定。同时，特殊医学用途婴儿配方食品在选择原料时，应当充分考虑产品适用人群的特殊医学状况，如针对原发性或继发性乳糖不耐受的婴儿，应以其他碳水化合物（例如：白砂糖、葡萄糖、麦芽糊精等）全部或部分替代普通婴儿配方食品中的乳糖，以达到缓解乳糖不耐受的目的，保证婴儿正常生长发育的需要 [13]。

5.2.4 营养成分限量要求

我国在总结既往标准实施情况的基础上，参考国际食品法典委员会（CAC）标准和我国居民膳食营养素参考摄入量，科学规定了其原料、适用范围、能量和各种必需营养成分、可选择成分的含量以及污染物、真菌毒素、微生物的限量要求，符合标准要求的婴幼儿配方食品可满足婴幼儿生长发育的营养需求和食用安全 [14]。针对某些患有特殊疾病、代谢紊乱或吸收障碍的婴儿，我国在参考国际标准和国外发达国家标准的基础上，根据国内临床营养研究进展，制定公布了《食

品安全国家标准　特殊医学用途婴儿配方食品通则》[7]（GB 25596），保证早产儿、低出生体重儿、苯丙酮尿症等特殊患儿健康成长。

食品安全国家标准明确规定了特殊医学用途婴儿配方食品在即食状态下能量、蛋白质、脂肪、碳水化合物、维生素、矿物质的含量和相关要求[7]。特殊医学用途婴儿配方食品的能量、营养成分及含量以食品安全国家标准为基础，可以根据患有特殊紊乱、疾病等特殊医学状况婴儿的特殊需求进行适当调整，以满足其营养需求，如为满足追赶生长的营养需求，早产 / 低出生体重婴儿配方食品中的能量、蛋白质以及一些维生素和矿物质的含量应明显高于足月儿配方食品。

5.2.5　标签标识要求

特殊医学用途婴儿配方食品的标签标识除了应当符合《食品安全法》《食品安全国家标准　预包装食品标签通则》（GB 7718）、《食品安全国家标准　预包装特殊膳食用食品标签》（GB 13432）、《食品安全国家标准　预包装食品营养标签通则》（GB 28050）等法律法规和食品安全国家标准的基本要求外，还应当符合《食品安全国家标准　特殊医学用途婴儿配方食品通则》（GB 25596）、《特殊医学用途配方食品注册管理办法》的规定。《特殊医学用途配方食品注册管理办法》规定标签和说明书的内容应当一致，涉及特殊医学用途配方食品注册证书内容的，应当与注册证书内容一致，并标明注册号，醒目位置标示“不适用于非目标人群使用”“本品禁止用于肠外营养支持和静脉注射”等内容。同时还明确要求申请人申请注册时一并提交标签和说明书样稿及标签、说明书中声称的说明、证明材料，并对标签和说明书表述要求作出细致规定，如对产品中声称生乳、原料乳粉等原料来源的，要求如实标明具体来源地或者来源国，不允许使用“进口奶源”“源自国外牧场”“生态牧场”“进口原料”等模糊信息，不允许标注与产品配方注册的内容不一致的声称等。

5.2.6　国内外监管要求

李美英等[4]对比分析了国际食品法典委员会（CAC）、美国、欧盟、中国、澳新（澳大利亚和新西兰）等国家和地区或组织对特殊医学用途婴儿配方食品的管理要求，发现其监管要求基本一致：均对这类食品单独命名；均建立了较为完整的法规标准体系；均强调要在医生或临床营养师的指导下使用、不得自行选购；在标签和声称方面，均要求遵循特殊医学用途配方食品有关要求；在添加剂方面，普遍采取婴儿配方食品的标准要求，CAC 有针对特殊医学用途婴儿配方食品允许使用的添加剂名单，并在2001年更新。但是，仅我国有实施上市前的注册审批制和生产许可制；我国和CAC一致，针对这类食品建立了专门的食品安全国家标准，明确该类产品可以根据适用人群的特定营养需求在普通婴儿配方食品的基础上对配方进行合理调整，并详细规定了特殊医学用途婴儿配方食品的可选择性成分、目标使用人群、作用、使用方法、标签和声称的方式方法等内容。美国、欧盟和澳新则是把特殊医学用途婴儿配方食品的监管要求，涵盖在婴儿配方食品相关的标准规范中，以单独章节或特殊条款进行陈述[15]。目前我国已经形成较为完善的婴幼儿食品安全标准体系，特殊医学用途婴儿配方食品标准规定的营养素指标与CAC标准高度一致，并且不低于欧盟、澳新标准。

5.3 产品分类

根据《食品安全国家标准　特殊医学用途婴儿配方食品通则》（GB 25596—2010），我国特殊医学用途婴儿配方食品包括六类，其产品类别、适用特殊医学状况、主要临床症状和配方主要特点等情况如表5-1所示。

表5-1　我国特殊医学用途婴儿配方食品的产品类别情况表

产品类别	适用的特殊医学状况	主要临床症状	配方主要特点
无乳糖或低乳糖配方	乳糖不耐受婴儿	腹泻	以其他碳水化合物完全或部分替代乳糖；蛋白质由乳蛋白提供
乳蛋白部分水解配方	乳蛋白过敏高风险婴儿	过敏	乳蛋白经加工分解成小分子乳蛋白、肽段和氨基酸；配方中可用其他碳水化合物完全或部分代替乳糖
乳蛋白深度水解配方或氨基酸配方	食物蛋白质过敏婴儿	过敏	配方中不含食物蛋白；可适当调整某些矿物质和维生素的含量
早产 / 低出生体重婴儿配方	早产 / 低出生体重儿	早产 / 低出生体重	能量、蛋白质及某些矿物质和维生素的含量应高于GB 25596—2010中4.4的规定；应采用容易消化吸收的中链脂肪作为脂肪的部分来源，但中链脂肪不应超过总脂肪的40%
母乳营养补充剂	早产 / 低出生体重儿	早产 / 低出生体重	可选择性地添加GB 25596—2010 4.4及4.5中的必需成分和可选择性成分，与母乳配合使用可满足早产 / 低出生体重儿的生长发育需求
氨基酸代谢障碍配方	氨基酸代谢障碍婴儿	苯丙酮尿症、枫糖尿症等	不含或仅含有少量与代谢障碍有关的氨基酸，其他的氨基酸组成和含量可根据氨基酸代谢障碍做适当调整；可适当调整某些矿物质和维生素的含量

由表 5-1 可知，特殊医学用途婴儿配方食品适用对象为特殊医学状况婴儿，主要临床症状表现为腹泻、过敏、早产 / 低出生体重及其他代谢障碍。针对不同的医学状况，不同类型的产品在配方设计上存在差异，需针对不同医学状况的营养需求进行个性化设计。

5.3.1 无乳糖或低乳糖配方食品

乳糖不耐受在婴幼儿中十分常见，表现为进食奶制品后导致的腹泻、腹胀、腹痛等症状[16]，其中原发性乳糖酶缺乏在生活中是罕见的，常见的乳糖不耐受主要是一些疾病因素导致的小肠黏膜受损而继发的。常见的病毒性腹泻、炎症性肠病、食物过敏诱导的肠病等，是导致迁延性慢性腹泻的主要原因[17, 18]。

无乳糖配方粉剂产品要求乳糖含量小于 0.5g/100g，低乳糖配方粉剂产品要求乳糖含量小于 2g/100g；若是液态产品可以按照稀释倍数做相应折算。该类产品主要针对原发性或继发性的乳糖不耐受婴儿，在临床医生指导下使用。

无乳糖配方或低乳糖配方适用于原发性或继发性乳糖不耐受的婴儿[19]。由于乳中碳水化合物的主要成分是乳糖，新生儿和婴儿可能存在先天乳糖不耐受或其他多种原因如腹泻导致婴儿肠道中的乳糖酶活性下降，甚至完全停止分泌，结果可能出现乳糖不耐受，而没有被水解的乳糖在大肠被细菌分解产酸产气，从而引起胃肠胀气、腹痛等症状。这类产品配方中应以其他碳水化合物全部或部分替代普通婴儿配方食品中的乳糖。继发性乳糖不耐受的母乳喂养婴儿可选择继续母乳喂养，添加外源性乳糖酶，而人工喂养的婴儿，建议使用低 / 无乳糖配方，并建议使用 1 ～ 2 周，腹泻停止后转为原来喂养的方式。

5.3.2 乳蛋白部分水解配方食品

乳蛋白部分水解配方食品除应遵循 GB 25596—2010 标准规定的能量和各营养素指标以及其他污染物限量指标与微生物限量指标等要求外，配方主要技术要求是此类食品是将牛奶蛋白经过加热和（或）酶水解为小分子乳蛋白、肽段和氨基酸，以降低大分子牛奶蛋白的致敏性[20]；标准对此类食品中碳水化合物的组成无明确要求，可以完全使用乳糖，也可以使用其他碳水化合物部分或完全替代乳糖。乳蛋白部分水解配方食品中所有的乳蛋白都经过水解而成为乳蛋白片段或肽段。一般来说，乳蛋白部分水解配方食品中乳蛋白片段或肽段的平均分子量应小于 5kDa（范围为 3 ～ 10kDa）[21]。

乳蛋白部分水解配方食品适用于乳蛋白过敏高风险婴儿。乳蛋白过敏高风险婴儿是指婴儿父母任一方或一级亲属有乳蛋白过敏史，因此这些婴儿也存在对乳蛋白过敏的风险。使用乳蛋白部分水解配方可以减少婴儿摄入过敏原乳蛋白的概率。这类食品是将产品中的乳蛋白经过加热和（或）酶水解为易消化的小分子蛋白质、肽段和氨基酸，以降低大分子乳蛋白的致敏性并帮助建立耐受性，提高消化率[5]。

乳蛋白部分水解配方主要应用于功能性胃肠病婴儿的膳食管理，也可用于非母乳喂养的乳蛋白过敏高风险婴儿（父母或兄姐有过敏史）的初步干预喂养[22]。如果婴儿出现乳蛋白不耐受问题（如频繁哭闹、吐奶、腹泻等），经医务人员确定为功能性胃肠病（或功能性喂养不适）时，可遵医嘱食用一段时间的乳蛋白部分水解配方食品。

5.3.3 乳蛋白深度水解配方食品或氨基酸配方食品

乳蛋白包括乳清蛋白和酪蛋白两类。水解用乳蛋白的来源包括单一乳清蛋白、乳清蛋白和酪蛋白混合蛋白以及单一酪蛋白，均能够满足婴儿对蛋白质的需求。乳蛋白深度水解配方或氨基酸配方的特点是应用一定工艺手段将过敏原去除或使食品中不含过敏原，适用于牛奶蛋白过敏的婴儿，另外还需要根据婴儿的代谢情况调整部分维生素和矿物质的含量[23]。氨基酸配方中的蛋白质来源一般由 18 种单体氨基酸组成。

乳蛋白深度水解配方食品中的所有乳蛋白经深度水解生成游离氨基酸、二肽、三肽和短肽的混合物，绝大部分氮以游离氨基酸和分子量小于 1.5kDa 肽的形式存在[24]，配方中不含食物蛋白。乳蛋白深度水解配方食品或氨基酸配方食品适用于食物蛋白过敏婴儿。食物蛋白过敏是婴儿对食物中蛋白质不恰当的免疫应答引起的不良反应。乳蛋白深度水解配方食品是通过一定工艺将易引起过敏反应的大分子乳蛋白水解成短肽及游离氨基酸[25]。氨基酸配方食品以单体氨基酸作为蛋白质的来源。

5.3.4 早产 / 低出生体重婴儿配方食品

世界卫生组织将早产儿定义为妊娠 37 周以下出生的婴儿[26]，将出生体重低于 2500g 的婴儿称为低出生体重儿[27]，早产儿多为低出生体重儿。中国一直是早产儿数量第二的国家，2012 ～ 2018 年整体早产率从 5.9% 上升到 6.4%[28]。早产 / 低出生体重儿与足月儿在生理状况、营养需求以及营养物质的消化吸收方面有较大差异。为满足其追赶生长的营养需求，早产 / 低出生体重儿配方食品中能量、蛋白质以及一些维生素和矿物质的含量应明显高于足月儿配方食品[29-30]。

早产/低出生体重婴儿配方食品适用于早产/低出生体重儿。该类产品要满足目标人群追赶生长的营养需求，所以能量、蛋白质以及一些维生素和矿物质的含量明显高于普通婴儿配方食品。允许使用容易消化吸收的中链脂肪作为脂肪的来源，但其总量不应超过总脂肪的40%[31]。

早产儿、低出生体重儿是生长迟缓、发育落后的高风险人群，母乳喂养不能满足营养需求或不能进行母乳喂养的早产/低出生体重儿，需使用早产儿配方奶进行强化喂养。一般来说，需应用早产儿配方奶至矫正胎龄38～40周后转化为早产儿过渡配方奶，其中中危、生长速度让人满意的患儿需继续用过渡配方奶强化喂养至纠正月龄3月，而高危及宫外生长发育迟缓的孩子需要强化至纠正月龄6月甚至更久。需要定期监测生长发育指标，在医师指导下终止强化喂养。

5.3.5 母乳营养补充剂

早产儿由于系统发育不成熟，会导致其免疫力低下，易发生并发症，所以在生长发育过程中，营养支持是很重要的一部分。母乳对于婴儿的喂养至关重要，在营养、免疫方面有着婴幼儿配方乳粉不可代替的优势，可以满足6月龄以下婴儿所需的全部营养[32, 33]。早产母乳的营养成分与足月母乳有一些不同，有研究指出，早产母乳中的营养成分更适合早产儿的生长发育需求[34]。因此，早产/低出生体重儿出生后第一口奶可以吃到母乳，对其生长发育至关重要。但是随着泌乳时间的延长，母乳中一些营养成分含量会降低，不能满足早产儿追赶生长的需求[35]。为了使早产儿更好更快地追赶生长，达到足月儿的发育状态，美国儿科学会提倡母乳喂养的早产儿使用母乳强化剂，以确保其营养需求[36]。我国在《早产/低出生体重儿喂养建议》中指出，胎龄＜34周、出生体重＜2000g的早产儿应首选强化母乳喂养。早产/低出生体重儿在母乳喂养的同时添加母乳补充剂，可以优化蛋白质的摄入，促进骨骼矿化和体格增长，使其快速生长。尽管世界卫生组织（WHO）建议母乳喂养是最佳喂养方式[37]，但是有研究指出，给予早产儿母乳强化剂与母乳结合方式的喂养，会使早产/低出生体重儿有比单纯母乳喂养更高的血清白蛋白水平，从而可以提高其生长速率，改善其生长发育情况[38]。

母乳营养补充剂是为了补充早产/低出生体重儿母乳中能量、蛋白质、维生素和矿物质不足而特别设计的、需加入到母乳中使用的液态或粉状特殊医学用途婴儿配方食品[39]。母乳营养补充剂不是全营养配方食品，是对早产/低出生体重儿母乳喂养的补充。其与母乳配合使用时的能量和营养素含量应能满足早产/低出生体重儿配方食品能量和营养素上限、下限值的要求。这类产品的设计需要更

多的早产 / 低出生体重婴儿母乳的基础数据，以为早产 / 低出生体重儿提供充足的能量和营养素。

5.3.6 氨基酸代谢障碍配方食品

氨基酸代谢障碍是指由于遗传因素造成某些酶的缺陷，使一种或几种氨基酸在婴儿体内代谢发生障碍，导致患儿体格生长发育迟滞、智力发育障碍，严重时可导致不可逆的损害[40, 41]。缺陷基因在受孕时就已经存在，由于母体可提供相应的酶纠正胎儿由于酶缺乏引起的机体代谢紊乱，故大多数有机酸、氨基酸代谢障碍对胎儿健康和发育没有影响。但是，出生后开始喂养，缺陷酶的底物大量产生并堆积，大部分受累患儿有机酸、氨基酸代谢障碍的症状才开始逐渐出现[42]。

氨基酸代谢障碍配方食品是为对一种或多种氨基酸有代谢障碍的婴儿研制，另可参照乳蛋白深度水解配方或氨基酸配方可调整的范围进行能量和营养素含量的调整，以使产品能满足患儿对营养素的吸收利用，维持患儿的正常生长发育。氨基酸代谢障碍配方食品，主要应用于氨基酸代谢障碍婴儿，其氨基酸组成和含量要求是，在基本满足婴儿需要的前提下，不含或仅含有少量引起其代谢障碍的氨基酸。

苯丙酮尿症是一种先天性氨基酸代谢异常的疾病，是影响脑发育，导致小儿智能障碍的重要原因，膳食营养治疗仍是目前最有效的治疗方法[43, 44]。婴儿期可以先给予无苯丙氨酸奶粉喂养至体内苯丙氨酸接近正常，逐步增加母乳或普通奶粉喂养，但必须保证 80% 的蛋白质来自无苯丙氨酸膳食（80% 的无苯丙氨酸奶粉 + 20% 普通奶粉或母乳），儿童期可选用蛋白质替代品，日常生活中食用少量苯丙氨酸含量低的食物，如蔬菜、水果、地瓜、芋头等。对于蛋白质含量高的食物应谨慎食用或禁用，如鸡蛋、鱼、肉、豆类、海鲜、奶酪等。

目前用于苯丙酮尿症婴儿的氨基酸代谢障碍配方已经被列入允许产品注册范围。后续标准修订中将增加其他的氨基酸代谢障碍婴儿配方食品类型。例如，枫糖尿症（maple syrup urine disease，MSUD）是一种由于支链酮酸脱氢酶复合体缺乏导致的常染色体隐性遗传病[45]。其主要是由于支链氨基酸及其衍生的 α- 酮异己酸、α- 酮异戊酸等在血和脑脊液中蓄积，间接地抑制 α- 羟酸的分解，致使 α- 羟丁酸和 α- 羟异戊酸在患儿的尿和汗液中大量排泄，形成特异焦糖味而被称为“枫糖尿症”[46]。MSUD 的急性发作一般存在感染、发热等诱发因素，在治疗诱因的同时要积极排除组织及体液中存在的支链氨基酸及其代谢产物。腹膜透析是急性期治疗的最佳方法。美国学者 Strauss 等[47] 经过 20 年的研究观察，认为治疗用奶粉的设计必须遵循三个基本原则：①最大限度地提高酪氨酸、色氨酸、组氨酸、蛋氨酸、苏氨酸、谷氨酰胺和苯丙氨酸入脑量，抑制支链氨基酸入脑；②补偿由于反转氨基作用引起的谷氨酰胺、谷氨酸、丙氨酸的大幅清除效应；③纠正MSUD患者普遍存在的重要脂肪酸，以及锌、硒的缺乏。

5.4 展望

婴儿是最脆弱的人群，特殊医学状况的婴儿更需要特别关注。我国初步形成了较为完善的特殊医学用途婴儿配方食品、婴幼儿配方食品的食品安全标准体系和法规体系，实施全过程、全链条监管，旨在不断推动产品研发投入、提高产品质量、加强市场规范，为患有特殊医学状况的婴儿和普通婴幼儿的喂养提供安全保障，供消费者放心使用。

如图5-1所示，截止到2021年12月31日，我国共批准注册特殊医学用途婴儿配方食品36个，其中进口产品21个、国产新产品15个。由于我国特殊医学用途配方食品注册审批工作开展时间较短，已批准的特殊医学用途婴儿配方食品数量不多，且主要以进口产品为主；产品已覆盖特殊医学用途婴儿配方食品的6大类型，其中无乳糖或低乳糖配方10个、乳蛋白部分水解配方7个、乳蛋白深度水解配方或氨基酸配方4个、早产/低出生体重婴儿配方12个、母乳营养补充剂3个、氨基酸代谢障碍配方1个。批准产品的基本情况可登录国家市场监管总局网站进行查询。

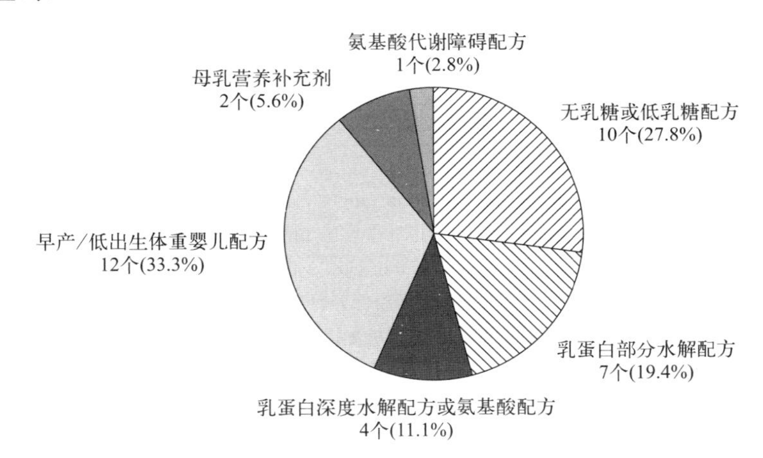

图5-1 特殊医学用途婴儿配方食品批准产品类型分布情况

目前，对于我国特殊医学用途婴儿配方食品的社会关注度并不高。事实上，这部分婴儿的数量并不少。据研究报道，我国早产儿发生率约为9.9%[48]，婴幼儿牛奶蛋白质过敏患病率为0.83%～3.50%[49]，乳糖不耐受发生率可达46.9%～70.0%[50]，随年龄增长呈明显升高趋势。尽管市场庞大，但是我国目前已批准产品数量较少，消费者获取特殊医学用途婴儿配方食品的渠道有限。同时，特殊医学用途婴儿配方食品产业专业性强、多学科交叉，涉及食品加工、临床营养、临床医学、食品安全等多个方面，与普通食品的产业链不相同，既需要科研技术力量的投入，也需要科研的探索积累。但我国的营养、健康等学科建设起步晚，科技积累不足，科研投入较少，致使我国营养健康产业整体基础比较薄弱，特殊医学用途婴儿配方食品产业则更为薄弱，国产企业核心技术缺乏，产品推出缓慢，可供选择的产品数量不足、类型单一。

因此，需要加强特殊医学用途婴儿配方食品产业规划部署和政策研究，前瞻性布局特殊医学用途婴儿配方食品产业科技计划项目，分层次建立“产、学、研、用”相结合的研发平台，针对特殊医学状况婴儿开展核心技术问题的联合攻关，打破国外的技术壁垒；加大营养健康产业财政资金投入，出台相关政策鼓励企业加大科研投入，为打造科技创新水平高、竞争力强、社会责任感强的特殊医学用途配方食品企业营造良好的政策环境；加强人才培养，深入强化科普宣传，提高社会各界对特殊医学用途配方食品应用的认知水平；依托现有高校、科研院所、医院等的专业学科设置，加强食品、临床营养、公共卫生、检测、装备等领域相关专业人才的培养；完善特殊医学用途配方食品尤其是特殊医学用途婴儿配方食品相关从业人员培养与评价体系，从行业认定、职称评审等多方面完善临床营养师队伍，共同促进我国特殊医学用途婴儿配方食品行业的健康、高质量、可持续发展。

（姜毓君，张宇，董凯，付萍，方冰）

参考文献

[1] Jurowski K, Krośniak M, Fołta M, et al. The analysis of Cu, Mn and Zn content in prescription food for special medical purposes and modified milk products for newborns and infants available in Polish pharmacies from toxicological and nutritional point of view. J Trace Elem Med Biol, 2019, 53: 144-149.
[2] 揭良，苏米亚，贾宏信，等. 母乳和婴儿配方奶粉营养研究进展. 食品工业，2021, 042 (002): 245-247.
[3] 解楠，宋妍，陈若桐，等. 浅谈我国婴幼儿配方食品系列安全标准新，旧变化. 中国乳品工业，2022, 50(3): 43-47.
[4] 李美英，邓少伟，李雅慧，等. 我国特殊医学用途婴儿配方食品现状浅析. 食品与生物技术学报，2021, 40(5): 104-111.
[5] 楼佳佳，储小军，姜艳喜，等. 特殊医学用途婴儿乳蛋白部分水解配方食品营养成分稳定性研究. 中国食品添加剂，2022, 33(3): 57-65.
[6] 韩军花，杨玮. 特殊医学用途婴儿配方食品. 中国标准导报，2015, 6: 29-30.
[7] 国家市场监督管理总局. 食品安全国家标准 特殊医学用途婴儿配方食品通则：GB 25596—2010.

[8] 国家食品药品监督管理总局. 特殊医学用途配方食品注册管理办法（国家食品药品监督管理总局令第 24 号）. [2016-03-07].
[9] 王星，李雅慧. 特殊医学用途婴儿配方食品与婴幼儿配方食品法规标准比较分析. 中国乳品工业，2016, 44(11): 29-31.
[10] 王崇民，傅廷振，郑杰川. 2016 年食品安全事件解读. 食品安全导刊，2017, 1-2: 24.
[11] 韩军花，杨玮. 特殊医学用途配方食品良好生产规范. 中国标准导报，2015, 9: 20-22.
[12] 国家食品药品监督管理总局.《特殊医学用途配方食品注册管理办法》解读. 2016-03-10.
[13] 韩军花，杨玮. 特殊医学用途配方食品系列标准. 中国标准导报，2015, 6: 28.
[14] 崔力航，郭睿. 特殊医学用途婴儿配方食品营养成分调查分析. 中国乳业，2020, 222: 45-9.
[15] Bengio E. Diets and Diet Therapy: EU Regulations on Food for Special Medical Purposes //Ferranti P, Berry E M, Anderson J R. Encyclopedia of Food Security and Sustainability. Oxford: Elsevier. 2019: 109-112.
[16] Sinden A A, Sutphen J L. Dietary treatment of lactose intolerance in infants and children. J Am Diet Assoc, 1991, 91(12): 1567-1571.
[17] Brown-Esters O, Mc Namara P, Savaiano D. Dietary and biological factors influencing lactose intolerance. Int Dairy J, 2012, 22(2): 98-103.
[18] Parker A M, Watson R R. Chapter 16 - Lactose Intolerance//Watson R R, Collier R J, Preedy V R. Nutrients in Dairy and their Implications on Health and Disease. Academic Press, 2017: 205-211.
[19] Griffin M P, Hansen J W. Can the elimination of lactose from formula improve feeding tolerance in premature infants? J Pediatr, 1999, 135(5): 587-592.
[20] Troise A D, Bandini E, de Donno R, et al. The quality of low lactose milk is affected by the side proteolytic activity of the lactase used in the production process. Food Res Int, 2016, 89: 514-525.
[21] Sutay Kocabaş D, Lyne J, Ustunol Z. Hydrolytic enzymes in the dairy industry: Applications, market and future perspectives. Trends in Food Science & Technology, 2022, 119: 467-475.
[22] 张玉梅，毛帅，谭圣杰，等. 水解乳蛋白与婴幼儿健康的研究进展. 中国食品卫生杂志，2022, 34(2): 189-195.
[23] 中华人民共和国卫生部.《特殊医学用途婴儿配方食品通则》(GB 25596—2010）问答. 中国卫生监督杂志，2012, 19(2): 115-119.
[24] Vandenplas Y, Alarcon P, Fleischer D, et al. Should partial hydrolysates be used as starter infant formula? A working group consensus. J Pediatr Gastroenterol Nutr, 2016, 62(1): 22-35.
[25] Cui Q, Sun Y, Cheng J, et al. Effect of two-step enzymatic hydrolysis on the antioxidant properties and proteomics of hydrolysates of milk protein concentrate. Food Chem, 2022, 366: 130711.
[26] 孔迎，储小军，赵文星，等. 特殊医学用途母乳营养补充剂的稳定性分析. 中国乳品工业，2022, 50(001): 29-42.
[27] Chawanpaiboon S, Vogel J P, Moller A B, et al. Global, regional, and national estimates of levels of preterm birth in 2014: a systematic review and modelling analysis. The Lancet Global Health, 2019, 7(1): e37-e46.
[28] Deng K, Liang J, Mu Y, et al. Preterm births in China between 2012 and 2018: an observational study of more than 9 million women. The Lancet Global Health, 2021, 9(9): e1226-e1241.
[29] Agostoni C, Buonocore G, Carnielli V, et al. Enteral nutrient supply for preterm infants: commentary from the European Society of Paediatric Gastroenterology, Hepatology and Nutrition Committee on Nutrition. J Pediatr Gastroenterol Nutr, 2010, 50(1): 85-91.
[30] Klein C J. Nutrient requirements for preterm infant formulas. J Nutr, 2002, 132(6 Suppl 1): s1395-s1577.

[31] Lindquist S, Hernell O. Lipid digestion and absorption in early life: an update. Current Opinion in Clinical Nutrition & Metabolic Care, 2010, 13(3): 314-320.
[32] 桂园园，范玲．母乳强化剂在母乳喂养早产儿中的应用进展及护理．护理研究：下旬版，2016, 30(4): 1412-1417.
[33] 中华预防医学会儿童保健分会．婴幼儿喂养与营养指南．中国妇幼健康研究，2019, 30(4): 392-417.
[34] 何必子，孙秀静，全美盈，等．早产母乳营养成分的分析．中国当代儿科杂志，2014, 16(7): 679-683.
[35] 孔迎，华家才，马雯，等．母乳营养补充剂货架期内营养素稳定性分析．现代食品，2020, 14: 182-186.
[36] Arslanoglu S, Moro G E, Ziegler E E, et al. Optimization of human milk fortification for preterm infants: new concepts and recommendations. J Perinat Med, 2010,38(3):233-238.
[37] World Health Organization. Strengthening action to improve feeding of infants and young children 6-23 months of age in nutrition and child health programmes: report of proceedings, Geneva, 6-9 October 2008.
[38] Uthaya S, Jeffries S, Andrzejewska I, et al. Randomised controlled trial of human derived breast milk fortifier versus bovine milk fortifier on body composition in very preterm babies. Early Hum Dev, 2022, 171: 105619.
[39] 孔迎，华家才，席庆，等．母乳营养补充剂的应用进展．中国乳品工业，2020, 48(2): 27-34.
[40] Adeva-Andany M M, López-Maside L, Donapetry-García C, et al. Enzymes involved in branched-chain amino acid metabolism in humans. Amino acids, 2017, 49(6): 1005-1028.
[41] Yahyaoui R, Pérez-Frías J. Amino acid transport defects in human inherited metabolic disorders. Int J Mol Sci, 2019, 21(1): 119.
[42] 杨镒宇，张春敏．儿童重症有机酸氨基酸代谢障碍常见临床表现及处理．中国实用儿科杂志，2015, 30(8): 570-573.
[43] 孙琳琳．特殊医学用途婴儿配方粉辅助治疗苯丙酮尿症患儿的效果分析．中国实用乡村医生杂志，2022, 29(5): 18-20.
[44] Lichter-Konecki U, Vockley J. Phenylketonuria: current treatments and future developments. Drugs, 2019, 79(5): 495-500.
[45] 宋东坡，李文杰．遗传代谢病枫糖尿症研究进展．中国儿童保健杂志，2017, 25(2): 143-146.
[46] Strauss K A, Morton D H. Branched-chain ketoacyl dehydrogenase deficiency: maple syrup disease. Current treatment options in neurology, 2003, 5(4): 329-341.
[47] Strauss K A, Wardley B, Robinson D, et al. Classical maple syrup urine disease and brain development: principles of management and formula design. Molecular genetics and metabolism, 2010, 99(4): 333-345.
[48] 朱燕．出生早产儿流行病学特征的前瞻性多中心调查．复旦大学，2013.
[49] Dunlop J H, Keet C A. Epidemiology of food allergy. Immunology and Allergy Clinics, 2018, 38(1): 13-25.
[50] 李洋洋，刘捷，曾超美．婴幼儿乳糖不耐受研究进展．中国生育健康杂志，2019, 30(2): 192-195.

第6章

氨基酸配方食品及其应用

氨基酸配方食品的营养素含量与普通婴幼儿配方食品相似，但蛋白质来源为纯品单体氨基酸，不含完整的或水解的天然食物蛋白。其目的是为有牛奶过敏（cow milk allergy，CMA）及对多种食物蛋白不耐受（multiple food protein intolerance，MFPI）的婴幼儿提供膳食来源。氨基酸配方食品属于特殊医学用途婴幼儿配方食品，需要在医生指导下使用。

6.1 术语和定义

6.1.1 氨基酸配方食品

氨基酸配方（AAF）食品是一种以多种单体氨基酸为蛋白质来源，不含有食物蛋白（完整的或水解的天然食物蛋白，如乳蛋白或大豆分离蛋白），添加适量的脂肪、碳水化合物、维生素和矿物质和/或其他可选择性成分，适于1岁以内有特殊营养需求婴儿食用的特殊医学用途婴儿配方食品。其在满足婴儿蛋白质需要量的同时，也能够满足婴儿对其他营养成分的需要。

6.1.2 食物过敏反应分类

食物过敏是机体对特殊食物蛋白产生的有害的免疫反应。不同地区和不同年龄的人群对食物过敏的发生率不同，但最常发生在1岁以内的婴儿。食物过敏通常累及呼吸道、皮肤和消化道，临床症状有多种表现，有些严重的过敏反应可导致死亡[1]。最近的一项报告提出，在欧洲四分之一的儿童出现过食物过敏。出生队列研究结果显示，2%～5%（英国为2.2%～5.5%）[2]的1岁以内婴儿发生过牛奶过敏（WAO/DRACMA指南）[3]。

根据反应的不同，可将过敏分成IgE介导（速发型）和细胞介导或非IgE介导（迟发型）反应。有些过敏反应可能既包括IgE反应，又包括非IgE反应，这些反应被称为IgE和非IgE混合型过敏反应[4]。食物过敏反应的分类如表6-1所示。

表6-1　食物过敏反应的分类

反应类型	部位	症状
IgE介导的速发型	胃肠道	胃肠道过敏反应，症状包括呕吐、疼痛和/或腹泻
	皮肤	荨麻疹、血管性水肿、瘙痒、麻疹、皮疹和面部潮红
	呼吸道	急性鼻结膜炎、呼吸困难、咳嗽和喘鸣
	全身	过敏反应
IgE和细胞混合介导速发型到迟发型	胃肠道	嗜酸性粒细胞性食管炎（EoE）
	皮肤	遗传过敏性湿疹
细胞介导的	胃肠道	食物蛋白引发的小肠结肠炎、食物蛋白引发的直肠结肠炎和肠病综合征
	呼吸道	Heiner综合征
不确定类型	胃肠道动力障碍	胃食管反流（GER）、便秘、小儿疝气

注：引自du Toit等[5]，WAO J，2010。

6.1.3 食物不耐受

食物过敏反应容易与食物不耐受相混淆。食物不耐受是一种非免疫反应，可能由先天性 / 后天继发性酶缺乏（如乳糖不耐受）、药物或天然物质引起。通过排除乳糖和再激发试验、降低乳糖水平的评估工具、氢呼气试验（乳糖暴露后）或在极少情况下通过肠活检可确诊乳糖不耐受[5]。

6.2 适用特殊医学状况

需要用氨基酸配方食品进行膳食管理的主要原因有两个：一是有些婴儿对牛奶蛋白过敏，二是因为氨基酸配方食品可能对部分有胃肠道功能障碍（如过敏性）的婴儿有益。

6.2.1 牛奶蛋白过敏

牛奶蛋白过敏是婴儿期最常见的食物过敏之一，临床症状如表 6-1 所示。

6.2.1.1 IgE 介导的过敏反应

IgE 介导的过敏反应的机制人们已经非常了解，与非 IgE 介导的过敏反应相比，前者比较容易确诊。因为症状很快出现，通常在接触过敏原后数分钟到一个小时内即可出现，因此 IgE 介导的过敏反应常被称作“速发型超敏反应”。IgE 介导的急性牛奶过敏反应可能影响几个靶器官：皮肤（如荨麻疹、血管性水肿等）、呼吸道（如鼻炎 / 流涕、哮喘 / 喘鸣、喉头水肿等）、胃肠道（如口腔变态反应综合征、恶心、呕吐、疼痛、胃肠胀气和腹泻等）和 / 或心血管系统（过敏性休克）。

6.2.1.2 非 IgE 介导的过敏反应

非 IgE 介导的过敏反应是典型的迟发型过敏反应，症状在接触过敏原 24 ～ 48h 后出现，与症状迟发的食物过敏性疾病有关。过敏反应可能会引起胃肠道障碍，主要表现为呕吐、胃食管反流（gastro esophageal reflux，GER）、腹泻和便秘等症状[6]，严重时还会影响胃肠道分泌和吸收（伴或不伴有黏膜损伤）。

6.2.1.3 不确定类型

过敏性胃肠道动力障碍疾病可能超出了经典的与过敏性疾病有关的 IgE 介导

的反应，并有充分证据表明细胞介导的免疫反应可能与其相关。

6.2.2 胃食管反流性疾病

许多婴儿在出生的头几个月会出现胃食管反流（GER），即胃内容物不自觉地进入食管。当 GER 引起婴儿持续不适并有并发症和其他表现（如喂养问题、食管炎甚至引起生长迟缓）时 [7]，GER 发展成为胃食管反流病（gastroesophageal reflux disease，GERD）。原发性 GERD 可能是由引起食管下括约肌一过性松弛的动力性疾病所导致。越来越多的证据提示，过敏反应和胃肠动力障碍间存在确切的因果关系。已经有人提出，牛奶过敏是多达 40% 的确诊患有 GERD 的婴幼儿的可能病因 [8]。如果内科治疗或抗 / 防反流药物治疗对患儿无效，则应考虑患儿是否有胃肠食物过敏的问题 [5]。

6.2.3 嗜酸性粒细胞性胃肠道疾病

嗜酸性粒细胞性食管炎（eosinophilic esophagitis，EoE）是一种慢性、免疫 / 抗原介导的食管疾病，其特征是临床上出现与食管功能障碍有关的症状，组织学上表现为消化道嗜酸性粒细胞异常浸润，称为原发性嗜酸性粒细胞性消化道炎（eosinophilic gastrointestinal disorders，EGID）。近年来确诊患有嗜酸性粒细胞性小肠疾病的患儿呈现明显上升趋势 [9]。尽管局部触发机制可能不同，但由不同的免疫途径引发的黏膜嗜酸性粒细胞增多 [10]。这些疾病与 Th2 T 细胞募集有关，Th2 细胞因子（如 IL-4 和 IL-13）在嗜酸性粒细胞和肥大细胞协调募集以及 IgE 反应局部上调中起作用。

6.2.4 胃肠道疾病

对于患有胃肠疾病的婴儿，推荐其食用氨基酸配方的特殊医学用途配方食品，其原理是氨基酸配方对消化过程的要求相对较低，而且氨基酸配方食品在患有胃肠疾病婴儿的膳食管理中发挥重要作用。例如短肠综合征（short bowel syndrome，SBS）是指先天性或后天性胃肠道吸收面积减少而引起的一系列胃肠症状，患儿出现 SBS 的主要原因有肠扭转、肠闭锁、坏死性小肠结肠炎或创伤性腹壁缺损等 [6]。许多患有 SBS 的婴儿和儿童都依赖长期的肠外营养维持生命。对这些 SBS 患儿的治疗目标是通过逐渐增加肠容量，最终停止肠外营养，为患儿提供较为安全的肠内喂养方式。

6.3 配方成分特点及依据

6.3.1 氨基酸

对于敏感型或严重的牛奶蛋白过敏及多种食物蛋白不耐受/过敏的患儿，唯一被证实有效的治疗方法是其膳食中严格去除已经被确认可引起过敏的食物蛋白。因此，氨基酸配方食品除了可以提供充足的能量，还要确保提供的氨基酸的量能够满足患儿的需要，而其产品的氨基酸模式应符合患儿机体合成蛋白质的需要，这一点对食物蛋白过敏的婴儿是十分重要的[11]。通常是根据成熟母乳中的氨基酸含量和模式设计氨基酸配方食品的配方；也有的是基于牛奶蛋白水解物估计氨基酸配方食品提供的蛋白质含量（不应低于 1.8g/100kcal❶）。

在设计适合食物蛋白过敏婴儿的配方食品时，必须考虑如何弥补母乳与配方食品在可消化性、生物利用率和膳食蛋白利用效率间的差异，也必须考虑配方食品如何能够提供维持患儿正常生长发育所必需的所有必需氨基酸和非必需氨基酸以及被称为半必需氨基酸的牛磺酸和肉毒碱等。例如，2007 年联合国粮农组织/世界卫生组织/联合国大学委员会报告制订的蛋白质需要量主要是根据成人的氮平衡数据，这些数据来自对可能提供充足能量的高质量、易消化的蛋白质来源进行估计。事实上，多种因素如患儿的健康状况、配方中提供氮的形式和数量以及能量摄入等，都可能影响食物蛋白过敏婴儿的氮平衡。

氨基酸配方中所有成分的来源都应经过仔细挑选，以确保终产品中不混有可能引起婴儿过敏的致敏原（乳蛋白或原辅料带入的完整蛋白）。在产品的生产、加工过程中不得使用任何乳类成分/蛋白质，确保无外源蛋白的污染；在与其他婴儿配方食品/特殊医学用途婴儿配方食品共线生产时，应彻底清场，确保不被其他产品中所含的乳成分/蛋白质污染，终产品的成分检测不得检出牛奶蛋白。

6.3.2 碳水化合物

乳糖是母乳中主要的可消化碳水化合物[12-13]，但是氨基酸配方食品中不建议添加乳糖，因为乳糖来源于乳制品，有带入乳蛋白的风险，并且发生乳蛋白过敏的婴儿可能同时存在乳糖不耐受的问题。氨基酸配方食品中的碳水化合物可以来

---

❶ 1cal=4.1840J。

源于玉米葡萄糖浆，其优点是渗透压低于蔗糖。玉米淀粉经过深加工提炼（水解、过滤、提炼、过滤）残留的玉米蛋白含量极低。玉米葡萄糖浆的生产和加工中不使用乳类成分 / 蛋白质。

6.3.3 脂肪与长链不饱和脂肪酸

为确保氨基酸配方食品的低敏性，使用的油脂类需要进行精选。作为脂肪主要来源的植物油可以选择高油酸葵花籽油、芥花籽油或椰子油。选择芥花籽油有两个主要原因：首先，它是提供必需脂肪酸的可靠来源，不会出现豆油中天然含量变化的情况；其次，患有牛奶过敏和多种食物蛋白过敏的婴儿也常常对大豆蛋白过敏，人们认为极为敏感的患儿可能对含有豆油的配方食品中残留的蛋白质发生过敏反应。

6.3.3.1 长链多不饱和脂肪酸的作用与来源

亚油酸（linoleic acid，LA）和 *α*- 亚麻酸（*α*-linolenic acid，ALA，*α*-LNA）是人体必需脂肪酸，原因在于人体内可能无法合成足够量的这两种脂肪酸。这两种必需脂肪酸的衍生物花生四烯酸（ARA，C20:4 *n*-6）和二十二碳六烯酸（DHA，C22:6 *n*-3）是 LA 和 *α*-LA 经过一系列去饱和碳链延长反应生成的。*n*-3（*α*- 亚麻酸）和 *n*-6（亚油酸）系列脂肪酸对婴儿的生长发育和学习认知能力的发展均十分重要。

长链多不饱和脂肪酸（long-chain polyunsaturated fatty acid，LCPs）是细胞膜磷脂的重要结构成分，特别是中枢神经系统（central nervous system，CNS）和视网膜组织尤为丰富。DHA 是神经组织和视网膜中主要的 *n*-3 脂肪酸，占视网膜总脂肪酸的 40%[14]。LCPs 含量高会增加膜流动性，并影响膜的功能 [15-17]、突触发育成熟 [18] 及神经递质代谢 [16]。出生后的最初几个月内，体内 LA 和 *α*-LNA 转化成 LCPs 的速度可能不足以满足机体组织需要的花生四烯酸（ARA）或 DHA 的量 [19-22]，尤其对于那些早产儿 / 低出生体重儿和过敏风险高的婴儿。ARA 和 DHA 缺乏主要影响大脑的生长发育。已有报道，母乳喂养的婴儿其视力和神经发育优于婴儿配方食品喂养的婴儿，这种差异是因为母乳中富含 LCPs[23-24]。

6.3.3.2 母乳中的 LCPs

DHA 和 ARA 是母乳中主要的 LCPs。不同人群中母乳的脂肪酸含量不同，这取决于海产品的摄入量。已报道的母乳中 DHA 的含量约占总脂肪酸的比例范围为 0.1% ～ 1.4%，均数 ± 标准差为 0.32%±0.22%；ARA 的含量约占总脂肪酸的比例范围为 0.24% ～ 1.0%，均数 ± 标准差为 0.47%±0.13%[25]。母乳中 ARA 含量的变化小于 DHA。

6.3.3.3 补充 LCPs 试验

最近发表的婴儿配方食品中添加 DHA 的双盲、随机、对照试验（DB-RCT）中，证实了补充 DHA（占总脂肪酸的 0.32%）可明显改善婴儿 12 个月龄时的视力[26]。间接证据也显示，补充 LCPs 可使婴儿获益，特别是 DHA，而且还有量效关系，即含量越高越可能对身体有益[27]。前瞻性研究结果显示，母乳中 DHA 的数量与母乳喂养儿的视力和语言发育呈正相关[28-29]；而且 Meta 分析结果显示，足月胎儿对补充 LCPs 提供的总 DHA 当量与视力测量的有效性显著相关，表明对视力的影响程度与配方粉中 DHA 的含量有关[30]。

6.3.3.4 氨基酸配方食品中 LCPs 的添加量

2011 年，世界卫生组织（World Health Organization，WHO）/ 联合国粮食及农业组织（Food and Agriculture Organization of the United Nations，FAO）根据新指南的要求，将氨基酸配方食品中 DHA 的添加量定为占食品中总脂肪酸的 0.35%。该指南（WAPM、ENA、CHF 2008）还提出了 DHA 与 ARA 的比例为 1∶1，这个比例对有过敏 / 促炎性反应的婴儿可能是有益的。为确保 *n*-3 与 *n*-6 LCPs 的比例在营养指南范围内下降时 *n*-3 LCPs 发挥最大的抗炎作用，升级的氨基酸配方中 DHA 与 ARA 的比例为 1∶1，认为 1∶1 的比例可能对牛奶蛋白过敏和食物蛋白不耐受婴儿是有益的，这些婴儿可能同时伴有炎症，这也可能是其发生过敏性疾病的部分原因[31]。

欧洲食品安全局（European Food Safety Authority，EFSA）发布了有关 LCPs 的研究成果，即“研究对象是从出生至 12 个月龄的配方食品喂养的足月婴儿和断奶后至 12 个月龄的母乳喂养婴儿。12 个月龄时婴儿摄入 LCPs 的量和补充 DHA（约为总脂肪酸的 0.3%）的二段配方食品与视觉功能有因果关系”，即“DHA 影响婴儿的视力发育”[32]。然而，该小组成员认为：“根据现有资料，还不能证实 ARA 对足月婴儿的视力发育起作用”。

6.3.3.5 LCPs 来源

氨基酸配方食品中 LCPs 的来源，建议选用藻油来源的二十二碳六烯酸油脂和高山被孢霉来源的花生四烯酸油脂（GB 14880）。许多国际机构（澳大利亚新西兰食品标准局，2003；加拿大卫生部，2002；美国食品和药物管理局，2001）得出如下结论：以上来源的二十二碳六烯酸油脂和花生四烯酸油脂是婴儿配方食品中 DHA 和 ARA 的安全来源，实际生产过程中选择微胶囊化的产品更为稳定，可降低氧化速度和鱼腥味（金枪鱼油来源的 DHA）。在欧洲，已有多种添加了 DHA 适合于足月儿和早产儿的产品（含有 ARASCO® 和 DHASCO®）已经生产、销售，并且自 1995 年起已在全世界 60 多个国家使用。

6.3.4 微量营养素

微量营养素即维生素和矿物质，是婴儿必需的，而且主要通过母乳和辅食（6 月龄之后）获得，这些微量营养素不仅补充代谢更新造成的消耗，还增加了体内的储备 [33]。对于不能以母乳喂养的食物蛋白过敏婴儿来说，其所需要的多种微量营养素主要通过特殊医学用途配方食品和辅食（6 月龄之后）获得。根据成熟母乳的微量营养素含量和婴儿摄乳量，可以估计大多数微量营养素的适宜摄入量或推荐摄入量。患有过敏性疾病的婴儿需要量可能不同于健康婴儿的推荐摄入量或适宜摄入量，因为这种状况下的需要量可能增加，而且疾病会导致某些微量营养素消耗增加，然而，关于这种情况下的影响程度目前所知甚少。

根据目前的研究结果，特殊医学用途婴儿配方食品中的微量营养素应该能够满足喂养患儿的营养需要，可使患儿的生长发育状况达到最佳。然而，我们还需要进一步了解食物蛋白过敏婴儿的特殊营养需求。尽管仍可以使用营养素推荐摄入量或适宜摄入量作为食物过敏婴幼儿的喂养指南，但这些推荐量或适宜量是否适合食物蛋白过敏的婴儿还有待确定 [33]。

食物蛋白过敏婴儿容易发生缺乏的微量营养素及其相应的疾病有铁与缺铁性贫血、钙和维生素 D 与低钙血症或佝偻病等。氨基酸配方食品可为食物蛋白 / 牛奶过敏的婴儿提供充足的微量营养素，而且具有良好的耐受性，帮助食物蛋白 / 牛奶过敏的婴儿实现追赶性生长。

因为牛奶过敏的治疗依赖于食物排除试验，所以需要严格的膳食管理来确保营养摄入没有问题。这就意味着必须仔细考量任何被排除的致敏食物的营养成分和膳食中排除的食物数量 [2]。已有研究报道，食物排除试验中，如果婴儿食用配方食品的量较小 [34]，很难满足婴儿的营养需要，特别是对铁、钙和维生素 D 的需要。许多报道已经证明能量摄入不足会导致儿童生长迟缓 [35-36]；维生素 D 摄入不足会出现佝偻病 [35, 37]、低钙血症 [35]；铁缺乏导致缺铁性贫血 [35]，特殊医学用途婴儿配方食品摄入量少也会导致一些必需脂肪酸摄入不足 [38]，也有报道表明严重营养不良与多种营养素缺乏有关。有研究说明了对多种食物过敏的儿童的生长发育情况 [36, 39-40]，Isolauri 等 [39] 发现，100 例对牛奶过敏的婴儿（＜ 12 个月）和与其年龄匹配的健康对照组相比，身高和体质指数下降。所以，氨基酸配方食品应当满足牛奶过敏婴儿日常微量营养素的需要。

6.3.5 核苷酸

核苷酸以游离单核苷酸、核苷、多核苷酸形式存在于多种生物组织和体液中，并与生物学上相关的其他部分结合。所有不同形式的核苷酸在能量代谢、基因传递和信号传导中发挥重要作用[41-42]。目前核苷酸仍被认为是非必需营养素，因为它们可以在体内通过再合成和补救合成途径获得。

6.3.5.1 添加核苷酸的必要性

对处于快速生长发育期的婴儿，特别是早产儿或低出生体重儿，核苷酸会成为必需（或半必需）的营养素或称为条件性必需营养素[41-43]。在这些情况下，核苷酸内源性合成的量可能不足以满足机体需要，通过特殊医学用途配方食品提供多种核苷酸可能对免疫系统的成熟及快速生长组织（如肠或肝）的修复有益[41-42, 44-45]。很多动物试验结果表明，核苷酸可能促进肠生长和成熟，在不同肠损伤的动物模型中可刺激肠愈合，并能促进肝脏再生[42]；且核苷酸在调节免疫系统中也发挥重要作用[45]。

（1）核苷酸对免疫功能的影响　基于母乳中含有多种核苷酸以及母乳喂养可以降低喂养儿感染性疾病的发病率这些事实，近二十多年来，核苷酸改善婴儿营养与免疫功能的作用已成为研究的热点，越来越多的婴幼儿配方食品或特殊医学用途婴儿配方食品中添加了多种核苷酸。通过对早产儿和足月儿的研究结果显示，配方食品中补充多种核苷酸能明显提高血清 IgA 水平，改善婴儿的体液免疫状态，这些均有助于婴儿免疫系统的发育，而且对过敏的婴儿有益[46-51]。

（2）核苷酸对肠道功能的影响　已有研究证实，补充核苷酸可以降低婴儿期的腹泻发病率[48, 52-54]，反映了核苷酸对肠病原菌的免疫应答增强或是保护肠黏膜完整性的作用[48]。牛奶蛋白过敏的主要症状中有些是胃肠道症状（如腹泻），补充核苷酸可能有助于缓解这些症状。核苷酸对人体的另一个好处是防止病原菌感染。与未添加核苷酸的婴儿配方食品相比，添加核苷酸配方食品能够显著提高喂养儿肠道中双歧杆菌的数量，其肠道微生物菌群与母乳喂养的婴儿相似[55-56]。已经证实，健康儿童的肠道微菌群与过敏的儿童明显不同[57-59]，与健康婴儿比较，牛奶蛋白过敏婴儿肠道双歧杆菌和乳酸杆菌 / 肠道球菌的数量和比例均降低，粪便微生物菌群中大肠杆菌和梭状芽孢杆菌增加。因此，补充核苷酸可促进有益菌的生长与定植，对过敏婴儿发挥积极作用。

（3）核苷酸对生长发育的影响　许多研究结果显示，适于孕龄儿（appropriate

for gestational age，AGA）是生长正常的健康足月婴儿，补充核苷酸对其生长发育并没有明显影响[46]，说明在正常情况下，机体的核苷酸再合成足以支持正常的生长发育。然而，补充核苷酸可能对小于孕龄儿（small for gestational age，SGA）这一群体有益，与未补充核苷酸组相比较，补充核苷酸组的生长速度（体重、身长和头围）均明显加快，婴儿配方营养食品中添加核苷酸可以提高肠修复和恢复能力，因此能够使 SGA 达到最佳的追赶生长。

6.3.5.2 氨基酸配方食品中的核苷酸

有研究证据显示，氨基酸配方食品中添加核苷酸对过敏婴儿特别有益，可将其作为婴儿早期的重要营养素之一。目前，亚洲、欧洲和北美的许多国家都有添加了多种核苷酸的婴儿配方食品或特殊医学用途婴儿配方食品。即使给予足月儿这些配方食品对健康也是无害的，目前认为这类产品是安全的。

根据科技文献和安全性建议，氨基酸配方食品中的核苷酸含量与成熟母乳[60-61]和其他婴儿配方食品（如诺优能）中的含量应该相似，产品中核苷酸含量应该大于 4.78mg/100kcal，这样，可以安全应用于婴儿并对其健康有益。

6.4 临床应用效果

氨基酸配方食品的临床应用效果显示，可缓解患儿的过敏症状和促进 / 改善其生长发育状况。该类产品适合患有特异性皮炎、多种食物蛋白不耐受、胃食管反流、嗜酸性粒细胞性胃肠病、短肠综合征等的儿童长期安全食用。

6.4.1 缓解牛奶蛋白过敏症状，支持婴儿生长发育

氨基酸配方食品最常用于治疗牛奶蛋白过敏的婴儿，其主要目的是临床症状消失、生长发育正常。临床研究结果显示，氨基酸配方食品是一种安全、有效的产品，能够快速、有效地消除过敏症状；而且氨基酸配方食品尤其适用于那些严重食物蛋白过敏［如对深度水解蛋白配方（extensively hydrolyzed formula，eHF）食品也过敏］的婴儿，可作为其治疗的首选。1997 年，Vanderhoof[62] 和 de Boissieu[63] 的研究结果表明，对 eHF 不耐受的婴儿中，过敏性疾病的症状会在使用氨基酸配方食品后的 3 ～ 14 天内消失。

在严重食物蛋白过敏的婴儿中，完整的蛋白质可通过母乳到达婴儿，也可能会引起过敏反应。在仅用母乳喂养时出现过敏反应的婴儿中，给予氨基酸配方食

品能够使其症状完全消退[64-65]。在确诊患有食物过敏的婴儿中，氨基酸配方食品能够促进其追赶生长[66]，并且一旦过敏症状消退，氨基酸配方食品还支持婴儿的正常生长发育[40]。

6.4.2 治疗特异性皮炎

长期以来，食物过敏被看作是婴儿期常见的许多胃肠疾病和皮肤疾病的起因。例如，多项牛奶蛋白过敏婴儿中应用氨基酸配方食品的研究结果显示，特异性皮炎（atopic dermatitis，AD）是该群体中最常见的疾病，给这些患儿提供氨基酸配方食品被认为是一种有效的膳食疗法[63, 66-67]。

6.4.3 治疗多种食物蛋白不耐受

对牛奶蛋白过敏的婴儿可能对其他食物蛋白也过敏，这种情况也被称为多种食物蛋白不耐受（multiple food protein intolerance，MFPI）性疾病。与牛奶蛋白过敏的婴儿相比，存在 MFPI 的婴儿可能要持续到儿童期，通常会出现更多的临床症状。Hill 等在 1995 年证实并报道了 MFPI，研究表明，对大豆、酪蛋白和乳清水解产物不耐受的婴儿能够耐受氨基酸配方食品，并且生长发育状况良好。eHF 包括短链和长链肽以及少量完整蛋白，但某些敏感的婴儿会对极少量的外源蛋白过敏，这就是他们对某些 eHF 过敏的原因。

6.4.4 治疗胃食管反流

继发性 GERD 的最常见原因是食物过敏[68]。已有研究观察到，当使用传统的防反流配方食品治疗无效时，给予氨基酸配方食品能够快速、持续地改善 GERD 的症状[69-71]。对出现可能是由食物蛋白过敏引发的 GERD 症状的婴儿，建议使用 eHF 和氨基酸配方食品[7]。eHF 可能不会使症状完全消退，因为产品中仍有肽的残留[72]。

6.4.5 治疗嗜酸性粒细胞性胃肠病

儿童期被确诊患有嗜酸性粒细胞性小肠疾病的病例越来越多[9]。在婴幼儿中，小肠黏膜嗜酸性粒细胞增多常与牛奶和其他食物过敏有关。婴儿患有小肠嗜酸性粒细胞增多可能伴有复杂的症状，包括胃食管反流、肠病、腹痛和湿疹等[73-75]。嗜酸性粒细胞性食管炎（EoE）是一种新出现的临床疾病，它与非 IgE 介导的食物过敏部分相同，但也可能没有可以识别的明确食物反应[9]。患有 EoE 的婴儿通常会出现喂养问题、上腹痛及吞咽困难和食物嵌塞。

治疗方法包括膳食疗法（进行要素膳食、“6 种食物膳食”或根据检测结果进行食物排除）。目前多数治疗方法已经在儿童中进行了初步研究，限制膳食的成功率为 70%，膳食疗法的成功率约为 90%（包括给予氨基酸配方食品）。

1995 年，研究人员首次利用食物过敏原研究了 EoE 的可能原因[88]。在这项研究中，10 名 EoE 患儿出现难治性胃食管反流症状，不论患儿是否接受了抑酸药物治疗和 / 或胃底折叠术，活检均发现持续的食管嗜酸性粒细胞增多。一项至少为期 6 周、给予氨基酸配方食品的膳食试验中，EoE 的症状得到明显改善，组织学的改变也消失，10 名患儿中 8 名症状完全消失，其余 2 名症状得到改善。食管上皮内嗜酸性粒细胞计数最大值由中位值 41/HPF（范围 15 ～ 100）下降至 0.5/HPF（范围 0 ～ 22）；使用不同食物再激发导致过敏反应复发，其症状与膳食试验前的症状相同，表明疾病与对食物可能产生的免疫反应有关。患者出现过敏症状，中位值为每位患者两种食物（范围为 1 ～ 6 种食物）。通常情况下，有关的食物有牛奶、大豆、小麦、花生和鸡蛋。避免食用这些食物，可使 10 名患者中的 8 名在不接受抗反流药物治疗的情况下保持无症状状态。Markowitz 等[90]的研究结果也同样证实了上述发现，在要素膳食后，呕吐、腹痛和吞咽困难得到明显改善；每高倍视野（HPF）的食管嗜酸性粒细胞计数中位值从要素饮食前的 33.7 下降至要素饮食后的 1.0（$p < 0.01$）；临床症状改善的平均时间为 8.5 天。

6.4.6 营养支持短肠综合征

许多患有短肠综合征（short bowel syndrome，SBS）的婴儿都依赖长期的肠外营养维持生命。如前所述，对这些 SBS 患儿的治疗目标是增加肠容量，最终停止肠外营养，提供较为安全的肠道喂养方式。在临床上如何保持这类患者处于最佳的营养状态是一种挑战，部分原因在于对小肠功能衰竭儿童如何进行营养治疗仍有争议。人们对 SBS 婴儿应当使用哪种配方食品仍未达成一致意见。开始时最常使用的是半要素或要素配方粉[76]。

已有数篇文献报道了氨基酸配方食品成功地用于 SBS 的膳食治疗，1998 年 Bines 等[77]报道了既往对深度水解蛋白配方（eHF）不耐受、需要长期肠外营养的 4 例短肠综合征的患儿（23 个月～ 4.75 岁），在使用氨基酸配方食品后，喂养的耐受性得到明显改善，同时还改善了肠道功能，所有患儿都成功地从肠外营养转为肠内营养。2000 年 Veereman-Wauters 等[78]报道 7 例肠功能衰竭的婴幼儿（平均年龄 10.7 个月，范围 2 ～ 23 个月）使用氨基酸配方食品，使肠道功能得到改善，并最终停止了肠外营养。2000 年 Andorsky 等 [79] 对 30 例患有短肠综合征的婴儿（平均孕周为 32.8 周）的回顾性调查结果显示，早期服用母乳或氨基酸配方食品可能会对肠道营养起到代偿性作用。2010 年 De Greef 等 [76] 发表的一个病例报告中，报道了患有 SBS 使婴儿容易对牛奶不耐受（肠通透性改变——无肠道营养支持的全胃肠外营养（total parenteral nutrition，TPN）会使肠通透性增加，且细菌过度繁殖会通过局部肠炎的方式影响肠道的通透性）。与最近文献报道的数据相比较，这四项研究使用氨基酸配方食品的患儿断奶期明显缩短。研究人员建议将氨基酸配方食品用于 SBS 婴儿最初的肠内喂养，因为它可能会减少肠外营养的持续时间、费用和并发症，患儿会因此受益。氨基酸配方食品的临床应用汇总于表 6-2。

表 6-2　氨基酸配方食品临床研究总结 [40,62-63,66-67,69,71,74,77,79,80-92]

疾病		婴儿（0 ～ 12 个月）	儿童＞ 1 岁
食物过敏	牛奶过敏	[74] [80-81] [62]	[67] [63]
	特异性皮炎	[66] [40]	
	多种食物蛋白不耐受	[82] [83]	[84] [85] [86]
	胃食管反流病	[71] [87]	
	嗜酸性粒细胞性食管炎	[88]	[89] [90] [91] [69]
胃肠道疾病	短肠综合征	[79]	[77] [92]

6.5　目标人群营养管理

营养支持疗法应作为牛奶过敏或其他食物过敏婴儿在临床治疗方面的重要组成部分，可以改善患儿的营养状况和增强患儿的机体抵抗力，而且有助于改善其过敏症状。对牛奶过敏婴儿的治疗要点是避免摄入所有牛奶蛋白（CMP），包括以牛奶为蛋白质来源的婴儿配方食品（乳粉）。低敏配方食品，如深度水解配方食品和氨基酸配方食品，应是确诊为乳蛋白过敏婴儿的首选配方食品 [93]。

6.5.1 配方食品的选择

对于过敏的儿童，选择深度水解配方食品还是氨基酸配方食品主要取决于患儿过敏反应的类型以及症状的严重程度。深度水解配方食品适用于大多数牛奶过敏的婴儿，但是仍有 2% ～ 10% 的 IgE 介导性的牛奶过敏婴儿对深度水解配方食品也过敏，这可能与深度水解配方食品中仍能检测到残留的 CMP β- 乳球蛋白（0.84 ～ 14.5μg/L）有关。因此这些婴儿需要食用氨基酸配方食品 [63]。在患有非 IgE 介导的过敏反应儿童中有些仍对深度水解的配方食品过敏，目前关于这种类型过敏患儿的确切比例还不十分清楚。

6.5.2 喂养效果

根据 Latcham 等对非 IgE 介导的胃肠道过敏反应进行的回顾性研究，观察到 29.7% 的儿童对深度水解配方食品不耐受 [85]。最近的一篇系统综述的分析结果显示，深度水解配方食品可明显有效缓解大多数婴儿的牛奶过敏症状。然而，患有非 IgE 介导的食物性结肠炎和直肠炎综合征的婴儿，出现生长发育迟缓、严重的遗传过敏性湿疹以及仅用母乳喂养时出现症状的婴儿，通常给予氨基酸配方食品喂养可使其受益 [94]。

6.5.3 辅助治疗过敏患儿

在牛奶过敏的患儿中，营养缺乏可能是很常见的问题，如消瘦 / 发育迟缓、骨骼发育延缓，甚至影响学习认知能力的发展等 [95]；然而，不正确的膳食管理还可能会加重食物过敏婴儿的生长发育迟缓、降低抵抗疾病能力，增加患感染性疾病（如肺炎和腹泻等）的风险。因为这个时期的婴儿处于生长发育的关键期，需要为他们提供营养充分的特殊医学用途婴儿配方食品，满足其快速生长发育的需要。因此，优化和改善过敏患儿的营养素摄入量以获得正常生长发育所需能量和营养素，是营养管理的首要营养目标 [36]。

6.6 展望

目前婴幼儿配方奶粉的发展趋势已经从过去满足婴儿的生长需要，增强婴儿各系统的功能发育，转向到各种营养素如何协同作用以适合过敏婴幼儿食用，对婴幼儿生长起到调整作用。这些营养素不仅具有营养学意义，而且具有重要的生理学价值。特殊医学用途婴幼儿食品的配方及安全将越来越受到关注。未来几年，特殊医学用途婴幼儿配方食品将朝着成分精细化、营养更接近母乳，并且可预防或改善婴幼儿疾病方向发展。

另外，母乳中含有大量的生物活性物质，这些活性物质对婴幼儿营养、生长及发育有重要作用，主要包括免疫球蛋白、乳铁蛋白、溶菌酶、乳凝集素等抗感染、免疫调节因子。目前已有研究人员通过现代的膜过滤、纳滤等新技术工艺从牛乳中提取富集这些活性成分，应用到普通婴幼儿配方食品中，变成针对某种婴幼儿疾病的特殊医学用途婴儿配方食品。总之，特殊医学用途的婴幼儿食品研发具有深远的意义和较好的发展前景，可以朝着这个方向继续努力。

（姜毓君，张宇，杨丹）

参考文献

[1] Muraro A, Clark A, Beyer K. et al. The management of the allergic child at school: EAACI/GALEN Task Force on the allergic child at school. Allergy, 2010,65 (6): 681-689.

[2] Venter C, Hasan Arshad S, Grundy J. et al. Time trends in the prevalence of peanut allergy: three cohorts of children from the same geographical location in the UK. Allergy, 2010, 65(1): 103-108.

[3] Fiocchi A, Brozek J, Schűnemann H, et al. World Allergy Organization (WAO) Diagnosis and Rationale for action against Cow′s Milk Allergy. DRACMA guidelines, WAO J, 2010, 3: 57-161.

[4] Skypala I, Venter C. Food Hypersensitivity: Diagnosing and Managing Food Allergies and Intolerance. Wiley -Blackwell, 2009.

[5] du Toit G, Meyer R, Shah N. et al. Identifying and managing cow′s milk protein allergy. Arch Dis Child Educ Pract Ed, 2010, 95(5): 133-144.

[6] Shaw V, Lawson M. Clinical Paediatric Dietetics. 3rd edition. London: Blackwell Science, 2001.

[7] Vandenplas Y, Rudolph C D, Di Lorenzo C, et al. Pediatric Gastroesophageal Reflux Clinical Practice Guidelines: Joint Recommendations of the North American Society of Pediatric Gastroenterology, Hepatology, and Nutrition and the European Society of Pediatric Gastroenterology, Hepatology, and Nutrition Journal of pediatric gastroenterology and nutrition(ESPGHAN). J Pediatr Gastroenterol Nutr, 2009, 49(4): 498-547.

[8] Heine R G. Allergic gastrointestinal motility disorders in infancy and early childhood. Pediatr Allergy Immunol, 2008, 19(5): 383-391.

[9] Furuta G T. Eosinophilic esophagitis: an emerging clinic pathologic entity. Curr Allergy Asthma Rep, 2002, 2: 67-72

[10] Liacouras C A, Spergel J M, Ruchelli E, et al. Eosinophilic esophagitis: a 10-year experience in 381 children. Clin Gastroenterol Hepatol, 2005, 3(12): 1198-1206.

[11] Mofidi S. Nutritional management of pediatric food hypersensitivity. Pediatrics, 2003, 111(6 Pt 3): 1645-1653.

[12] Koletzko B, Baker S, Cleghorn G, et al. Global Standard for the Composition of Infant Formula: Recommendations of an ESPGHAN Coordinated International Expert Group. J Pediatr Gastroenterol

Nutr, 2005, 41(5): 58-599.
[13] Braegger C, Decsi T, Dias J A, et al. Practical Approach to Paediatric Enteral Nutrition: A Comment by the ESPGHAN Committee on Nutrition. J Pediatr Gastroenterol Nutr, 2010, 51(1): 110-122.
[14] Clandinin M T, Chappell J E, Leong S, et al. Extra-uterine fatty acid accretion in infant brain: implications for fatty acidrequirements. Early Human Dev, 1980, 4(2): 131-138.
[15] Bourre J M, Bonneil M, Clément M, et al. Function of dietary polyunsaturated acids in the nervous system. Prostaglandins Leuko Essen Fatty Acids, 1993, 48(1): 5-15.
[16] Innis S M. The role of dietary n-6 and n-3 fatty acids in the developing brain. Dev Neurosci, 2000, 22(5-6): 474-480.
[17] Sastry P S. Lipids of the nervous tissue: composition and metabolism. Prog Lipid Res, 1985, 24(2): 69-176.
[18] Martin R E, Bazan N G. Changing fatty acid content of growth cone lipids prior to synaptogenesis. J Neurochem, 1992, 59(1): 318-325.
[19] Farquharson J, Jamieson E C, Abbasi K A, et al. Effect of diet on the fatty acid composition of major phospholipids of infant cerebral cortex. Arch Dis Child, 1995, 72(3): 198-203.
[20] Koletzko B, Rodriquez-Palmero M, Demmelmair H, et al. Physiological aspects of human milk lipids. Early Hum Dev, 2001, 65(Suppl): s3-s18.
[21] Innis S M. Essential fatty acids in growth and development. Prog Lipid Res, 1991, 30(1): 39-103
[22] Makrides M, Neumann M A, Simmer K, et al. Erythrocyte fatty acids of term infants fed either breast milk, standard formula or formula supplemented with long chain polyunsaturates. Lipids,1995, 30(10): 941-948.
[23] Lucas A, Morley R, Cole T J, et al. Early diet in pre-term babies and developmental status at 18 months. Lancet, 1990, 335(8704): 1477-1481.
[24] Morrow-Tlucak M, Haude R H, Ernhart C B. Breast feeding and cognitive development in the first 2 years of life. Soc Sci Med, 1988, 26(6): 635-639.
[25] Brenna J T, Varamini B, Jensen R G, et al. Docosahexaenoic and arachidonic acid concentrations in human breast milk worldwide. Am J Clin Nutr, 2007, 85(6): 1457-1464.
[26] Cardoso C, Afonso C, Bandarra N M. Dietary DHA, bioaccessibility, and neurobehavioral development in children. Crit Rev Food Sci Nutr, 2018, 58(15): 2617-2631.
[27] Nyaradi A, Li J, Hickling S, et al. The role of nutrition in children's neurocognitive development, from pregnancy through childhood. Front Human Neurosci, 2013,7:97. doi: 10.3389/fnhum.2013.00097.
[28] Helland I B, Smith L, Saarem K, et al. Maternal supplementation with very long chain *n*-3 fatty acids during pregnancy and lactation augments children's IQ at 4 years of age. Pediatrics,2003,111(1): e39-e44.
[29] Innis S M, Gilley J, Werker J. Are human milk long chain polyunsaturated fatty acids related to visual and neural development in breast fed term infants? J Pediatr, 2001, 139(4): 532-538.
[30] Uauy R, Zlotkin S. Nutritional needs of the preterm infants. Scientific basis and practical guidelines. Baltimore: Williams & Wilkins, 1993: 267-280.
[31] Bourlieu C, Ménard O, De La Chevasnerie A, et al. The structure of infant formulas impacts their lipolysis, proteolysis and disintegration during *in vitro* gastric digestion. Food Chem, 2015, 182:224-235.
[32] EFSA. DHA and ARA and visual development-Scientific substantiation of a health claim related to docosahexaenoic acid (DHA) and arachidonic acid (ARA) and visual development pursuant to Article14 of Regulation (EC) No 1924/20061: EFSA-Q-2008-211. EFSA J, 2009, 941: 1-14.

[33] Bender D A. Do we really know vitamin and mineral requirements for infants and children? J R Soc Health,2003,123(3): 154-158.
[34] Henriksen C, Eggesbø M, Halvorsen R, et al. Nutrient intake among two-year-old children on cows′ milk-restricted diets. Acta Paediatr, 2000,89(3): 272-278.
[35] Noimark L, Cox H E. Nutritional problems related to food allergy in childhood. Pediatr Allergy Immunol, 2008, 19(2): 188-195.
[36] Christie L, Heine R J, Parker J G, et al. Food allergies in children affect nutrient intake and growth. J Am Diet Assoc,2002,102(11): 1648-1651.
[37] Fox A T, Du Toit G, Lang A, et al. Food allergy as a risk factor for nutritional rickets. Pediatr Allergy Immunol, 2004,15(6): 566-569.
[38] Aldámiz-Echevarría L, Bilbao A, Andrade F, et al. Fatty acid deficiency profile in children with food allergy managed with elimination diets. Acta Paediatr,2008,97(11): 1572-1576.
[39] Isolauri E, Sűtas Y, Salo M K, et al. Elimination diet in cow′s milk allergy: risk for impaired growth in young children. J Pediatr,1998,132(6): 1004-1009.
[40] Niggerman B, Binder C, Dupont C, et al. Prospective controlled multi-center study on the effect of an amino acid based formula in infants with cow′s milk allergy/intolerance and atopic dermatitis. Paediatric Allergy Immunol, 2001,12(2): 78-82.
[41] Yu V Y. Scientific rationale and benefits of nucleotide supplementation of infant formula. J Paediatr Child Health, 2002,38(6): 543-549.
[42] Aggett P, Leach J L, Rueda R, et al. Innovation in infant formula development: a reassessment of ribonucleotides in 2002. Nutrition,2003,19(4): 375-384.
[43] Holen E, Jonsson R. Dietary nucleotides and intestinal cell lines: I. Modulation of growth. Nutr Res, 2004, 24(3): 197-207.
[44] Sánchez-Pozo A, Gil A. Nucleotides as semiessential nutritional components. Br J Nutr, 2002, 87(Suppl 1): s135-s137.
[45] Gil A. Modulation of the immune response mediated by dietary nucleotides. Eur J Clin Nutr, 2002, 56(Suppl 3): s1-s4.
[46] Carver J D, Walker W A. The role of nucleotides in human nutrition. J Nutr Biochem, 1995, 6(2): 58-72.
[47] Martínez-Augustín O, Boza J J, Del Píno J I, et al. Dietary nucleotides might influence the humoral immune response against cow′s milk proteins in preterm neonates. Biol Neonate, 1997, 71(4): 215-223.
[48] Pickering L K, Granoff D M, Eríckson J R, et al. Modulation of the immune system by human milk and infant formula containing nucleotides. Pediatrics,1998,101(2): 242-249.
[49] Navarro J, Maldonado J, Narbona E, et al. Influence of dietary nucleotides on plasma immunoglobulin levels and lymphocyte subsets of preterm infants. Biofactors,1999,10(1): 67-76.
[50] Tsou Yau K I, Huang C B, Chen W, et al. Effect of nucleotides on diarrhea and immune responses in healthy term infants in Taiwan. J Pediatr Gastroenterol Nutr, 2003, 36(1): 37-43.
[51] Makrides M, Hawkes J, Roberton D, et al. The effect of dietary nucleotide supplementation on growth and immune function in term infants: a randomised controlled trial. J Pediatric Gastroenterol Nutr, 2004, 39(Suppl): s39-s40.
[52] Brunser O, Espinoza J, Araya M, et al. Effect of dietary nucleotide supplementation on diarrhoeal disease in infants. Acta Paediatr, 1994, 83(2): 188-191.
[53] Lama More R A, Gil-Alberdi González B. Effect of nucleotides as dietary supplement on diarrhea in

healthy infants. An Esp Pediatr, 1998, 48(4): 371-375.
[54] Merolla R, Gruppo Pediatri Sperimentatori. Evaluation of the effects of a nucleotide-enriched formula on the incidence of diarrhea. Italian multicenter national study. Minerva Pediatr, 2000, 52(12): 699-711.
[55] Gil A, Pita M, Martinez A, et al. Effect of dietary nucleotides on the plasma fatty acids in at-term neonates. Hum Nutr Clin Nutr, 1986, 40(3): 185-195.
[56] Singhal A, Macfarlane G, Macfarlane S, et al. Dieteray nucleotides and fecal microbiota in formula-fed infants; a randomised controlled trial. Am J Clin Nutr, 2008, 87(6): 1785-1792.
[57] Ouwehand A C, Isolauri E, He F, et al. Differences in Bifidobacterium flora composition in allergic and healthy infants. J Allergy Clin Immunol, 2001, 108(1): 144-145.
[58] Viljanen M, Pohjavuori E, Haahtela T, et al. Induction of inflammation as a possible mechanism of probiotic effect in atopic eczema-dermatitis syndrome. J Allergy Clin Immunol,2005, 115(6): 1254-1259.
[59] Kalliomäki M, Salminen S, Poussa T, et al. Probiotics and prevention of atopic disease: 4-year follow-up of a randomised placebo-controlled trial. Lancet, 2003, 361(3972): 1869-1871.
[60] Leach J L, Baxter J H, Molitor B E, et al. Total potentially available nucleosides of human milk by stage of lactation. Am J Clin Nutr, 1995, 61(6): 1224-1230.
[61] Thorell L, Sjöberg L B, Hernell O. Nucleotides in human milk: sources and metabolism by the newborn infant. Pediatr Res,1996, 40(6): 845-852.
[62] Vanderhoof J A, Murray N D, Kaufman, et al. Intolerance to protein hydrolysate infant formulas: An underrecognized cause of gastrointestinal symptoms in infants. J Pediatrics, 1997, 131(5): 741-744.
[63] de Boissieu D, Matarrazzo P, Dupont C. Allergy to extensively hydrolyzed cow milk proteins in infants: Identification and treatment with an amino acid-based formula. J Pediatrics, 1997, 131 (5): 744-747.
[64] Isolauri E, Tabvanainen A, Peltola T, et al. Breastfeeding of allergic infants. J Pediatrics, 1999, 134(1): 27-32.
[65] Estep D C, Kulczycki Jr A. Colic in breast milk fed infants: treatment by temporary substitution of Neocate infant formula. Acta Paediatrica, 2000,89(7): 795-802.
[66] Isolauri E, Sũtas Y, Mäkínen-Kiljunen S, et al. Efficacy and safety of hydrolysed cow milk and amino acid-derived formulas in infants with cow milk allergy. J Pediatr, 199, 127(4): 550-557.
[67] Sampson H A, James J M, Bernhisel-Broadbent J. Safety of an amino acid derived infant formula in children allergic to cow milk. Pediatrics, 1992, 90 (3): 463-465.
[68] Iacono G, Carroccio A, Cavataio F, et al. Gastroesophageal reflux and cow milk allergy in infants: a prospective study. J Allergy Clin Immunol, 1996, 97(3): 822-827.
[69] Miele E, Staiano A, Tozzi A, et al. Clinical response to amino acid-based formula in neurologically impaired children with refractory esophagitis. J Pediatr Gastroenterol Nutr, 2002, 35(3): 314-319.
[70] Heine R G, Cameron D J S, Francis D E M, et al. Effect of an amino acid based formula on gastroesophageal reflux in infants with persistent distress. J Allergy Clin Immunol, 2003, 111(2) (Suppl 1): s102 Abstract 129.
[71] Hill D J, Heine R G, Cameron D J, et al. Role of food protein intolerance in infants with persistent distress attributed to reflux esophagitis. J Pediatrics, 2000, 136(5): 641-647.
[72] Sicherer S H, Noone S A, Koerner C B, et al. Hypoallergenicity and efficacy of an amino acid-based formula in children with cow′s milk and multiple food hypersensitivities. J Pediatr, 2001, 138(5): 688-693.
[73] Cavataio F, Iacono G, Montalto G, et al. Clinical and pH-metric characteristics of gastro-oesophageal reflux secondary to cows′ milk protein allergy. Arch Dis Child, 1996, 75(1): 51-56.

[74] Hill D J, Cameron D J, Francis D E, et al. Challenge confirmation of late onset reactions to extensively hydrolysed formulas in infants with multiple food protein intolerance. J Allergy Clin Immunol, 1995, 96(3): 836-839.
[75] Murch S H. The immunologic basis for intestinal food allergy. Curr Opin Gastroenterol, 2000, 16(6): 552-557.
[76] De Greef E, Mahler T, Janssen A, et al. The influence of neocate in paediatric short bowel syndrome on TPN weaning. J Metab Nutr, 2010, 2010: 297575. doi:10.1155/2010/297575.
[77] Bines J, Francis D, Hill D J. Reducing parenteral requirement in children with short bowel syndrome: impact of an amino acid based complete infant formula. J Pediatr Gastroenterol Nutr, 1998,26 (2): 123-128.
[78] Veereman-Wauters G A, van Elsacker E, Hoffman I, et al. Successful avoidance of total parenteral nutrition by administration of an amino acid based enteral formula (Neocate) in infancy. Gastroenterology, 2000,118 (4) part 1. A777.
[79] Andorsky D J, Lund D P, Lillebei C W, et al. Nutritional and other postoperative management of neonates with short bowel syndrome correlates with clinical outcomes. J Pediatrics, 2001, 139(1): 27-33.
[80] de Boissieu D, Dupont C. Time course of allergy to extensively hydrolysed cow′s milk protein in infants. J Pediatrics, 2000, 136(1): 119-120.
[81] de Boissieu D, Dupont C. Allergy to extensively hydrolyzed cow′s milk proteins in infants: safety and duration of amino acid-based formula. J Pediatrics, 2002, 141(2): 271-273.
[82] Kuzminskiene R, Vaiciulioniene N. Nutritional management of multiple food protein intolerance induced severe atopic dermatitis in infants. Allergy, 1996, 51(Suppl32): s75 (94).
[83] Dupont C, Niggemann B, Binder C, et al. Early introduction of an amino acid-based vs protein hydrolysate formula in children with cow milk allergy: a randomised multicentre trial. J Pediatrics Gastroenterol Nutr, 1999, 28(5): 589.doi: 10.1097/00005176-199905000-00204.
[84] Hill D J, Heine R G, Cameron D J, et al. The natural history of intolerance to soy and extensively hydrolysed formula in infants with multiple food protein intolerance. J Pediatrics,1999,135(1): 118-121.
[85] Latcham F, Merino F, Lang A, et al. A consistent pattern of minor immunodeficiency and subtle enteropathy in children with multiple food allergy. J Pediatr, 2003, 143(1): 39-47.
[86] Isolauri E, Sampson H A. Use of an amino acid-based formula in the management of cow′s milk allergy and multiple food protein intolerance in children. J Allergy Clin Immunol, 2004, 113(2): s154. doi:org/10.1016/j.jaci.2003.12.564.
[87] Thomson M, Wenzl T G, Foz A T, et al. Effect of an amino acid-based milk-Neocate on gastro-oesophageal reflux in infants assessed by combined intraluminal impedance/pH. Pedriatr Asthma, Allergy & Immunology, 2006, 19(4): 205-213.
[88] Kelly K J, Lazenby A J, Rowe P C, et al. Eosinophilic esophagitis attributed to gastroesophageal reflux: improvement with an amino acid-based formula. Gastroenterology, 1995, 109(5): 1503-1512.
[89] Spergel J M, Brown-Whitehorn T F, Beausoleil J L, et al. 14 years of eosinophilic esophagitis: clinical features and prognosis. J Pediatr Gastroenterol Nutr, 2009, 48(1): 30-36.
[90] Markowitz J E, Spergel J M, Ruchelli E, et al. Elemental diet is an effective treatment for eosinophilic esophagitis in children and adolescents. Am J Gastroenterol, 2003, 98(4): 777-782.
[91] Liacouras C A, Spergel J M, Ruchelli E, et al. Eosinophilic Esophagitis: A 10-Year Experience in 381 children. Clin Gastroenterol Hepatol, 2005, 3(2): 1198-1206.

[92] Bines J, Francis D, Hill D, et al. Short Bowel Syndrome, Intestinal Permeability and Glutamine. J Pediatr Gastroenterol Nutr, 1998, 27(5): 614-615.
[93] Høst A, Koletzko B, Dreborg S, et al. Dietary products used in infants for treatment and prevention of food allergy. Joint Statement of the European Society for Paediatric Allergology and Clinical Immunology (ESPACI) Committee on Hypoallergenic Formulas and the European Society for Paediatric Gastroenterology, Hepatology and Nutrition (ESPGHAN) Committee on Nutrition. Arch Dis Child, 1999, 81(1): 80-84.
[94] Hill D J, Murch S H, Rafferty K, et al. The efficacy of amino acid-based formulas in relieving the symptoms of cow's milk allergy: a systematic review. Clin Exp Allergy, 2007, 37(6): 808-822.
[95] Terracciano L, Bouygue G R, Sarratud T, et al. Impact of dietary regimen on the duration of cow's milk allergy: a random allocation study. Clin Exp Allergy, 2010, 40(4):637-642.

第 7 章

氨基酸代谢障碍配方食品及其应用

氨基酸代谢障碍也被称为氨基酸病，是由氨基酸代谢途径中的某种缺陷引起的。其症状通常是由不能被代谢的物质蓄积而引起。氨基酸代谢障碍常见于最初身体健康状况良好，但用含有完整蛋白质的配方食品或食物喂养一段时间后，出现急性症状（代谢失代偿并伴有喂养困难及嗜睡）的新生儿中。若未及时识别并迅速采取对症处理，这些症状则可能进展为脑病、昏迷或死亡[1]。在年龄较大的儿童中，通常会出现生长发育迟缓或倒退。氨基酸代谢障碍可能出现的生化表现包括代谢性酸中毒、高氨血症、低血糖伴酮症（酮症程度与预期相符或比预期更重）、肝功能障碍及尿液中存在还原性物质等[2, 3]。通过对新生儿采用串联质谱法筛查，可以检出很多氨基酸代谢障碍。确诊需要血浆氨基酸定量检测，以及尿中有机酸的定性检测和酶分析[2]。常见的氨基酸代谢障碍有苯丙酮尿症、枫糖尿症、丙酸血症 / 甲基丙二酸血症、酪氨酸血症、高胱氨酸尿症、戊二酸血症 I 型、异戊酸血症、尿素循环障碍等。

氨基酸代谢障碍配方是一种以氨基酸为主要原料，不含或仅含少量与代谢障碍有关的氨基酸，加入适量的脂肪、碳水化合物、维生素、矿物质和/或其他成分，满足患者部分蛋白质需求的同时满足患者对部分维生素及矿物质的需求，而加工制成的适用于氨基酸代谢障碍人群的非全营养特殊医学用途配方食品。其用于代替普通婴儿配方食品，以改善患儿症状，减轻患儿智力损害，同时为患儿提供必要的、充足的营养素以维持其正常生长发育的需求。

此类配方的主要技术要求有：①不含或仅含有少量与代谢障碍有关的氨基酸，其他的氨基酸组成和含量可根据氨基酸代谢障碍做适当调整；②所使用的氨基酸来源应符合 GB 14880 或相关规定；③可适当调整某些矿物质和维生素的含量。

尽管此类配方中不额外添加限制性氨基酸，但限制性氨基酸有可能通过原辅料被带入到产品中。实验室对于单体氨基酸的检出限是 10mg/100g 粉末（终产品）。基于实验室氨基酸的检出限计算出非限制性氨基酸的配方中限制性氨基酸的限量为 1.5mg/g 蛋白质等同物。在低代谢障碍氨基酸配方中，为满足患者（尤其是 1～3 岁幼儿）生长发育的需要，配方可以少量添加限制性必需氨基酸，例如戊二酸血症 I 型配方，限制性氨基酸为赖氨酸和色氨酸，色氨酸是人体内不能合成的必需氨基酸，在低生物价的蛋白质中含量较低，因此患者从限制蛋白质的膳食中获取较少，临床资料显示色氨酸限量为 8mg/g 蛋白质等同物的戊二酸血症 I 型配方能够用于戊二酸血症 I 型患者的膳食管理。同样的资料显示，对于丙酸血症/甲基丙二酸血症患者，5mg/g 蛋白质等同物可以避免异亮氨酸缺乏[5]。关于氨基酸代谢障碍常见疾病及其患病率、应限制的氨基酸等情况总结如表 7-1 所列；婴儿期和儿童期选择性膳食组分和氨基酸近似日需要量如表 7-2 所示。

表 7-1　常见的氨基酸代谢障碍患病率及配方食品中应限制的氨基酸种类及限量

常见的氨基酸代谢障碍	患病率	估算实际患病人数（以 2020 年新生儿 1200 万为基数）/（人/年）	应限制的氨基酸种类	应限制的氨基酸含量/（mg/g 蛋白质等同物）
苯丙酮尿症	1/11800	1017	苯丙氨酸	≤ 1.5
枫糖尿症	1/139000	86	亮氨酸、异亮氨酸、缬氨酸	≤ 1.5①
丙酸血症	0.6/100000～0.7/100000	72～84	异亮氨酸、蛋氨酸、苏氨酸、缬氨酸	异亮氨酸≤ 5①，其余≤ 1.5①
甲基丙二酸血症	1/28000～1/10000	429～1200	—	—
酪氨酸血症	1/120000～1/100000	100～120	苯丙氨酸、酪氨酸	≤ 1.5①

续表

常见的氨基酸代谢障碍	患病率	估算实际患病人数（以2020年新生儿1200万为基数）/（人/年）	应限制的氨基酸种类	应限制的氨基酸含量/（mg/g蛋白质等同物）
高胱氨酸尿症	1/200000～1/1335000	36～60	蛋氨酸	≤1.5
戊二酸血症Ⅰ型	1/60000	200	赖氨酸	≤1.5
			色氨酸	≤8
异戊酸血症	1/160000	75	亮氨酸	≤1.5
尿素循环障碍	1/30000	400	非必需氨基酸（丙氨酸、精氨酸、天冬氨酸、天冬酰胺、谷氨酸、谷氨酰胺、甘氨酸、脯氨酸、丝氨酸）	≤1.5①

① 单一氨基酸限量。

注：引自《食品安全国家标准 特殊医学用途配方食品》（征求意见稿），2022。

表7-2 婴儿期和儿童期选择性膳食组分和氨基酸近似日需要量

膳食组分或氨基酸	年龄和需要量	
	出生～12个月/（mg/kg）	1～10岁/（mg/d）
苯丙氨酸	1～5个月：47～90	200～500①
	6～12个月：25～47	
组氨酸	16～34	
酪氨酸②	1～5个月：60～80	25～85（mg/kg）
	6～12个月：40～60	
亮氨酸	76～150	1000
异亮氨酸	1～5个月：79～110	1000
	6～12个月：50～75	
缬氨酸	1～5个月：65～105	400～600
	6～12个月：50～80	
甲硫氨酸③	20～45	400～800
半胱氨酸④	15～50	400～800
赖氨酸	90～120	1200～1600
苏氨酸	45～87	800～1000
色氨酸	13～22	60～120
能量	1～5个月：108kcal/kg	70～102kcal/kg
	6～12个月：98kcal/kg	

续表

膳食组分或氨基酸	年龄和需要量	
	出生～ 12 个月 / （mg/kg）	1 ～ 10 岁 / （mg/d）
水	100mL/kg	1000mL/d
碳水化合物	［能量值（kcal）×0.5÷4］g/d	［能量值（kcal）×0.5÷4］g/d
总蛋白	1 ～ 5 个月：2.2g/kg	16 ～ 18
	6 ～ 1 个月：1.6g/kg	
脂肪	［能量值（kcal）×0.35÷9］g/d	［能量值（kcal）×0.35÷9］g/d

① 苯丙氨酸（＞ 800mg）在含有酪氨酸时的需要量；

② 配方中总的苯丙氨酸量应考虑酪氨酸，因为苯丙氨酸可转化为酪氨酸；

③ 胱氨酸缺乏的情况下需要更多的甲硫氨酸；

④ 甲硫氨酸代谢中转硫作用途径受阻时胱氨酸需要量增加。

注：引自 Committee on Nutrition，American Academy of Pediatrics : Special diets for infants with inborn errorsofmetabolism，Pediatrics 57：783，1976；氨基酸数据来自 Holt 和 Snyderman。在不同年龄段的婴幼儿和儿童的氨基酸需要量的信息有限，仅需超过最低需要量即可。因此，本表应仅用于指导，而不应当作一个权威性指令强制所有患者都必须遵守。

7.1 苯丙酮尿症

苯丙酮尿症（phenylketonuria，PKU）是由苯丙氨酸羟化酶（phenyalanine hydroxylase，PAH）缺乏引起的一种常染色体隐性遗传的芳香族氨基酸疾病。应注意与苯丙氨酸胚胎病（母体 PKU）相鉴别。

7.1.1 流行病学

在欧洲人群 PKU 的发病率约为 1/10000[4]，但其在非洲裔美国人群中的发病率较低，约为 1/50000[5]。PKU 在芬兰罕见 [6]，在日本也很罕见，但发病率可能存在显著的地区间差异 [7]。PKU 在中国的平均发病率约为 1/11000，表现为南方地区低、北方尤其是西北地区高的特征。苯丙酮尿症是可以治疗的遗传病，它被列为中国新生儿筛查疾病之一 [8]。

7.1.2 发病机制及敏感基因

苯丙氨酸羟化酶（PAH）可催化必需氨基酸苯丙氨酸（phenylalanine，Phe）

转化为酪氨酸（tyrosine，Tyr），在此途径中，除分子氧和铁以外，四氢生物蝶呤（BH_4）也是 PAH 活性所需的辅因子。该途径与大多数分解代谢有关，并负责处理约 75% 的膳食 Phe，而剩余的 Phe 用于蛋白质的合成[9]。大多数 PKU 病例是由 PAH 缺乏所致，其中约 2% 的 Phe 浓度升高是由 BH_4 代谢缺陷所致。当 Phe 代谢所需的 PAH 活性降低或缺乏，使 Phe 不能转化为 Tyr，Tyr 及其他正常代谢产物合成减少，血液中 Phe 含量增加，引起高苯丙氨酸血症（hyperphenylalaninemia，HPA），从而影响中枢神经系统发育，PKU 是 HPA 的主要类型。同时次要代谢途径增强，生成苯丙酮酸、苯乙酸和苯乳酸，并从尿中大量排出，苯乳酸使患儿的尿液具有特殊的鼠尿臭味。

几乎所有病例均由编码 PAH 的基因（定位于人染色体 12q24.1）的突变引起[9]。人们已发现 1000 多种与 PAH 缺乏有关的突变，包括缺失、插入、剪接缺陷及错义和无义突变[10]。大多数受累患者为携带两个不同突变的复合杂合子。突变会影响 PAH 的结构。PAH 是一种四聚体，每个单体含有催化和四聚体化结构域。导致 PKU 的大多数突变位于催化结构域[11]。但有些突变发生在两个结构域的交界处，可影响酶的稳定性。分子学分析可通过识别 PAH 突变来确诊 PKU。

产前可通过对胎盘绒毛（孕 10 ～ 13 周）或羊水细胞（孕 16 ～ 22 周）进行疾病相关基因突变分析，并到具有产前诊断资质的机构进行胎儿诊断以及后续的遗传咨询。

7.1.3 临床表现及程度分级

7.1.3.1 临床表现

PKU 患儿在新生儿期多无临床症状，出生 3 ～ 4 个月后逐渐出现典型症状，1 岁时症状明显。出生数月后因黑色素合成不足，其毛发和虹膜色泽逐渐变浅，为黄色或棕黄色，皮肤白。由于尿液、汗液含有大量苯乳酸而有鼠尿臭味。随年龄增长，逐渐表现出智能发育迟缓，以认知发育障碍为主，小头畸形、癫痫发作，也可出现行为、性格等异常，如多动、自残、攻击、自闭、自卑、忧郁等神经系统表现。婴儿期还常出现呕吐、湿疹等。

7.1.3.2 程度分级[12]

根据 PAH 活性缺乏程度可分为酶活性完全缺乏和酶活性有残余：

（1）酶活性完全缺乏——经典型 PKU　新诊断的未经治疗新生儿患者中血清 Phe 浓度＞ 20mg/dL（1200μmol/L）。

（2）酶活性如有残余

中度 PKU（Phe 浓度：900 ～ 1200μmol/L）；

轻度 PKU（Phe 浓度：600 ～ 900μmol/L）；

轻度 HPA（Phe 浓度：360 ～ 600μmol/L）；

良性轻度 HPA（Phe 浓度：120 ～ 360μmol/L），常无须治疗。

7.1.4 诊断和治疗发展历史

苯丙酮尿症是新生儿中发病较高的一种隐性遗传病，目前可记录的该病的诊断和治疗发展历史可追溯到 1934 年 [13]。

① 1934 年：Folling 证实了智力障碍兄弟姐妹的尿中存在苯丙酮酸，之后发现这样的病人血苯丙氨酸含量升高。

② 20 世纪 50 年代：Jervis 报道 1 例肝组织中苯丙氨酸氧化缺乏的患者。Bickel 证实限制膳食中苯丙氨酸可降低血苯丙氨酸浓度。

③ 20 世纪 60 年代：Guthrie 研发出测量血苯丙氨酸水平的细菌抑制测定法。

④ 20 世纪 60 年代中期：限制苯丙氨酸含量的半合成产品上市。

⑤ 1965 ～ 1970 年：美国批准检测 PKU 为新生儿筛查项目。

⑥ 1967 ～ 1980 年：开展儿童苯丙酮尿症治疗的合作研究。这项研究的数据成为美国苯丙酮尿症临床治疗方案的基础。

⑦ 20 世纪 70 年代后期：认识到产妇苯丙酮尿症的不利影响是一个重要的公共卫生问题。

⑧ 20 世纪 80 年代：终生限制苯丙氨酸的摄入量，成为美国苯丙酮尿症临床治疗的标准。

⑨ 1983 年：产妇苯丙酮尿症合作研究开始研究治疗苯丙酮尿症妇女后对妊娠结局的影响。

⑩ 1987 年：开展了苯丙酮尿症载体检测和产前诊断。

⑪ 20 世纪 80 年代后期：确定苯丙氨酸羟化酶缺乏症的 MIM No.261600 基因位于染色体 12q22 ～ q24.1。完成应用外周血白细胞脱氧核糖核酸的突变分析。

⑫ 20 世纪 90 年代：苯丙氨酸水平 1 ～ 6mg/L（60 ～ 360mmol/L），成为苯丙酮尿症治疗监测的新标准，低于以前的＜ 10mg/L（600mmol/L）。

⑬ 2000 年：口服四氢生物蝶呤确认对苯丙酮尿症有效，尤其适用于轻度突变的患者。

⑭ 2010 年：继续开展选择性和辅助治疗研究，如大剂量中性氨基酸的应用、四氢生物蝶呤的补充、酶的替代物和体细胞的基因治疗。

7.1.5 特殊医学用途婴儿配方食品的使用

除药物治疗外，PKU 的主要治疗方法是膳食限制 Phe。血 Phe 浓度为 7 ～ 10mg/dL（420 ～ 600μmol/L）的 PKU 婴儿，应尽可能早地开始膳食限制治疗。开始膳食限制治疗之前，应通过分析干血斑中的二氢生物蝶啶还原酶（DHPR）活性和干尿中的生物蝶呤 / 新蝶呤浓度来排除四氢生物蝶呤（BH_4）缺乏。

低 Phe 食品，包括低蛋白的面条、面包、大米及小麦淀粉等制成的食物。合适的碳水化合物的来源是玉米糖浆、改良的木薯淀粉、蔗糖及水解玉米淀粉；脂肪的来源是多种油脂。

PKU 的特殊医学配方食品，即不含 Phe 的蛋白替代物（氨基酸混合物），需要满足约 75% 的蛋白质需求（Phe 除外）。PKU 患者 PAH 酶活性不同，导致对 Phe 耐受量的个体差异，需进行个性化治疗。根据相应年龄段儿童每日蛋白质需要量、血 Phe 浓度、Phe 的耐受量、膳食嗜好等调整治疗方法。苯丙氨酸（Phe）、酪氨酸（Tyr）和蛋白质的推荐摄入量见表 7-3。

表 7-3 PKU 患者不同年龄段苯丙氨酸、酪氨酸和蛋白质推荐摄入量

年龄	Phe/（mg/d）	Tyr/（mg/d）	蛋白质 /[g/（kg・d）]
0 ～< 3 月龄	130 ～ 430	1100 ～ 1300	2.5 ～ 3.0
3 ～< 6 月龄	135 ～ 400	1400 ～ 2100	2.0 ～ 3.0
6 ～< 9 月龄	145 ～ 370	2500 ～ 3000	2.0 ～ 2.5
9 ～< 12 月龄	135 ～ 330	2500 ～ 3000	2.0 ～ 2.5
1 ～< 4 岁	200 ～ 320	2800 ～ 3500	1.5 ～ 2.1
4 岁以上	200 ～ 1100	4000 ～ 6000	同龄 RNI 的 120% ～ 140%①

① RNI：膳食营养素推荐摄入量，2013。

7.1.5.1 各年龄段 PKU 的关注重点

（1）0 ～ 12 月龄　经典型 PKU 在确诊后需给予无 Phe 特殊医学用途配方粉以快速降低血 Phe 浓度，可暂停母乳或普通婴儿配方奶粉。治疗 3 ～ 5 天后，随着血 Phe 浓度降至接近正常后重新添加母乳或普通婴儿配方奶粉。例如，人工喂养的经典型 PKU 婴儿，可按 6∶1 ～ 4∶1 比例配制特殊医学用途配方粉与普通奶粉，在调整奶粉喂养比例的过程中，需要定期监测血 Phe 的浓度。建议满 6 月龄开始添加低 Phe 辅食，如强化铁的低蛋白婴儿米粉及低 Phe 的蔬菜和水果。添加辅食的同时，继续保证特殊医学用途配方粉的摄入量。辅食过渡与调味品的添加等原则与正常婴儿相同。

（2）1 ～ 4 岁　这个年龄段的儿童对各种营养素需要量仍较高，食物种类和膳食结构接近成人，应增加低蛋白米面等主食量，搭配低 Phe 的水果、蔬菜类和极少量含优质天然蛋白质类的食物。经典型 PKU 的膳食中 50% ～ 85% 蛋白质应来源于无 Phe 的特殊医学用途（配方）食品，15% ～ 50% 来自天然食物。注意更换适宜年龄段类型的特殊医学用途配方食品。

7.1.5.2　容易缺乏的营养素

（1）长链多不饱和脂肪酸　由于动物蛋白来源的食物中长链多不饱和脂肪酸（long-chain polyunsaturated fatty acid，LCPUFA）水平较低，所以限制苯丙氨酸的膳食可导致血中 LCPUFA 和 DHA 水平较低，这可能对神经发育有害。关于在何种情况下可以安全补充膳食 DHA 以获得最佳的神经和认知发育，尚不明确。研究发现，在没有膳食推荐的情况下，为患者提供 α- 亚麻酸（DHA 的前体）300mg/100kcal 或使其占膳食总能量的 2.7%，足以预防患者必需脂肪酸的缺乏，并能在一定程度上满足身体对 DHA 的代谢需要。

（2）酪氨酸　由于患者不能将苯丙氨酸转化为 Tyr，Tyr 浓度可能较低，这对甲状腺素、儿茶酚胺和黑色素的合成可能有负面影响。由于氨基酸混合物的不溶性，所以在饮用前应充分摇匀，这点需要引起 PKU 患者的特别注意。

（3）矿物质及维生素　需要通过补充剂的形式提供。

7.1.5.3　特殊医学用途配方食品的研究进展

糖巨肽（glycomacropeptide，GMP）是干酪乳清中的一种天然蛋白质，含有少量的 Phe，并可补充若干大分子中性氨基酸（LNAA），如精氨酸、组氨酸、异亮氨酸、亮氨酸、赖氨酸、甲硫氨酸、苏氨酸、色氨酸、酪氨酸和缬氨酸等。多项研究已证实，对 PKU 患者采用 GMP 进行膳食治疗具有有效性和适口性[14, 15]。

鼓励在经验丰富的代谢营养师监督指导下，对 PKU 婴儿实行母乳喂养，并搭配不含 Phe 的婴儿配方奶粉喂养。母乳喂养的占比通常限制在 25% 左右，具体取决于疾病的严重程度。经母乳摄取 Phe 时，必须考虑其每日允许摄入量。母乳中 Phe 的含量低于标准的婴儿配方奶粉（14mg/30g vs 19mg/30g）。限制孕产妇的膳食不会影响母乳的氨基酸组成。

满足需求（包括最佳生长发育）的蛋白质替代品最佳摄入量尚不明确，研究结果证明个体差异较大，这似乎与蛋白质替代品中碳水化合物和 / 或脂肪的含量有关。

蛋白质替代品的适口性差可对膳食依从性产生不利影响，尤其是对于年龄较大的儿童。极少数患者可能需要补充酪氨酸[16]。

终生维持膳食限制对获得最佳健康结局似乎很有必要[17, 18]。美国医疗保健研究与质量局（AHRQ）进行了一项 Meta 分析，包含 17 项研究、432 例 PKU 患者，评估了血苯丙氨酸浓度与智商（intelligence quotient，IQ）之间的关系。该分析发现，血苯丙氨酸浓度较高时，儿童期或之后测得低 IQ（＜ 85）的可能性均增大，其中儿童早期苯丙氨酸浓度与后来 IQ 之间的关联性更强[19]。

一项长期随访研究纳入了参与膳食管理试验的 PKU 新生儿，其结果也支持终生膳食限制的必要性[20]。在初始试验中，婴儿在 6 岁前均采用苯丙氨酸限制膳食进行治疗，然后被随机分配到持续膳食治疗组或停止膳食治疗组。在大约 25 岁时，研究者对最初 211 例婴儿中的 70 例再次进行了评估。与停止膳食治疗的患儿相比，持续膳食治疗的患儿在以下方面的发病率降低：湿疹（11% vs 28%）、哮喘（0 vs 12%）、头痛（0 vs 31%）、精神障碍（22% vs 41%）、多动（0 vs 14%）和活动减退（0 vs 19%）。持续膳食治疗与更好的智力及学习成绩得分和较低的血苯丙氨酸浓度相关。磁共振成像（magnetic resonance imaging，MRI）结果异常与磁共振波谱分析测得的脑苯丙氨酸浓度更高相关。

在非随机研究中，IQ 分数在有 PKU 而未限制膳食的年长儿童和成人患者中保持稳定[17]。但与基线期、继续治疗的患者和 / 或健康对照相比时，停止膳食治疗的患者在注意力和信息处理速度方面有轻微不足。一项随机交叉试验发现，高苯丙氨酸浓度显示可影响成人的情绪和持久注意力[21]。9 例成人采取了限制膳食，同时被给予含有苯丙氨酸的补充品或安慰剂治疗 4 周。与接受安慰剂相比，接受苯丙氨酸补充品期间，患者本人及朋友或亲属填写的心境状态量表（profile of mood states，POMS）问卷得分明显更低。

接受膳食限制治疗患儿的 IQ 分数往往在平均值范围内。然而，其 IQ 分数一般比未受累的对照者低约半个标准差（standard deviation，SD）。他们的 IQ 分数也略低于其未受累的父母或兄弟[22]。

然而，神经生物学损伤与限制性膳食带来的压力均可能促成行为障碍[23]。目前对于血苯丙氨酸浓度与行为障碍的关系还没有足够的研究。

7.1.6 营养管理及随访

苯丙酮尿症患儿的营养管理和随访，包括定期检测血中苯丙氨酸浓度和其他生化指标；同时还要预防苯丙氨酸缺乏症，评估患儿的营养、体格和智能发育状况[23, 24]。

7.1.6.1 血苯丙氨酸浓度

建议在喂奶 2 ～ 3h（婴儿期）或空腹（婴儿期后）后采血测定 Phe 浓度。

PKU 患儿特殊配方奶粉治疗开始后每 3 天测定血 Phe 浓度，根据血 Phe 水平及时调整膳食，添加天然食物。

代谢控制稳定后，Phe 测定时间可适当调整：＜ 1 岁每周 1 次，1 ～ 12 岁每 2 周～每月 1 次，12 岁以上每 1 ～ 3 个月 1 次。

如有感染等应急情况下血 Phe 浓度升高，或血 Phe 波动，或每次添加、更换食谱后 3d，需密切监测血 Phe 浓度。

各年龄段血 Phe 浓度控制的理想范围：1 岁以下 120 ～ 240μmol/L，1 ～ 12 岁 120 ～ 360μmol/L，12 岁以上患儿控制在 120 ～ 600μmol/L 为宜。

虽然数据有限，但更高的 Phe 浓度似乎会对脑功能产生不良影响，即使是在成年人中也应如此。因此，在青春期甚至以后的时期，强烈推荐将血 Phe 浓度维持在较低水平（2 ～ 10mg/dL，即 120 ～ 600μmol/L）。

7.1.6.2 其他生化检查

监测白蛋白、前白蛋白、全血细胞计数、铁蛋白和 25- 羟维生素 D_3。若临床评估发现特殊医学用途配方食品或膳食摄入量不足，或者出现临床指征时，在常规体检的基础上，增加监测 Tyr、维生素 B_{12}、维生素 B_6、叶酸、维生素 A、微量元素（锌、铜）等。由于患者膳食中天然含钙的乳制品摄入量低，建议定期监测骨密度。

7.1.6.3 预防苯丙氨酸缺乏症

苯丙氨酸（Phe）是一种必需氨基酸，治疗过度或未定期检测血 Phe 浓度，易导致 Phe 缺乏症，表现严重的皮肤损害、嗜睡、厌食、营养不良、腹泻、贫血、低蛋白血症等，甚至死亡。因此，需严格监测血 Phe 浓度，Phe 浓度过低时应及时添加天然食物。

7.1.6.4 营养、体格发育、智能发育评估

治疗后每 3 ～ 6 个月测量身高（2 岁内量身长）、体重及进行营养状况评价等，预防发育迟缓及营养不良。1 岁、2 岁、3 岁、6 岁时进行智能发育评估，学龄儿童评估可参照学习成绩等。

表 7-4 ～表 7-7 所列为低苯丙氨酸食物模式的计算指南、典型食谱举例、常用低蛋白食物中蛋白质及能量组成、同龄孩子典型食物模式和低苯丙氨酸食物模式比较以及临床个案举例等。

表 7-4　低苯丙氨酸食物模式的计算指南

个案分析	
茉莉：一个 6 个月大的 PKU 婴儿	
基本资料	
年龄	6 个月
体重 /kg	7.7
体重百分位数	第 50 百分位数
身长 /cm	67.8
身长百分位数	第 50 百分位数
头围 /cm	43.3
身体状况	良好
活动	喜欢动

第 1 步，应用表 7-2 中的信息，计算孩子苯丙氨酸、蛋白质和能量（kcal）的需要量：

A. 苯丙氨酸

7.7kg×60[①] mg/（kg・d）＝462mg/d

B. 蛋白质

7.7kg×3.3[②] g/（kg・d）＝25.4g/d

C. 能量

7.7kg×115[②] kcal/（kg・d）＝885kcal/d

第 2 步，确定每天无苯丙氨酸配方的需要量。这主要根据婴儿每天的蛋白质需要量而定。例如，每天蛋白质 25.4g×90%（无苯丙氨酸蛋白质配方粉剂，Phenex-1）=23g（蛋白质）约等于 145g 每天配方粉剂需要量。

第 3 步，确定婴幼儿配方奶粉需要量标准。

第 4 步，确定该例无苯丙氨酸奶粉和婴儿配方奶粉中的苯丙氨酸、蛋白质和能量。

第 5 步，确定适量的水混合无苯丙氨酸配方食品。根据婴儿的年龄和液体的需要，该配方食品可能有所不同。例如，案例中所描述的婴儿配方食品，用 120mL 水混合 145g Phenex-1 粉剂和 120g 的奶粉，以防止形成团块。然后加水，至总量为 900g 配方奶。可提供 4 瓶，每瓶 225mL。

配方	苯丙氨酸 /mg	蛋白质 /g	能量 /kcal
Phenex-1 粉剂（145g）	0	23.0	695
奶粉（120g）	410	4.8	120
总计	410	27.8	815

第 6 步，确定从混合配方食品以外的食物中获得的苯丙氨酸、蛋白质和能量

总苯丙氨酸	462mg/d
配方制剂中苯丙氨酸	410mg/d
其他食物中苯丙氨酸	52mg/d
总蛋白质	25.4g/d

续表

配方制剂中的蛋白质	27.8g/d
其他食物中的蛋白质	1 ～ 2g/d
总能量	885kcal/d
配方制剂中的能量	815kcal/d
其他食物中的能量	70kcal/d

第 7 步，确定不包括配方制剂的其他食品[③]

其他食品	苯丙氨酸 /mg	蛋白 /g	能量 /kcal
婴儿米粉、谷类，1 汤匙	9	0.2	9
菜豆，糊，1 汤匙	9	0.2	4
香蕉泥，50g	22	0.6	44
胡萝卜汁，3 汤匙	9	0.3	12
总计	49	1.3	69

第 8 步，确定每千克体重的苯丙氨酸、蛋白质和能量的实际数量，由体重（kg）除总成分（单位 kg）得到。

苯丙氨酸（mg）：460[④]mg÷7.7kg ＝ 60mg/（kg・d）

蛋白质：29.1g÷7.7kg ＝ 3.8g/（kg・d）

能量：885kcal÷7.7kg ＝ 115kcal/（kg・d）

① 选择 60mg/（kg・d）苯丙氨酸是一个中等摄入水平。苯丙氨酸配方食品必须适合个体生长和维持血液水平需求。

② 尽管这些摄入量高于推荐膳食摄入量，但这些摄入量是基于应用蛋白质水解配方食品促进正常生长发育的合作研究推荐（Acosta，1996）。

③ 总能量摄入必须根据个体的需要进行调整，避免过剩。

④ 为合理范围内的约数。

表 7-5　某幼儿 3 年苯丙酮尿症的典型食谱

耐受量：苯丙氨酸 300mg/d		耐受量：苯丙氨酸 400mg/d	
24h 配方制剂 / 医用食品：100g Phenyl-Free-2，125g 2% 牛奶，水 950mL		24h 配方制剂 / 医用食品：100g Phenyl-Free-2，125g 2% 牛奶，水 950mL	
该混合配方食品提供 25.8g 蛋白质、670kcal 能量、200mg 苯丙氨酸		该混合配方食品提供 25.8g 蛋白质、670kcal 能量、200mg 苯丙氨酸	
100mg 苯丙氨酸食物的食谱	苯丙氨酸量	200mg 苯丙氨酸食物的食谱	苯丙氨酸量
早餐		早餐	
混合配方制剂，280mL	0	混合配方制剂，280mL	0
Kix 谷类，4g（3 汤匙）	15mg	米粉，20g	22mg
桃子，罐装，60g	9mg	不含奶冰激凌，1/4 杯	19mg
午餐		午餐	
混合配方制剂，225mL	0	混合配方制剂，225mL	0
低蛋白面包，1/2 片	7mg	蔬菜汤（1/4 杯汤 +1/4 杯水）	52mg

续表

果冻，1 茶匙	0	葡萄，50g（10 个）	9mg
胡萝卜，烹调的，40g（1/4 杯）	13mg	低蛋白饼干，5 片	3mg
杏，罐装，25g（1/2 杯）	6mg	低蛋白甜点，2 块	2mg
点心		点心	
苹果片，去皮，4 片	4mg	年糕，6g（2 小块）	18mg
金鱼饼干，10 片	18mg	果冻，1 茶匙	0
混合配方制剂	225mL	混合配方制剂	225mL
晚餐		晚餐	
混合配方制剂，225mL	0	混合配方制剂，225mL	0
低蛋白比萨，1/2 杯，烘烤	5mg	马铃薯泥，50g（5 汤匙）	50mg
番茄酱，2 汤匙	16mg	无奶酪人造奶油，1 茶匙	0mg

表 7-6　常用低蛋白食物中蛋白质和能量组成

食物类		能量 /kcal	蛋白质 /g
比萨，1/2 杯，烘烤	低蛋白	107	0.15
	常规	72	2.4
面包，1 片	低蛋白	135	0.2
	常规	74	2.4
谷类，1/2 杯，煮熟的	低蛋白	45	0.0
	常规	80	1.0
鸡蛋，1	低蛋白鸡蛋替代物	30	0.0
	常规	67	5.6

表 7-7　苯丙酮尿症患儿与非苯丙酮尿症患儿适宜食谱比较

膳食	PKU 食谱	苯丙氨酸 /mg	常规食谱	苯丙氨酸 /mg
早餐	无苯丙氨酸配方制剂	0	牛奶	450
	泡米饭	0	泡米饭	0
	橘汁	0	橘汁	0
午餐	果冻三明治（低蛋白面包）	18	花生酱和果冻三明治（常规面包）	625
	香蕉	0	香蕉	0
	胡萝卜和芹菜条	0	胡萝卜和芹菜条	0
	低蛋白巧克力饼干	4	巧克力饼干	60
	果汁（蔬菜汁）	0	果汁（蔬菜汁）	0

续表

膳食	PKU 食谱	苯丙氨酸 /mg	常规食谱	苯丙氨酸 /mg
点心	无苯丙氨酸配方制剂	0	牛奶	450
	柑橘	0	柑橘	0
	土豆片（小包）	0	土豆片	0
晚餐	无苯丙氨酸配方制剂	0	牛奶	450
	沙拉	0	沙拉	0
	低蛋白番茄酱意大利面	8	番茄酱意大利面 加肉团	240 600
	冰冻果子露	10	冰激凌	120
摄入量评估		40		2995

7.2 枫糖尿症

枫糖尿症（maple syrup urine disease，MSUD）又称支链酮酸尿症，是一种罕见的影响脂肪族氨基酸或支链氨基酸（branched-chain amino acid，BCAA）的常染色体隐性遗传性疾病。MSUD 主要临床特征为精神运动发育迟缓和智力障碍、喂养困难及尿带有枫糖浆气味（气味来源于支链酮酸衍生物），脑影像学检查结果显示，主要由细胞毒性水肿引起[25-27]。

7.2.1 流行病学

MSUD 于 1954 年被首次报道，发病率存在种族及地域差异。MSUD 在活产婴儿中的发生率为 1/185000 ～ 1/86800。新生儿筛查资料显示不同国家 MSUD 的患病率分别为：美国 1/180000，澳大利亚 1/250000，德国 1/177978，日本 1/500000，中国大陆 1/139000。

7.2.2 发病机制与敏感基因

MSUD 由 BCAA 代谢途径中的第 2 种酶即支链 α- 酮酸脱氢酶复合物（branched-chain alpha-ketoacid dehydrogenase complex，BCKDC）缺陷引起。亮氨酸、异亮氨酸、缬氨酸等 BCAA 及其相应酮酸衍生物在体内蓄积，从而引起一系列神经系统损伤表现。

MSUD 由编码 BCKDC 组分 E1-α、E1-β、E2 和 E3 的基因发生致病突变引起。这些基因分别位于人类染色体 19q13.1-q13.2（BCKDHA）、6p22-p21（BCKDHB）、1p31［二氢硫辛酰胺支链转酰酶 E2（dihydrolipoamide branched-chain transacylase E2，DBT）］和 7q31-q32［二氢硫辛酰胺脱氢酶（dihydrolipoamide dehydrogenase，DLD）］[28-32]，所有基因的序列已完全明确，包括调控元件。当任何一个基因发生致病变异，使得其编码的蛋白质缺陷均可以导致 BCKDC 复合体的功能障碍，引起 MSUD。多数情况下，机体残留 9% ～ 13% 的 BCKDC 活性即可满足支链氨基酸的正常代谢。

有病例报告显示，一些轻型 MSUD 的发病原因为编码 BCKDC 磷酸酶的 Mg^{2+}/Mn^{2+} 依赖性蛋白磷酸酶 1K（PPM1K）基因出现纯合突变 [33]。两种支链氨基转移酶（branched-chain aminotransferase，BCAT）之一缺乏可引起 BCAA 不同程度的增加 [34, 35]。

7.2.3 临床表现

根据临床症状出现时间、疾病严重程度、生化表现、残留酶活性及对维生素 B_1 治疗反应性，MSUD 可分为 5 种类型：经典型、间歇型、中间型、硫胺素（维生素 B_1）反应型和 E3 缺乏型 [36]。

7.2.3.1 经典型

该类型最为常见，占 75%。由编码 E1-α、E1-β 和 E2 的基因发生致病突变引起，残留酶活性小于 3%。常发病早、症状重并且发展迅速。通常患儿出生 12h 后，在耵聍中即出现枫糖浆气味；生后 12 ～ 24h 的尿液和汗液中有特殊的枫糖味；2 ～ 3 天出现酮尿、易激惹和喂养困难；4 ～ 5 天开始出现严重的代谢紊乱和脑病症状。根据喂养方案中蛋白质含量的不同，初始症状有可能直到 4 ～ 7 日龄时才出现。母乳喂养可能使症状发作的时间推迟至第 2 周。代谢性中毒发作可能发生于较大的婴幼儿，这些患儿通常通过营养管理来控制病情。临床表现包括上腹部疼痛、呕吐、厌食和肌肉疲劳，偶见胰腺炎。神经系统症状可能包括多动、睡眠紊乱、昏睡、认知功能下降、肌张力障碍和共济失调。在急性失代偿病例中，已报道过类似韦尼克脑病（Wernicke 脑病）的临床特征。如出现脑水肿和脑疝可能导致死亡。

7.2.3.2 间歇型

间歇型 MSUD 是第二常见的 MSUD 类型，由编码 E1-α、E1-β 和 E2 的基因发生致病突变引起，但残留酶活性高于经典型 MSUD。呈间歇性发作，早期生长发育均正常，多在感染和手术等应激情况下发作，表现为发作性共济失调、嗜睡、癫痫、酮症酸中毒和昏迷，极少数的严重者可引起死亡。间歇期支链氨基酸浓度正常，发作期与经典型类似，支链氨基酸浓度升高。

7.2.3.3 中间型

较为罕见，与编码 BCKDC 的 E1-α 组分的基因发生致病突变有关。残留的 BCKDC 活性通常为正常水平的 3% ～ 30%，任何年龄段均可发病。患者症状较经典型轻，表现为生长缓慢、发育落后、喂养困难、易激惹、在耵聍中有枫糖浆气味，应激情况下可以出现严重的代谢紊乱和脑病。

7.2.3.4 硫胺素反应型

罕见表型，与编码 BCKDC 的 E2 组分的基因发生致病突变有关。临床表现类似于中间型，用维生素 B_1（硫胺素）治疗后可以明显改善临床表现和生化指标。但单独补充维生素 B_1 通常无效，还需要通过限制膳食中的 BCAA 来控制代谢。

7.2.3.5 E3 缺乏型

很罕见，由编码 BCKDC 的 E3 组分的基因发生致病突变引起。受累患者有 BCKDC 缺陷，同时也有丙酮酸和 *α*- 酮戊二酸脱氢酶复合物缺陷。临床表现类似轻型，但往往伴有严重的乳酸血症，也可有神经系统受损，如生长发育延迟及肌张力低下等。

此外，MSUD 还可表现为贫血、四肢皮炎、脱发、骨质疏松等。少数患者表现多动、抑郁和焦虑等。

7.2.4 特殊医学用途婴儿配方食品的使用

7.2.4.1 急性失代偿期

以去除诱因、纠正急性代谢紊乱、降低血浆亮氨酸为治疗原则。急性代谢危象期间，医学营养方面给予不含亮氨酸、异亮氨酸及缬氨酸的特殊配方奶粉喂养，24 ～ 48h 后逐渐增加天然蛋白质摄入量，通常异亮氨酸和缬氨酸分别为 80 ～ 120mg/（kg • d）、谷氨酰胺和丙氨酸分别为 250mg/（kg • d），维持异亮氨酸和缬氨酸在 400 ～ 600μmol/L，可避免缺乏。同时可给予大剂量维生素 B_1，每日 100 ～ 300mg，分次口服。提供的能量必须至少为根据体重或体表面积校正的能量需求估计值的 1.25 倍。联合肠内和胃肠外营养可达到总的营养目标。可能需要补充氯化钠以帮助维持血清钠浓度在正常范围内并可降低脑水肿风险，紧急住院期间，至少应每 12 ～ 24h 监测 1 次血浆钠浓度，如果临床需要，可更频繁地监测。

7.2.4.2 慢性稳定期

主要基于膳食治疗及维生素 B_1 治疗，膳食限制需终生维持。特殊医学配方食品应保证能量及营养供应，满足生长发育，定期监测血中支链氨基酸水平，调整摄入量，维持血浆支链氨基酸在理想范围内。

原则以补充不含亮氨酸、异亮氨酸和缬氨酸的特殊配方奶粉或氨基酸配方粉为主。快速生长期（生后 0 ～ 10 个月）婴儿 L- 亮氨酸、异亮氨酸和缬氨酸需要量通常分别为 50 ～ 90mg/（kg • d）、30 ～ 60mg/（kg • d）、20 ～ 50mg/（kg • d）。1 岁以后亮氨酸需要量逐渐降低，成人亮氨酸需要量为 5 ～ 15mg/（kg • d），而异亮氨酸及缬氨酸需要量变化不大。

除此之外，建议给予所有 MSUD 患者维生素 $B_1$50 ～ 200mg/d 进行试验性治疗 4 周，但有功能缺失性突变、预期会导致残留酶活性极低（＜ 3%）的患者例外。确诊硫胺素反应型 MSUD 的患者除给予膳食治疗外，应长期补充维生素 B_1。

7.2.5 营养管理目标与监测

7.2.5.1 治疗目标

血浆支链氨基酸浓度在理想范围，亮氨酸（Leu），≤ 5 岁 100 ～ 200μmol/L、＞ 5 岁 75 ～ 300μmol/L；异亮氨酸，50 ～ 150μmol/L；缬氨酸，150 ～ 250μmol/L。

7.2.5.2 监测

在出生后最初 6 ～ 12 个月，每 1 ～ 2 周测定血浆中氨基酸浓度。可根据这些测定值来调整患者个体的亮氨酸、缬氨酸和异亮氨酸的摄入量。

随年龄增加，可根据患儿的代谢稳定性和膳食依从性减少检测频率。对于小于 3 月龄的患者，通常每周检测 1 次；3 ～ 12 月龄的患者则每 2 周至 1 个月检测 1 次，之后每个月检测 1 次；对于婴儿期以后发病的患者，通常每月检测 1 次直到浓度稳定，之后每 3 ～ 6 个月检测 1 次。

7.3 丙酸血症

丙酸血症（propionic acidemia，PA）是一种常染色体隐性遗传的有机酸血症，又称丙酰辅酶A羧化酶缺乏症（propionyl-CoA carboxylase deficiency）、酮症性高甘氨酸血症（ketotic hyperglycinemia）或丙酸尿症（propionic aciduria）。早期诊断和开始治疗PA，可改善患者的预后，提供明显的长期保护以及防止神经系统后遗症[37]。

7.3.1 流行病学

PA总患病率在国外不同人种之间为1/100000～100/100000，我国为0.6/100000～0.7/100000。

7.3.2 发病机制与敏感基因

PA由丙酰辅酶A羧化酶（PCC）缺乏引起，该酶是具有两个不同亚基的二聚体。PA致病基因分别为PCCA和PCCB。PCCA位于13q32，含24个外显子，编码728个氨基酸，已报道突变124种。PCCB位于3q21-q22，包含15个外显子，编码539个氨基酸，已报道突变114种。PCCA或PCCB突变使丙酰辅酶A羧化酶缺乏，导致丙酰辅酶A转化为甲基丙二酰辅酶A受阻，进而引起体内丙酸及其前体丙酰辅酶A、甲基枸橼酸和丙酰甘氨酸等代谢产物异常增高，引起一系列生化异常、神经系统和其他脏器损害症状。

7.3.3 临床表现

PA的临床症状可能在儿童早期到成年中期的任何时间出现[38]。PA患者通常在新生儿期出现有机酸血症的体征。出生时正常，开始哺乳后出现呕吐、嗜睡、肌张力低下、惊厥、呼吸困难、高血氨、酮症、低血糖、酸中毒、扩张型心肌病、胰腺炎等异常，病死率高。一些PA婴儿具有面部畸形特征，即高额头、宽鼻梁、内眦赘皮、长而光滑的人中以及三角形口。

少数患者在年龄较大时出现体征，常因发热、饥饿、高蛋白膳食和感染等诱发，表现为婴幼儿期喂养困难、发育落后、惊厥、肌张力低下等。由于丙酸等有机酸蓄积，许多患者的认知能力及神经系统发育受到损害，脑电图慢波增多或见癫痫波；一些患者可有骨折，X射线见骨质疏松；还常造成骨髓抑制，引起粒细胞减少、贫血、血小板减少，部分患者有肝肿大。也可有心脏损害，如心肌病、心律失常、QT间期延长、心功能减弱等。此外，还有视神经萎缩的报告。肾功能损害较为少见。

7.3.4 特殊医学用途婴儿配方食品的使用

目前缺乏足够的数据来定义详细的循证膳食策略。总的来说，PA 患者应以限制天然蛋白质膳食为主，但要保证足够的蛋白质和能量摄入。推荐以不含缬氨酸、异亮氨酸、苏氨酸、蛋氨酸的特殊配方营养粉喂养，以减少丙酸的产生，并可改善患儿的发育和营养状态。但因这些氨基酸为必需氨基酸，故特殊配方奶粉不能作为蛋白质的唯一来源，还应进食少量天然蛋白质。每日所需总蛋白质的量，婴儿为 2.5 ～ 3.5g/kg，儿童为 30 ～ 40g，成人为 50 ～ 65g，天然蛋白质和几种特殊氨基酸的限量见表 7-8，不足部分以不含缬氨酸、异亮氨酸、苏氨酸和甲硫氨酸的配方奶或蛋白质替代。临床上通常从特殊配方奶粉与天然蛋白质以 1∶3 配比开始，再根据血氨基酸水平及代谢物浓度调整二者的比例，以有效控制代谢异常，同时避免饥饿，抑制肌肉组织和脂肪组织分解代谢。

由于长期限制天然蛋白质，PA 患者易发生微量营养素和矿物质（维生素 B_{12}、维生素 A、维生素 D、叶酸、钙、锌）缺乏，需注意监测，必要时应相应补充。

表 7-8 丙酸血症患者每日天然蛋白质和特殊氨基酸摄入限量

年龄	蛋白质 /[g/(kg·d)]	缬氨酸 /(mg/kg)	异亮氨酸 /(mg/kg)	苏氨酸 /(mg/kg)	蛋氨酸 /(mg/kg)
0 ～ 3 个月	1.2 ～ 1.8	65 ～ 105	70 ～ 120	50 ～ 135	20 ～ 50
3 ～ 6 个月	1.0 ～ 1.5	60 ～ 190	60 ～ 100	50 ～ 100	15 ～ 45
6 ～ 9 个月	0.8 ～ 1.3	35 ～ 75	50 ～ 90	40 ～ 75	10 ～ 40
9 个月～ 1 岁	0.6 ～ 1.2	30 ～ 60	40 ～ 80	20 ～ 40	10 ～ 30
1 ～ 4 岁	0.6 ～ 1.2	500 ～ 800	480 ～ 730	400 ～ 600	180 ～ 390
4 ～ 7 岁	0.6 ～ 1.2	700 ～ 1100	600 ～ 1000	500 ～ 750	250 ～ 500
7 ～ 11 岁	0.5 ～ 1.1	800 ～ 1250	700 ～ 1100	600 ～ 900	290 ～ 550
11 ～ 15 岁	0.4 ～ 1.0	1000 ～ 1600	750 ～ 1300	800 ～ 1200	300 ～ 800
15 ～ 19 岁	0.4 ～ 0.8	1100 ～ 2000	800 ～ 1500	800 ～ 1400	300 ～ 900
19 岁及以上	0.3 ～ 0.6	900 ～ 1500	900 ～ 1500	800 ～ 1500	250 ～ 1000

7.4 甲基丙二酸血症

甲基丙二酸产生于某些氨基酸（异亮氨酸、甲硫氨酸、苏氨酸或缬氨酸）和奇数链脂肪酸的代谢期间。甲基丙二酸血症（methylmalonic acidemia，MMA）又称甲基丙二酸尿症（methylmalonic aciduria），是我国最常见的常染色体隐性遗传的有机酸代谢病。其特征为甲基丙二酸代谢受损。MMA 由甲基丙二酰辅酶 A 变位酶（methylmalonyl CoA mutase，MCM）或其辅酶钴胺素（cobalamin，cbl；也即维生素 B_{12}，$VitB_{12}$）代谢缺陷所导致。

7.4.1 分型

根据酶缺陷类型分为，① MCM 缺陷型（Mut 型）。又依据 MCM 酶活性完全或部分缺乏分为 Mut^0 和 Mut^- 亚型；②维生素 B_{12} 代谢障碍型（cbl 型），包括 cblA、cblB、cblC、cblD、cblF 等亚型。

根据是否伴有血同型半胱氨酸增高，分为单纯型 MMA 及合并型 MMA。

7.4.2 流行病学

MMA 总患病率在国外不同人种之间为 1/169000 ～ 1/50000；中国台湾地区约为 1/86000，中国大陆尚无确切数据报道，根据新生儿串联质谱筛查结果估算出生患病率约为 1/28000，但北方有些地区发病率可高于 1/10000[39]。据报道，cblC 型甲基丙二酸血症是中国最常见的甲基丙二酸血症（MMA）。本病的生化特征包括甲基丙二酸和同型半胱氨酸（HCY）升高，丙酰肉碱（C3）升高，游离肉碱（C0）降低[40]。

7.4.3 发病机制与敏感基因

目前已知与合并型 MMA 相关的基因有 1 个（*MMACHC*），与单纯型 MMA 相关的基因有 5 个（*MUT*，*MMAA*，*MMAB*，*MCEE*，*MMADHC*）。还有一些基因可致不典型 MMA 或少见疾病并发 MMA，包括 *HCFC1*、*ACSF3*、*ALDH6A1*、*TCblR*、*CD320*、*LMBRD1*、*ABCD4*、*SUCLG1*、*SUCLG2* 等。上述基因中，*MMACHC* 位于 1p34.1，含 5 个外显子，编码 282 个氨基酸，已知突变超过 70 种，中国人最常见突变为 c.609G ＞ A，p.W203X 和 c.658_660delAAG，p.K220del；*MUT* 位于 6p12.3，已知突变 361 种，*MMAA* 位于 4q31.22，已知突变 75 种；*MMAB* 位于 12q24，已知突变 41 种；*MMADHC* 位于 2q23，已报道突变 13 种。

7.4.4 临床表现

患者在出生后不久出现急性恶化、代谢性酸中毒和高氨血症，或在任何年龄后才出现，临床表现异质性更强，导致许多幸存者过早死亡或严重神经功能障碍。MMA在各年龄段中的临床表现不尽相同，主要包括如呕吐、喂养困难、肝大等消化系统症状以及如运动障碍、意识障碍、抽搐、发育迟缓等神经系统症状或倒退、小头畸形等。病情反复多与感染和应激相关。通常发病年龄越早，急性代谢紊乱和脑病表现越严重。

新生儿期发病者多在生后数小时至1周内出现急性脑病样症状，表现为呕吐、肌张力低下、脱水、严重酸中毒、高乳酸血症、高氨血症、昏迷和惊厥，病死率高。

儿童期发病者多在1岁以内，首次代谢危象的诱因常为感染、饥饿、疲劳、疫苗注射等应激因素刺激或高蛋白膳食和药物，如果不及时诊治，可导致智力发育和运动发育迟缓、落后和倒退，可伴发血液系统、肝脏、肾脏、皮肤和周围神经受累。

7.4.5 特殊医学用途婴儿配方食品的使用

7.4.5.1 急性期

单纯型MMA患者应适当限制天然蛋白质的摄入量，以不含异亮氨酸、蛋氨酸、缬氨酸、苏氨酸的特殊配方营养粉喂养，以减少甲基丙二酸的产生。MMA合并高同型半胱氨酸血症患者一般无须严格限制天然蛋白质[39, 41]。

在急性失代偿期，若血氨＞300μmol/L，不仅需要限制天然蛋白质，也应停用上述不含缬氨酸、异亮氨酸、蛋氨酸、苏氨酸的特殊配方营养粉，完全限制蛋白质的时间不应超过48h，24h后需逐渐开始补充含蛋白质的食物，以蛋白质0.5g/（kg•d）起始，口服葡萄糖［5～10g/（kg•d）］、麦芽糊精［10～20g/（kg•d）］、中链脂肪酸［2～3g/（kg•d）］，以补充能量。

如果患者血氨＞500μmol/L，且在限制蛋白质、静脉滴注左卡尼汀及降血氨药物治疗3～4h后血氨无下降，或有严重的电解质紊乱、昏迷、脑水肿表现，应考虑进行血液透析或血液过滤治疗以及辅助肝移植[42]。

7.4.5.2 慢性期

（1）维生素B_{12}反应型MMA　对所有维生素B_{12}治疗有反应的患者，建议每日肌内注射1mg，羟钴胺优于氰钴胺。合并型MMA患者尚需口服甜菜碱［100～500mg/（kg•d）］降低血同型半胱氨酸浓度，辅以左卡尼汀［50～100mg/（kg•d）］、叶酸（5～10mg/d）和维生素B_6（10～30mg/d）等。

（2）维生素 B_{12} 无反应型 MMA　以膳食治疗为主，使用不含异亮氨酸、缬氨酸、苏氨酸和蛋氨酸的特殊配方奶粉或蛋白粉喂养。因这些氨基酸为必需氨基酸，故特殊配方奶粉不能作为蛋白质的唯一来源，还应进食少量天然蛋白质。新生儿、婴幼儿的天然蛋白质来源首选母乳，若无母乳，可使用普通婴儿配方奶粉搭配特殊配方奶粉。天然蛋白质应在 1 天内分次摄入。每日总蛋白质摄入量维持在 1.0 ～ 2.5g/（kg・d）（表 7-9）。

对于合并贫血、心肌损伤、肝损伤、肾损伤的患者，应根据个体情况，给予叶酸、铁剂等营养素补充剂。

表 7-9　维生素 B_{12} 无反应型 MMA 稳定期蛋白质摄取量 [g/(kg · d)]

年龄	天然蛋白质	特殊配方粉	总蛋白质
0 ～ 12 月	1.0 ～ 1.5	1.0 ～ 0.7	1.7 ～ 2.5
＞ 1 ～ 4 岁	1.0 ～ 1.5	1.0 ～ 0.5	1.5 ～ 2.5
＞ 4 ～ 7 岁	1.0 ～ 1.5	0.5 ～ 0.2	1.2 ～ 2.0
＞ 7 岁	0.8 ～ 1.2	0.4 ～ 0.2	1.0 ～ 1.6

7.5　酪氨酸血症

酪氨酸血症（tyrosinemia）是由酪氨酸代谢酶缺陷引起的血浆中酪氨酸浓度增高。酪氨酸降解过程包含 5 步酶促反应，生成乙酰乙酸（生酮）和延胡索酸（生糖，三羧酸循环的中间物）。不同步骤酶的缺陷可导致多种临床表现不同的疾病，病因主要分为遗传性和获得性[25, 43]。

7.5.1　分型

遗传性酪氨酸血症（hereditary tyrosinemia，HT）主要有以下四种类型。

7.5.1.1　HT Ⅰ 型

为延胡索酰乙酰乙酸水解酶（fumarylacetoacetate hydrolase，FAH）缺陷所致，以肝、肾和周围神经病变为特征。

7.5.1.2　HT Ⅱ 型

为酪氨酸氨基转移酶（tyrosine aminotransferase，TAT）缺陷所致，以角膜增厚、掌跖角化和发育落后为特征。

7.5.1.3 HTⅢ型

极为罕见，为4-羟基苯丙酮酸双加氧酶（hydroxyphenylpyruvic acid dioxygenase，HPPD）缺陷所致，以神经精神症状为主要表现。

7.5.1.4 尿黑酸尿症（alkaptonuria，AKU）

由尿黑酸双加氧酶（homogentisic acid dioxygenase，HGD）活性缺陷引起，这是酪氨酸降解途径中的第三种酶。

7.5.2 流行病学

HTⅠ型又称肝肾型酪氨酸血症，为常染色体隐性遗传病，是最严重的酪氨酸代谢障碍，发病率为1/120000～1/100000，在北欧后裔中的患病率为1/100000～1/12000[44, 45]。美国人群的突变携带频率为1/150～1/100。在加拿大的魁北克省，活产新生儿发病率约为1/16000，携带频率约为1/66。中国尚缺少相关的流行病学资料。缺乏HTⅡ型、HTⅢ型的流行病学资料。

7.5.3 发病机制与敏感基因

FAH缺乏时体内马来酰乙酰乙酸、延胡索酰乙酰乙酸以及由它们的旁路代谢途径生成的琥珀酰丙酮和琥珀酰乙酰乙酸发生累积。后两者与蛋白质的巯基结合可能是造成肝、肾功能损伤的原因，FAH缺陷时还使酪氨酸代谢途径中的4-羟基苯丙酮酸双加氧酶（HPPD）活力降低，造成血中酪氨酸增高和尿中排出大量对羟基苯丙酮酸及其衍生物。HGD缺陷会导致尿黑酸（homogentisic acid，HGA）水平升高并聚合形成一种色素，会在全身结缔组织中沉积（褐黄病）。

HTⅠ中编码FAH的基因位于人类染色体15q23-q25[46]。HTⅡ中TAT的编码基因位于16q22号染色体[47]。HTⅢ是一种罕见的常染色体隐性遗传疾病，现已发现染色体12q24上*HPPD*基因的许多突变[48]。Garrod在1902年报道了AKU，编码HGD的基因位于染色体3q21-q23，已发现AKU患者携带该基因突变[49, 50]。

7.5.4 临床表现

HTⅠ型又称肝肾型酪氨酸血症，是最严重的酪氨酸代谢障碍。依发病年龄可分为急性型（起病急骤，进展迅速，病情凶险）、慢性型和亚急性型（6个月至2岁起病）。特征为重度进行性肝病和肾小管功能障碍，后者通常表现为范可尼综合征（Fanconi综合征），即肾小管性酸中毒、氨基酸尿症和低磷血症（磷酸盐流失引起）[51]，未经治疗的患者常出现佝偻病。肝病可能呈慢性或急性进展，后者病情迅速恶化、导致早逝。慢性型包括混合性细结节和粗结节性肝硬化。控制不佳的HTⅠ型患者常见重度神经系统表现，可增加其并发症和死亡风险。诊断时约30%的患者存在心肌病，其中最常见的是室间隔肥厚[52, 53]。HTⅠ型患者若不接受治疗，寿命会显著缩短，可能在1岁前死于急性肝衰竭，或在20岁前死于慢性肝衰竭或肝细胞癌。

HTⅡ型又称“眼-皮肤型酪氨酸血症”或“Richner-Hanhart综合征”，特征是患者会在早期出现眼和皮肤异常，通常在1岁前逐渐明显，但有些患者到成人期才出现。眼部特征为角膜溃疡或呈树枝状角膜炎，会导致畏光、疼痛、过度流泪和发红。皮肤病变包括疼痛的角化过度斑块，主要在手掌和足底，肘部、膝部和踝部也可能出现。一些患者有红斑状丘疹病变。约50%的HT Ⅱ型患者有智力障碍[54]。肝肾功能和酸碱平衡检测结果常正常。

HTⅢ型大多数患者有共济失调、癫痫发作和轻度精神运动性迟滞等神经功能障碍，但无其他系统受累。

AKU患者在儿童期通常无症状。婴儿患者尿布中的尿液颜色可能变深，数小时后尿布接近黑色。20～30岁之间，褐色或蓝色色素沉积逐渐明显，通常先沉积于耳部软骨和巩膜，大关节和脊柱（特别是腰骶部）也有色素沉积。X射线摄影常见多发椎间盘钙化。发生褐黄病性关节炎会导致关节活动度受限，通常造成完全强直，类似于类风湿性关节炎或骨关节炎。腋窝和腹股沟区域可能有褐色沉着斑。患者的衣物可沾有脏污汗渍。

7.5.5 特殊医学用途婴儿配方食品的使用

不论急性型或慢性型患儿，都应采用低酪氨酸、低苯丙氨酸膳食，此两种氨基酸的摄入量均应小于25mg/（kg•d）。

HTⅠ型患儿限制天然蛋白质摄入量，控制在1.0～1.5g/（kg•d），同时给予不含苯丙氨酸、酪氨酸配方食品，用量为1.5～2.0g/（kg•d），并且根据酪氨酸水平及时调整配方食品的用量，保持酪氨酸浓度在200～600μmol/L、血浆苯丙氨酸浓度为20～80 μmol/L，若血浆苯丙氨酸浓度小于20μmol/L，需额外添加蛋白质。

由于HT Ⅰ型非常罕见，专门针对HT Ⅰ型患儿的配方食品比较有限。Daly等首次报道了一种基于酪蛋白糖巨肽而改良开发的蛋白质替代配方食品，这种配方食品由于含有少量的苯丙氨酸、酪氨酸，并补充了其他所需氨基酸，其耐受性良好，不仅可快速改善患儿胃肠道症状，而且对长期的代谢或生长没有影响。近年也有报道推荐简化的膳食治疗方案，即根据不同食物中的蛋白质含量，将食物分为需要严格限制的高蛋白食物、需要部分限制的中蛋白食物和无须限制的低蛋白食物。这种不再严格计算酪氨酸、苯丙氨酸或蛋白质摄入量的膳食方案，不仅可维持患儿正常生长代谢需求，而且有利于改善患儿治疗依从性，提高生活质量。有研究报道，对于HT Ⅰ型患者，≤2月龄患儿单纯膳食限制治疗后2年、4年存活率为29%，≤6月龄患儿单纯膳食限制治疗后，2年、4年存活率分别为74%和60%。

在接受HPPD抑制剂尼替西农（2-[2-nitro-4-trifluoromethylbenzoyl]-1,3-cyclohexanedione，NTBC）治疗后，血酪氨酸水平持续升高，为避免角膜损伤，也必须严格限制膳食中的酪氨酸和低苯丙氨酸的摄入量[55]。

酪氨酸血症配方食品是含有适量的脂肪、碳水化合物、维生素、矿物质和（或）其他成分的全营养配方食品，食品安全国家标准（GB 25596征求意见稿）规定，酪氨酸血症配方食品中需要限制苯丙氨酸及酪氨酸含量，这两种氨基酸的任一种氨基酸含量应≤1.5mg/g蛋白质等同物。

7.6 高胱氨酸尿症

同型半胱氨酸是一种含硫氨基酸，为蛋氨酸代谢过程中的中间产物。由于各种原因导致同型半胱氨酸代谢受阻，体内同型半胱氨酸异常堆积，外周血中同型半胱氨酸浓度升高，即为同型半胱氨酸血症（homocysteinemia）或高同型半胱氨酸血症。狭义的同型半胱氨酸血症（高胱氨酸尿症，亦称同型半胱氨酸尿症，homocystinuria）特指由于胱硫醚β-合成酶（cystathionine β-synthase，CBS）缺乏，导致同型半胱氨酸在血和尿中的含量异常升高，又称经典型同型半胱氨酸血症。

7.6.1 发病机制

CBS缺乏导致经典型同型半胱氨酸血症/同型半胱氨酸尿症，属于常染色体隐性遗传性疾病，是位于染色体21q22.3编码CBS的基因缺陷所致。CBS缺乏将影响同型半胱氨酸的转硫途径，使其在转化为胱硫醚及半胱氨酸的过程中出现障碍，造成同型半胱氨酸在体内的异常堆积。据统计，经典型高同型半胱氨酸血症发病率在活产新生儿中为1/300000～1/200000。根据患者对治疗的反应不同，可分为有反应型和无反应型。

7.6.2 临床表现

高同型半胱氨酸尿症临床表现包括发育迟缓、马方综合征样外观、骨质疏松、眼部异常（晶状体异位）、血栓栓塞性疾病和严重的早发动脉粥样硬化。患者典型的骨骼表现是高个的纤弱体型、肢体细长、蜘蛛样细长指趾、肌肉细弱、弓形足、脊柱侧弯及后凸等，毛发淡黄、稀少和质脆，皮肤常见面颊发红，有网状青斑，可出现一侧或双侧眼球晶状体移位（通常为向下移位），智力发育迟滞等。

7.6.3 营养素补充

对维生素 B_6 治疗有反应型的患者，大剂量维生素 B_6（200 ～ 1000mg/d）可显著改善病情，但应避免长期服用。治疗有效者可将维生素 B_6 减至最小剂量长期维持。部分患儿可因叶酸缺乏而对治疗无反应，可加口服叶酸（1 ～ 5mg/d），并根据血维生素 B_{12} 浓度给予维生素 B_{12} 口服治疗，剂量为 1mg/d 至 1mg/ 周。对治疗无反应者，可予维生素 B_6 50 ～ 100mg/d 维持。

7.6.4 特殊医学用途婴儿配方食品的使用

对大剂量维生素 B_6 治疗无反应的患者，应严格限制蛋氨酸摄入并补充胱氨酸。高胱氨酸尿症婴儿配方食品是含有适量的脂肪、碳水化合物、维生素、矿物质和（或）其他成分的全营养配方食品，食品安全国家标准（GB 25596—2010，征求意见稿）中规定，高胱氨酸尿症配方中蛋氨酸含量≤ 1.5mg/g 蛋白质等同物。

7.7 戊二酸血症Ⅰ型

戊二酸血症Ⅰ型（glutaric acidemia type Ⅰ，GA-Ⅰ）是由于细胞内戊二酰辅酶A 脱氢酶（glutaryl-CoA dehydrogenase，GCDH）缺陷导致赖氨酸、羟赖氨酸及色氨酸代谢紊乱，造成体内大量戊二酸、3- 羟基戊二酸堆积而致病的一种常染色体隐性遗传有机酸血症。临床主要表现为大头畸形、进行性肌张力异常和运动障碍。

7.7.1 流行病学

GA-Ⅰ在世界范围内的发病率约为 1/100000，具有种族和地域差异，国内报道约为 1/60000。斯堪的纳维亚的一项研究估计，新生儿 GA-Ⅰ发病率为 1/30000[56]。某些人群的患病率较高，包括加拿大曼尼托巴省东北部及安大略省西北部的奥吉布瓦人和克里人[57]，以及美国宾夕法尼亚州的阿米什人。

7.7.2 病因与敏感基因

GCDH 是一种线粒体酶，在赖氨酸、羟赖氨酸和色氨酸降解通路中起关键作用。GCDH 基因位于 19p13.2，含 12 个外显子，编码 438 个氨基酸。已报道的突变达 208 种（http://www.hgmd.cf.ac.uk）。GCDH 基因突变导致该酶活性降低或缺失，赖氨酸、羟赖氨酸和色氨酸分解代谢受阻，造成戊二酸、3- 羟基戊二酸等旁路代谢产物在体内异常蓄积，在中枢神经系统尤为明显，可引起急性脑病危象。GA-Ⅰ的病理学显示纹状体损伤最为明显。其他可能的致病机制包括因戊二酸及相关代谢物所致的神经毒性、线粒体功能障碍和氧化应激等。

7.7.3 临床表现

GA-Ⅰ的临床表现多变[57, 58]，似乎与生化表型和基因型无关[59]。GA-Ⅰ的症状很少在新生儿期表现出来，大多数戊二酸血症Ⅰ型患儿于婴幼儿期发病。发病越早，症状越重，预后越差。

大部分患者生后 1 年内表现相对正常。约 75% 的患者最早出现的体征是头大，多数患儿出生时头围较同龄儿大或生后不久头围迅速增大，可伴轻微的非特异性症状，包括易激惹、喂养困难和呕吐等。

患儿通常生后 3 ～ 36 月龄间，在发热、感染、手术或预防接种等应激性事件后出现酮症、呕吐、肝大和急性脑病危象表现，包括肌张力低下、意识丧失和惊厥发作等。如果急性脑病危象反复发生，神经系统损伤将进行性加重，可有发育倒退现象，最终可出现认知功能障碍。代谢失代偿与急性对称性纹状体坏死有关。壳核受损可致发育突然停止。此外，脑损伤可能与有机酸清除效率低有关。

部分患儿在生后数年逐渐出现运动延缓、肌张力异常（常误诊为脑性瘫痪）和随意运动障碍，但智力发育基本正常。患者常在 10 岁内死于伴发疾病或瑞氏（Reye）样发作，随年龄增长发作减少。极少数患者于青春期甚至成年时期发病，首次发病之前可无症状。

部分患儿表现为急性硬膜下出血或慢性硬膜下积液，这可能被误诊为儿童虐待或摇晃婴儿综合征[60-63]。急性出血发生机制可能为脑萎缩致使脑桥静脉受牵拉从而增加了脆性。大约 20% 的患儿有癫痫发作。

其他症状包括失眠、过热、多汗和厌食。初始数据提示 GA-Ⅰ患者的肾功能逐渐下降，但暂无长期研究证据[64]。

7.7.4 特殊医学用途婴儿配方食品的使用

限制赖氨酸、色氨酸的摄入量是治疗该病的主要方法，同时需要摄取足够的能量与蛋白质，过度的限制可能会造成生长发育迟滞。欧美国家已有 GA-Ⅰ专用配方奶粉。为保证大脑正常发育，6 岁前建议严格膳食干预，6 岁后可适当放宽，但仍需继续保持低赖氨酸膳食。

急性脑病危象时，需采取积极的对症治疗以及避免出现神经系统严重并发症。需高能量摄入，防止或逆转分解代谢状态，每天能量摄入应为同龄人的 120%，每天静脉滴注葡萄糖 15 ～ 20g/kg；24 ～ 48h 内通过限制或停止天然蛋白质的摄入以减少 3- 羟基戊二酸的生成，在 3 ～ 4 天内重新逐步增加蛋白质摄入量，直至维持水平。之后维持不含色氨酸、赖氨酸的特殊氨基酸配方奶粉喂养，调整蛋白质摄入量为每天 0.8 ～ 1.0g/kg。

对合并神经系统并发症的患者，以往认为精氨酸可降低赖氨酸在脑内的沉积和氧化，对神经系统有保护作用。但近期的研究表明，并无证据能够证明精氨酸治疗该病的疗效，因此，稳定期治疗不必额外补充精氨酸。但可能需要另外补充核黄素（维生素 B_2）和肉碱。

戊二酸血症Ⅰ型配方食品是含有适量的脂肪、碳水化合物、维生素、矿物质和（或）其他成分的全营养配方食品，《食品安全国家标准 特殊医学用途婴儿配方食品通则》（GB 25596—2010，征求意见稿）规定，戊二酸血症Ⅰ型配方食品中赖氨酸含量≤ 1.5mg/g 蛋白质等同物，色氨酸含量≤ 8.0mg/g 蛋白质等同物。

7.8 异戊酸血症

异戊酸血症（isovaleric academia，IVA）是由亮氨酸分解代谢中异戊酰辅酶 A 脱氢酶（isovaleryl-CoA dehydrogenase，IVD）缺乏导致异戊酸、3- 羟基异戊酸、异戊酰甘氨酸和异戊酰肉碱体内蓄积的一种常染色体隐性遗传性有机酸血症。有机酸蓄积及酮体产生引起严重的代谢性酸中毒、低血糖、高血氨，从而引起脑损伤等多脏器损害。

7.8.1 流行病学

不同人种的发病率不同，据报道，德国人发病率约为1/67000。我国缺少多地区大规模流行病学筛查数据，单中心50万例新生儿血串联质谱筛查数据结果推测我国平均发病率为1/160000。

7.8.2 病因与易感基因

IVD是线粒体的一种四聚体黄素蛋白酶，属于乙酰辅酶A脱氢酶家族，它在亮氨酸的分解途径中使异戊酰辅酶A转化为3-甲基巴豆酰辅酶A。IVD基因位于15q14-15，含12个外显子，编码394个氨基酸。已知突变超过45种。IVD缺陷导致异戊酰辅酶A旁路代谢物聚集引起相应症状。

7.8.3 临床表现

（1）急性新生儿型　起病急骤，病情进展迅速。出生后1～2周内表现为喂养困难、呕吐、肌无力、肌张力减退，嗜睡或加重进展至昏迷。异戊酸蓄积可造成“汗脚”的特征性气味。查体可有肝大。化验结果提示代谢性酸中毒、高氨血症、低或高血糖、酮症、低钙血症及全血细胞减少。如果患者能度过新生儿期的急性发作，将会进展为慢性间歇型。

（2）慢性间歇型　起病隐匿。仅表现为非特异性不能耐受空腹或发育落后。常因上呼吸道感染或摄入高蛋白质膳食诱发，发作呈反复发生呕吐、嗜睡、昏迷、酸中毒伴酮尿，也会有“汗脚气味”，限制蛋白质膳食并输注葡萄糖时可以缓解发作。绝大部分异戊酸血症慢性间歇型患者精神运动发育正常，但是一些患者会表现为发育延迟和不同程度的智力低下。

7.8.4 特殊医学用途婴儿配方食品的使用

营养治疗应给予含生长所需最少量天然蛋白质的低蛋白膳食。可在耐受范围内逐渐增加蛋白质摄入量，具体取决于年龄、生长发育、代谢控制以及血浆必需氨基酸水平。这种膳食常可加入不含亮氨酸的氨基酸混合物。异戊酸血症配方食品是含有蛋白质、适量的脂肪、碳水化合物、维生素、矿物质和（或）其他成分的全营养配方食品，《食品安全国家标准　特殊医学用途婴儿配方食品通则》（GB 25596—2010，征求意见稿）规定，异戊酸血症配方中亮氨酸含量≤1.5mg/g蛋白质等同物。

急性期，机体蛋白质分解代谢会导致内源性的亮氨酸含量升高及异戊酰辅酶A代谢物增加，治疗的原则是促进合成代谢。代谢紊乱未纠正前，应将亮氨酸摄入量减少至日常摄入量的50%，但在限制摄入24h后应恢复原量以促进蛋白质的合成代谢。提高能量摄入，可以摄入糖类。代谢紊乱纠正后，可口服无亮氨酸的氨基酸粉。如果患者不能口服摄入，则需要静脉补充葡萄糖。

重度IVA患者口服甘氨酸150～250mg/（kg·d），以促进异戊酰甘氨酸的形成和排泄。

缓解期，通过膳食控制减少来自亮氨酸以及其分解产生的异戊酰辅酶A代谢物的含量，总蛋白质和能量必须足够保证正常的生长发育。多数情况下可摄入1.5g/（kg·d）的天然蛋白质。对那些反复发作的患者必须限制天然蛋白质摄入，并同时补充无亮氨酸的氨基酸粉。由于亮氨酸在促进蛋白质合成中的特殊作用，过度限制亮氨酸摄入可能会导致肌肉萎缩等副作用。

7.9 尿素循环障碍

尿素循环障碍（urea cycle disorder，UCD）[65]是指尿素循环中某一种酶存在先天性缺陷，导致氨合成尿素发生障碍，体内大量游离的氨蓄积，形成高氨血症。血氨升高的临床体征是呕吐和嗜睡，并可能进展到癫痫发作、昏迷，甚至死亡。对于婴幼儿，血氨升高的不良作用是迅速和毁灭性的。较大儿童血氨升高的早期症状是多动和烦躁。频繁和严重的高氨血症可导致其神经系统损伤。急性期以脑水肿为主，脑内有广泛星形细胞肿胀。慢性期可有脑皮质萎缩，脑室扩大，髓鞘生成不良、海绵样变性。一些尿素循环障碍病程的严重程度和波动可能与残余酶活性程度有关。常见UCD及其相关缺陷酶、发病率、临床特征、医学营养治疗等见表7-10，除表7-10所列外，UCD还有高鸟氨酸血症-高氨血症-同型瓜氨酸尿症综合征（hyperornithinemia-hyperammonemia homocitrullinuria syndrome，HHH综合征）和希特林蛋白缺乏症（Citrin deficiency，Citrin D）等。

表7-10　尿素循环障碍相关疾病

疾病	相关的酶	发病率	临床和生物学特征	医学营养治疗	辅助治疗
氨甲酰基磷酸合成酶缺乏症	氨甲酰基磷酸合成酶	1：30000（全部UCD）	呕吐，癫痫发作，有时昏迷→死亡 幸存者通常有智力障碍，血氨和谷氨酰胺↑	食品：低蛋白配方：无非必需氨基酸	L-肉碱，苯丁酸酯，L-瓜氨酸，L-精氨酸 急性发作时行血液透析或腹膜透析

续表

疾病	相关的酶	发病率	临床和生物学特征	医学营养治疗	辅助治疗
鸟氨酸转氨甲酰酶缺乏症	鸟氨酸转氨甲酰酶（X-连锁）	1∶30000（全部UCD）	呕吐，癫痫发作，昏迷→新生儿死亡 血浆中谷氨酰胺、谷氨酸、丙氨酸↑	食品：低蛋白 配方：无非必需氨基酸	L-肉碱，苯丁酸酯，L-瓜氨酸，L-精氨酸
瓜氨酸血症	精氨基琥珀酸合成酶	1∶30000（全部UCD）	新生儿期：呕吐，抽搐，有时昏迷→死亡 婴儿期：呕吐，抽搐，进行性发育延迟 血浆中瓜氨酸、氨和丙氨酸↑	食品：低蛋白 配方：无非必需氨基酸	L-肉碱，苯丁酸酯，L-精氨酸
精氨基琥珀酸尿症	精氨基琥珀酸裂解酶	1∶30000（全部UCD）	新生儿期：张力减退，癫痫发作 亚急性：呕吐，生长障碍，发育迟缓 血浆精氨基琥珀酸、瓜氨酸和氨↑	食品：低蛋白 配方：低蛋白特殊食品（无非必需氨基酸）	L-肉碱，苯丁酸酯
精氨酸血症	精氨酸酶Ⅰ	1∶30000（全部UCD）	周期性呕吐、癫痫发作、昏迷 进行性痉挛型双瘫、发育迟缓 精氨酸和氨↑，与蛋白质摄入量有关	食品：低蛋白 配方：低蛋白特殊食品（无非必需氨基酸）	L-肉碱，苯丁酸酯

7.9.1 流行病学

在美国，大约每8200例活产儿中就有1例发生UCD[66]。在沙特阿拉伯东部省份一家大型沙特公司员工的后代中，活产儿UCD的发病率为1/14285。然而，该发病率可能被低估，因为针对患者的评估是基于临床表现和/或家族史而非新生儿筛查[67]。在芬兰，UCD似乎较少见，报道活产儿的发病率为1/39000。美国国立卫生研究院罕见病临床研究网络的尿素循环障碍合作组织进行的一项纵向研究纳入了614例个体，计算的UCD总体患病率为1/35000，其中2/3在新生儿期后出现了初期症状[68]。新生儿期发病病例中的死亡率为24%，迟发性病例中的死亡率为11%。

7.9.2 发病机制及临床表现

除了鸟氨酸转氨甲酰酶（ornithine transcarbamylase，OTC）缺乏症是X染色体连锁隐性遗传外，其他UCD均为常染色体隐性遗传。

氨甲酰基磷酸合成酶缺乏症是氨甲酰基磷酸合成酶（carbamyl-phosphate synthetase，CPS）缺乏活性的结果。发病常在新生儿早期，伴有呕吐、烦躁不安、明显的高氨血症、呼吸窘迫、肌张力改变、嗜睡及昏迷。特殊的实验室检查可见血浆中低水平瓜氨酸和精氨酸以及尿液中正常水平的乳清酸。

鸟氨酸转氨甲酰酶缺乏症是以鸟氨酸和氨基甲酰磷酸转化为瓜氨酸障碍为特征。OTC 缺乏症主要表现为高氨血症和尿乳清酸升高，瓜氨酸、精氨琥珀酸和精氨酸水平正常。严重的 OTC 缺乏对男性通常是致命的。除非在应激状态，如感染和明显的蛋白质摄入增加的条件下，具有不同程度酶活性的杂合子女性一般没有明显症状。

瓜氨酸血症[69] 是瓜氨酸转化为精氨基琥珀酸代谢过程中缺乏精氨基琥珀酸合成酶所致。瓜氨酸血症主要表现是尿和血中瓜氨酸水平明显升高。可能在新生儿期出现症状，或在婴儿早期逐步发展。拒食和反复呕吐，如不立即治疗，可进展到癫痫、神经系统异常及昏迷等。

精氨基琥珀酸尿症（argininosuccinic aciduria，ASA）是缺乏将精氨基琥珀酸转化为精氨酸的精氨基琥珀酸裂解酶所致[70, 71]。ASA 的主要表现是血和尿中出现精氨基琥珀酸。必须补充 L- 精氨酸，以提供废氮排泄的替代途径。

7.9.3 医学营养治疗

尿素循环障碍的治疗目的是防止或减轻高氨血症和与它相关有害的神经系统损害。所有此类疾病的治疗都是类似的。

蛋白质的耐受量受多种因素影响，如特定的酶缺陷、年龄、健康状况、体力活动水平、游离氨基酸的量、能量需求、残余酶的功能及清除氮的药物应用，建议必须考虑到家庭的生活方式和个人的膳食行为。特定低蛋白食品可提供能量、质地和食品种类的各种模式，而不增加蛋白质负荷。此外，需要补充碳水化合物和脂肪来弥补由此产生的能量缺乏。

在急性高氨血症并发脑病时，需停止经口喂养，要通过静脉给予脂质和葡萄糖提供能量，停止蛋白质摄入。开始治疗 24 ～ 48h 后，不应完全限制蛋白质摄入，以避免蛋白质分解代谢导致循环中氮的增加。如果神经功能损害导致无法经肠道摄入氨基酸，应于胃肠外给予必需氨基酸。对于新生儿，我们开始时以静脉给予氨基酸溶液的形式每日提供 1.5 ～ 1.75g/kg 蛋白质；对于年龄较大的儿童和成人，则给予更小的剂量，应监测血氨（至少每日 1 次）和血浆氨基酸水平（至少每 2 ～ 3 日 1 次），直至患者可以经肠道喂养。

对于轻度影响的婴幼儿，用一种标准的婴幼儿配方奶粉经稀释后每天能提供

1 ～ 1.5g/kg 体重的蛋白质。需要一种无蛋白配方来提供能量、维生素及矿物质满足推荐摄入量。然而，大多数人都需要调整特定配方的蛋白质构成以限制氨的生成。

病情稳定后过渡为肠道喂养，应根据精神状态和血氨水平尽快开始肠道喂养。为保证适当摄入量，可能需要使用鼻胃管予以婴儿无蛋白配方奶粉联合氨基酸混合物和牛乳基配方奶粉。每日蛋白质需求量的一半经氨基酸混合物补给，另一半经牛奶蛋白补充，因为游离氨基酸溶液比复杂蛋白的氮负荷低。对于尿素循环酶部分缺乏患者，或许能耐受更高的蛋白质摄入量。蛋白质和氨基酸的每日摄入量需根据一些因素进行调整，如患者年龄、生长速度、营养监测生物标志物水平（即，血中必需氨基酸、前白蛋白、白蛋白和血红蛋白水平）和临床病程。须由在遗传性代谢病食疗方面有经验的营养师来安排膳食，也应计算维持良好尿量所需的每日液体摄入量。

长期治疗应根据个体耐受能力限制膳食中蛋白质至 1 ～ 2g/（kg・d）。给予最高耐受量的蛋白质可确保患者生长需求和营养安全。

为患者设计低蛋白膳食计划的原则与步骤为：

① 根据诊断、年龄、生长状况确定个体蛋白质的基础耐受量。考虑婴儿或儿童体重所需的代谢稳定性和总蛋白质摄入量。

② 根据年龄、活动、体重计算个体的蛋白质和能量需要量。

③ 婴儿配方食品及较大儿童的乳与乳制品中高生物价值蛋白质至少占总蛋白质的70%。不能耐受来源于整蛋白的总蛋白质摄入的婴儿或儿童应使用专门配方奶粉。

④ 能量和营养素需要满足基本需求。

⑤ 加水以满足液体需要量并维持配方奶混合液适当的浓度。

⑥ 对于年龄较大的婴儿和儿童，提供的食物应满足食物品种的多样性、构成和能量的需求。

⑦ 根据年龄提供足够的钙、铁、锌和其他所有需摄入的维生素和矿物质。

对于大多数婴儿和儿童患者，除精氨酸酶缺乏外，补充 L- 精氨酸可防止精氨酸缺乏和协助废物氮排出。除精氨酸酶缺乏外，根据个人需要补充 L- 精氨酸；也可以使用苯丁酸或其他化合物以提供替代的代谢途径，使患者血氨水平正常化。

7.9.4 特殊医学用途婴儿配方食品的使用

为保证营养需求，根据患者疾病、年龄及其对天然蛋白质的耐受能力，在维持血氨正常的情况下，最大限度地提供天然蛋白质。婴儿期患者无须停用母乳。患者个体差异显著，不同年龄、不同时期对蛋白质的耐受能力不同。每日蛋白质总摄入量应达到联合国粮农组织 / 世界卫生组织 2007 年报道的蛋白质安全摄入量（1 ～ 5 月龄 1.31 ～ 1.77g/kg、6 ～ 12 月龄 1.14 ～ 1.31g/kg、1 ～ 3 岁 0.9 ～ 1.14g/kg、4 ～ 10 岁 0.87 ～ 0.92g/kg、11 ～ 18 岁 0.82 ～ 0.90g/kg、18 岁以上 0.83g/kg）。特殊膳食治疗中的患者容易发生微量元素、维生素、矿物质及肉碱缺乏等营养障碍，需密切监测，补充相应的营养素，保证生长发育及生理需求。对于吸吮或吞咽困难的患者，需考虑管饲或胃造口术，以保证营养支持及药物治疗。

必要时可在医生指导下，使用特殊医学用途婴儿尿素循环障碍配方食品。需要根据蛋白质的限制水平、年龄和儿童的状况做出适当的选择。通常的建议是其能量密度、维生素和矿物质成分能满足婴幼儿和儿童生长需求。必须考虑配方食品的渗透压，推荐喂养的溶液配方食品渗透压不要超过 400mOsm/L。

尿素循环障碍配方食品是含有适量的脂肪、碳水化合物、维生素、矿物质和（或）其他成分的全营养配方食品，但其中蛋白质的氨基酸构成受到严格控制。《食品安全国家标准　特殊医学用途配方食品通则》规定，尿素循环障碍配方中需要限制非必需氨基酸，包括丙氨酸、精氨酸、天冬氨酸、天冬酰胺、谷氨酸、谷氨酰胺、甘氨酸、脯氨酸、丝氨酸，要求上述氨基酸中单一氨基酸含量≤ 1.5mg/g 蛋白质等同物。

7.10　展望

目前我国《食品安全国家标准　特殊医学用途婴儿配方食品通则》GB 25596—2010 中仅规定了 6 个类别的特殊医学状况，尽管后续修订的标准中相应增加了一些类别，然而由于体内代谢酶、运载蛋白、膜蛋白或受体等的编码基因发生突变，导致遗传性代谢疾病的种类繁多，虽然单一病种的发病率并不高，但总体患病率仍然相对较高；随着分析技术的进步和人体蛋白质代谢组学研究的深入，还将会发现一些新的氨基酸代谢障碍问题。目前我国开展的相关研究有限，因此亟待研究开发一些新的氨基酸代谢障碍婴儿配方食品，以满足特定氨基酸代谢障碍患儿的特殊营养与治疗需求。

（陈伟）

参考文献

[1] Wappner R S, Hainline B E. Introduction to inborn errors of metabolism. Philadelphia: Lippincott, Williams and Wilkins, 2006.

[2] Wappner R S. Biochemical diagnosis of genetic diseases. Pediatr Ann, 1993, 22(5): 282-292, 295-297.

[3] Weiner D L. Metabolic emergencies. Philadelphia: Lippincott, Williams and Wilkins, 2006.
[4] Loeber J G. Neonatal screening in Europe; the situation in 2004. J Inherit Metab Dis, 2007, 30(4): 430-438.
[5] Hofman K J, Steel G, Kazazian H H, et al. Phenylketonuria in U.S. blacks: molecular analysis of the phenylalanine hydroxylase gene. Am J Hum Genet, 1991, 48(4): 791-798.
[6] Guldberg P, Henriksen K F, Sipila I, et al. Phenylketonuria in a low incidence population: molecular characterisation of mutations in Finland. J Med Genet, 1995, 32(12): 976-978.
[7] Dateki S, Watanabe S, Nakatomi A, et al. Genetic background of hyperphenylalaninemia in Nagasaki, Japan. Pediatr Int, 2016, 58(5): 431-433.
[8] 中华医学会医学遗传学分会遗传病临床实践指南撰写组．苯丙酮尿症的临床实践指南．中华医学遗传学杂志 ,2020, 37(3): 226-234.
[9] Flydal M I, Martinez A. Phenylalanine hydroxylase: function, structure, and regulation. IUBMB Life, 2013, 65(4): 341-349.
[10] Blau N. PAH variant database. [2023-01-01]. www.biopku.org/home/pah.asp.
[11] Blau N. Genetics of Phenylketonuria: Then and Now. Hum Mutat, 2016, 37(6): 508-515.
[12] Camp K M, Parisi M A, Acosta P B, et al. Phenylketonuria Scientific Review Conference: state of the science and future research needs. Mol Genet Metab, 2014, 112(2): 87-122.
[13] Watson S M, Mann Y M, Michele A. Newborn screening: toward a uniform screening panel and system. Genet Med, 2006, 8 Suppl 1(Suppl 1): s1-s252.
[14] MacDonald A. Diet and compliance in phenylketonuria. Eur J Pediatr, 2000, 159 (Suppl 2): s136-s141.
[15] Yi S H, Singh R H. Protein substitute for children and adults with phenylketonuria. Cochrane Database Syst Rev, 2015, 2015(2): CD004731.
[16] Webster D, Wildgoose J. Tyrosine supplementation for phenylketonuria. Cochrane Database Syst Rev, 2013, 2013 (6): CD001507.
[17] Blau N, van Spronsen F J, Levy H L. Phenylketonuria. Lancet, 2010, 376(9750): 1417-1427.
[18] van Wegberg A M J, MacDonald A, Ahring K, et al. The complete European guidelines on phenylketonuria: diagnosis and treatment. Orphanet J Rare Dis, 2017, 12(1): 162.
[19] Lindegren M L. Krishnaswami S, Fonnesbeck C, et al. Adjuvant treatment for phenylketonuria (PKU). 2012. Rockville: Agency for Healthcare Research and Quality, 2012.
[20] Koch R, Burton B, Hoganson G, et al. Phenylketonuria in adulthood: a collaborative study. J Inherit Metab Dis, 2002, 25(5): 333-346.
[21] ten Hoedt A E, de Sonneville L M, Francois B, et al. High phenylalanine levels directly affect mood and sustained attention in adults with phenylketonuria: a randomised, double-blind, placebo-controlled, crossover trial. J Inherit Metab Dis, 2011, 34(1): 165-171.
[22] Koch R, Azen C, Friedman E G, et al. Paired comparisons between early treated PKU children and their matched sibling controls on intelligence and school achievement test results at eight years of age. J Inherit Metab Dis, 1984, 7(2): 86-90.
[23] Smith I, Knowles J. Behaviour in early treated phenylketonuria: a systematic review. Eur J Pediatr, 2000, 159 (Suppl 2): s89-s93.
[24] 国家卫生健康委员会．罕见病诊疗指南 2019 年版．北京：人民卫生出版社，2019.
[25] 顾学范．临床遗传代谢病．北京：人民卫生出版社，2015.
[26] Liu Q, Li F, Zhou J, et al. Neonatal maple syrup urine disease case report and literature review. Medicine (Baltimore), 2022, 101(50): e32174.

[27] Yokoi K, Nakajima Y, Sudo Y, et al. Maple syrup urine disease due to a paracentric inversion of chr 19 that disrupts BCKDHA: A case report. JIMD Rep, 2022, 63(6): 575-580.

[28] Zhang B, Zhao Y, Harris R A, et al. Molecular defects in the E1 alpha subunit of the branched-chain alpha-ketoacid dehydrogenase complex that cause maple syrup urine disease. Mol Biol Med, 1991, 8(1): 39-47.

[29] Patel M S, Harris R A. Mammalian alpha-keto acid dehydrogenase complexes: gene regulation and genetic defects. FASEB J, 1995, 9(12): 1164-1172.

[30] Fisher C W, Chuang J L, Griffin T A, et al. Molecular phenotypes in cultured maple syrup urine disease cells. Complete E1 alpha cDNA sequence and mRNA and subunit contents of the human branched chain alpha-keto acid dehydrogenase complex. J Biol Chem, 1989, 264(6): 3448-3453.

[31] Chuang D T, Shih V E. Disorders of branched-chain amino acid and keto acid metabolism.//Scriver CR, Beaudet AL. Sly WS, et al. The metabolic and molecular bases of inherited disease. New York: McGraw-Hill, 1995: 239-995.

[32] Blackburn P R, Gass J M, Vairo F P E, et al. Maple syrup urine disease: mechanisms and management. Appl Clin Genet, 2017, 10: 57-66.

[33] Oyarzabal A, Martinez-Pardo M, Merinero B, et al. A novel regulatory defect in the branched-chain alpha-keto acid dehydrogenase complex due to a mutation in the PPM1K gene causes a mild variant phenotype of maple syrup urine disease. Hum Mutat, 2013, 34(2): 355-362.

[34] Wang X L, Li C J, Xing Y, et al. Hypervalinemia and hyperleucine-isoleucinemia caused by mutations in the branched-chain-amino-acid aminotransferase gene. J Inherit Metab Dis, 2015, 38(5): 855-861.

[35] Jeune M, Collombel C, Michel M, et al. [Hyperleucinisoleucinemia due to partial transamination defect associated with type 2 hyperprolinemia. Familial case of double aminoacidopathy]. Ann Pediatr (Paris), 1970, 17(2): 349-363.

[36] Zhou M, Lu G, Gao C, et al. Tissue-specific and nutrient regulation of the branched-chain alpha-keto acid dehydrogenase phosphatase, protein phosphatase 2Cm (PP2Cm). J Biol Chem, 2012, 287(28): 23397-23406.

[37] Schwoerer J S, Candadai S C, Held P K. Long-term outcomes in Amish patients diagnosed with propionic acidemia. Mol Genet Metab Rep, 2018, 16: 36-38.

[38] Ehrenberg S, Vockley C W, Heiman P, et al. Natural history of propionic acidemia in the Amish population. Mol Genet Metab Rep, 2022, 33: 100936.

[39] Baumgartner M R, Horster F, Dionisi-Vici C, et al. Proposed guidelines for the diagnosis and management of methylmalonic and propionic acidemia. Orphanet J Rare Dis, 2014, 9: 130.

[40] Sun S, Jin H, Rong Y, et al. Methylmalonic acid levels in serum, exosomes, and urine and its association with cblC type methylmalonic acidemia-induced cognitive impairment. Front Neurol, 2022, 13: 1090958.

[41] Chapman K A, Gropman A, MacLeod E, et al. Acute management of propionic acidemia. Mol Genet Metab, 2012, 105(1): 16-25.

[42] Rela M, Battula N, Madanur M, et al. Auxiliary liver transplantation for propionic acidemia: a 10-year follow-up. Am J Transplant, 2007, 7(9): 2200-2203.

[43] 金圣娟，杜彩琪，罗小平. 遗传性酪氨酸血症 I 型的发病机制及诊疗新进展. 中华儿科杂志，2022, 60(6): 604-607.

[44] Kaye C I, Committee on Genetics, Accurso F, et al. Newborn screening fact sheets. Pediatrics, 2006, 118(3): e934-e963.

[45] Chinsky J M, Singh R, Ficicioglu C, et al. Diagnosis and treatment of tyrosinemia type I: a US and

Canadian consensus group review and recommendations. Genet Med, 2017, 19(12).
[46] Phaneuf D, Labelle Y, Berube D, et al. Cloning and expression of the cDNA encoding human fumarylacetoacetate hydrolase, the enzyme deficient in hereditary tyrosinemia: assignment of the gene to chromosome 15. Am J Hum Genet, 1991, 48(3): 525-535.
[47] Barton D E, Yang-Feng T L, Francke U. The human tyrosine aminotransferase gene mapped to the long arm of chromosome 16 (region 16q22—q24) by somatic cell hybrid analysis and in situ hybridization. Hum Genet, 1986, 72(3): 221-224.
[48] Ruetschi U, Cerone R, Perez-Cerda C, et al. Mutations in the 4-hydroxyphenylpyruvate dioxygenase gene (HPD) in patients with tyrosinemia type III. Hum Genet, 2000, 106(6): 654-662.
[49] Fernández-Cañón J M, Granadino B, Beltrán-Valero de Bernabé D, et al. The molecular basis of alkaptonuria. Nat Genet, 1996, 14(1): 19-24.
[50] Zatkova A. An update on molecular genetics of Alkaptonuria (AKU). J Inherit Metab Dis, 2011, 34(6): 1127-1136.
[51] Forget S, Patriquin H B, Dubois J, et al. The kidney in children with tyrosinemia: sonographic, CT and biochemical findings. Pediatr Radiol, 1999, 29(2): 104-108.
[52] Andre N, Roquelaure B, Jubin V, et al. Successful treatment of severe cardiomyopathy with NTBC in a child with tyrosinaemia type I. J Inherit Metab Dis, 2005, 28(1): 103-106.
[53] Arora N, Stumper O, Wright J, et al. Cardiomyopathy in tyrosinaemia type I is common but usually benign. J Inherit Metab Dis, 2006, 29(1): 54-57.
[54] al-Essa M A, Rashed M S, Ozand P T. Tyrosinaemia type II: an easily diagnosed metabolic disorder with a rewarding therapeutic response. East Mediterr Health J, 1999, 5(6): 1204-1207.
[55] 杨楠，韩连书，叶军，等 尼替西农治疗 2 例酪氨酸血症 I 型的效果分析并文献复习．临床儿科杂志，2011, 29(12): 1178-1181.
[56] Kyllerman M, Steen G. Glutaric aciduria. A "common" metabolic disorder? Arch Fr Pediatr, 1980, 37(4): 279.
[57] Haworth J C, Booth F A, Chudley A E, et al. Phenotypic variability in glutaric aciduria type I: Report of fourteen cases in five Canadian Indian kindreds. J Pediatr, 1991, 118(1): 52-58.
[58] Zafeiriou D I, Zschocke J, Augoustidou-Savvopoulou P, et al. Atypical and variable clinical presentation of glutaric aciduria type I. Neuropediatrics, 2000, 31(6): 303-306.
[59] Christensen E, Ribes A, Merinero B, et al. Correlation of genotype and phenotype in glutaryl-CoA dehydrogenase deficiency. J Inherit Metab Dis, 2004, 27(6): 861-868.
[60] Bodamer O. Subdural hematomas and glutaric aciduria type I. Pediatrics, 2001, 107(2): 451.
[61] Hartley L M, Khwaja O S, Verity C M. Glutaric aciduria type 1 and nonaccidental head injury. Pediatrics, 2001, 107(1): 174-175.
[62] Morris A A, Hoffmann G F, Naughten E R, et al. Glutaric aciduria and suspected child abuse. Arch Dis Child, 1999, 80(5): 404-405.
[63] Forstner R, Hoffmann G F, Gassner I, et al. Glutaric aciduria type I: ultrasonographic demonstration of early signs. Pediatr Radiol, 1999, 29(2): 138-143.
[64] Boy N, Mengler K, Thimm E, et al. Newborn screening: A disease-changing intervention for glutaric aciduria type 1. Ann Neurol, 2018, 83(5): 970-979.
[65] Ah Mew N, Simpson K L, Gropman A L, et al. Urea Cycle Disorders Overview. University of Washington, Seattle, Seattle (WA), 2011.

[66] Brusilow S W, Maestri N E. Urea cycle disorders: diagnosis, pathophysiology, and therapy. Adv Pediatr, 1996, 43: 127-170.
[67] Moammar H, Cheriyan G, Mathew R, et al. Incidence and patterns of inborn errors of metabolism in the Eastern Province of Saudi Arabia, 1983-2008. Ann Saudi Med, 2010, 30(4): 271-277.
[68] Batshaw M L, Tuchman M, Summar M, et al. A longitudinal study of urea cycle disorders. Mol Genet Metab, 2014, 113(1-2): 127-130.
[69] Quinonez S C, Lee K N. Citrullinemia Type I//Adam M P, Everman D B, Mirzaa G M, et al. GeneReviews®. Seattle (WA), 1993.
[70] Erez A, Nagamani S C, Lee B. Argininosuccinate lyase deficiency-argininosuccinic aciduria and beyond. Am J Med Genet C Semin Med Genet, 2011, 157C(1): 45-53.
[71] Nagamani S C S, Erez A, Lee B. Argininosuccinate Lyase Deficiency//Adam M P, Everman D B, Mirzaa GM, et al. GeneReviews®. Seattle (WA), 1993.

第8章

高能量婴儿配方食品及其应用

在我国现行的《食品安全国家标准 特殊医学用途婴儿配方食品通则》(GB 25596—2010)中，并没有高能量婴儿配方食品的相关规定。在国外，高能量婴儿配方食品专为由各种原因引起的高消耗、生长发育迟缓和限制液体摄入量的婴儿而设计，具备更高的能量和更丰富的营养素，以满足其高营养需求。本章覆盖了高能量婴儿配方食品的定义与目标人群、配方特点及依据、临床应用效果以及营养管理四方面。

8.1 定义和目标人群

8.1.1 定义

在国外，适用于婴儿的高能量配方食品是一种能量和营养素密集、营养均衡的特殊医学用途婴儿配方食品。其可以作为唯一营养来源，适用于患有生长发育迟缓和/或胃肠道耐受性受损的婴儿，同时也适用于存在生长发育迟缓风险的婴儿。高能量配方食品也是特殊医学用途配方食品，必须在医生或临床营养师指导下使用。

8.1.2 目标人群

高能量配方食品适用于有高能量和高营养素需求并且限制液体摄入量的婴儿，例如患有先天性心脏病、慢性肺部疾病、囊状纤维化、癌症、其他重大疾病和生长发育障碍等的婴儿，同时也适用于由于液体摄入受限、喂养困难和/或厌食、疲劳而导致摄食受限的婴儿。这些婴儿的胃肠道功能异常或者耐受性受损。高能量配方食品可作为单一营养来源使用，也可以与母乳配合使用。

8.2 配方特点及依据

对于营养需求增加和/或摄入量减少的婴儿，可以使用能量和营养素密集的婴儿配方食品来满足其特殊的营养需求[1]。能量和营养丰富的半要素膳食可能适用于胃肠道耐受性受损或耐受性差的婴儿。

8.2.1 配方特点

提高婴儿配方食品中的能量和营养素浓度，添加葡萄糖聚合物和脂肪乳，一直被认为是提高婴儿食品中营养和能量密度的传统方式。然而，浓缩粉状配方食品可能会增加配方食品的渗透压。渗透压的增加可能会影响一些婴儿的耐受性和加剧胃食道反流；由于浓缩配方食品相对于标准喂养方式提供的水分更少，对游离水分的要求会更严格。不适当的液体摄入可能会超过肾脏浓缩和排除溶质的能力。

高能量、高营养素密度的配方食品是专门为有高能量和高营养需求、液体摄

入受限和 / 或口服摄入较差以及对胃肠道耐受性受损的婴儿而设计，该配方食品在提高能量密度的同时，有更好的能量 / 蛋白质比、较低的渗透压，以保证需求增高和摄入受限的婴儿能摄入更充足适量的能量和营养素。因此，相对于普通的能量补充和 / 或浓缩配方食品，高能量、高营养素的特殊配方食品更适合上述特殊医学状况的婴儿。

8.2.2 配方依据

添加营养组件到婴儿配方食品中会增加营养密度，但不会增加蛋白质和微量营养素的含量。当婴儿配方食品中添加了营养组件时，其蛋白质所占的供能能量比降低，同时微量营养素可能被稀释到低于适宜的水平[2]。Dewey 及其同事[1]的研究发现，蛋白质提供的能量占总能量比（PE）＜ 7% 时，将会导致更多的脂肪堆积。欧盟将标准婴儿配方食品的蛋白质最低供能比推荐量设为 7.2%（蛋白质，1.8g/100kcal）。Clarke 等[2]在一项比较强化配方食品与能量 / 营养素密集配方食品的研究中指出，强化配方食品中蛋白质供能比低于 5.5%，这一值远低于推荐量，甚至低于健康婴儿的标准。因此，只含有能量强化配方的食品禁止用于婴儿喂养，尤其是当婴儿已经存在生长发育缺陷，以及当他们的胃肠道耐受性受损时。高能量婴儿配方食品的特点如下所述。

8.2.2.1 能量密度

高能量密度配方食品的能量值大于 100kcal/100mL，高于普通婴儿配方食品（60 ～ 70kcal/100mL），适用于能量需求较高的婴儿。配方提供的总能量将根据婴儿的个体需要量，由医生进行计算。有几种方法可以用于估算婴儿达到追赶性生长所需的能量，较小儿童生长所消耗的能量为 5kcal/g，Dewey 等[1]估计的实现追赶性生长的能量需求见表 8-1。

表 8-1 Dewey 等估计的实现追赶性生长的能量需求[1]

体重增长速率 /［g/（kg • d）］	生长发育迟缓婴儿所需能量 /［kcal/（kg • d）］	严重衰竭婴儿所需能量 /［kcal/（kg • d）］
5	97 ～ 107	110 ～ 120
10	113 ～ 123	140 ～ 150
20	146 ～ 156	200 ～ 210

8.2.2.2 蛋白质含量

根据年龄和临床病情，患病婴儿的蛋白质需要量有很大差异，一般在 1 ～ 4g/kg

体重之间。婴儿患有先天性心脏病、慢性肺病、囊状纤维化、肿瘤、危重症以及需要获得追赶性生长时，对蛋白质的数量和质量有很高需求。

已有几种方法用于计算获得追赶性生长的蛋白质需要量。联合国粮农组织（FAO）/ 世界卫生组织（WHO）建议的幼儿生长消耗所需的蛋白质量为每克组织需要蛋白质 0.23g/d，根据这个推荐量，当计算追赶性生长所需的蛋白质时，应将去脂体重计算在内。去脂体重中的蛋白质含量为 20% ～ 25%，因此可以计算出身体蛋白质的缺乏量。现在健康儿童蛋白质需要量为 1.5g/（kg・d）[3]。膳食蛋白的代谢效率约为 70%。因此要积累 1g 新瘦肉组织（相当于 0.25g 蛋白质），需要摄入（0.25/0.7）0.36g 蛋白质。对于一个要获得 10g/（kg・d）体重增长的儿童而言（60% 去脂组织和 40% 脂肪组织），需要获得去脂组织（10×0.6）6g/（kg・d）。这需要额外蛋白质摄入量（6×0.36）2.2g/（kg・d）或者（1.5+2.2）3.7g/（kg・d）总蛋白质摄入量，Dewey 等提出的获得追赶性生长的蛋白质需要量见表 8-2[3]。

表 8-2 Dewey 等提出的获得追赶性生长的蛋白质需要量[3]

体重增长速率 /[g/（kg・d）]	生长发育迟缓婴儿所需蛋白质 /[g/（kg•d）]，或（占总能量的比 /%）	严重衰竭婴儿所需蛋白质 /[g/（kg・d）]，或（占总能量的比 /%）
5	1.83(6.6 ～ 7.5)	1.33（4.4 ～ 4.8）
10	3.03(9.9 ～ 10.7)	2.03（5.4 ～ 5.8）
20	5.43(13.9 ～ 14.9)	200 ～ 210（6.5 ～ 6.9）

Jackson[4] 根据一系列针对营养不良儿童的研究结果推断，至少 9% 的总能量应该由蛋白质提供，才能使机体达到最大的氮储备。其他研究指出获得追赶性生长所需的蛋白质量为 3 ～ 4g/（kg・d）或最高达到占总能量的 10% ～ 12%。

2007 年，FAO/WHO/ 联合国大学提出了追赶性生长所需的蛋白质量。这项国际指南考虑了非常全面的人口对象，包括了营养不良多发的发展中国家。该指南指出，约 60% 发展中国家的学龄前儿童存在身材矮小的症状，其中 2 岁的儿童具有最高的覆盖率，这可能与高发病率和高死亡率有关系。

这份报告给出了机体衰竭的儿童和婴儿要获得迅速体重增长所需的蛋白质和能量摄入量（基于营养失衡、组织衰竭的婴儿）。此外，他们还强调了影响身体成分改变的因素。

FAO/WHO/ 联合国大学提出，要获得追赶性生长所需的能量和蛋白质量取决于体重增长的速率和成分，10g/（kg・d）的体重增长速率需要蛋白质供能比为 8.9%，才能使去脂组织、脂肪组织的成分比例合理［例如 73 ：27（去脂组织增长 / 脂肪增长比）］。对于相同的体重增长速率，蛋白质供能比 6.0% 会导致相对于去脂组织更多的脂肪储存［50 ：50（去脂组织增长 / 脂肪增长）］。对于更高的体重增长速率，比如 20g/（kg・d），蛋白质供能比至少要达到 11.5% 才可以取得合理的去脂组织、脂肪组织的成分比例［例如 73 ∶ 27（去脂组织增长 / 脂肪增长）］。不同体重增长速率下，获得追赶性生长所需的蛋白质和能量如表 8-3 所示。

表 8-3 不同增重率下追赶生长的蛋白质和能量需求

项目			体重增加的典型组成①	高脂肪沉积率②		
净生长所需能量 /（kcal/g）③			3.29	5.12		
总生长所需能量 /（kcal/g）④			4.10	5.99		
膳食需求						
增长速率 /［g/（kg・d）］	蛋白质⑤/［g/（kg・d）］	能量⑥/［kcal/（kg・d）］	（蛋白质 / 能量）/%	蛋白质⑦/［g/（kg・d）］	能量⑧/［kcal/（kg・d）］	（蛋白质 / 能量）/%
1	1.02	89	4.6	1.0	91	4.2
2	1.22	93	5.2	1.1	97	4.5
5	1.82	105	6.9	1.5	115	5.2
10	2.82	126	8.9	2.2	145	6.0
20	4.82	167	11.5	3.6	205	6.9

① 73 ∶ 27 瘦肉 ∶ 脂肪相当于 14% 的蛋白质和 27% 的脂肪。

② 50 ∶ 50 瘦肉 ∶ 脂肪相当于 9.6% 的蛋白质和 50% 的脂肪。

③ 按 5.65kcal/g 蛋白质和 9.25kcal/g 脂肪计算。

④ 按净生长所需能量，90% 脂肪和 73% 蛋白质沉积的代谢效率调整，加上额外的未利用蛋白质的可代谢能量。

⑤ 14% 的沉积组织，按 70% 的利用效率加上 1.24×0.66g/（kg•d）= 0.82g/（kg•d）的维持安全水平调整。

⑥ 维持能量为 85 kcal/g（包括维持蛋白能量）+ 4.10 kcal/g 体重增加的总能量消耗。

⑦ 9.7% 的沉积组织，按 70% 的利用效率加上 1.24×0.66g/（kg•d）= 0.82g/（kg•d）、1.27×0.58g/（kg•d）= 0.737g/（kg・d）的维持安全水平调整。

⑧ 与注“⑥”相同，但体重增加的总能量消耗为 5.99kcal/g。

在 2009 年，Golden[5] 曾提出，中度营养不良和组织衰竭且需要 5g/（kg・d）体重增长的儿童，其蛋白质供能比应达到总能量的 10%。相对之前提出的体重增长，这个百分比要明显高于之前的推荐值。Pencharz[6] 确定 2007 年 WHO 要求的水平要低于成人实际水平的 30%。他表示，对儿童可能也是相同的情况。WHO、联合国儿童基金会、世界粮食计划署和联合国难民事务高级专员公署提出，不建议向中度组织衰竭的儿童提供蛋白质供能超过 15% 的膳食，同时也没有必要向生长发育迟缓的儿童提供供能超过 12% 的蛋白质。

8.2.2.3 蛋白质种类

众所周知，大多数膳食蛋白质在小肠被水解成氨基酸，然后通过许多氨基酸转运载体被吸收并且结合形成新的身体蛋白质；然而，还有第二种途径是从较大的多肽类中释放出二肽和三肽，通过 PepT1 转运载体被吸收。根据 Zaloga[7] 的研究，正常健康的个体约 67% 的蛋白质是以小肽形式被吸收。该系统被认为比氨基酸载体系统更有效。这种双重吸收机制已经成为膳食蛋白质水解物（或预先消化蛋白质）用于吸收不良患者的基础，并且那些可获得物含有大小肽和游离氨基酸的混合物。Grimble 等 [8] 的研究结果表明，通过低分子量水解物（二肽～五肽）吸收氮的速度比通过氨基酸溶液快，并且比高分子量水解物（> 五肽）要快得多。

水解物可以用水解度描述，即游离氨基态氮量除以总氨基氮量。然而，两种水解物可能拥有相同的水解度，但拥有不同的表达谱（由于酶和加工技术的不同），因此，一种水解物可能含有高比例的氨基酸和一些大肽类，而另一种水解物可能含有高比例的中 / 小链肽。Grimble 等 [8] 研究结果证明，当具有类似水解度的各种基于水解物的食品被注入健康志愿者的肠道内时，富含二肽和三肽的水解物比富含较大肽类的水解物能更好地被吸收。因此，如果不考虑胰腺功能，使用含有相当大比例小肽的水解物具有吸收动力学优势。

水解物被视为“吸收最快的蛋白质”。在几项成年人的研究中，已经证明基于水解物的膳食与全脂牛奶蛋白膳食相比具有动力学优势 [6]。Calbet 等 [9] 研究了健康志愿者在摄入乳清蛋白水解物和全蛋白溶液后的胰岛素和胰高血糖素反应。研究发现，与全脂牛奶蛋白相比，乳清蛋白水解物能促进血浆氨基酸和血浆胰高血糖素较快增加，并且胰岛素反应峰值较高。Ziegler 等 [10] 比较了基于水解物和基于全蛋白的配方对术后肠道喂养过程中氨基酸动力学的影响。与基于全蛋白的膳食相比，基于肽的膳食获得的外围氨基酸生物利用度较高，并且对胰岛素的刺激更快。Ziegler 等 [10] 在接受了腹部手术的重症患者的一项早期交叉研究中，比较了两种含等能量和等量氨的肠内膳食，含有水解蛋白（二肽、三肽和四肽）或全蛋白。13 个氨基酸（包括必需氨基酸）的血浆浓度随着蛋白水解物膳食的增加而显著增加，但只有 2 个氨基酸的血浆浓度随着全蛋白膳食增加而增加。此外，使用蛋白水解物，血浆胰岛素水平会更高，血浆白蛋白、转铁蛋白和维生素 A 结合蛋白浓度也有所改善 [11]。

也有临床证据支持给胃肠道耐受性受损的患者使用基于水解蛋白的配方食品有好处。例如肽类食品已经有效用于治疗克罗恩病、胰腺炎、放射性肠炎和化疗、短肠综合征、囊性纤维化、婴儿期顽固性腹泻和人体免疫缺陷病毒有关的胃肠道疾病。

也有研究证明了基于水解物的食品对短肠综合征患者有效。与全蛋白食品相比，对于肠切除术后或空肠造口术形成的短肠患者，给予富含小肽的食品可提高氮吸收。该研究结果提示，如果肠腔内整蛋白的水解受损或吸收表面积被大量切除（如短肠综合征）时，给予水解蛋白配方的食品可能是有益的，而且还可以改善氮吸收。

此外，由于酪蛋白和乳清蛋白水解物对水和电解质的空肠吸收有刺激作用，基于水解物的配方食品可以降低管饲喂养患者中某种类型的腹泻发生率。还有些临床研究结果显示，危重患者对基于蛋白水解物的配方食品比全蛋白食品可能具有更好的耐受性，恢复血浆蛋白水平的效果更好[7]。

最后，有研究观察到，与酪蛋白来源的配方食品相比，给予乳清水解物的配方食品可提高胃排空率，并可降低神经障碍儿童的呕吐频率[12]。

8.2.2.4 碳水化合物

对于合并胃肠功能受损的婴儿，应限制配方中的乳糖含量。一些胃肠道耐受性受损的婴儿可能患有一定程度的乳糖不耐症（大多是暂时性的）。这种情况可归因于继发性乳糖不耐受症（与肠道疾病有关），通常是由于对膳食其他成分不耐受所引起的，所以避免产生不良症状也是营养管理的关键。

可以选用麦芽糊精等作为碳水化合物的来源。麦芽糊精是一种葡萄糖聚合物，用于降低配方食品的渗透压。儿科学会建议的婴儿配方食品允许的最大渗透压（以千克水计）为450mOsm，该行业的共识认为，患有胃肠道功能障碍婴儿应选用渗透压低于400mOsm/kg H_2O 的配方食品。欧洲儿科胃肠病学、肝病学和营养学协会（ESPGHAN）建议，对于肠道喂养，300～350mOsm/kg的渗透压更为合适。

8.2.2.5 中链甘油三酯

对于胃肠道功能受损的婴儿，也可能存在长链甘油三酯的消化、吸收或转运不良，从而导致脂肪痢和进行性营养不良。

中链甘油三酯（medium-chain triglyceride，MCT）是一种浓缩的能量来源，在胃肠道功能受损的儿童中，它可以容易且快速地消化、吸收和转运。MCT的理化性质使其在脂质代谢紊乱的膳食管理中具有价值[8]，其原因如下：

中链甘油三酯的分子量小于长链甘油三酯，因此相对更加易溶于水。中链甘油三酯的分子较小，可促进胰脂肪酶作用，使得与长链甘油三酯相比，中链甘油三酯被水解得更快更彻底。

中链甘油三酯不需要合并进入胶束，所以不需要胆盐在水中分散和随后的消化 / 吸收过程。

中链甘油三酯水解的产物比长链甘油三酯的吸收得更快。与长链甘油三酯不同，中链甘油三酯肠内水解快速且相对完全，中链甘油三酯主要以游离脂肪酸的形式被吸收。它们通过门静脉系统转运，因此离开肠道的速度比长链脂肪酸要快得多，到达肝脏的代谢速度也更快；而长链脂肪酸最终与乳糜微粒结合并经淋巴系统被转运至肝脏。

当存在胆汁盐和 / 或胰脂肪酶不足时，一部分中链甘油三酯（大约正常吸收的三分之一）在没有被消化的情况下，以甘油三酯的形式直接进入黏膜细胞，在那里可以被肠脂肪酶水解。中链脂肪酸随后可进入门静脉被同化。

临床证据表明，在胃肠道功能受损患者的膳食管理中，使用中链甘油三酯有很多益处。中链甘油三酯的主要用途之一是治疗由于胆汁盐缺乏而导致的脂肪痢。对于胰腺外分泌功能不足的患者，中链甘油三酯是一种有用的能量来源，尤其是在胰酶替代疗法不满意的情况下。受益于在膳食中补充中链甘油三酯作为能量来源的患者可能还包括囊性纤维化、胰腺炎、肝病、炎症性肠病、肠炎和短肠综合征的患者。事实上，在长链甘油三酯吸收不良患者中使用中链甘油三酯已被证明可以减少脂肪痢和消化不良，可以改善患者的营养状况[9]。

根据中链甘油三酯的理化性质和对胃肠道功能受损患者的临床疗效，对于合并胃肠道功能受损的婴儿，其配方食品中可以选中链甘油三酯作为脂肪的部分来源。

8.2.2.6 微量营养素

婴儿需要微量营养素（维生素和矿物质），这不仅是为了弥补代谢转换造成的损失，还为了使生长过程中的个体增加身体储备[10]。即使是发生微量营养素轻度缺乏或边缘性不足 / 低下，都可能会影响到喂养婴儿的营养与健康状况，还可能增加感染性疾病的易感性和疾病的严重程度，从而对生长发育产生明显的不良影响。

对于大多数微量营养素，婴儿需要量的估计来自经成熟母乳摄入的量和 / 或对成人需要量估计值的外推[11]。在估计婴儿期微量营养素推荐摄入量或适宜摄入量时，各国家和国际组织采用不同的方法，包括：①基于母乳成分含量和婴儿母乳摄入量估算婴儿适宜摄入量；②基于成人能量消耗和需要量外推到婴儿；③通过成人需要量，基于体重外推到婴儿；④通过平衡研究估计或通过身体含量按要因加算法计算[12]。

患病婴儿的需要量可能与健康婴儿有所不同，表现在疾病状况下婴儿对大多数微量营养素的需要量可能会增加，或患病导致消耗增加，例如感染麻疹的患儿，短期内血清视黄醇（维生素 A）含量显著下降。然而，目前没有根据既定患者需求而提出的推荐量。虽然经常使用健康婴儿的推荐量，但这些推荐量可能并不一定能满足这些特殊医学状况下患儿的需要量。

为使患儿取得最佳的生长发育，高能量配方的食用应能提供充足的微量营养素。建议此类配方食品中大多数微量营养素的含量应高于普通足月婴儿配方食品的含量，以确保为摄入量减少的婴儿和需求增加的婴儿提供充足的微量营养素。

8.3 临床应用效果

多项研究已经证实，患有生长障碍的婴儿对高能量、高密度营养素配方的食品具有较好的耐受性，而且还能明显增加他们的营养素和能量摄入量，促进其体重增长和线性生长[13]。

8.3.1 营养支持

大量的证据显示，婴儿期的生长发育需要充足的营养支持。虽然在童年后期和青春期，激素被认为发挥了更重要的作用，然而充足的营养仍然是十分重要的，它们是生长发育的物质基础。人类的躯体发育高峰主要集中在出生后和青春期这两个时期，而其他器官发育和分化集中在一个特殊的时间段。大脑的发育符合后者，主要发育集中在妊娠期后半段和出生后的前两年，但是脑部某些重要基础功能的发育孕早期就已经开始。因此在生长发育迅速的婴儿期，取得良好的生长发育对于婴幼儿后续的营养与健康状况以及取得最佳发育潜能至关重要。通常婴儿在 12 个月时体重会达到出生时的三倍，身高也会增高 50%[14]。

为特殊医学状况的婴儿提供营养支持面临独特挑战。婴儿期生长、发育和器官成熟对能量和营养素均有很高的需求，但因其身体储备较少、其胃肠道和很多器官功能仍处于发育阶段，对能量和营养素供给不足非常敏感。按单位体重计算/表示，4 ～ 6 个月龄的婴儿对能量和营养素的需要量最大，并随年龄增长而逐渐降低，直到青春期开始[15]。相比其他年龄的儿童和成人，婴儿体内营养素的储备更少，尤其是能量的储备。当婴儿患有慢性或急性疾病时，身体的能量和营养素储备会迅速降低。例如，婴儿组织萎缩的速度比其他年龄的儿童或成人要快得多，表明这种状况下的婴儿如果摄食量减少则对组织的消耗更为明显。研究结果显示，成人身体储蓄能量和营养素约为 70 天的需要量，而早产儿和足月的婴儿分别只有 4 天的需要量和 31 天的需要量。由于婴儿体表面积/体重比大、皮下脂肪少以及皮层薄，这些因素将使通过皮肤传导的热量和液体量更为迅速、量更大，并且加速了婴儿每千克体重的基础代谢速率，使婴儿的液体管理相对于成人更有难度[16]。

综上所述，营养不良对婴儿造成的后果比其他年龄的儿童和成人更为严重。生命初期出现的营养不良会引起免疫系统缺陷（感染风险增高）、身体机能降低、伤口愈合缓慢、胃肠道功能紊乱、行为孤僻冷淡、生长迟缓，也有可能影响良好饮食习惯的养成和延迟青春期发育，影响器官的生长和功能（比如引起肺和心脏功能缺陷），甚至会导致精神发育不全等。最新的研究结果显示，如果出生后前两年存在生长缺陷、体重增加缓慢，或在两岁时体质指数低下的儿童，其成年后患各种慢性病的风险会增加，如冠心病、中风、高血压、血糖调节受损、骨骼丢失和血脂异常等。

婴儿营养支持的总体目标是为最佳生长发育提供充足的能量和营养素，同时维持肌肉组织的质量和成分，并尽量减少胃肠道不良反应，支持适合发育的喂养行为，并且提高婴儿生活质量[17]。

8.3.1.1 能量和营养需求增加和/或摄入减少的婴儿

由于先天性心脏病、慢性肺病、囊肿性纤维化、脑瘫、危重症、手术及发育不良等各种医学状况，婴儿对能量和营养素需求增加和/或液体摄入受到限制。

神经系统疾病（如大脑麻痹）或先天性畸形（例如食道闭锁、气管食管瘘）所引起的摄食困难都有可能导致口服摄入营养素和能量的降低。此外，由于承受疾病困扰使得婴儿容易疲乏和/或缺乏食欲，这种情况也会限制婴儿的能量和营养素摄入量。

众所周知，营养不良在这些能量和营养素需求增加和/或摄入量减少的婴儿中是很常见的，6.1%～31.8%的住院婴儿与儿童患有急性营养不良。即使有多种导致这些婴儿营养不良的原因存在，能量摄入不足仍被认为是最普遍的原因。

8.3.1.2 胃肠道耐受性受损的婴儿

对于蛋白质和/或脂质消化不良和/或吸收不良的婴儿，使用半要素膳食喂养可能使其获益。这可能是由于炎症导致的胃肠道功能不足、消化酶浓度降低和/或营养吸收表面积减少，与疾病和/或治疗相关[18]。可能包括以下患者：胰酶缺乏症，常见于慢性胰腺炎、胰腺癌、囊性纤维化或广泛胰腺切除术后炎性肠病、短肠综合征、放射性肠炎、化疗和骨髓移植、与人类免疫缺陷病毒相关的胃肠疾病或慢性肝病。

胃肠道功能受损的其他原因，例如：重症、心脏手术、婴儿反复腹泻、神经障碍，患有这些疾病的婴儿往往由于摄入不足、营养素流失过多和/或营养素需求增加而影响生长发育，甚至导致生长发育迟缓[19]。

8.3.2 临床研究

在Clarke等[17]的一项研究中，研究对象为60名患有生长障碍的婴儿，导致生长障碍的原因分别为心脏问题（28名）、囊状纤维化（7名）以及其他疾病。这些婴儿被随机喂给高能量、高营养素配方食品或者等能量的对照食品（添加了葡萄糖聚合物和脂肪乳的标准配方），喂养时间为6周。如果婴儿的体重低于第三个百分点或者他们的体重低于一周以后预期体重的50%，那么他们就会被选择作为研究对象。

49名儿童完成了这项研究，受试儿童对这两种配方食品均表现出较好的耐受性。对所有参加实验的婴儿，尽管规定最小摄入量为150mL/（kg•d），但两组婴儿平均配方食品的摄入量为140mL/（kg•d）。使用高能量、高营养素配方食品组摄入蛋白质和微量营养素的量明显高于使用对照配方食品组的婴儿。两组均显示出了追赶性生长，然而，使用高能量、高营养素配方食品的男孩比使用对照配方食品的男孩获得了更好的体重增长速率和线性生长。而且在该研究末期，高能量、高营养素配方食品组的血液尿素水平要比对照组高很多（P=0.0001）。在对照组中，血液尿素水平低于正常水平的下限（-1.4），说明这组婴儿的蛋白质摄入量不足。对于生长发育障碍的儿童，使用补充能量的标准婴儿配方食品的效果低于理想效果，因此这样的配方需要进行调整。能量配方中的低PE（5.5%）会导致蛋白质缺乏并达到临界值，这可能会影响婴儿的生长发育，尤其是线性生长。

在一项未发表的研究中观察到，在生长和肠胃耐受能力方面，给予高能量、高营养素配方食品的婴儿与使用等能量浓缩配方食品的婴儿不同。该项研究中包括59个婴儿，其中大部分患有先天性心脏缺陷，同时也存在其他的医学状况，如外科手术和血液疾病等。对照组为添加了葡萄糖聚合物和脂肪乳的浓缩婴儿配方食品，研究时间为期4～6周。结果显示，受试儿童对两种配方食品均有较好的耐受性。两组的平均摄入量没有明显差异［0～3月，130～140mL/（kg•d）；3～6月，115～125mL/（kg•d）；7～9月，115～120mL/（kg•d）；10～12月，100mL/（kg•d）］，但是给予高能量、高营养素配方食品组的蛋白质摄入量比对照组多约40%。试验中的所有婴儿都在研究期间获得了明显的体重增长和上臂围增加，然而只有使用高能量、高营养配方组的婴儿头围获得了明显改善。

最近，van Waardenburg等[18]开展了一项双盲、随机、对照试验，试验目的是比较高能量、高营养素配方和标准婴儿配方食品对于重症婴儿营养状况的影响，同时也评估了受试婴儿对这类配方食品的耐受性和安全性。20名因呼吸道合胞病毒（respiratory syncytial virus，RSV）感染而导致呼吸衰竭的婴儿（4周～12个月龄）被随机分到两个配方食品组，每组10人，这些婴儿都需要靠呼吸机维持呼吸，研究时间为5天。在整个研究期间，肠内营养的摄入量或者静脉输注液输注量都没有改变。由于液体摄入量受限，75%高能量、高营养素配方组和80%标准配方组的婴儿没有达到设计的摄入量。与标准配方组相比，高能量、高营养素配方组的能量、蛋白质、脂肪摄入量在第3、第4、第5天均明显增加；碳水化合物摄入量在第4、第5天开始增加。高能量、高营养素配方组的摄入量自第3～4天开始可以满足婴儿营养需要，而标准配方组到第 5 天才可以满足。高能量、高营养素配方组的所有婴儿都在第 2 天达到正氮平衡，而标准配方组中有些婴儿到第 4 天仍处于负氮平衡状态。高能量、高营养素配方组的必需氨基酸水平较高，但仍然处于标准范围之内，对照组中的必需氨基酸水平低于标准。尽管疾病状况下蛋白质的分解可能加快，但由于高能量、高营养素配方组摄入的蛋白质水平明显高于标准配方组［(0.73±0.5) g/(kg·24h) 与 (0.02±0.6) g/(kg·24h)］，故有利于增加蛋白质的合成[19]。该研究结果提示，重症婴儿对早期摄入高蛋白和高能量的配方食品有较好的耐受性，而且摄入的营养素或营养成分更充足。在不带来任何不良反应的情况下，高能量、高营养素配方食品可能有助于促进蛋白质的合成代谢、改善患儿的能量和氮平衡状态。

Evans 等[20] 研究评估了发育不良的婴儿对高能量、高营养素配方食品的喂养耐受性。研究结果显示，12 个月以下生长缓慢的婴儿对高能量、高营养素配方食品有较好的耐受性，这种良好的耐受性甚至可以在第一天进行全量喂养的时候就表现出来。较小婴儿（低于 12 周）仍可以通过分段使用配方食品的方式避免便溏。该研究中的婴儿都获得了适宜的追赶性生长。

8.4 营养管理

欧洲儿科胃肠病学、肝病学和营养协会委员会对婴儿营养支持的建议标准如表 8-4 所示。

表 8-4 欧洲儿科胃肠病学、肝病学和营养协会委员会对婴儿营养支持的建议标准[21]

A. 口服摄入不足
● 无法满足≥ 60% ～ 80% 个人需求超过 10 天
● 营养支持应在预计口服摄入不足 3 天内开始
B. 消瘦和生长迟缓
● 生长或体重增加不足超过 1 个月
● 生长曲线图上 2 个生长渠道上发生体重 / 年龄变化
● 肱三头肌皮褶厚度一致小于年龄应有的 5%

对（有风险）患有营养不良的婴儿，治疗方针主要是通过提供额外的能量和大于推荐量的蛋白质以及多种微量营养素，帮助其实现相对于同龄婴儿的追赶性生长。世界卫生组织于 2007 年公布了关于儿童获得追赶性生长所需的蛋白质指南，但是对于其他营养素需求的信息仍有不确定性[22]。Golden[5] 按照微量营养素

的可用性、预测营养素的缺乏水平以及所需体重增长速率，得出了对许多微量营养素的需求指导。这份数据为医学健康专家们提供了一份更适合评估营养不良儿童（微量营养素）对营养需求的模型。

对于营养需求升高和/或摄入减少的婴儿，需要通过提高强化能量和营养素的配方食品来保证充足的能量摄入和实现其追赶性生长。对于胃肠道耐受性受损的婴儿，可以通过提供半要素膳食配方食品来满足他们的需求。

8.5 展望

生长发育迟缓和/或胃肠道耐受性受损婴儿因其存在生长发育障碍而成为医学上需要特殊关注的群体。因该种特殊医学状况婴儿，其婴儿期的生长、发育和器官成熟对能量和营养均有很高的需求，而自身对营养的消化吸收能力并不能满足其营养需求，容易造成营养不良进而导致免疫系统功能降低、身体机能降低、生长发育迟缓甚至导致精神发育不全等不良影响，这就需要对于有高能量和高营养素需求并且需要限制液体摄入的婴儿开发适合的高能量、高营养素特殊医学用途配方食品。在目前公布的关于儿童获得追赶性生长所需要的蛋白质指南中，对于其他营养素需求的信息仍有不确定性，在后续的研究中应补充对其他微量营养素的需求[23]。

（姜毓君，张宇，杨丹）

参考文献

[1] Dewey K G. Energy and protein requirements during lactation. Annual Rev Nutr, 1997, 17: 19-36.

[2] Clarke S E, Evans S, MacDonald A, et al. Randomized comparison of a nutrient - dense formula with an energy-supplemented formula for infants with faltering growth. J Hum Nutr Diet, 2007, 20(4): 329-339.

[3] Cormier K, Mager D, Bannister L, et al. Resting energy expenditure in the parenterally fed pediatric population with Crohn's disease. JPEN Enteral Nutr, 2005, 29(2): 102-107.

[4] Jackson A A. Protein requirements for catch-up growth. Proc Nutri Soc, 1990, 49(3): 507-516.

[5] Golden M H. Proposed recommended nutrient densities for moderately malnourished children. Food Nutr Bull, 2009, 30(3_Suppl 3): s267-s342.

[6] Pencharz P B. Protein and energy requirements for 'optimal' catch-up growth. Eur J Clin Nutr, 2010, 64(Supple 1): s5-s7.

[7] Zaloga G P. Invited Review: Physiologic effects of peptide-based enteral formulas. Nutr Clin Pract, 1990, 5(6): 231-237.

[8] Grimble G K, Silk D B. Branched-chain amino acids and liver regeneration. J Parenter Enteral Nutr, 1986, 10(4): 437-438.

[9] Calbet J A L, MacLean D A. Plasma glucagon and insulin responses depend on the rate of appearance of

amino acids after ingestion of different protein solutions in humans. J Nutr, 2002, 132(8): 2174-2182.

[10] Ziegler J. Exposures and habits early in life may influence breast cancer risk. J Natl Cancer Inst, 1998,90(3):187-188.

[11] Ziegler M, Ziegler B. The Possibility that pancreatic beta cell destruction leading to type 1 diabetes is initiated by the release of cytokines by polyclonal activation of the immune system. Exp Clin Endocrinol, 1990, 95(1): 110-118.

[12] Stenvinkel P, Heimbürger O, Lönnqvist F. Serum leptin concentrations correlate to plasma insulin concentrations independent of body fat content in chronic renal failure. Nephrol Dial Transplant, 1997, 12(7): 1321-1325.

[13] Bender I B, Bender A B. Diabetes mellitus and the dental pulp. J Endod, 2003, 29(6): 383-389.

[14] Clarke M. Standardising outcomes for clinical trials and systematic reviews. Trials, 2007, 8(1). doi:10.1186/1745-6215-8-39.

[15] Thomas T, Thomas T J. Polyamines in cell growth and cell death: molecular mechanisms and therapeutic applications. Cell Mol Life Sci, 2001, 58(2): 244-258.

[16] Angi M, Romano V, Valldeperas X, et al. Macular sensitivity changes for detection of chloroquine toxicity in asymptomatic patient. Int Ophthalmol, 2010, 30(2): 195-197.

[17] Clarke L. The need to include intellectual/developmental disability in medical school curriculum: The perspective of a student advocate. J Intellectual & Dev Disability, 2022: 1-5.

[18] van Waardenburg D, De Betue C, Joosten K. A double-blind randomized, controlled trail of protein energy-enriched formula administered to critically ill infants. Pediatrics, 2008, 121(Suppl_2): s99-s100.

[19] de Betue C T, Van Waardenburg D A, Joosten K F, et al. Inflammation causes arginine to become an essential amino acid in critically ill children. Critical Care, 2011, 15(1): 1-190.

[20] Evans N. Assessment and support of the preterm circulation. Early Hum Dev, 2006, 82(12): 803-810.

[21] Agostoni C, Decsi T, Fewtrell M, et al. ESPGHAN Committee on Nutrition. Complementary feeding: a commentary by the ESPGHAN Committee on Nutrition. J Pediatr Gastroenterol Nutr, 2008,46:99-110.

[22] Onyango A W, de Onis M, Caroli M, et al. Field-Testing the WHO Child Growth Standards in Four Countries. J Nutr, 2007, 137(1): 149-152.

[23] Nevin-Folino N, Loughead J, Loughead M. Enhanced-calorie formulas: considerations and options. Neonatal Network, 2001, 20(1): 11-19.

第9章

防反流婴儿配方食品及其应用

胃食管反流（gastroesophageal reflux，GER或gastro-oesophageal reflux，GOR）是一种发生于健康婴儿、儿童和成人的正常生理过程，是指胃内容物从胃内反流入食管甚至口咽部，这是因为食管下括约肌（lower esophageal sphincter，LES）短暂松弛导致胃内容物进入食道或口咽[1-2]。婴儿期发生的胃反流（infantile regurgitation）现象是一种常见的、生理性和短暂的GER，通常不需要治疗，一般也不会影响生长发育[3]，但是在喂养过程中需要细心照料和进行膳食管理。婴儿期GER的自然病程通常是一种功能性的自限性疾病，随年龄增长会逐步得到改善。

胃反流病（gastro-oesophageal reflux disease，GORD或gastroesophageal reflux disease，GERD）则是病理生理性的，除了频繁发生胃内容物从胃内反流入食管、口咽部，还伴随发生诸多其他临床症状或并发症[4-5]。GORD常见于早产儿，在足月分娩的婴儿中也很常见，可引起易激惹、频繁呕吐、呼吸暂停、吸入性肺炎和生长发育迟缓等[6]。

9.1 相关概念

9.1.1 胃食管反流

GER是指胃内容物反流到食管，甚至口咽部，临床上可分为生理性胃食管反流和病理性胃食管反流[7]。生理性反流多发生于婴儿早期，餐后较明显，生长发育状况往往不受影响，随婴儿月龄增加会好转[1-2]；病理性反流也称胃食管反流病（GERD），则需要及时进行治疗。胃食管反流与多种因素有关，其中LES发育不成熟、反射性松弛或压力低下是导致胃食管反流的主要因素。

9.1.2 胃食管反流病

某些婴幼儿中反复发作的胃内容物反流到食道、口咽部或肺，伴有疼痛、体重减轻或出现其他问题（如耳部感染、咳嗽，甚至呼吸暂停等），或出现病理性改变时，被认为是GORD[8]。婴儿的GORD是最容易被误诊且是最难以治疗的疾病之一，其特征是胃酸上升到食管引起黏膜慢性损伤[5]。

GORD的发生主要与胃食管连接部解剖结构异常和功能障碍、食管动力和胃动力障碍等因素有关，临床表现为呼吸不良、胃肠道和神经行为异常、疼痛（食管和/或耳）、反复呕吐和/或干呕、吞咽功能障碍（喂养困难）、呕血、睡眠障碍、能量摄入降低导致生长受限（体重下降、缺铁性贫血）、喘息、呼吸暂停、喘鸣、吸入性肺炎或其他呼吸道疾病、窒息，甚至发生婴儿猝死综合征等[9-13]。

9.1.3 防反流婴儿配方食品

防反流婴儿配方食品（anti-regurgitation formulas，AR-F），也称为防返流婴儿配方食品，是通过添加增稠剂增加产品的黏度［例如婴儿配方食品中添加谷物淀粉或刺槐豆胶（locust bean gum）等成分］，降低生理性胃食管反流和病理性胃食管反流的发生率。这类产品又称为增稠配方食品（thickened formulas，TFs），适用于婴儿配方食品（奶粉）喂养的婴儿，在该类婴儿发生持续胃食管反流和体重增加不足或婴儿有明显痛苦表现的情况下应用。在欧美市场上，有很多防反流婴儿配方食品，而且使用也很普遍。然而，选购产品时应该仔细考虑产品的优缺点，如成本以及营养和对胃肠道的影响等方面。

9.2 流行病学

国际上，关于 GER 和 GORD 的流行病学在儿科方面的特异性数据很少，其发生率和患病率主要是基于问卷调查的结果。据估计，儿童中约 10% 患有 GER 和 1.8% ～ 8.2% 患有 GORD[14-15]；生后最初 7 个月，反流症状随年龄的增长而变化[16]。在 0 ～ 23 个月龄婴幼儿、2 ～ 11 岁儿童和 12 ～ 17 岁青少年中估计 GORD 患病率分别为 2.2% ～ 12.6%、0.6% ～ 4.1% 和 0.8% ～ 7.6%[17]。估计儿科 GORD 发病率为 0.84/（1000 人•年）[18]。1 岁以后，胃食管反流病的发病率下降（直到 12 岁），然后 16 ～ 17 岁时达到最大值。

9.2.1 婴儿期

几乎所有婴儿都会出现不同程度的反流，70% ～ 85% 的婴儿 2 月龄内易发生 GER，生后最初 3 ～ 4 个月发生率最高（41% ～ 73% 之间），其中有很大一部分婴儿每天 GER 发生率超过 4 次，7 月龄时降至 14%；95% 有反流症状的婴儿在 1 岁以内未经治疗可自行缓解[19-22]。婴儿期后，约＜ 5% 的儿童 1 岁以后呕吐或反流的症状持续存在；年龄较大儿童或同时存在其他医学状况的儿童 GER 的症状可能会持续更长时间[23-24]。

GER 是婴儿期常见的现象，尽管有报道提到牛奶蛋白过敏可诱发 GER，1 岁以内婴儿的 GER 约 50% 与牛奶蛋白过敏有关，采用回避牛奶蛋白膳食治疗可使症状得到好转，然而后续相关的研究非常有限[25-28]。

9.2.2 儿童期

成人胃食管反流病通常可根据胸骨下烧灼痛病史（伴或不伴反流）做出诊断[29]，该方法同样适用于青少年 GORD 的诊断。然而，对于 12 岁以下的儿童，难以获得可靠病史（病史记录不完整或缺失），GORD 的儿童也可能表现的症状不同，除了上述典型的 GORD 症状外，21% 的儿童报告有恶心或呕吐[18]，也有主诉经常腹痛和咳嗽[30]；与年龄较大的儿童相比，1 ～ 5 岁患有糜烂性食管炎的儿童中，咳嗽、厌食和拒绝进食的问题尤为频繁和严重，而胃灼热则不太严重，也未发现这些症状与黏膜损伤程度的关系[17]，而且如果儿童患有某些基础疾病，其发生慢性 GORD 的风险和严重性增加[5]。

9.3 胃食管反流病的诊断

婴幼儿 GER 的主要临床表现为溢乳、呕吐等 [31]，容易做出诊断。但是如何及时诊断和治疗反流则常常具有挑战性，特别是那些经常表现出非特异性症状的婴幼儿，尤其是小婴儿 [32-33]。婴儿 GER 或 GORD 的诊断主要是基于病史和体格检查 [28]。

婴儿的 GORD 可能难以诊断，因为他们表现出难以与其他疾病进行区分的非特异性症状，包括窒息、干呕、易怒、反流、拒绝进食和体重增加不良；哭泣、易怒和呕吐通常归因于 GORD；有时对于人工喂养的婴儿，还很难区分是否与牛奶蛋白过敏有关 [5, 22, 26, 34-36]，因此在确诊为 GORD 之前，通过制定的标准调查问卷仔细询问病史，并通过临床症状和体格检查，有助于排除其他疾病 [22, 26, 37, 38]。目前可借助多种工具帮助对非典型 GORD 做出诊断，还可评估 GORD 的严重程度和后果，例如内窥镜，多通道腔内阻抗监测和 24h pH 监测联合运用，运动测试和抑酸诊断性试验等 [5, 39-41]。

9.4 胃食管反流病的治疗

尽管正常喂养条件下，大多数的婴幼儿的 GER 属于生理性的，不需要特别治疗，而且随年龄增长发生的频率会逐渐减少、严重程度会逐渐降低，但出现 GER 会引起父母的关注和焦虑，因此有建议临床上将安慰和行为干预作为治疗的第一步 [42]。如果属于 GORD，临床上有从非药物干预（如婴幼儿防反流配方食品）到药物和手术治疗（存在功能性问题）方面的多种方法可以用于治疗 [43]。尽管最近的研究表明，非药物生活方式的改变仍具有许多优势，但儿科临床医生经常面临来自患儿父母的巨大压力，要求进行药物治疗和进行侵入性检查 [44]。

9.4.1 婴儿喂养方式与姿势

婴儿中 GER 是很常见的，3 ～ 4 月龄时达到高峰，12 ～ 13 月龄时消退 [22]。对于生长发育状况正常的婴儿，GER 的发生可能属于生理性的，婴儿的管理方面应侧重于父母的教育 [45]。对于婴儿配方奶喂养的婴儿，应避免过度喂养或应提供少量多次的喂养方式，可以减少 GER 的发作 [5]。在婴儿清醒状态喂奶时，通过改变怀抱婴儿的姿势也可能收到较好的效果，如俯卧位和身体左侧朝下的姿势似可降低 GER 的发作[46]，此方法仅适用于 1 岁以下处于清醒状态的婴儿。

9.4.2 防反流婴儿配方食品的应用

据报道，pH 监测的结果表明，尽管商品化的防反流婴儿配方食品不会降低 GER 的发生频率，但是有助于减轻 GER 的视觉症状[47-48]；对于配方奶粉喂养的婴儿，应给予防反流婴儿配方奶粉，有试验结果显示该类产品或蛋白质深度水解配方食品可以明显减少婴儿反流和呕吐频率[5]。例如，在一项 204 例 GER 患者基于食道 pH 和阻抗监测记录的前瞻性研究中，观察到 41.7%（85/204）的 GER 患者对牛奶过敏[26]，对于反复呕吐和症状持续存在的这些婴儿，服用蛋白质深度水解配方食品 2 ～ 4 周可获益[34, 49]。

9.4.3 药物的使用

对于大多数婴儿，发生 GER 属于正常生理现象，随年龄增长发生 GER 的严重程度逐渐减轻，不建议使用抗反流的药物。对于 GORD 患儿，首先需要排除器质性病变、牛奶过敏，药物的使用与否需要在临床医生指导下进行。用于 GORD 治疗的药物包括复方海藻酸盐制剂、质子泵抑制剂（如奥美拉唑，兰索拉唑，泮托拉唑，雷贝拉唑，埃索美拉唑）、H_2 受体拮抗剂（雷尼替丁，法莫替丁，西咪替丁）、促动力药［多潘立酮，红霉素和硫糖铝（sucralfate）］等。

9.4.4 营养干预

婴幼儿期间发生胃食管反流很常见，特别是早产儿的轻度反流发病率高达 80% ～ 85%，一直受到婴儿父母的关注；而且长期频发的 GER 可导致体重增加不理想、营养不良或发生呼吸系统并发症，也是新生儿期呼吸暂停、窒息的重要原因之一[52]。对于正常婴儿喂养过程中出现的 GER，目前推荐的方案是安慰和教育患儿的父母或其主要看护人，进行合理喂养指导，包括营养改善建议和人工喂养儿使用防反流婴儿配方食品等被认为有助于改善持续存在的反流症状，不推荐使用药物治疗[50]。

针对那些接受药物和手术治疗的 GORD 患儿，同时应针对不同的疾病情况，实施个性化的强化营养管理或营养干预，为患儿提供充足的营养。例如，对患有先天性支气管软化症、GORD 和复发性肺炎进行营养干预，包括少量多次频繁喂食、使用与高能量配方食品混合的预增稠配方奶粉、对乳蛋白过敏者使用预增稠婴儿配方奶粉以及通过经幽门或空肠进食方式来避免过度喂养的方式[4]，达到逐渐增加患儿每日能量和营养素摄入量，改善临床表现和营养状况，使其年龄别体重 *Z* 评分恢复正常[51]。

9.5 防反流婴儿配方食品中的增稠原料及应用效果

国外市场上有不同的抗 / 防反流婴儿配方食品，其基本原理是为了增加产品的黏稠度，在婴儿配方食品中添加增稠剂，如谷物淀粉、角豆（carob）或刺槐豆胶粉（locust bean gum flours）等[53-55]。研究结果显示，对于人工喂养的婴儿，使用防反流婴儿配方食品尽管还不能完全防止发生反流，但是可降低反流的发生频率和严重程度[56]。

9.5.1 增稠原料

已有多种使用不同类型增稠剂的预增稠防反流婴儿配方奶粉用于治疗 GER[57]。防反流婴儿配方食品中，刺槐豆胶研究得最多，报告的副作用小；也有研究结果提示，添加果胶的产品也获得了良好结果[58]。最近有报告使用海藻酸镁（magnesium alginate）制剂与使用其他防反流配方奶粉相比，对 GER 的临床效果相似，但是治疗的成本更低[59]。

9.5.1.1 刺槐豆胶

刺槐豆胶（locust bean gum，LBG）也称槐豆胶，是由产于地中海一带的刺槐树种子加工而成的植物胶。为白色或微黄色粉末，无臭或稍带臭味。在食品工业中主要作增稠剂、乳化剂和稳定剂，常用于各种食品。刺槐豆胶对人体消化酶具有抗性，在粪便中以原形排出或被肠道微生物发酵[60]。刺槐豆胶增稠的防反流婴儿配方食品的疗效已在多项临床试验中得到证实[61-63]。与使用增稠淀粉配方奶粉喂养的婴儿相比，用这种配方奶粉喂养婴儿的粪便可能更柔软、更频繁[64]。早在 20 世纪 90 年代，欧盟食品科学委员会就通过了使用增稠剂来减少胃食管反流。根据临床研究结果，刺槐豆胶的允许使用量为不超过 10g/L[65]。随着刺槐豆胶的审批通过，欧洲国家纷纷上市了相关防反流婴儿配方产品。目前英国、德国、瑞士和法国等国家都有相关的产品上市。

9.5.1.2 海藻酸盐

海藻酸盐是一种衍生自棕色海藻的多糖。基于海藻酸盐的防反流婴儿配方食品系通过化学和物理机制作用于 GER。海藻酸盐是一种阴离子多糖，海藻酸钠和海藻酸镁分别是海藻酸的钠盐和镁盐[66]。目前婴儿海藻酸盐的临床应用数据有限。20 多年前，海藻酸钠被证明可显著降低婴儿呕吐的频率和严重程度[67, 68]。早期使用海藻酸盐制剂的临床试验结果显示，所有患者的耐受性都很好，报告的唯一副作用是少数患者出现腹泻或便秘，但是发生率与安慰剂组相似[69]。最近，Salvatore 等[70]研究了海藻酸盐对婴儿胃食管反流的影响，海藻酸盐给药期间，所有 pH 和多通道腔内阻抗（multichannel intraluminal impedance，MII）参数，弱酸和非酸反流，近端发作次数均显著减少；报告的哭泣或烦躁，以及反流和咳嗽的发作次数也显著减少。

Baldassarre 等[59]评估了海藻酸镁在减轻婴儿功能性反流症状方面的功效、海藻酸镁相对于增稠配方的成本效益比。在持续反流的婴儿配方奶喂养婴儿中的一项多中心研究中，随机分配婴儿接受两周的海藻酸镁配方制剂［包括海藻酸镁、黄原胶、三氯蔗糖、对羟基苯甲酸甲酯钠和纯净水，推荐剂量为 1mL/（kg·d），除以餐数，每次进食后 10min 给药］[71]，然后接受两周防反流婴儿配方食品，反之亦然。纯母乳喂养的婴儿接受海藻酸镁制剂，同时随访两周。采用“婴儿胃食管反流问卷修订”（I-GERQ-R）评估胃食管反流（GER）的症状，计算治疗的直接成本，72 名婴儿完成了这项研究。结果显示，随着时间推移，所有组的 I-GERQ-R 评分显著降低（F=55.387；$P < 0.001$）。与防反流婴儿配方奶粉相比，用海藻酸镁处理的配方奶喂养婴儿每名婴儿平均节省 4.60 欧元（±11.2）（t=2.91，$P < 0.0005$），提示海藻酸镁制剂可减轻婴儿配方奶喂养和母乳喂养婴儿的 GER 症状。在配方奶 + 海藻酸镁配方制剂喂养的婴儿中，临床疗效与防反流婴儿配方奶粉相似，但治疗成本略低。

9.5.2 临床应用效果

临床应用效果研究发现，对于经常发生胃食管反流的患儿，喂以稠厚抗 / 防反流的配方食品可有效缓解临床症状和婴儿反流次数及呕吐量。抗 / 防反流婴儿配方食品通过增强胃食管反流患儿的胃动力，从而促进胃食管反流患儿生长发育，降低各种并发症的发生率[7, 72]。

9.5.2.1 对胃排空的影响

增稠剂（特别是某种膳食纤维）会延迟胃排空时间，可能使餐后 GER 和症状恶化，但其作用取决于增稠剂的黏度和浓度以及蛋白质含量。例如，在三项样本数分别为47例、20例和20例经常发生GER婴儿的喂养试验中，分别给予不同含量含有刺槐豆胶的抗/防反流婴儿配方食品（0.35g/100mL、0.4g/100mL和0.6g/100mL），通过超声测量的胃窦横截面积没有显著差异。然而，在另一项39例婴儿的试验中，给予不同的配方食品（HL-450）观察到胃窦横截面积增大。

9.5.2.2 对反流的影响

1987年，Orenstein等最先报告给予含有4%大米淀粉的抗/防反流婴儿配方食品，尽管反流发生的次数没有变化，但是可降低20例婴儿的GER和哭闹并增加睡眠时间，随后Scrintigraphy也证明了这样的结果。同年，Vandenplas和Sacre证实给予添加角豆胶（1g/115mL）的抗/防反流婴儿配方食品，可使30名婴儿中的23例患儿的症状（反流发生次数）减轻，通过对6名婴儿的pH监测可见，所有反流参数均恢复正常。

Dupont和Vandenplas[73]在募集的5个月龄婴儿（n=392）的多中心临床试验中，评估了增稠复合物果胶、淀粉和刺槐豆胶对婴儿防/抗反流管理的疗效和安全性，测试的增稠配方均可降低反流发生，并被证明该类产品是安全的，其中果胶量最多、淀粉含量最低的配方食品防止反流的效果最好。

9.5.2.3 对生长发育的影响

2008年，一项包括14个随机对照临床试验（randomized controlled clinical trials，RCTs）的标准婴儿配方食品或抗/防反流婴儿配方食品的荟萃分析结果显示，防反流婴儿配方食品除了可降低反流和呕吐发生的次数、显著增加没有发生反流婴儿的百分比外，还增加婴儿的体重增长。4个随机对照临床试验（randomized controlled clinical trials，RCTs）试验结果显示，在募集的265例婴儿中，与给予标准的婴儿配方食品相比，增稠配方食品或防反流婴儿配方食品均能显著增加婴儿的体重（3.5～3.7g/d）。

9.5.3 防反流婴儿配方食品的特点

防反流婴儿配方食品的主要特点为添加刺槐豆胶或经预糊化的淀粉等增稠物质，使该配方食品达到一定的黏稠度，从而适用于GER患儿食用的特殊医学用途婴幼儿配方食品。根据现有的临床研究结果和实际生产情况，目前用于婴幼儿配方食品的增稠成分主要是刺槐豆胶和经预糊化的淀粉。过去超过20年中，刺槐豆胶的临床喂养试验覆盖婴儿超过400名，对刺槐豆胶在婴儿配方食品中使用的安全性和耐受性进行了充分的临床前和临床研究，结果均显示其对婴儿正常生长发育未产生不良影响[56,60]。目前已开展的4个基于纽迪希亚（Nutricia）防反流配方食品的临床研究结果显示，添加了刺槐豆胶的婴儿配方食品能有效降低每日反流次数、每次喂养时反流次数、呕吐量以及食管pH＜4的时间。上述开展的临床研究中刺槐豆胶含量在0.35～0.5g/100mL[61,62,74]。目前常用的增稠成分还有经预糊化的淀粉。使用具有高度支链化的淀粉可有效增加产品的黏度，常见的高度支链化淀粉有糯米淀粉（98%～100%支链）、糯玉米淀粉（约99%支链）等。基于临床研究结果，建议此类配方中高度支链化淀粉的添加量为9～25g/100g[56]。

9.6 展望

婴幼儿期间发生胃食管反流非常常见，早产儿的发生率更高。从临床研究中发现防反流婴幼儿配方食品通过增强胃食管反流患儿的胃动力，从而促进GER患儿生长发育，减少各种并发症的发生率。在国外，以刺槐豆胶作为增稠物质的防反流婴幼儿配方食品或婴幼儿辅助食品已上市二十多年，在国内因为相关产品标准缺失，相关增稠物质使用量及使用范围也未有明确的标准，使这类产品还难以进行注册以及生产、上市销售。国内该类产品的生产、上市还有待相关人员和管理部门深入开展可用于防反流婴儿配方食品的新食品原料安全性和有效性评估，以及制定相关的产品标准及注册许可程序。

临床研究方面，GER尤其是新生儿GER的发病机理复杂，且目前还未被完全了解，还有待深入研究。在我国，可以预测婴幼儿期GER发生率与国外差距不会太大，因此防反流配方食品有较大的临床应用需求。期待通过完善我国特殊医学用途配方食品注册许可相关的法律法规以及标准，促进国内婴幼儿防反流配方食品产业健康发展。

由于胃食管反流病有时候可能难以被诊断，而且GERD和GER难以区分，未经治疗会影响婴幼儿的生长发育和出现营养缺乏问题。虽然可选择的诊断和治疗方法有多种，但对于临床医生如何制订针对性的诊断和治疗计划还是很具有挑战性的。因此，制定权威性的临床应用指南非常必要。目前已经有一些相关的临床应用指南，但其中的一些还存在问题，例如可操作性差、相互矛盾甚至有些信息已过时等[75]。因此，这些相关指南应由精通现有最佳证据的临床专家起草，可以帮助临床医生应对具有挑战性的病例，同时还可以提供标准化且具有成本效益的护理方式[76]。

（尤茄潞，吴红，杨飞，荫士安）

参考文献

[1] Mittal R K, Holloway R H, Penagini R, et al. Transient lower esophageal sphincter relaxation. Gastroenterology, 1995, 109(2): 601-610.

[2] Vakil N. Disease definition, clinical manifestations, epidemiology and natural history of GERD. Best Pract Res Clin Gastroenterol, 2010, 24(6): 759-764.

[3] Mehta P, Furuta G T, Brennan T, et al. Nutritional state and feeding behaviors of children with eosinophilic esophagitis and gastroesophageal reflux disease. J Pediatr Gastroenterol Nutr, 2018, 66(4): 603-608.

[4] Rosen R, Vandenplas Y, Singendonk M, et al. Pediatric Gastroesophageal Reflux Clinical Practice Guidelines: Joint Recommendations of the North American Society for Pediatric Gastroenterology, Hepatology, and Nutrition and the European Society for Pediatric Gastroenterology, Hepatology, and Nutrition. J Pediatr Gastroenterol Nutr, 2018, 66(3): 516-554.

[5] Vandenplas Y, Rudolph C D, Di Lorenzo C, et al. Pediatric gastroesophageal reflux clinical practice guidelines: joint recommendations of the North American Society for Pediatric Gastroenterology, Hepatology, and Nutrition (NASPGHAN) and the European Society for Pediatric Gastroenterology, Hepatology, and Nutrition (ESPGHAN). J Pediatr Gastroenterol Nutr, 2009, 49(4): 498-547.

[6] Novak D A. Gastroesophageal reflux in the preterm infant. Clin Perinatol, 1996, 23(2): 305-320.

[7] 中华医学会儿科分会消化学组．中华医学会儿科分会消化学组．小儿胃食管反流病诊断治疗方案（试行）．中华儿科杂志 , 2006, 44(2): 96.

[8] Katz P O, Gerson L B, Vela M F. Guidelines for the diagnosis and management of gastroesophageal reflux disease. Am J Gastroenterol, 2013, 108(3): 308-328.

[9] Field D, Garland M, Williams K. Correlates of specific childhood feeding problems. J Paediatr Child Health, 2003, 39(4): 299-304.

[10] Machado R, Woodley F W, Skaggs B, et al. Gastroesophageal reflux causing sleep interruptions in infants. J Pediatr Gastroenterol Nutr, 2013, 56(4): 431-435.

[11] Hawdon J M, Beauregard N, Slattery J, et al. Identification of neonates at risk of developing feeding problems in infancy. Dev Med Child Neurol, 2000, 42(4): 235-239.

[12] Gonzalez Ayerbe J I, Hauser B, Salvatore S, et al. Diagnosis and Management of Gastroesophageal Reflux Disease in Infants and Children: from Guidelines to Clinical Practice. Pediatr Gastroenterol Hepatol Nutr, 2019, 22(2): 107-121.

[13] Mikami D J, Murayama K M. Physiology and pathogenesis of gastroesophageal reflux disease. Surg Clin North Am, 2015, 95(3): 515-525.

[14] Martigne L, Delaage P H, Thomas-Delecourt F, et al. Prevalence and management of gastroesophageal reflux disease in children and adolescents: a nationwide cross-sectional observational study. Eur J Pediatr, 2012, 171(12): 1767-1773.

[15] Nelson S P, Chen E H, Syniar G M, et al. Prevalence of symptoms of gastroesophageal reflux during childhood: a pediatric practice-based survey. Pediatric Practice Research Group. Arch Pediatr Adolesc Med, 2000, 154(2): 150-154.

[16] Pados B F, Yamasaki J T. Symptoms of Gastroesophageal Reflux in Healthy, Full-Term Infants Younger Than 7 Months Old. Nurs Womens Health, 2020, 24(2): 84-90.

[17] Mousa H, Hassan M. Gastroesophageal Reflux Disease. Pediatr Clin North Am, 2017, 64(3): 487-505.

[18] Ruigomez A, Wallander M A, Lundborg P, et al. Gastroesophageal reflux disease in children and adolescents in primary care. Scand J Gastroenterol, 2010, 45(2): 139-146.

[19] Czinn S J, Blanchard S. Gastroesophageal reflux disease in neonates and infants : when and how to treat. Paediatr Drugs, 2013, 15(1): 19-27.
[20] Hegar B, Dewanti N R, Kadim M, et al. Natural evolution of regurgitation in healthy infants. Acta Paediatr, 2009, 98(7): 1189-1193.
[21] Nelson S P, Chen E H, Syniar G M, et al. Prevalence of symptoms of gastroesophageal reflux during infancy. A pediatric practice-based survey. Pediatric practice research group. Arch Pediatr Adolesc Med, 1997, 151(6): 569-572.
[22] Martin A J, Pratt N, Kennedy J D, et al. Natural history and familial relationships of infant spilling to 9 years of age. Pediatrics, 2002, 109(6): 1061-1067.
[23] Tighe M, Afzal N A, Bevan A, et al. Pharmacological treatment of children with gastro-oesophageal reflux. Cochrane Database Syst Rev, 2014, 2014(11): CD008550.
[24] Mahant S. Pharmacological treatment of children with gastro-oesophageal reflux. Paediatr Child Health, 2017, 22(1): 30-32.
[25] Salvatore S, Vandenplas Y. Gastroesophageal reflux and cow milk allergy: is there a link? Pediatrics, 2002, 110(5): 972-984.
[26] Iacono G, Carroccio A, Cavataio F, et al. Gastroesophageal reflux and cow's milk allergy in infants: a prospective study. J Allergy Clin Immunol, 1996, 97(3): 822-827.
[27] Semeniuk J, Kaczmarski M. Acid gastroesophageal reflux and intensity of symptoms in children with gastroesophageal reflux disease. Comparison of primary gastroesophageal reflux and gastroesophageal reflux secondary to food allergy. Adv Med Sci, 2008, 53(2): 293-299.
[28] Lopez R N, Lemberg D A. Gastro-oesophageal reflux disease in infancy: a review based on international guidelines. Med J Aust, 2020, 212(1): 40-44.
[29] Maret-Ouda J, Markar S R, Lagergren J. Gastroesophageal reflux disease: A review. JAMA, 2020, 324(24): 2536-2547.
[30] Gupta S K, Hassall E, Chiu Y L, et al. Presenting symptoms of nonerosive and erosive esophagitis in pediatric patients. Dig Dis Sci, 2006, 51(5): 858-863.
[31] 邵肖梅，叶鸿瑁，邱小汕．实用新生儿学．4 版．北京：人民卫生出版社，2011.
[32] Fuchs K H, Babic B, Breithaupt W, et al. EAES recommendations for the management of gastroesophageal reflux disease. Surg Endosc, 2014, 28(6): 1753-1773.
[33] Baird D C, Harker D J, Karmes A S. Diagnosis and treatment of gastroesophageal reflux in infants and children. Am Fam Physician, 2015, 92(8): 705-714.
[34] Funderburk A, Nawab U, Abraham S, et al. Temporal association between reflux-like behaviors and gastroesophageal reflux in preterm and term infants. J Pediatr Gastroenterol Nutr, 2016, 62(4): 556-561.
[35] Chandran L, Chitkara M. Vomiting in children: reassurance, red flag, or referral? Pediatr Rev, 2008, 29(6): 183-192.
[36] Meyer R, Vandenplas Y, Lozinsky A C, et al. Diagnosis and management of food allergy-associated gastroesophageal reflux disease in young children-EAACI position paper. Pediatr Allergy Immunol, 2022, 33(10): e13856.
[37] Vandenplas Y, Gottrand F, Veereman-Wauters G, et al. Gastrointestinal manifestations of cow's milk protein allergy and gastrointestinal motility. Acta Paediatr, 2012, 101(11): 1105-1109.
[38] Sultana Z, Hasenstab K A, Moore R K, et al. Symptom scores and pH-impedance: secondary analysis of a randomized controlled trial in infants treated for gastroesophageal reflux. Gastro Hep Adv, 2022, 1(5):

869-881.

[39] Rosen R, Lord C, Nurko S. The sensitivity of multichannel intraluminal impedance and the pH probe in the evaluation of gastroesophageal reflux in children. Clin Gastroenterol Hepatol, 2006, 4(2): 167-172.

[40] Cucchiara S, Campanozzi A, Greco L, et al. Predictive value of esophageal manometry and gastroesophageal pH monitoring for responsiveness of reflux disease to medical therapy in children. Am J Gastroenterol, 1996, 91(4): 680-685.

[41] Tolia V, Bishop P R, Tsou V M, et al. Multicenter, randomized, double-blind study comparing 10, 20 and 40 mg pantoprazole in children (5-11 years) with symptomatic gastroesophageal reflux disease. J Pediatr Gastroenterol Nutr, 2006, 42(4): 384-391.

[42] Salvatore S, Abkari A, Cai W, et al. Review shows that parental reassurance and nutritional advice help to optimise the management of functional gastrointestinal disorders in infants. Acta Paediatr, 2018, 107(9): 1512-1520.

[43] Friedman C, Sarantos G, Katz S, et al. Understanding gastroesophageal reflux disease in children. JAAPA, 2021, 34(2): 12-18.

[44] Bingham S M, Muniyappa P. Pediatric gastroesophageal reflux disease in primary care: Evaluation and care update. Curr Probl Pediatr Adolesc Health Care, 2020, 50(5): 100784.

[45] Orenstein S R, McGowan J D. Efficacy of conservative therapy as taught in the primary care setting for symptoms suggesting infant gastroesophageal reflux. J Pediatr, 2008, 152(3): 310-314.

[46] Loots C, Kritas S, van Wijk M, et al. Body positioning and medical therapy for infantile gastroesophageal reflux symptoms. J Pediatr Gastroenterol Nutr, 2014, 59(2): 237-243.

[47] Craig W R, Hanlon-Dearman A, Sinclair C, et al. Metoclopramide, thickened feedings, and positioning for gastro-oesophageal reflux in children under two years. Cochrane Database Syst Rev, 2004, (4): CD003502.

[48] Moukarzel A A, Abdelnour H, Akatcherian C. Effects of a prethickened formula on esophageal pH and gastric emptying of infants with GER. J Clin Gastroenterol, 2007, 41(9): 823-829.

[49] Vandenplas Y, de Greef E, ALLAR study group. Extensive protein hydrolysate formula effectively reduces regurgitation in infants with positive and negative challenge tests for cow′s milk allergy. Acta Paediatr, 2014, 103(6): e243-250.

[50] Salvatore S, Barberi S, Borrelli O, et al. Pharmacological interventions on early functional gastrointestinal disorders. Ital J Pediatr, 2016, 42(1): 68.doi: 10.1186/s13052-016-0272-5.

[51] Shin K H, Kim K W, Lee S M, et al. Nutritional intervention of a pediatric patient with congenital bronchomalacia and gastroesophageal reflux disease: a case report. Clin Nutr Res, 2019, 8(4): 329-335.

[52] Krishnamoorthy M, Mintz A, Liem T, et al. Diagnosis and treatment of respiratory symptoms of initially unsuspected gastroesophageal reflux in infants. Am Surg, 1994, 60(10): 783-785.

[53] Vandenplas Y. Thickened infant formula does what it has to do: decrease regurgitation. Pediatrics, 2009, 123(3): e549-550; author reply e550.

[54] Aggett P J, Agostoni C, Goulet O, et al. Antireflux or antiregurgitation milk products for infants and young children: a commentary by the ESPGHAN Committee on Nutrition. J Pediatr Gastroenterol Nutr, 2002, 34(5): 496-498.

[55] Horvath A, Dziechciarz P, Szajewska H. The effect of thickened-feed interventions on gastroesophageal reflux in infants: systematic review and meta-analysis of randomized, controlled trials. Pediatrics, 2008, 122(6): e1268-1277.

[56] Salvatore S, Savino F, Singendonk M, et al. Thickened infant formula: What to know. Nutrition, 2018,

49:51-56.
[57] Vandenplas Y, Lifshitz J Z, Orenstein S, et al. Nutritional management of regurgitation in infants. J Am Coll Nutr, 1998, 17(4): 308-316.
[58] Barbieur J, Levy E I, Vandenplas Y. Efficacy and safety of medical and nutritional management of gastroesophageal reflux in formula-fed infants: a narrative review. Curr Opin Pediatr, 2022, 34(5): 503-509.
[59] Baldassarre M E, Di Mauro A, Pignatelli M C, et al. Magnesium alginate in gastro-esophageal reflux: a randomized multicenter cross-over study in infants. Int J Environ Res Public Health, 2019, 17(1): 83. doi: 10.3390/ijerph17010083.
[60] Meunier L, Garthoff J A, Schaafsma A, et al. Locust bean gum safety in neonates and young infants: an integrated review of the toxicological database and clinical evidence. Regul Toxicol Pharmacol, 2014, 70(1): 155-169.
[61] Vandenplas Y, Hachimi-Idrissi S, Casteels A, et al. A clinical trial with an "anti-regurgitation" formula. Eur J Pediatr, 1994, 153(6): 419-423.
[62] Wenzl T G, Schneider S, Scheele F, et al. Effects of thickened feeding on gastroesophageal reflux in infants: a placebo-controlled crossover study using intraluminal impedance. Pediatrics, 2003, 111(4 Pt 1): e355-359.
[63] Vandenplas Y, Gutierrez-Castrellon P, Velasco-Benitez C, et al. Practical algorithms for managing common gastrointestinal symptoms in infants. Nutrition, 2013, 29(1): 184-194.
[64] Iacono G, Vetrano S, Cataldo F, et al. Clinical trial with thickened feeding for treatment of regurgitation in infants. Dig Liver Dis, 2002, 34(7): 532-533.
[65] SCF. Opinion on certain additives to foods for infants and young June 1997. Luxembourg: European Commission, 1999.
[66] Johnson F A, Craig D Q, Mercer A D. Characterization of the block structure and molecular weight of sodium alginates. J Pharm Pharmacol, 1997, 49(7): 639-643.
[67] Buts J P, Barudi C, Otte J B. Double-blind controlled study on the efficacy of sodium alginate (Gaviscon) in reducing gastroesophageal reflux assessed by 24 h continuous pH monitoring in infants and children. Eur J Pediatr, 1987, 146(2): 156-158.
[68] Miller S. Comparison of the efficacy and safety of a new aluminium-free paediatric alginate preparation and placebo in infants with recurrent gastro-oesophageal reflux. Curr Med Res Opin, 1999, 15(3): 160-168.
[69] Mandel K G, Daggy B P, Brodie D A, et al. Review article: alginate-raft formulations in the treatment of heartburn and acid reflux. Aliment Pharmacol Ther, 2000, 14(6): 669-690.
[70] Salvatore S, Ripepi A, Huysentruyt K, et al. The Effect of alginate in gastroesophageal reflux in infants. Paediatr Drugs, 2018, 20(6): 575-583.
[71] Ummarino D, Miele E, Martinelli M, et al. Effect of magnesium alginate plus simethicone on gastroesophageal reflux in infants. J Pediatr Gastroenterol Nutr, 2015, 60(2): 230-235.
[72] Vanderhoof J A, Moran J R, Harris C L, et al. Efficacy of a pre-thickened infant formula: a multicenter, double-blind, randomized, placebo-controlled parallel group trial in 104 infants with symptomatic gastroesophageal reflux. Clin Pediatr (Phila), 2003, 42(6): 483-495.
[73] Dupont C, Vandenplas Y. Different thickening complexes with pectin in infant anti-regurgitation formula. Acta Paediatr, 2020, 109(3): 471-480.

[74] Borrelli O, Salvia G, Campanozzi A, et al. Use of a new thickened formula for treatment of symptomatic gastrooesophageal reflux in infants. Ital J Gastroenterol Hepatol, 1997, 29(3): 237-242.

[75] Harris J, Chorath K, Balar E, et al. Clinical practice guidelines on pediatric gastroesophageal reflux disease: a systematic quality appraisal of international guidelines. Pediatr Gastroenterol Hepatol Nutr, 2022, 25(2): 109-120.

[76] Chorath K, Garza L, Tarriela A, et al. Clinical practice guidelines on newborn hearing screening: A systematic quality appraisal using the AGREE II instrument. Int J Pediatr Otorhinolaryngol, 2021, 141:110504. doi: 10.1016/j.ijporl.2020.110504.

第 10 章

食物蛋白过敏全营养配方食品

食物是人类赖以生存的物质之一，为人类提供能量和各种各样的营养成分。然而对于少数过敏者，当他们食入或接触过敏食物后，机体会发生强烈的反应，其中多数是由于机体不正常的免疫反应所导致，这种强烈反应被称为食物过敏反应（food allergy or food hypersensitivity）。食物过敏是一种常见的、严重影响患者（尤其是儿童）生存质量的，甚至会危及患者生命的疾病。其影响全球约 4% 的儿童和家庭，患者的膳食和社交习惯需要相应做出调整和改变[1]。

10.1 术语和定义

10.1.1 食物过敏

食物过敏（food allergy）也称为食物的超敏反应（hypersensitivity），系指摄入体内的食物中某组成成分（主要是蛋白质）作为抗原诱导机体产生免疫应答而发生的一种变态反应性疾病。过敏反应涉及皮肤、呼吸道和心血管系统。

10.1.2 食物过敏原

食物过敏原（food allergen）是指存在于食品中可引发人体食物过敏的成分，通常除了水、葡萄糖和氯化钠不会引起人体发生过敏反应外，其他任何食物都可能是潜在的过敏原，但是某些食物可能比其他食物更常引起食物过敏，而且各种食物的致敏性、致敏频度和致敏强度不同。由食物成分引起的人体免疫应答反应主要是由免疫球蛋白 E（IgE）介导的速发性过敏性反应。已知结构的过敏原都是蛋白质（有些是糖蛋白），分子量常为 10 ～ 60kDa。1995 年 FAO 报告，90% 以上的食物过敏是由于牛奶、鸡蛋、鱼、甲壳贝类海产品、花生[1]、大豆、坚果类食品和小麦八大类食品引起。

10.1.3 食物不耐受

正常状态食物引起的与免疫反应无关的不适反应或不正常反应，有的表现可能与食物过敏相似，常常与个体特殊敏感体质有关，被称为食物耐受不良或食物不耐受（food intolerance）。食物不耐受的发生与免疫机制无关，在我国最典型、最常见的例子是对牛奶中含有的乳糖不耐受，可参见本书第 6 章氨基酸配方食品相关内容。

10.1.4 食物过敏与食物不耐受

两者均是个体对摄入的食物发生的不良反应，区别如图 10-1 所示。食物过敏

[1] 植物学中，花生不属于坚果。——编者注

是免疫介导的，进一步可分为IgE介导的食物过敏（IgE mediated food allergy）与非IgE介导的食物过敏（non-IgE mediated food allergy），大多数食物过敏反应最常见的类型是IgE介导的；食物不耐受则是非免疫介导的个体对摄入食物发生的不良反应。

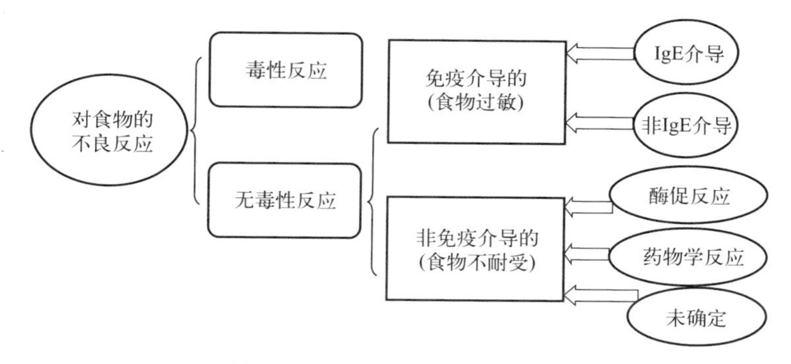

图10-1　食物过敏与食物不耐受

10.2　适宜人群与使用目的

10.2.1　食物蛋白过敏全营养配方食品的适宜人群

全球的食物过敏患病率正在持续增长，英国、澳大利亚和美国的调查结果显示，1990～2005年间因荨麻疹和血管神经性水肿等入院治疗的人数显著上升[2-4]。有超过170种食物已被确定会引起过敏反应，但其中90%是由牛奶、鸡蛋、大豆、小麦、花生、坚果、鱼类和甲壳贝类这八类食物引起[5]。食物过敏中最常见的两种食物是牛奶和鸡蛋，第三种常见的过敏食物则受地域的影响，如美国和瑞士是花生、德国和日本是小麦、西班牙是坚果、以色列是芝麻等[6]。我国重庆的一项调查结果显示，该地区0～1岁婴儿具有食物蛋白过敏症状的比例为3.8%，其中对鸡蛋过敏的婴儿占2.5%、对牛奶过敏的婴儿占1.3%[7]。

儿童食物过敏的预后较好，绝大多数能自愈，但也有极个别会持续到青春期和成年期，并且会变得更严重[8]。报道显示1岁儿童牛奶过敏的缓解率大约为45%～50%，2岁为60%～75%，3岁为85%～90%[9]。鸡蛋过敏也显示出相似的缓解率，4岁儿童鸡蛋过敏的缓解率是4%，6岁为12%，10岁为37%，16岁为68%[10]。同样，大约50%的大豆过敏儿童在7岁时不再过敏[11]。小麦过敏的情况和鸡蛋过敏的缓解情况相似，过敏缓解率4岁时29%、8岁时56%、12岁时65%，缓解的年龄中位数约在 6.5 岁[12]。许多国家对芝麻过敏的报道越来越多，并且倾向于早期发现（发病年龄中位数为 1 岁），其特点是对最小剂量的过敏原即会立即发生过敏反应，并且有 80% 的患者持续终身[13]。花生和坚果过敏通常与极个别的过敏致死有关，而且容易发生在青少年和年轻人之中。约 20% 花生过敏的儿童和不足 10% 的坚果过敏儿童能够脱敏[16]；花生过敏可能会复发，复发率为 8%[14]。鱼和甲壳贝类食物过敏也被认为是持久的并且有高风险的一类过敏[15]。

10.2.2 食物蛋白过敏全营养配方食品的使用目的

食物蛋白过敏主要是因人体对特定食物不耐受而引发的免疫反应，包括由 IgE 介导、非 IgE 介导，以及 IgE 与非 IgE 混合介导的食物过敏，主要常见过敏原包括牛奶和鸡蛋[16-17]。有研究结果显示，即使能量摄入相近，但伴有食物蛋白过敏的儿童营养状态与同龄正常对照组相比仍不佳[18]。系统回顾分析结果显示，需要回避多种食物的过敏儿童生长发育水平低于那些无食物过敏的健康儿童[19]。而影响食物过敏儿童营养状态的不仅仅是肠道黏膜炎症反应（包括吸收不良和 / 或蛋白丢失性肠病），同时也有皮肤蛋白损失（如特应性皮炎），此外，意大利一项研究还发现患者铁元素缺乏[20]。

迄今为止，对食物过敏还没有确切的疗法。严格回避过敏食物是主要的方式，尤其当膳食中避开了多种食物时，可能由此出现营养缺乏而影响患者生长发育[21-23]。过敏儿童需要充足的能量摄入，否则将导致机体通过氧化分解游离氨基酸来提供能量而削弱体内蛋白质的合成[24]。膳食中回避牛奶对儿童生长发育的影响已被明确报道。相比摄入牛奶的儿童，回避牛奶的儿童摄入更少的能量、脂肪、蛋白质、钙、核黄素和烟酸[25]。相关调查发现，当牛奶蛋白过敏儿童合并哮喘时，其发生营养缺乏的风险明显增加。合并哮喘时使用类固醇激素治疗的 4 岁以上儿童，钙摄入量仅占膳食推荐摄入量的 25%。因此，这些儿童的身高、骨矿物质含量、骨密度和骨龄均比对照人群低[26]。而回避鸡蛋和鱼类的喂养则会增加发生 ω-3 长链多不饱和脂肪酸缺乏的风险[27]。因此，选择食物蛋白过敏全营养配方食品将有助于降低该类儿童出现营养缺乏的风险。

10.3 食物蛋白过敏全营养配方食品的配方特点及依据

食物过敏患者的营养方案应根据人群特点和过敏的严重程度，确定是否需要食物回避，以及如何满足患者的能量与蛋白质、脂肪、碳水化合物和微量营养素的需要量。对于婴幼儿的过敏问题，还需要考虑母乳喂养与人工喂养（婴幼儿配方奶粉）以及辅食添加的合理性等。

10.3.1 能量与蛋白质

食物过敏的儿童存在蛋白 - 能量营养不良的风险，特别是那些对多种食物过敏的儿童。蛋白 - 能量摄入受限程度取决于过敏原的数量。而优质蛋白质主要来源于牛奶、鸡蛋、大豆、鱼类和坚果等过敏原食物。因此，食物回避计划中应注意补充蛋白质替代物来确保必需氨基酸的充足摄入。

当膳食中回避了两种或两种以上的动物蛋白来源，几乎全部依赖植物蛋白来源供给，而植物蛋白的生物利用率比动物蛋白低约 10% ～ 20%。因此，处于生长发育期的幼儿和儿童需要摄入更多的蛋白质才能满足生长发育需要 [28]。他们需要使用低过敏原性的蛋白水解配方或无致敏性的氨基酸配方食品来满足人体蛋白质的需要量。当食物过敏儿童发生中度到重度的特应性皮炎和出现胃肠道症状时，还会增加能量和蛋白质的丢失，为了改善患者的营养状况，此时摄入的能量和蛋白质应高于推荐摄入量。

10.3.2 脂肪

接受食物回避的儿童，脂肪摄入量无论是在质量上还是数量上都可能达不到要求。要注意这不仅会导致能量摄入受限，也可能导致患儿发生必需脂肪酸的缺乏。其游离脂肪酸的特征可能会显示出长链 n-3 多不饱和脂肪酸的消耗状况。因此，建议膳食烹饪油尽量多选择含亚油酸和 α- 亚麻酸丰富的植物油，使用量应根据个人可耐受食物的种类和每日的摄入量进行个性化定制。

10.3.3 碳水化合物

谷类、水果和蔬菜是碳水化合物的良好来源。推荐碳水化合物摄入量占总能量的 40% ～ 60%[29]。注重过敏儿童的碳水化合物摄入不仅是因为营养问题，同时是因为它提供可溶性膳食纤维。尽管烹饪过的与生鲜的水果和蔬菜相比，所提供的水溶性维生素含量会降低，但它们提供的纤维素含量是一样的。

对于小麦过敏的儿童必须避免所有含小麦的食物，即需剔除许多加工制造食品包括面包、意大利面、饼干和蛋糕。对于这类病人能够替代的谷物有燕麦、大麦、荞麦、黑麦、小米和藜麦。但在对一种谷物过敏的病人中，约有 20% 的患者会对其他谷物也过敏[30]。因此，病人必须听从过敏专科医生的建议，根据个人的耐受程度和食物种类来选择使用替代物。

10.3.4 微量营养素

微量营养素包括维生素和矿物质（常量与微量元素）。一般而言，多样化的膳食有助于摄入充足的宏量和微量营养素。表 10-1 显示限制一些过敏原食物会导致降低的维生素和矿物质种类[31]。因此接受食物回避的儿童，例如回避牛奶和乳制品的儿童，这些食物中所含的维生素和矿物质需要通过其他食物来源获得补偿。

表 10-1 常见致敏食物中含量较为丰富的维生素和矿物质

食物	维生素和矿物质
牛奶	维生素 A，维生素 D，核黄素，泛酸，维生素 B_{12}，钙，磷
鸡蛋	核黄素，泛酸，维生素 B_{12}，生物素，硒
大豆	硫胺素，核黄素，吡哆醇，叶酸，钙，磷，镁，铁，锌
谷物	硫胺素，核黄素，烟酸，铁，叶酸
花生	维生素 E，烟酸，镁，锰，铬
鱼类	锌，铁和血红素

当改良膳食结构后也无法满足维生素和矿物质的需求时，应考虑给予营养素补充剂或药品级营养素补充。婴儿在出生 6 个月内应定时评估每日钙摄入量，当配方奶摄入少于 500mL/d 时，需要适量使用钙补充剂; 1 岁后如果过敏没有自愈，在整个食物回避期间也应推荐钙补充剂。元素钙的补充剂量，从婴幼儿期的 500mg/d 增至青少年期的 1000mg/d，注意要低于每个年龄段的最大可耐受剂量，单次最大补充剂量应少于或等于 500mg[32-33]。钙补充剂中应该同时含有维生素 D 有助于钙的吸收和利用[34-35]。过敏婴儿的维生素 D 补充应和健康儿一致，随后在整个食物回避期间也应维持维生素 D 的补充。并建议摄入量应高于每日推荐摄入量，低于可耐受最高摄入量（UL）比较合适[36]。总之，钙和维生素 D 补充剂对于任何年龄段采用牛奶蛋白回避的过敏患儿都很重要，如不使用补充剂，很难达到膳食推荐摄入量。

10.4 食物蛋白过敏全营养配方食品的临床应用效果

10.4.1 母乳喂养

当母乳喂养的婴儿被诊断为牛奶蛋白过敏后，继续母乳喂养，母亲应该严格进行 2 ～ 3 周的牛奶蛋白回避膳食（包括牛奶及其所有的乳制品，如奶酪、黄油、奶油和其他含有牛奶的食物）[37]。部分过敏性结肠炎儿童的母亲需持续回避 4 周。待症状明显改善或消失后，可在母亲膳食中尝试逐渐加入牛奶，如症状未再出现，则可恢复正常膳食；如症状再现，则母亲在哺乳期间均应继续进行膳食回避，并在停止母乳喂养后给予深度水解蛋白配方或氨基酸配方食品替代。因牛奶为钙的主要来源，母亲回避膳食期间应注意补充钙剂。对严重牛奶蛋白过敏的患儿，母亲膳食回避无效时，可考虑直接采用低过敏原性配方奶替代。

如果一个前期母乳喂养的婴儿（对母乳并没有任何不良反应）在接受乳基婴儿配方奶粉喂养后被确诊为牛奶蛋白过敏，那应改为继续使用母乳喂养，而且母亲也不用回避膳食中的牛奶及其制品。

10.4.2 婴幼儿配方奶喂养

婴幼儿配方奶喂养的婴幼儿被诊断为牛奶蛋白过敏时：≤ 2 岁患儿应完全回避含有牛奶蛋白成分的食物及配方食品，并以低过敏原性配方食品替代；＞ 2 岁患儿由于食物来源丰富，可满足生长发育需要，故可进行无奶膳食喂养。

10.4.3 辅食添加

过去十年中曾认为延迟添加辅食的时间能够预防食物过敏的发生，但近期更多的报道显示这并没有保护作用，相反会促进儿童 IgE 介导的食物过敏发生[38-41]。一项在英国和以色列地区进行的婴儿辅食添加情况的问卷调查结果显示，两个国家婴儿添加辅食的年龄相近，添加的种类也相近。断奶期间最大的差异在于花生摄入的时间。相比英国，以色列儿童更早食用花生，并且进食的频率和数量也更大。25% 的以色列儿童在 6 个月时就食用了花生，英国则为 0%；9 个月时约 69% 的以色列儿童食用了花生，英国仅为 10%。结果发现更早食用花生的婴儿组发生 IgE 介导的花生过敏概率是更晚接触花生的婴儿花生过敏概率的 1/10[38]。鉴于相同的人种基因背景，他们之间唯一的差异就是接触花生的时间，提示在生命早期（3 ～ 4 个月至 6 ～ 7 个月间）暴露于食物蛋白可能会帮助获得食物耐受[42]。

10.4.4 食物回避

避免食用已知过敏的食物就是最好的治疗。食物过敏并不一定终生存在，儿童期食物过敏较为常见，这是因为儿童的消化道黏膜屏障机制尚不健全所致。随年龄增长，对某些食物的过敏现象会消失或逐渐降低。对于成人，当避免食用过敏食物数年后，其过敏程度可明显下降或消失。

食物过敏反应的自然病程因人而异、因过敏原而异。根据国外观察报告，50% 以上的对鸡蛋或牛奶过敏的儿童，随着年龄增长，其过敏反应逐渐消失，说明机体能产生耐受性；但是只有 10% 的花生过敏的儿童随着年龄增长会对花生产生耐受性。部分幼儿在成长过程中，会失去对原过敏食物的过敏反应，这种情况在儿童及成人则发生很少。大约有 1/3 的儿童和成人食物过敏者，经过 1 ～ 2 年绝对避免接触食物过敏原，将失去其临床过敏反应症状。食物过敏现象的消失与避免食用过敏食物的时间长短及过敏食物的种类有关，例如对坚果类、花生、鱼及甲壳贝类（如螃蟹）、谷蛋白等食物过敏者则极少出现过敏消失现象，可能需要终生回避这类过敏性食物。

通常情况下，儿童只需避免他们过敏的食物，并对于某些可能是食物交叉反应导致的过敏也应注意回避。例如，对于某些特殊海鲜（如虾、蟹等）过敏的儿童应该回避所有海鲜类，那些对特定坚果过敏的儿童（如核桃仁、杏仁、榛子、腰果、开心果和巴西坚果）应回避所有坚果类，通过食物激发试验已排除的过敏原除外。

虽然食物回避被视为最安全的方法，但事实上在日常膳食中很难做到完全回避食物过敏原。因此，患儿和家属应懂得如何在预包装食品的配料和成分表中识别出过敏原，在食物制作和发放时需注意避免过敏原的交叉污染，并应意识到有些状况如在公共餐厅或朋友家就餐时会增加意外的过敏原暴露风险。

10.4.5　其他配方

无论婴儿是否过敏，其他哺乳动物（如山羊、绵羊、驴、马等）奶的成分（如蛋白质、脂肪、叶酸和矿物质）均不适宜作为婴儿唯一的食物来源。而且 90% 的牛奶蛋白过敏儿童对羊奶有交叉反应 [43]。

理论上，牛奶蛋白过敏的儿童不需要回避乳糖。但在食物加工中，乳糖净化不完全可能会导致含有牛奶蛋白，有时也会引起过敏反应，这让一些人误认为牛奶蛋白过敏的儿童也不宜使用含乳糖的食物 [44]。还需要指出，随年龄增长，乳糖不耐受的发生率也显著增加。

6 个月以后，如果患儿被临床证实耐受大豆，那么可以选用大豆蛋白配方奶粉，每天也可使用大豆类食物作为辅食添加。也有些研究结果提示，6 个月以后的婴儿可选用一些动物蛋白（包括鸡肉或羊肉等）作为蛋白质来源来替换牛奶或大豆配方奶粉，并且婴儿的依从性、耐受程度和生长发育均较好[45-46]。

10.4.6 随访

对于接受食物回避的过敏儿童必须定期随访，应由专科医生及营养师共同监测患儿的生长发育状况；同时教育家长或儿童的其他看护人在购买食品前应先阅读食品标识，避免无意摄入。不仅需要定期评估儿童对这种膳食的依从性，而且随着成长，膳食中相应的营养需求量也会变化，需要进行及时的膳食调整和指导。随访内容和时间间隔应根据儿童的年龄和生长发育曲线来制定[47]。

10.5 目标人群营养管理

由于生命早期的营养不良会影响人体整个生命周期的生存质量，所以降低婴幼儿期的营养不良和生长受限的风险极其重要。

婴幼儿时期发生牛奶蛋白过敏并不少见，治疗牛奶蛋白过敏的最佳方法是回避牛奶蛋白，需要选择特殊膳食来进行牛奶蛋白的回避干预。由于牛奶是钙、磷、维生素 B_2、泛酸、维生素 B_{12}、维生素 D、蛋白质和脂肪的重要来源，回避牛奶的膳食可能会降低这些营养素的摄入量。故通常需给予低过敏原性配方食品来替代牛奶蛋白配方食品，以提供生长发育所需的能量及营养素。相关文献也报道采用无牛奶膳食的儿童被发现钙摄入量不足[48]；无牛奶膳食的儿童和青少年如钙补充不足，骨折的风险会增加[49]。随机对照结果显示，每天补充 500 ～ 1000mg 的钙可以对青春期前期骨密度有正向调节作用[50-52]。

对牛奶蛋白过敏的婴儿，应首选母乳喂养。如无法母乳喂养，应选择深度水解配方婴儿奶粉替代牛奶蛋白配方奶粉回避牛奶蛋白。深度水解配方奶粉中免疫反应性蛋白应低于含氮物质的 1%，确定含有充足并安全的水解蛋白（该水解蛋白原料在动物实验中不应引起口服过敏），同时至少要有 90% 的婴儿在临床实验中对该深度水解配方奶耐受[53]。深度水解配方奶是一种基于牛奶来源的深度水解配方食品，超过 90% 的儿童可以耐受，临床安全有效。有关研究结果显示，给确诊牛奶蛋白过敏的儿童，从 7.5 个月开始用深度水解配方奶或大豆蛋白配方食品喂养，并补充钙和维生素 D，能够保证儿童营养状况和生长发育[54]。

对于使用深度水解配方奶粉仍存在持续过敏症状的儿童，应考虑使用氨基酸配方食品。研究结果显示，多种食物过敏儿童使用氨基酸配方奶粉喂养，其蛋白质摄入量充足[27]。氨基酸配方能够改善儿童症状并提高其营养素的摄入量和利用，机理可能是通过减少机体炎症反应，促进细胞因子正常化，有利于营养素的肠道吸收，从而改善过敏儿的生长发育状况[55]。

10.5.1 实施流程

目前食物蛋白过敏仍缺乏特异性的治疗方法，回避过敏蛋白源是最主要的治疗措施之一。食物蛋白过敏诊断首先需要确定病史，然后再进行食物回避试验和食物激发试验。确诊后，需根据症状和诊断选择合适的特殊医学用途配方食品，同时应在皮肤科、消化科、耳鼻咽喉科及呼吸科专业医师协作下进行对症治疗。没有经过规范的病史采集、检测和分析，盲目剔除婴儿膳食中的蛋白质来源是不恰当的，有时甚至是有害的。

10.5.1.1 营养筛查与评估

食物过敏儿童的营养状况评估必须遵循一系列的诊断步骤：详细的膳食史，生长发育状况评估，营养素摄入量和指标，营养干预和随访。

10.5.1.2 膳食史和营养素摄入量

正确的评估需要收集详细的喂养史，可以用食物频率表和3天膳食记录法来评估能量和营养素的摄入量。通过膳食摄入情况调查可以获得以下信息：

- 婴儿期喂养方式
- 食物剔除的详情和原因
- 使用的特殊配方奶粉和每天的摄入量
- 添加辅食的时间和不同辅食添加的时间表
- 每餐膳食的结构
- 每天用餐次数和分布
- 饮用水和饮料的类型及数量
- 维生素和矿物质补充剂的摄入情况和剂量
- 被允许的食物中喜爱的食物种类
- 被允许的食物中厌恶的食物种类

10.5.1.3 人体测量和评估

人体测量评估是营养评估中最重要的一步，生长发育状况是评估能量和蛋白质摄入量是否充足的一个敏感指标。随访期间应测量体重、身长、头围，2岁以上儿童包括计算体质指数（BMI）。

营养干预要以生长发育指标结合儿童临床病史为基础，以下情况需做营养干预：

- 2 岁以内儿童体重增长落后 1 个月以上
- 2 岁以上儿童体重丢失或无增长 3 个月以上
- 生长曲线中年龄别体重低于两个百分位数
- 青春期中早期，身长增长速率减少 2cm/a
- 三头肌皮褶厚度＜该年龄的第 5 百分位数

超过 95% 大于 2 岁儿童的身高增长率是 >4cm/a，因此，增长率＜ 4cm/a 的儿童应做营养状况评估 [56]；95% 青春期前正常儿童体重增加速率是 >1kg/a，因此，体重增长＜ 1kg/a 也需要进行营养状况评估 [57]。

10.5.2 实验室指标

当根据以上结果认为可能存在营养不良时，应进一步检测一系列实验室生物标志物，包括血常规、电解质、血氮、血肌酐、血脂（总胆固醇，高密度脂蛋白，低密度脂蛋白，甘油三酯）、血浆蛋白检测（白蛋白，前白蛋白，视黄醇结合蛋白），铁代谢指标（血清铁，血清铁蛋白，转铁蛋白）检测，其他营养素（如维生素和微量元素）血清含量检测。一些反应合成的功能性血清蛋白可以作为检测营养状态的指标，其中首选半衰期短的蛋白质，其对蛋白质的合成和分解代谢更敏感。例如，血清前白蛋白（半衰期 2 天）和视黄醇结合蛋白（半衰期仅 12h）是营养不良的早期敏感指标，可以用来检测营养状况恢复效果。对于较大的儿童还可以用仪器检测评估体成分，生物电阻抗法（BIA）或双能 X 射线吸收法（DEXA），被证明是有用的 [58]。

10.5.3 设置营养支持目标

2007 年，FAO、WHO 及联合国大学（UNU）的联合专家委员会出版了对营养不良儿童追赶生长的能量和蛋白质需求指南。根据指南，营养不良儿童的蛋白质 / 能量理想比是 8.9% ～ 11.5%，才能保证维持人体中大约 70% 瘦体重和 30% 体脂肪。

10.5.4 选择合理配方食品（乳粉）

目前临床上应用的主要有四种低敏配方奶粉：氨基酸配方（amino acid-based

formula，AAF）、深度水解配方（extensively hydrolyzed formula，eHF）、部分水解配方（partially hydrolyzed formula，pHF）和豆基（大豆）配方（soy formula，SF）[59-60]。

10.5.4.1 氨基酸配方（AAF）

不含肽段，完全由游离氨基酸按一定配比制成，故不具有免疫原性。对于牛奶蛋白合并多种食物过敏、非 IgE 介导的胃肠道疾病、生长发育障碍、严重牛奶蛋白过敏、不能耐受深度水解蛋白配方者推荐使用氨基酸配方食品。纯母乳喂养婴儿出现全身过敏反应特征、严重胃肠道出血、生长发育迟缓、急性湿疹等症状，应首选氨基酸配方食品。

10.5.4.2 深度水解配方（eHF）

深度水解配方是将牛奶蛋白通过加热、超滤、酶水解等特殊工艺使其形成二肽、三肽和少量游离氨基酸的终产物，显著减少了过敏原独特型抗原表位的空间构象和序列，从而使其抗原性显著降低，故适用于大多数牛奶蛋白过敏的患儿。小于 10% 牛奶蛋白过敏患儿不能耐受深度水解配方，故在最初使用时，应注意有无不良反应。6 个月以下出现过敏、胃肠道症状和特应性皮炎的婴儿首选深度水解配方食品，持续使用 2 周后症状仍没有缓解，需要改用氨基酸配方食品。

10.5.4.3 部分水解配方（pHF）

部分水解配方通常被推荐用于高风险婴幼儿的初级干预，以及用于牛奶蛋白过敏患儿经过一段时间的深度水解配方食品治疗后，症状缓解后的序贯治疗，以期诱导耐受。

10.5.4.4 豆基（大豆）配方（SF）

SF 以大豆为蛋白质原料制成，不含牛奶蛋白，其他基本成分同常规配方。由于大豆与牛奶间存在交叉过敏反应且其营养成分不足，一般不建议选用大豆蛋白配方食品进行治疗，尤其是对于小于 6 月龄的婴儿。经济确有困难且无大豆蛋白过敏的大于 6 月龄患儿可选用大豆蛋白配方食品，但有肠绞痛症状者不推荐使用。

10.5.4.5 其他动物奶

考虑受营养因素及交叉过敏反应的影响，不推荐采用未水解的驴奶、羊奶等进行替代治疗。

牛奶蛋白过敏的诊断及膳食管理流程如图 10-2 所示。

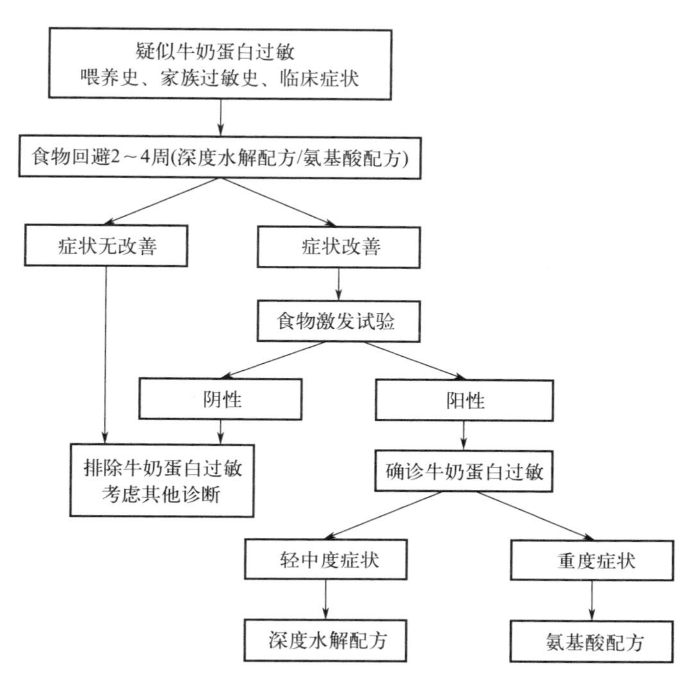

图 10-2　牛奶蛋白过敏诊断及膳食管理流程图

10.6　展望

食物过敏是世界范围内日益严重的公共卫生问题，发病率很高，目前仍然没有确切的疗法。严格回避过敏食物是一种有效的预防方式，但在规避过敏原的同时也存在一定的局限性，会导致患者（特别是儿童）的营养摄入不均衡，影响其正常的生长发育。因此，有必要开发将“全营养配方食品”与“回避食物过敏原”相结合的新治疗策略，这将是食物过敏治疗策略发展的趋势。对于儿童和成年人群，由于每个人的食物过敏原都有差异，通过适当改变患者的膳食结构，选择合适的营养替代物并有针对性地开发全营养食品的配方设计是改善食物过敏的有效方式；对于牛奶蛋白过敏的婴幼儿，母乳喂养作为首选，辅以水解配方奶粉可有效地规避牛奶蛋白，从一定意义上来说，该策略相比于药物和免疫治疗来说都将更安全、更精确、更快速。未来的研究发展应集中在膳食全营养配方食品上，针对不同的人群、过敏原，设计更多具有针对性、有效性的配方食品来应对食物过敏领域更加复杂多变的形式。

（姜毓君，张宇，丁弋芯，苗超）

参考文献

[1] Rona R J, Keil T, Summers C, et al. The prevalence of food allergy: a meta-analysis. J Allergy Clin Immunol, 2007,120(3): 638-646.

[2] Gupta R, Sheikh A, Strachan D P, et al. Time trends in allergic disorders in the UK. Thorax, 2007,62(1): 91-96.

[3] Lin R Y, Cannon A G, Teitel A D. Pattern of hospitalizations for angioedema in New York between 1990 and 2003. Ann Allergy Asthma Immunol, 2005,95(2): 159-66.

[4] Poulos L M, Waters A M, Correll P K, et al. Trends in hospitalizations for anaphylaxis, angioedema, and urticaria in Australia, 1993-1994 to 2004-2005.J Allergy Clin Immunol, 2007,120(4): 878-884.

[5] Branum A M, Lukacs S L. Food allergy among U.S. children: trends in prevalence and hospitalizations. NCHS Data Brief, 2008, 10: 1-8.

[6] Fiocchi A, Brozek J, Schunemann H, et al. World Allergy Organization (WAO) Diagnosis and Rationale for Action against Cow′s Milk Allergy (DRACMA) Guidelines. Pediatr Allergy Immunol, 2010,21 (Suppl 21): s1-s125.

[7] Chen J, Hu Y, Allen K J, et al. The prevalence of food allergy in infants in Chongqing, China. Pediatr Allergy Immunol, 2011,22(4): 356-360.

[8] Sicherer S H, Sampson H A.9. Food allergy. J Allergy Clin Immunol，2006, 117(2 Suppl Mini-Primer): s470-s475.

[9] Host A. Cow′s milk protein allergy and intolerance in infancy. Some clinical, epidemiological and immunological aspects. Pediatr Allergy Immunol, 1994,5(5 Suppl): s1-s36.

[10] Savage J H, Matsui E C, Skripak J M, et al. The natural history of egg allergy. J Allergy Clin Immunol, 2007,120(6): 1413-1417.

[11] Savage J H, Kaeding A J, Matsui E C, et al. The natural history of soy allergy. J Allergy Clin Immunol, 2010,125: 683-686.

[12] Keet C A, Matsui E C, Dhillon G, et al. The natural history of wheat allergy. Ann Allergy Asthma Immunol, 2009,102(5): 410-415.

[13] Cohen A, Goldberg M, Levy B, et al. Sesame food allergy and sensitization in children: the natural history and long-term follow-up. Pediatr Allergy Immunol, 2007,18(3): 217-223.

[14] Skripak J M, Wood R A. Peanut and tree nut allergy in childhood. Pediatr Allergy Immunol, 2008,19(4): 368-373.

[15] Tsabouri S, Triga M, Makris M, et al. Fish and shellfish allergy in children: review of a persistent food allergy. Pediatr Allergy Immunol, 2012,23(7): 608-615.

[16] Giorgio Longo. IgE-mediated food allergy in children. Lancet, 2013, 382: 1656-1664.

[17] Kosti R I, Triga M, Tsabouri S, et al. Food allergen selective thermal processing regimens may change oral tolerance in infancy. Allergol Immunopathol (Madr), 2013, 41(6): 407-417.

[18] Flammarion S, Santos C, Guimber D, et al. Diet and nutritional status of children with food allergies. Pediatr Allergy Immunol, 2011, 22 (2) : 161-165.

[19] Sova C, Feuling M B, Baumler M, et al. Systematic review of nutrient intake and growth in children with multiple IgE-mediated food allergies. Nutr Clin Pract, 2013, 28(6): 669-675.

[20] Dupont C, Chouraqui J P, de Boissieu D, et al. Dietary treatment of cows′ milk protein allergy in childhood: a commentary by the Committee on Nutrition of the French Society of Paediatrics. Br J Nutr, 2012,

107(3): 325-338.
[21] Noimark L, Cox H E. Nutritional problems related to food allergy in childhood. Pediatr Allergy Immunol, 2008, 19(2): 188-195.
[22] Fox A T, Du Toit G, Lang A, et al. Food allergy as a risk factor for nutritional rickets. Pediatr Allergy Immunol, 2004, 15(6): 566-569.
[23] Laitinen K, Isolauri E. Allergic infants: growth and implications while on exclusion diets. Nestle Nutr Workshop Ser Pediatr Program,2007,60: 157-167.
[24] Trumbo P, Schlicker S, Yates A A, et al. Dietary reference intakes for energy, carbohydrate, fiber, fat, fatty acids, cholesterol, protein and amino acids. J Am Diet Assoc, 2002, 102(11): 1621-1630.
[25] Henriksen C, Eggesbo M, Halvorsen R, et al. Nutrient intake among two-year-old children on cows′ milk-restricted diets. Acta Paediatr, 2000, 89(3): 272-278.
[26] Jensen V B, Jorgensen I M, Rasmussen K B, et al. Bone mineral status in children with cow milk allergy. Pediatr Allergy Immunol, 2004, 15(6): 562-565.
[27] Aldamiz-Echevarria L, Bilbao A, Andrade F, et al. Fatty acid deficiency profile in children with food allergy managed with elimination diets. Acta Paediatr, 2008, 97(11): 1572-1576.
[28] Mangels A R, Messina V. Considerations in planning vegan diets: infants. J Am Diet Assoc, 2001, 101(6): 670-677.
[29] EFSA Panel on Dietetic Products N, and Allergies (NDA). Scientific opinion on dietary reference values for carbohydrates and dietary fibre. EFSA J, 2010, 8(3): 1462.
[30] Sicherer S H. Clinical implications of cross-reactive food allergens. J Allergy Clin Immunol, 2001, 108(6): 881-190.
[31] Giovannini M, D′Auria E, Caffarelli C, et al. Nutritional management and follow up of infants and children with food allergy: Italian Society of Pediatric Nutrition/Italian Society of Pediatric Allergy and Immunology Task Force Position Statement. Ital J Pediatr, 2014, 40: 1. doi: 10.1186/1824-7288-40-1.
[32] Ross A C, Manson J E, Abrams S A, et al. The 2011 report on dietary reference intakes for calcium and vitamin D from the Institute of Medicine: what clinicians need to know. J Clin Endocrinol Metab, 2011, 96(1): 53-58.
[33] Harvey J A, Zobitz M M, Pak C Y. Dose dependency of calcium absorption: a comparison of calcium carbonate and calcium citrate. J Bone Miner Res, 1988, 3(3): 253-258.
[34] Heaney R P, Dowell M S, Barger-Lux M J. Absorption of calcium as the carbonate and citrate salts, with some observations on method. Osteoporos Int, 1999, 9(1): 19-23.
[35] Straub D A. Calcium supplementation in clinical practice: a review of forms, doses, and indications. Nutr Clin Pract, 2007, 22(3): 286-296.
[36] Braegger C, Campoy C, Colomb V, et al. Vitamin D in the healthy European paediatric population. J Pediatr Gastroenterol Nutr, 2013, 56(6): 692-701.
[37] Vandenplas Y, Koletzko S, Isolauri E, et al. Guidelines for the diagnosis and management of cow′s milk protein allergy in infants. Arch Dis Child, 2007, 92(10): 902-908.
[38] Du Toit G, Katz Y, Sasieni P, et al. Early consumption of peanuts in infancy is associated with a low prevalence of peanut allergy. J Allergy Clin Immunol, 2008, 122(5): 984-991.
[39] Poole J A, Barriga K, Leung D Y, et al. Timing of initial exposure to cereal grains and the risk of wheat allergy. Pediatrics, 2006, 117(6): 2175-2182.
[40] Zutavern A, Brockow I, Schaaf B, et al. Timing of solid food introduction in relation to eczema, asthma,

allergic rhinitis, and food and inhalant sensitization at the age of 6 years: results from the prospective birth cohort study LISA. Pediatrics, 2008, 121(1): 44-52.

[41] Nwaru B I, Erkkola M, Ahonen S, et al. Age at the introduction of solid foods during the first year and allergic sensitization at age 5 years. Pediatrics, 2010, 125(1): 50-59.

[42] Prescott S L, Smith P, Tang M, et al. The importance of early complementary feeding in the development of oral tolerance: concerns and controversies. Pediatric Allergy Immunol, 2008, 19(5): 375-380.

[43] Nowak-Wegrzyn A, Bloom K A, Sicherer S H, et al. Tolerance to extensively heated milk in children with cow's milk allergy. J Allergy Clin Immunol, 2008, 122(2): 342-347, 7e1-2.

[44] Niggemann B, von Berg A, Bollrath C, et al. Safety and efficacy of a new extensively hydrolyzed formula for infants with cow's milk protein allergy. Pediatric Allergy Immunol, 2008, 19(4): 348-354.

[45] Jirapinyo P, Densupsoontorn N, Wongarn R, et al. Comparisons of a chicken-based formula with soy-based formula in infants with cow milk allergy. Asia Pac J Clin Nutr, 2007, 16(4): 711-715.

[46] Weisselberg B, Dayal Y, Thompson J F, et al. A lamb-meat-based formula for infants allergic to casein hydrolysate formulas. Clin Pediatr (Phila),1996, 35(10): 491-495.

[47] Floch M H, Walker W A, Guandalini S, et al. Recommendations for probiotic use--2008. J Clin Gastroenterol, 2008, 42 (Suppl 2): s104-s108.

[48] Caffarelli C, Coscia A, Baldi F, et al. Characterization of irritable bowel syndrome and constipation in children with allergic diseases. Eur J Pediatr, 2007, 166(12): 1245-1252.

[49] Konstantynowicz J, Nguyen T V, Kaczmarski M, et al. Fractures during growth: potential role of a milk-free diet. Osteoporos Int, 2007, 18(12): 1601-1607.

[50] Bonjour J P, Chevalley T, Ammann P, et al. Gain in bone mineral mass in prepubertal girls 3.5 years after discontinuation of calcium supplementation: a follow-up study. Lancet, 2001, 358(9289): 1208-1212.

[51] Johnston C C Jr, Miller J Z, Slemenda C W, et al. Calcium supplementation and increases in bone mineral density in children. N Engl J Med, 1992, 327(2): 82-87.

[52] Lloyd T, Andon M B, Rollings N, et al. Calcium supplementation and bone mineral density in adolescent girls. JAMA, 1993, 270(7): 841-844.

[53] Monti G, Libanore V, Marinaro L, et al. Multiple bone fractures in an 8-year-old child with cow's milk allergy and inappropriate calcium supplementation. Ann Nutr Metab, 2007, 51(3): 228-231.

[54] Seppo L, Korpela R, Lonnerdal B, et al. A follow-up study of nutrient intake, nutritional status, and growth in infants with cow milk allergy fed either a soy formula or an extensively hydrolyzed whey formula. Am J Clin Nutr, 2005, 82(1): 140-145.

[55] Niggemann B, Binder C, Dupont C, et al. Prospective, controlled, multi-center study on the effect of an amino-acid-based formula in infants with cow's milk allergy/intolerance and atopic dermatitis. Pediatr Allergy Immunol, 2001, 12(2): 78-82.

[56] Tanner J M, Davies P S. Clinical longitudinal standards for height and height velocity for North American children. J Pediatr, 1985, 107(3): 317-329.

[57] Tanner J M, Whitehouse R H. Clinical longitudinal standards for height, weight, height velocity, weight velocity, and stages of puberty. Arch Dis Child, 1976, 51(3): 170-179.

[58] Snijder M B, Visser M, Dekker J M, et al. The prediction of visceral fat by dual-energy X-ray absorptiometry in the elderly: a comparison with computed tomography and anthropometry. Int J Obes Relat Metab Disord, 2002, 26(7): 984-993.

[59] Turnbull J L, Adams H N, Gorard D A. Review article: the diagnosis and management of food allergy and food intolerances. Aliment Pharmacol Ther, 2015, 41(1): 3-25.
[60] 中华医学会儿科学分会免疫学组，中华医学会儿科学分会儿童保健学组，中华医学会儿科学分会消化学组．中国婴幼儿牛奶蛋白过敏诊治循证建议．中华儿科杂志，2013, 51(3): 183-186.

特殊医学状况婴幼儿配方食品

Formulas for Special Medical Purposes Intended for Infants and Young Children

第 11 章

复配营养强化剂在特殊医学用途婴儿配方食品中的应用

国家统计局 2022 年 1 月 17 日发布的中国经济数据显示，2021 年全年中国出生人口为 1062 万。按患病率测算估计，至少有 100 万左右的有特殊医学状况或特殊营养需求的婴儿，需要使用特殊医学用途婴儿配方食品。这些特殊医学状况包括进食受限、消化吸收障碍、代谢紊乱或者受特定疾病状态影响，不能通过正常的饮食满足营养需求等；有特殊营养需求的婴儿包括低出生体重和早产儿、乳糖不耐受（如喝奶粉后胀气、拉肚子）儿、乳蛋白过敏（湿疹）儿等[1]。随着我国全面放开三孩，在提升人口出生率的同时，由于高龄孕妇的增加，不良妊娠结局（尤其是早产/低出生体重和乳蛋白过敏）的风险也有可能提升，届时会增加对特殊医学用途婴幼儿配方食品的需求。

根据国际上婴幼儿乳蛋白过敏流行病学分析推测，我国婴幼儿中乳蛋白过敏的实际人数比表 11-1 中估计值要高得多[2, 3]。我国目前还没有婴幼儿乳糖不耐受发生率的调查数据，根据 Harvey 等[4] 基于 1995 ～ 2015 年的系统文献分析，1 ～ 5 岁儿童原发性和继发性乳糖不耐受的发生率分别为 0 ～ 17.9% 和 0 ～ 19%；在儿科胃肠道疾病的患儿中观察到，乳糖吸收不良的发生率更高（37.08%），说明乳糖吸收不良是胃肠道疾病儿童的常见问题[5]，提示乳糖不耐受配方食品有较大的市场需求，而且近些年来，婴幼儿乳蛋白过敏发生率呈现上升趋势。除苯丙酮尿症之外，每年还有 2000 ～ 3000 例其他氨基酸代谢障碍患儿需要特殊医学用途婴儿配方食品[1]。

表 11-1　特殊医学用途婴儿配方食品需求估计

特殊医学状况婴儿	估计患病率	估计年患病人数 /（人 / 年）①
早产 / 低出生体重	7%	84 万
牛奶蛋白过敏	2.69%	32 万
苯丙酮尿症	1/11800	1017

① 以 2020 年新生儿 1200 万为基数。

注：改编自中国营养保健食品协会 . 中国特殊食品产业发展蓝皮书，2021[1]。

11.1　特殊医学用途婴儿配方食品的分类

根据 GB 25596—2010《食品安全国家标准　特殊医学用途婴儿配方食品通则》，目前我国允许注册的特殊医学用途婴幼儿配方食品有六种，该标准中分别规定了每种配方食品适用的特殊医学状况和技术要求，如表 11-2 所示[6]。

表 11-2　常见特殊医学用途婴幼儿配方食品的适用婴幼儿及主要技术和营养要求[2]

产品类别	适用的特殊婴幼儿类别	配方中主要的技术及营养要求
无乳糖配方或低乳糖配方	乳糖不耐受婴儿	配方中以其他碳水化合物完全或部分代替乳糖； 配方中蛋白质由乳蛋白提供； 配方满足 GB 25596—2010 要求。满足维生素 13 种、矿物质 12 种含量的最低要求
乳蛋白部分水解配方	乳蛋白过敏高风险婴儿	乳蛋白经加工分解成小分子乳蛋白、肽段和氨基酸； 配方中可用其他碳水化合物完全或部分代替乳糖； 配方满足 GB 25596—2010 要求。满足维生素 13 种、矿物质 12 种含量的最低要求

续表

产品类别	适用的特殊婴幼儿类别	配方中主要的技术及营养要求
乳蛋白深度水解配方或氨基酸配方	食物蛋白过敏婴儿	配方中不含食物蛋白； 所使用的氨基酸来源符合 GB 14880 标准规定或 GB 25596—2010 中附录 B 的规定； 可适当调整某些矿物质和维生素的含量
早产 / 低出生体重婴儿配方	早产 / 低出生体重儿	能量、蛋白质及某些维生素和矿物质的含量应高于标准的规定； 早产 / 低出生体重婴儿配方应采用容易消化吸收的中链脂肪酸作为脂肪的部分来源，但中链脂肪酸不应超过总脂肪的 40%
母乳营养补充剂	早产 / 低出生体重儿	可选择性添加必需成分和可选择性成分，其含量要依据早产 / 低出生体重儿的营养需求及公认的母乳数据进行适当调整，与母乳配合使用可满足早产 / 低出生体重儿的生长发育需求
氨基酸代谢障碍配方	氨基酸代谢障碍婴儿	不含或仅含有少量与代谢障碍有关的氨基酸，其他的氨基酸组成和含量可根据氨基酸代谢障碍做适当调整； 所使用的氨基酸来源应符合 GB 14880 或 GB 25596—2010 中附录 B 的规定； 可适当调整某些矿物质和维生素的含量

11.1.1 无乳糖 / 低乳糖配方食品

乳糖不耐受可分为原发性乳糖不耐受和继发性乳糖不耐受。原发性乳糖不耐受与遗传缺陷有关（先天性乳糖酶缺乏）；继发性乳糖不耐受是由于后天原因导致的乳糖酶分泌不足或活性不够所引起的乳糖不耐受。在乳糖不耐受的人群中，主要以继发性为主，即食用常规牛奶配方乳粉或饮用大量牛奶约 30min 后，出现腹胀、腹痛和腹泻等不舒服的症状。

11.1.2 乳蛋白部分水解和深度水解配方食品

乳蛋白部分水解配方，主要针对乳蛋白过敏高风险的婴儿，通过采用酶将大分子乳蛋白水解，以降低婴儿食用后发生过敏的风险。根据水解的程度可分为部分水解配方食品和深度水解配方食品。部分水解配方适用目标人群为有家族性过敏风险的婴儿；而深度水解配方主要针对乳蛋白过敏或有家族性遗传性乳蛋白过敏的婴儿。

11.1.3 氨基酸配方食品

氨基酸配方食品主要针对那些明确对乳蛋白过敏的婴儿，该类产品中完全不含有乳蛋白，食用者所需的蛋白质完全来自于食用氨基酸的合成，但其蛋白质的生物利用率相对略低于乳蛋白配方食品。

11.1.4 早产 / 低出生体重婴儿配方食品

该类配方食品适用于胎龄不满 37 周或出生体重低于 2500g 的婴儿。配方中的能量密度和大多数营养素含量高于正常婴儿食用的配方食品，该类配方食品也有的被设计为适合医院内使用的配方食品和医院外配方食品。

11.1.5 母乳营养补充剂

对于母乳喂养的早产 / 低出生体重儿（low body weight，LBW），应补充能量密度大和营养素含量高的母乳营养补充剂（有时也称为母乳强化剂），以满足婴儿追赶生长的需求。待喂养儿的体重发育至正常婴儿时，可换成普通婴儿配方食品。

11.1.6 氨基酸代谢障碍配方食品

对于那些患有先天性氨基酸代谢障碍的婴儿，不能代谢母乳或食物中的某些或某种成分，例如苯丙酮尿症患儿，难以代谢母乳和正常婴儿配方食品中存在的苯丙氨酸，其日常膳食中应回避。因此，根据氨基酸代谢障碍的类型，氨基酸代谢障碍配方食品中已去除相应的成分，可满足喂养儿的其他营养需求。

11.2 复配营养强化剂用于特殊医学用途婴儿配方食品生产的必要性

根据 GB 25596—2010《食品安全国家标准　特殊医学用途婴儿配方食品通则》的技术要求（表 11-2），特殊医学用途婴幼儿配方食品生产过程中通常需要添加数种或数十种复配营养强化剂（维生素、矿物质、多种单体氨基酸以及某些人体可能需要的成分或生物活性成分）。然而如何将这些微量成分与一种或多种宏量成分（如提供蛋白质的乳粉、提供脂肪的植物油和提供碳水化合物的糖类等）进行充分混合，加工生产成能满足特定人群需要的配方食品，则是影响特殊医学用途婴幼儿配方食品加工过程和货架期稳定性以及产品质量的重要因素。因此，在特殊医学用途婴幼儿配方食品中，专业化生产的复配营养强化剂已经得到广泛应用。

通过分析 GB 25596—2010 中的技术要求，得知特殊医学用途婴儿配方食品的生产过程中需要添加的 13 种维生素和 12 种矿物质的量仅占配方总量的 5% 左右。虽然仅有 25 种营养素，但是对于相关的生产企业来说，它们在产品的均匀度和物料相容性方面需要解决诸多问题。

11.2.1 优选需要添加的化合物

首先面临的问题是要从超过百种的化合物中通过一系列测试比较，选择出 25 种甚至更多的可以添加到终端产品的化合物，即使是某种单一元素或维生素，通常存在几种或十几种不同化学形式，需要考虑该种成分的生物利用率和与其他成分之间可能存在的相互作用等因素。

11.2.2 遴选供应商

确定需要添加的微量营养成分后，需要从众多的供应商中遴选或备选多家，除了需要获得原料测试样本，还要对每个单体营养素供应商进行资质审查以及进行原料含量验证。

11.2.3 进货和储备一定量的原料

确定原料供应商后，需要分别购买和储存一定量的单体营养素，其中有些光敏、易氧化营养素的储存条件比较苛刻；有些添加量很少的原料，即使是最小包装也够企业使用数年，保质期内难以使用完。

11.2.4 预混和逐级放大

对于添加量很少的成分，除了需要精确称量，这些成分还需要预先采用逐级放大方式，用其他大料进行稀释混匀。

11.2.5 研发产品均匀度和物料相容性

完成以上操作后，还需要通过多次反复的小试、中试的产品研发和验证过程，评价产品的均匀度和物料相容性。特殊医学用途婴幼儿配方食品中所含主成分的比例如图 11-1 所示。

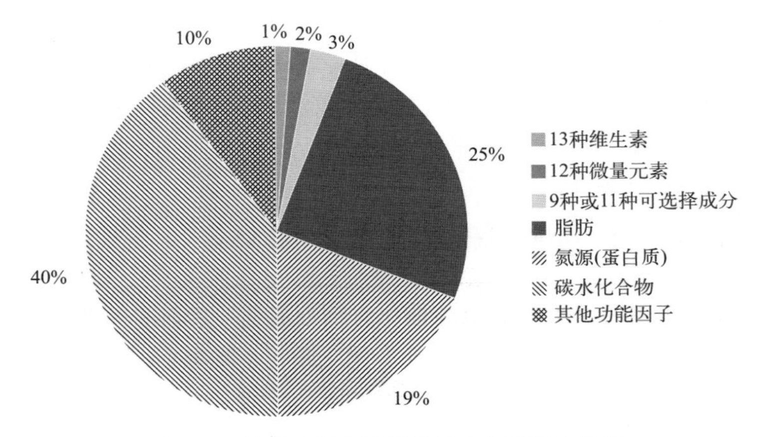

图 11-1 特殊医学用途婴儿配方食品配方示例

上述的工作不仅增加企业的生产成本，而且繁杂的预混操作也会存在一定的安全隐患。因此，作为特殊医学用途婴儿配方食品生产企业来说，为了提高产品质量的稳定性和降低风险，选择专业化生产的复配营养强化剂是非常必要的。

11.2.6 需满足的基本条件

特殊医学用途婴儿配方食品实际上是婴儿的“口粮”，除母乳补充剂和氨基酸代谢障碍配方食品外能满足 6 月龄内婴儿的能量和营养素需求。因此该类产品的食用必须满足以下条件。

11.2.6.1 食用安全性

在特殊医学用途婴幼儿配方食品中，必须添加的维生素和矿物质都有最高添加限量。例如，维生素 A、维生素 D 及硒和碘等微量营养素，如果添加过量或混合不均匀易造成局部浓度过高从而增加摄入过量发生中毒的风险。

11.2.6.2 营养充足性

在特殊医学用途婴幼儿配方食品中，必须添加的维生素和矿物质是人体必需微量营养素，国家食品安全标准对产品也都有最低限量规定。因为这些微量营养素参与了机体重要的生理活动和代谢过程，而且人体内不能合成，必须通过日常食物摄入。在特定的时间段，特殊医学用途婴幼儿配方食品可满足婴儿的全部营养需求。所以当婴儿摄入某一种或某几种微量营养素的量长期低于最低量时，就容易发生缺乏，导致某一种或某些重要的生理功能障碍，例如2003年发生的“大头娃娃”事件，就是由于他们食用的婴儿配方奶粉中蛋白质和多种微量营养素严重缺乏甚至没有被添加所致。为避免食用过多或不足，特殊医学用途婴幼儿配方食品中添加的大多数营养素的量都是在mg/kg的级别，还有些更低是μg/kg级别，如何准确称取这些微量成分并将其与其他微量成分混合均匀，并把它们添加到产品中，是生产企业面临的普遍问题。

11.2.6.3 配方科学性

GB 25596—2010的附录A中还给出了六种常见特殊医学用途婴幼儿配方食品的主要技术要求。这六种常见特殊医学用途婴幼儿配方食品针对不同的特殊医学状况，配方中的矿物质和维生素含量都有不同程度的调整要求，这些调整要求既增加了配方的科学性，也增加了配方的复杂性。

11.2.6.4 用料合规性

特殊医学用途婴幼儿配方食品中所添加的复配营养强化剂的合规性非常重要。专业化生产复配营养强化剂的生产企业提供的复配产品具有如下优点：

① 根据特殊医学用途婴幼儿配方食品生产企业的需求进行全流程的复配研究开发，每一个单体营养素都可做到可追溯。

② 复配营养强化剂中使用的每一种原料及其辅料及其添加量都必须符合国家相关标准，例如GB 25596—2010《食品安全国家标准　特殊医学用途婴儿配方食品通则》[6]、GB 14880—2012《食品安全国家标准　食品营养强化剂使用标准》[7]、GB 2760—2014《食品安全国家标准　食品添加剂使用标准》[8]以及GB 26687—2011《食品安全国家标准　复配食品添加剂通则》[9]。

③ 每一种复配营养强化剂的配方，在完成相关研究开发后，都要经过国家有关部门审核并批准后才能生产，从而保证用料的合规性。

④ 每一批复配营养强化剂都需要进行全营养素含量检测，合格后方可出厂，保证了特殊医学用途配方食品生产中营养素添加量的精确性。

⑤ 每一个独立包装的复配营养强化剂都有其专有识别码，可保证复配营养强化剂产品的可追溯性。

11.2.6.5 储藏期间的稳定性

复配营养强化剂在生产过程中就已经充分考虑到某些微量营养素的光敏、热敏、易氧化等物理化学特性以及一些维生素类营养素（如维生素A、维生素D、维生素C、维生素E等）与某些矿物质（如铁离子）混合时会发生化学反应，从而导致终端产品和货架期营养素衰减或颜色变化的问题[6]，针对性地采取了各种预防性技术措施，保证了复配营养强化剂中各种营养素在特殊医学用途婴儿配方食品中的稳定性。

11.3 展望

复配营养强化剂的生产也是现代产业分工细化、专业化的发展趋势，可有效保证产品的均匀度、物料的相容性以及货架期的稳定性。使用专业化生产的复配营养强化剂，也可以为终产品生产企业提供较为完整的解决方案，使特殊医学用途婴儿配方食品的产品质量稳定和安全得到有效保障。

作为复配营养强化剂的生产企业，还应加强复配配方科学性的研究，包括微量营养素之间的相互作用、相互影响（如铁与维生素 C）以及某些不稳定或易氧化营养素的微胶囊化处理和与物料相容性的研究等。

（董昊昱，郑路娜，王剑飞，宋军）

参考文献

[1] 中国营养保健食品协会. 中国特殊食品产业发展蓝皮书. 北京：中国健康传媒集团，中国医药科技出版社，2021.

[2] Flom J D, Sicherer S H. Epidemiology of Cow's Milk Allergy. Nutrients, 2019, 11(5): 1051. doi: 10.3390/nu11051051.

[3] Venter C, Arshad S H. Epidemiology of food allergy. Pediatr Clin North Am, 2011, 58(2): 327-349.

[4] Harvey L, Ludwig T, Hou A Q, et al. Prevalence, cause and diagnosis of lactose intolerance in children aged 1-5 years: a systematic review of 1995-2015 literature. Asia Pac J Clin Nutr, 2018, 27(1): 29-46.

[5] Pawlowska K, Umlawska W, Iwanczak B. Prevalence of Lactose Malabsorption and Lactose Intolerance in Pediatric Patients with Selected Gastrointestinal Diseases. Adv Clin Exp Med, 2015, 24(5): 863-871.

[6] 中华人民共和国卫生部. 食品安全国家标准　特殊医学用途婴儿配方食品通则：GB 25596—2010. [2010-12-21].

[7] 中华人民共和国卫生部. 食品安全国家标准　食品营养强化剂使用标准：GB 14880—2012. [2012-03-15].

[8] 中华人民共和国国家卫生和计划生育委员会. 食品安全国家标准　食品添加剂使用标准：GB 2760—2014. [2014-12-24].

[9] 中华人民共和国卫生部. 食品安全国家标准　复配食品添加剂通则：GB 26687—2011. [2011-07-05].

第12章

复配营养强化剂相关法规标准

2015 年 4 月 24 日修订通过的《中华人民共和国食品安全法》(以下简称《食品安全法》) 将特殊医学用途婴儿配方食品规定为“特殊食品”，其中第七十四条规定:“国家对保健食品、特殊医学用途配方食品和婴幼儿配方食品等特殊食品实行严格监督管理”；第八十条规定:“特殊医学用途配方食品应当经国务院食品安全监督管理部门注册。注册时，应当提交产品配方、生产工艺、标签、说明书以及表明产品安全性、营养充足性和特殊医学用途临床效果的材料”[1]。基于该法规，相关注册管理、市场监管、广告宣传等部门陆续出台了相关管理办法和规定。

12.1 我国特殊医学用途婴儿配方食品法规和标准

12.1.1 产品管理相关法规和标准

在2015年新修订的《食品安全法》[1]，我国首次将特殊医学用途婴儿配方食品纳入特殊食品范围，明确实行注册制的准入管理制度。因此我国市场上的特殊医学用途婴儿配方食品（包括进口产品），除了必须按相应国家标准进行产品研发外，还必须完成上市前的注册审批。特殊医学用途婴儿配方食品法规和标准不仅是特医食品生产企业必须遵守的法规和标准，也是应用于特殊医学用途婴儿配方食品中的复配营养强化剂应该遵循的法规。表12-1中列出了我国特殊医学用途婴儿配方食品管理相关法规，表12-2所列是我国特殊医学用途婴儿配方食品涉及的主要标准。

表12-1 我国特殊医学用途婴儿配方食品管理相关法规

序号	名称	类别	实施时间	发布部门	主要内容
1	《中华人民共和国食品安全法》	法规	2015.10.01	全国人民代表大会常务委员会	明确了特殊食品的管理要求，特殊医学用途婴儿配方食品应当经国务院食品安全监督管理部门注册，注册时应当提交产品配方、生产工艺、标签、说明书以及表明产品安全性、营养充足性和特殊医学用途临床效果的材料
2	《中华人民共和国食品安全法实施条例》	法规	2019.12.01	国务院	规定了特殊医学用途婴儿配方食品的检验要求，以及特定全营养配方食品的经营、发布广告要求
3	《特殊医学用途配方食品注册管理办法》	法规	2016.07.01	国家食品药品监督管理总局	规范在中华人民共和国境内生产销售和进口的特殊医学用途婴儿配方食品的注册行为
4	《特殊医学用途配方食品注册申请材料项目与要求（试行）（2017修订版）》	法规	2017.09.05	国家食品药品监督管理总局	规定了特殊医学用途婴儿配方食品注册申请材料应符合的要求
5	《特殊医学用途配方食品稳定性研究要求（试行）（2017修订版）》	法规	2017.09.05	国家食品药品监督管理总局	指导在中华人民共和国境内申请注册的特殊医学用途婴儿配方食品稳定性研究工作

续表

序号	名称	类别	实施时间	发布部门	主要内容
6	《特殊医学用途配方食品注册生产企业现场核查要点及判断原则（试行）》	法规	2016.07.13	国家食品药品监督管理总局	规定了特殊医学用途婴儿配方食品注册生产企业现场核查时的要点及判断原则
7	《特殊医学用途配方食品标签、说明书样稿要求（试行）》	法规	2016.07.14	国家食品药品监督管理总局	规定了特殊医学用途婴儿配方食品标签、说明书样稿应符合的要求
8	《特殊医学用途配方食品临床试验质量管理规范（试行）》	法规	2016.10.13	国家食品药品监督管理总局	对特殊医学用途婴儿配方食品临床试验研究全过程进行规定
9	《市场监管总局办公厅关于特殊医学用途配方食品变更注册后产品配方和标签更替问题的复函》	文函	2020.03.16	国家市场监督管理总局	明确了特殊医学用途婴儿配方食品变更注册后产品配方和标签更替的相关要求
10	《特定全营养配方食品临床试验技术指导原则　糖尿病》《特定全营养配方食品临床试验技术指导原则　肾病》《特定全营养配方食品临床试验技术指导原则　肿瘤》	指导性文件	2019.10.11	国家市场监督管理总局	明确了糖尿病、肾病、肿瘤特定全营养配方食品临床试验相关要求
11	《特殊医学用途配方食品生产许可审查细则》	法规	2019.02.01	国家市场监督管理总局	明确了特殊医学用途婴儿配方食品生产许可审查相关要求
12	《药品、医疗器械、保健食品、特殊医学用途配方食品广告审查管理暂行办法》	法规	2020.03.01	国家市场监督管理总局	规定了特殊医学用途婴儿配方食品广告审查相关要求

表 12-2　我国特殊医学用途婴幼儿配方食品主要标准

序号	名称	类别	实施时间	发布部门	主要内容
1	GB 29922—2013《食品安全国家标准　特殊医学用途配方食品通则》	标准	2014.07.01	国家卫生和计划生育委员会	规定了适用于一岁以上人群的特殊医学用途婴幼儿配方食品的技术要求，包括全营养配方食品、特定全营养配方食品和非全营养配方食品
2	GB 29923—2013《食品安全国家标准　特殊医学用途配方食品良好生产规范》	标准	2015.01.01	国家卫生和计划生育委员会	规定了特殊医学用途婴幼儿配方食品良好生产相关要求
3	GB 25596—2010《食品安全国家标准　特殊医学用途婴儿配方食品通则》	标准	2012.01.01	卫生部	规定了适用于 1 岁以下人群的特殊医学用途婴幼儿配方食品的技术要求

续表

序号	名称	类别	实施时间	发布部门	主要内容
4	GB 14880—2012《食品安全国家标准　食品营养强化剂使用标准》	标准	2013.01.01	卫生部	规定了食品营养强化的主要目的、使用营养强化剂的要求、可强化食品类别的选择要求以及营养强化剂的使用规定
5	GB 2760—2014《食品安全国家标准　食品添加剂使用标准》	标准	2015.05.24	国家卫生和计划生育委员会	规定了食品添加剂的使用原则，允许使用的食品添加剂品种、使用范围及最大使用量或残留量
6	GB 2761—2017《食品安全国家标准　食品中真菌毒素限量》	标准	2017.09.17	国家卫生和计划生育委员会	规定了食品中黄曲霉毒素 B_1、黄曲霉毒素 M_1、脱氧雪腐镰刀菌烯醇、展青霉素、赭曲霉毒素 A、玉米赤霉烯酮的限量指标
7	GB 2762—2022《食品安全国家标准　食品中污染物限量》	标准	2023.06.30	国家市场监督管理总局	规定了食品中铅、镉、汞、砷、锡、镍、铬、亚硝酸盐等污染物的限量指标
8	GB 7718—2011《食品安全国家标准　预包装食品标签通则》	标准	2012.04.20	卫生部	规定了预包装食品标签标识应符合的要求
9	GB 13432—2013《食品安全国家标准　预包装特殊膳食用食品标签》	标准	2015.07.01	国家卫生和计划生育委员会	规定了预包装特殊膳食用食品标签标识应符合的要求

12.1.2 中国复配营养强化剂的主要法规和标准

目前我国用于特殊医学用途婴儿配方食品中复配营养强化剂的生产技术要求执行 2011 年卫生部发布的《食品安全国家标准　复配食品添加剂通则》（GB 26687—2011），以及标签标识执行《食品安全国家标准　食品添加剂标识通则》（GB 29924—2013）的规定，还有如表 12-3 所列的后续国家市场监督管理总局发布的相关管理办法等。

表 12-3　我国复配营养强化剂主要法规标准

序号	名称	类别	实施时间	发布部门	主要内容
1	《食品生产许可管理办法》（2020 版）	法规	2020.01.02	国家市场监督管理总局	规定了复配营养强化剂生产许可审查相关要求
2	《食品生产许可审查通则（2022 版）》（2022 年第 33 号公告）	法规	2022.11.01	国家市场监督管理总局	明确了复配营养强化剂生产许可审查相关要求

续表

序号	名称	类别	实施时间	发布部门	主要内容
3	《中国药典》（2020 年版）	标准	2022.04	国家药典委员会	根据卫生部 2010 年第 18 号公告指定维生素 K_1 标准适用《中华人民共和国药典》（2010 年版）相应品种维生素 K_1
4	GB 29924—2013《食品安全国家标准　食品添加剂标识通则》	标准	2015.06.01	国家卫生和计划生育委员会	本标准规定了复配营养强化剂的标识要求
5	GB 26687—2011《食品安全国家标准　复配食品添加剂通则》	标准	2011.09.05	卫生部	规定了复配食品添加剂的技术要求

自 2011 年 7 月 5 日中华人民共和国卫生部发布《食品安全国家标准　复配食品添加剂通则》（GB 26687—2011）[2] 后，国家对复配食品添加剂进行了规范管理，指导规范添加和控制违规添加，促使该行业得到健康发展。由于复配食品添加剂给客户提供了产品的整体解决方案、满足了客户多种应用需求，进而可持续为客户创造独特价值，因此其市场前景越来越广阔。目前的复配食品添加剂主要包括复配营养强化剂、复配防腐保鲜剂、复配抗氧化剂、复配香料、复配增稠剂、复配凝胶剂、复配乳化剂、复配甜味剂、复配酸味剂、复配膨松剂、复配凝固剂、复配品质改良剂、复配护色剂及复配消泡剂等。复配营养强化剂是复配食品添加剂中最重要的一个分支。

复配营养强化剂的标签标识除了需要符合《食品安全国家标准　预包装食品标签通则》（GB 7718—2011）[4] 的要求外，还应符合《食品安全国家标准　食品添加剂标识通则》（GB 29924—2013）[3] 的要求，这两个标签标准规范了复配营养素强化剂预混料产品的标签标识。

12.2　解析特殊医学用途婴儿配方食品中复配营养强化剂原料标准

可用于生产特殊医学状况婴儿配方食品的营养强化剂的种类很多，即使是一种营养素也有多种化学形式，因此应根据产品中的物料特性进行选择。目前我国可用于特殊医学用途婴儿配方食品的营养强化剂原料如表 12-4 所示。

表 12-4　我国可用于特殊医学用途婴儿配方食品的营养强化剂原料

类别	营养素		来源	原料标准	依据
特殊医学用途婴儿配方食品	必选维生素	维生素 A	醋酸视黄酯（醋酸维生素 A）	GB 1903.31—2018	GB 25596、GB 14880
			棕榈酸视黄酯（棕榈酸维生素 A）	GB 29943—2013	
			β- 胡萝卜素	GB 1886.366—2023	
			全反式视黄醇	/	
		维生素 D	麦角钙化醇（维生素 D_2）	GB 14755—2010	
			胆钙化醇（维生素 D_3）	GB 1903.50—2020	
		维生素 E	*d*-α- 生育酚	GB 1886.233—2016	
			dl-α- 生育酚		
			d-α- 醋酸生育酚		
			dl-α- 醋酸生育酚		
			混合生育酚浓缩物		
			d-α- 琥珀酸生育酚		
			dl-α- 琥珀酸生育酚		
		维生素 K	植物甲萘醌	卫生部 2010 年第 18 号公告 维生素 K_1	
		维生素 B_1	盐酸硫胺素	GB 14751—2010	
			硝酸硫胺素	GB 1903.20—2016	
		维生素 B_2	维生素 B_2（核黄素）	GB 14752—2010	
			核黄素 -5′- 磷酸钠	GB 28301—2012	
		维生素 B_6	盐酸吡哆醇	GB 14753—2010	
			磷酸吡哆醛	/	
		维生素 B_{12}	氰钴胺	GB 1903.43—2020	
			盐酸氰钴胺		
			羟钴胺	GB 1903.44—2020	
		维生素 C	维生素 C（抗坏血酸）	GB 14754—2010	
			抗坏血酸钠	GB 1886.44—2016	
			L- 抗坏血酸钙	GB 1886.43—2015	
			L- 抗坏血酸钾	GB 1903.55—2022	
			抗坏血酸 -6- 棕榈酸盐（抗坏血酸棕榈酸酯）	GB 1886.230—2016	
		烟酸	烟酸	GB 14757—2010	
			烟酰胺	GB 1903.45—2020	

续表

类别	营养素		来源	原料标准	依据
特殊医学用途婴儿配方食品	必选维生素	叶酸	叶酸	GB 15570—2010	GB 25596、GB 14880
		泛酸	D-泛酸钙	GB 1903.53—2021	
			D-泛酸钠	GB 1903.32—2018	
		生物素	D-生物素	GB 1903.25—2016	
	必选矿物质	钠	碳酸氢钠	GB 1886.2—2015	
			磷酸二氢钠	GB 1886.336—2021	
			柠檬酸钠	GB 1886.25—2016	
			氯化钠	GB 2721—2015	
			磷酸氢二钠	GB 1886.329—2021	
		钾	葡萄糖酸钾	GB 1903.41—2018	
			柠檬酸钾	GB 1886.74—2015	
			磷酸二氢钾	GB 1886.337—2021	
			磷酸氢二钾	GB 1886.334—2021	
			氯化钾	GB 25585—2010	
		铜	硫酸铜	GB 29210—2012	
			葡萄糖酸铜	GB 1903.8—2015	
			柠檬酸铜	/	
			碳酸铜	/	
		镁	硫酸镁	GB 29207—2012	
			氯化镁	GB 25584—2010	
			氧化镁	GB 1886.216—2016	
			碳酸镁	GB 25587—2010	
			磷酸氢镁	GB 1903.48—2020	
			葡萄糖酸镁	GB 1903.29—2018	
		铁	硫酸亚铁	GB 29211—2012	
			葡萄糖酸亚铁	GB 1903.10—2015	
			柠檬酸铁铵	GB 1886.296—2016	
			富马酸亚铁	GB 1903.46—2020	
			柠檬酸铁	GB 1903.37—2018	
			焦磷酸铁	GB 1903.16—2016	
		锌	硫酸锌	GB 25579—2010	
			葡萄糖酸锌	GB 8820—2010	

续表

类别	营养素		来源	原料标准	依据
特殊医学用途婴儿配方食品	必选矿物质	锌	氧化锌	GB 1903.4—2015	GB 25596、GB 14880
			乳酸锌	GB 1903.11—2015	
			柠檬酸锌	GB 1903.49—2020	
			氯化锌	GB 1903.34—2018	
			乙酸锌	GB 1903.35—2018	
		锰	硫酸锰	GB 29208—2012	
			氯化锰	/	
			碳酸锰	GB 1903.58—2022	
			柠檬酸锰	GB 1903.57—2022	
			葡萄糖酸锰	GB 1903.7—2015	
		钙	碳酸钙	GB 1886.214—2016	
			葡萄糖酸钙	GB 15571—2010	
			柠檬酸钙	GB 1903.14—2016	
			L- 乳酸钙	GB 25555—2010	
			磷酸氢钙	GB 1886.3—2021	
			氯化钙	GB 1886.45—2016	
			磷酸三钙（磷酸钙）	GB 1886.332—2021	
			甘油磷酸钙	/	
			氧化钙	GB 30614—2014	
			硫酸钙	GB 1886.6—2016	
		磷	磷酸三钙（磷酸钙）	GB 1886.332—2021	
			磷酸氢钙	GB 1886.3—2021	
		碘	碘酸钾	GB 26402—2011	
			碘化钾	GB 29203—2012	
			碘化钠	GB 1903.51—2020	
		氯	氯化钠	GB 2721—2015	
			氯化钾	GB 25585—2010	
			氯化锰	/	
			氯化钙	GB 1886.45—2016	
		硒	硒酸钠	GB 1903.56—2022	
			亚硒酸钠	GB 1903.9—2015	
	可选择性成分	铬	硫酸铬	/	
			氯化铬	/	

续表

类别	营养素		来源	原料标准	依据
特殊医学用途婴儿配方食品	可选择性成分	钼	钼酸钠	/	GB 25596、GB 14880
			钼酸铵	/	
		胆碱	氯化胆碱	GB 1903.36—2018	
			酒石酸氢胆碱	GB 1903.54—2021	
		肌醇	肌醇（环己六醇）	GB 1903.42—2020	
		牛磺酸	牛磺酸（氨基乙基磺酸）	GB 14759—2010	
		左旋肉碱	左旋肉碱（L- 肉碱）	GB 1903.13—2016	
			L- 肉碱酒石酸盐	GB 25550—2010	
		二十二碳六烯酸油脂	二十二碳六烯酸油脂	GB 26400—2011	
		二十碳四烯酸	二十碳四烯酸	/	
特殊医学用途全营养素配方食品（1～10岁）	必选维生素	同“特殊医学用途婴儿配方食品”必选维生素			GB 29922、GB 14880
	必选矿物质	同“特殊医学用途婴儿配方食品”必选矿物质			
	可选择性成分	铬	硫酸铬	/	
			氯化铬	/	
		钼	钼酸钠	/	
			钼酸铵	/	
		胆碱	氯化胆碱	GB 1903.36—2018	
			酒石酸氢胆碱	GB 1903.54—2021	
		肌醇	肌醇（环己六醇）	GB 1903.42—2020	
		牛磺酸	牛磺酸（氨基乙基磺酸）	GB 14759—2010	
		左旋肉碱	左旋肉碱（L- 肉碱）	GB 1903.13—2016	
			L- 肉碱酒石酸盐	GB 25550—2010	
		二十二碳六烯酸油脂	二十二碳六烯酸油脂	GB 26400—2011	
		二十碳四烯酸	二十碳四烯酸	/	
		氟	氟化钠	/	
			氟化钾	/	
		核苷酸	5′- 单磷酸胞苷（5'-CMP）	GB 1903.33—2022	
			5′- 单磷酸尿苷	/	
			5′- 单磷酸腺苷	GB 1903.3—2015	
			5′- 肌苷酸二钠	GB 1886.97—2015	
			5′- 鸟苷酸二钠	GB 1886.170—2016	

续表

类别	营养素		来源	原料标准	依据
特殊医学用途全营养素配方食品（1～10岁）	可选择性成分	核苷酸	5′-尿苷酸二钠	GB 1886.82—2015	GB 29922、GB 14880
			5′-胞苷酸二钠	GB 1903.5—2016	
		膳食纤维	低聚半乳糖	GB 1903.27—2022	
			低聚果糖	GB 1903.40—2022	
			多聚果糖	GB 1903.30—2022	
			棉子糖	GB 31618—2014	
			聚葡萄糖	GB 25541—2010	

在 GB 26687—2011 中，复配食品添加剂的定义为："为了改善食品品质、便于食品加工，将两种或两种以上单一品种的食品添加剂，添加或不添加辅料，经物理方法混匀而成的食品添加剂。"从这个定义可以看出，复配营养强化剂的生产过程完全是物理过程。因此，单体营养强化剂的质量直接影响整个终产品的质量。要提高复配营养强化剂的产品质量，需要从源头把控整个复配产品的质量，掌握每个单一营养强化剂的法规标准，严把原料质量关。

从表 12-4 中也可以看出，目前用于特殊医学用途婴儿配方食品的原辅料存在标准缺失或不完善的情况，从而影响了原料的生产、采购及在产品中的应用。因此，需要尽快对尚无国家标准的原辅料标准进行完善，逐步建立完善的适用于特殊医学用途婴儿配方食品的原辅料国家标准。

12.3 主要国家和地区的特殊医学用途婴儿配方食品法规概况

特殊医学用途婴儿配方食品在国外有着十几年的使用历史。其在欧美国家使用较早，产品成熟、种类丰富，例如美国[5]、欧盟[6]、澳大利亚和新西兰[7]、日本等发达国家或地区对特殊医学用途婴幼儿配方食品均给予了明确的法律地位，相关的法律法规和监管措施也相对完善（表 12-5 和表 12-6）。

表 12-5 不同国家 / 地区 / 国际组织的特殊医学用途婴儿配方食品法规 / 标准文号

国家 / 地区 / 组织	发布时间	法规 / 标准文号	英文名称	中文名称
国际食品法典委员会[8]	1991 年	Codex Stan 180—1991	Foods for Special Medical Purpose	特殊医学用途婴儿配方食品

续表

国家 / 地区 / 组织	发布时间	法规 / 标准文号	英文名称	中文名称
国际食品法典委员会[8]	2007 年	Codex Stan 72—1981，Revision 2007	/	婴儿配方食品及特殊医用婴儿配方食品标准
欧盟	1999 年	1999/21/EC	On dietary Foods for Special Medical Purpose	特殊医学用途膳食食品
美国	1988 年	PUBLIC LAW 100-290-APR.18,1988	Medical Foods	医用食品
日本	2002 年	日本健康增进法 2002 年 103 号	Food For Sick	病人用特殊用途食品
澳新	2012 年	Standard 2.9.5 Foods for Special Medical Purpose	Foods for Special Medical Purpose	特殊医学用途食品
中国	2010 年	GB 25596—2010	/	特殊医学用途婴儿配方食品
	2013 年	GB 29922—2013	/	特殊医学用途配方食品

表 12-6　不同国家 / 地区 / 国际组织的特殊医学用途婴儿配方食品法规 / 标准主要内容

国家 / 地区 / 组织	法规 / 标准名称	主要内容
国际食品法典委员会	Codex Stan 180—1991 特殊医学用途食品标签和声称法典标准	详细规定了特殊医学用途婴儿配方食品的定义和标签标识
	Codex Stan 72—1981，Reveal.1 2007 婴儿配方及特殊医用婴儿配方食品标准	明确规定了特殊医学用途婴儿配方食品的营养成分应以正常婴儿配方食品的要求为基础，其配方组成和用量可根据疾病状况进行适当调整
欧盟	1999/21/EC 特殊医学用途膳食食品指令	明确了产品定义和标签方面直接采纳国际食品法典委员会的规定。明确了特殊医学用途膳食食品的分类
美国	PUBLIC LAW 100-290-APR.18,1988	明确了医用食品的定义和分类。规定在医用食品中添加新成分和新原料需要进行 GRAS①评估，但新产品不需要上市前的注册和批准
日本	日本健康增进法 2002 年 103 号	确定了患者用特殊用途食品的法律地位。明确根据每类患者用特殊用途食品的许可标准对所申报产品配方进行审核批准
澳新	Standard 2.9.5 Foods for Special Medical Purpose	该标准规定了特殊医疗食品的定义、销售、营养素含量以及标签标识四部分内容

① GRAS，即 generally recognized as safe，一般认为是安全的物质。

12.4 主要国家和地区的复配营养强化剂标准概况

欧盟、美国、澳新等国家 / 地区 / 组织都没有对复配营养强化剂单独制定产品质量标准。以欧盟为例，相关法规只规定了单体营养强化剂的质量标准。

我国的《食品安全国家标准　食品添加剂使用标准》(GB 2760—2014) 对应的是 EC 1333/2008；添加剂的具体质量标准对应的是 EC 231/2012，EC 231/2012 中规定了添加剂的水分、主要成分含量、重金属含量等，相当于我国很多个单体食品添加剂质量标准的汇总。

我国的《食品安全国家标准　食品营养强化剂使用标准》(GB 14880—2012) 对应的是 EC 1925/2006，相应的营养强化剂的单体质量标准是《中国药典》和 EC 231/2012，《欧洲药典》和《中国药典》基本类似。

12.5 展望

制定法规标准的目的是引导行业规范发展。目前，针对特殊医学用途婴儿配方食品中复配营养强化剂的相关营养素含量检测国家标准还是空白。随着特殊医学用途配方食品产业的快速发展，复配营养强化剂的相关法规和标准也需要逐步完善。

（董昊昱，王剑飞，郑路娜，孔昭芳）

参考文献

[1] 全国人民代表大会常务委员会．中华人民共和国食品安全法．[2015-04-24].

[2] 中华人民共和国卫生部．食品安全国家标准　复配食品添加剂通则：GB 26687—2011．[2011-07-05].

[3] 中华人民共和国国家卫生和计划生育委员会．食品安全国家标准　食品添加剂标识通则：GB 29924—2013．[2013-11-29].

[4] 中华人民共和国卫生部．食品安全国家标准　预包装食品标签通则：GB 7718—2011．[2011-04-20].

[5] FOA. Medical Foods. Public Law 100-290-APR. 18, 1988.

[6] The Commission of the European Communities, Dietary Foods for Special Medical Purpose. DIRECTIVE 1999/21/EC, Mar 25, 1999.

[7] Food standard Australia New Zealand. Standard 2.9.5 Food for Special Medical Purposes. 2012-06-27.

[8] CAC. Foods for Special Medical Purpose. Codex stan 180—1991.

第 13 章

复配营养强化剂的配方设计

如前面章节中所述，如果想把 13 种维生素、12 种矿物质及 9 种或 11 种可选择成分甚至更多的微量成分添加到特殊医学婴儿配方食品中，先将这些营养素制备成复配营养强化剂形式似为更好的选择。对于特殊医学用途婴儿配方食品所用的复配营养强化剂，很难制定一个通用的配方和生产工艺，因为每个配方的设计与其应用终产品使用的原辅料及其本底值和选择的生产工艺过程有关。因此，对于每一个需要复配营养强化剂产品的客户，复配营养强化剂的供应商都需要根据客户需要的产品特点，设计研发适用该产品的复配营养强化剂配方，并需要向当地市场监管部门申报获得许可后方可生产。

13.1 配方设计

复配营养强化剂的供应商一般是根据特殊医学用途婴儿配方食品生产商的要求而进行配方设计并经双方共同确认后进行生产。

13.1.1 全面了解配方和生产工艺

首先，需要详细了解需求方研发的产品配方、使用的原辅料和生产工艺过程，区分有哪些成分需要采用预混料以及估计加工过程和货架期可能导致的损失。

13.1.2 确定种类和用量

依据《食品安全国家标准　特殊医学用途婴儿配方食品通则》（GB 25596—2010）[1] 和《食品安全国家标准　特殊医学用途配方食品通则》（GB 29922—2013）[2] 关于产品具体要求，确定各种营养素和辅料用量。

13.1.3 遴选营养强化剂

依据《食品安全国家标准　食品营养强化剂使用标准》（GB 14880—2012）[3] 和《食品安全国家标准　食品添加剂使用标准》（GB 2760—2014）甄选营养素、化学形式以及营养强化剂化合物来源，并根据终端产品的加工工艺及相关文献研究结果，论证是否对某些微量营养素采取特殊处理（如预包埋），最终完成复配营养强化剂的配方设计。

13.2 原料筛选

复配营养强化剂供应商需要对单体营养素供应商提供的原料进行全面质量评价，以确定是否入选。原料筛选的依据如下所述。

13.2.1 资质审查

供应商是否有相应的符合国家相关规定的资质。

13.2.2 合规性审查

供应商提供的产品生产所依据的标准是否符合国家相关法规。

13.2.3 产品出厂检验报告审查

审查供应商提供的产品出厂检验报告与复配营养强化剂生产商的检验结果是否在合理误差范围内，是否涵盖所有项目。

13.2.4 载体（辅料）的选择

不论是单体营养强化剂，还是复配营养强化剂，在生产时，都需要采用一种载体（或称辅料）将这些高纯度营养素进行稀释。常用的载体有麦芽糊精、葡萄糖、玉米淀粉、乳糖（用于婴幼儿配方奶粉）等。特殊医学用途婴儿配方食品生产企业在选择复配营养强化剂时，首先需要考虑选择合适的载体。生产中，选用麦芽糊精还是葡萄糖、玉米淀粉或乳糖等，不仅要考虑其安全性和稳定性，而且还要考虑终端产品的要求或可能对终端产品造成的影响。

13.2.4.1 合规性

首先，选择的辅料应符合食品安全国家标准的要求，例如，麦芽糊精应符合 GB/T 20882.6—2021《淀粉糖质量要求　第 6 部分：麦芽糊精》[4] 的要求；葡萄糖应符合 GB/T 20880—2018《食用葡萄糖》[5] 的要求；玉米淀粉应符合 GB/T 8885—2017《食用玉米淀粉》[6] 的要求；乳糖应符合 GB 25595—2018《食品安全国家标准　乳糖》[7] 的要求。

第二，对于特殊医学用途婴儿配方食品，还要考虑这些辅料是否符合相应终端产品国家标准的规定。麦芽糊精、葡萄糖、玉米淀粉和乳糖这些载体都属于特殊医学用途婴儿配方食品中的碳水化合物，使用后，必将带入终端产品。在 GB 29922—2013《食品安全国家标准　特殊医学用途配方食品通则》及问答中明确规定，糖尿病病人用全营养配方食品的血糖生成指数 GI ≤ 55，因此葡萄糖就不适宜作为复配营养强化剂的载体，而麦芽糊精（maltodextrin，MD）在国家标准中被定义为：以淀粉或淀粉质为原料，经酶法低度水解、精制、干燥或不干燥制得的糖类聚合物，并将其按葡萄糖当量（DE 值）的大小分为 MD10 型、MD15 型、MD20 型，相对应的 DE 值分别为＜ 11、11 ≤ DE ＜ 16、16 ≤ DE ＜ 20，所以选用低 DE 值的麦芽糊精作为载体对血糖生成指数的影响会小一些。

第三，符合终产品标准的规定，如低乳糖和无乳糖婴儿配方食品限制乳糖的含量，因此乳糖不适宜作为该类产品的复配营养强化剂的载体；在特殊医学用途婴儿配方食品中规定不得添加果糖，故果糖或含果糖的原料不适宜作为复配营养强化剂的载体。

13.2.4.2 口感和冲调性

在选择复配营养强化剂载体时，常用载体口感和冲调性试验结果显示[8]，在上述常用载体中，葡萄糖的口感和冲调性最好，麦芽糊精次之，玉米淀粉最差。对于特殊医学用途婴儿配方食品，推荐使用麦芽糊精作为复配营养强化剂的载体。

13.2.4.3 吸湿性

复配营养强化剂的吸湿性将可能影响与其他物料的混匀和产品的质量。相关研究表明，玉米淀粉吸湿性较强、麦芽糊精次之、葡萄糖吸湿性较弱[9]，因此葡萄糖是最常用的复配料载体。

13.3 营养素剂型（化合物来源）的选择

在 GB 14880—2012《食品安全国家标准　食品营养强化剂使用标准》中给出了 130 种微量营养素的化合物来源，其涵盖了除三大宏量营养素以外的所有人体所需的各种营养素。对于在特殊医学用途婴儿配方食品中使用的复配营养强化剂来说，化合物的来源直接影响预混后产品的质量。因此复配营养强化剂使用营养素剂型时应关注其合规性、口感、色泽的适宜性和生物利用率等。

13.3.1 合规性

正如前面章节所述，特殊医学用途婴儿配方食品中使用营养强化剂，其化合物来源应按照 GB 14880 中表 C.1 以及国家相关规定执行，核苷酸和膳食纤维的化合物来源应按照表 C.2 中的规定执行，其使用量应符合 GB 25596—2010《食品安全国家标准　特殊医学用途婴儿配方食品通则》及 GB 29922—2013《食品安全国家标准　特殊医学用途配方食品通则》的要求。不论选择哪一家复配营养强化剂供应商，其产品中所用营养素化合物的来源和添加量必须符合国家相关标准的规定。

13.3.2 终端产品口感、色泽的适宜性

每一种微量营养素都有相对应的多种可选化合物。特殊医学用途婴儿配方食品不论其终端产品是液态，还是可冲调的固体颗粒或粉状，其口感和色泽都应是可接受的。

13.3.2.1 关于单体微量营养素的颜色和口感

表 13-1 列出了其中对终端产品口感和色泽影响较为明显的微量营养素化合物。

表 13-1 影响终端产品口感和色泽的微量营养素化合物[10-13]

营养素	化合物来源	对口感和色泽的影响
维生素 A	β- 胡萝卜素	产品颜色变黄
维生素 B_2	核黄素	产品颜色变黄
胆碱	氯化胆碱	腥味
钠	氯化钠	咸味
铁	硫酸亚铁、富马酸亚铁	铁锈味
锌	葡萄糖酸锌	苦涩味
L- 蛋氨酸	L- 蛋氨酸	苦味
L- 色氨酸	L- 色氨酸	微臭、微苦
二十二碳六烯酸	二十二碳六烯酸油脂	有刺鼻腥臭味
亮氨酸	亮氨酸	微苦

13.3.2.2 保持口感、色泽的适宜性

一般的做法是不用或少用表 13-1 中所列出的化合物来源，例如，在必须符合钠含量的条件下，可用柠檬酸钠部分代替氯化钠，可以使产品的咸味变淡；对于稳定性较好的营养素化合物，在标准允许的范围内，尽量降低添加量，例如，氨基酸类产品和大多数矿物质；对于那些必须添加的营养素，而且对口感和色泽影响都很大的化合物，一般选用微囊化产品，例如，硫酸亚铁、二十二碳六烯酸油脂、胆碱等。

13.3.3 营养素的生物利用率

已知很多种微量元素的摄入量、化学形式以及与其他营养素的相互作用等多种因素都会对微量元素的生物利用率产生有利或不利影响；而且同一种微量营养

素，其化合物来源不同，则其生物利用率的差别有时非常大。下面列举几种常用营养素的生物利用率问题供参考。

13.3.3.1 铁

就矿物质铁而言，在 GB 14880—2012 附录 B 表 B.1 中有 19 种可供选择的含铁化合物，但在附录 C 表 C.1 中仅有 7 种。尽管甘氨酸亚铁中铁的相对生物利用率是硫酸亚铁的 2.5 ～ 3.4 倍 [14]，但是该化合物不在 GB 14880—2012 附录 C 表 C.1 名单中；乙二胺四乙酸铁钠中铁的相对生物利用率是硫酸亚铁的 2.4 倍 [15]，虽然它被列入 GB 14880—2012 附录 C 表 C.1 名单中，但使用范围受限，注明了仅限于辅食营养补充品，所以，它们都不能用于特殊医学用途婴儿配方食品。因此，在设计复配营养强化剂配方时，必须在合规的框架下，尽量选择那些具有高生物利用率的化合物。

13.3.3.2 钙

在 GB 14880—2012 附录 C 表 C.1 中有 10 种可供选择的含钙化合物［碳酸钙、葡萄糖酸钙、柠檬酸钙、L- 乳酸钙、磷酸氢钙、氯化钙、磷酸三钙（磷酸钙）、甘油磷酸钙、氧化钙、硫酸钙］。尽管有研究结果显示，柠檬酸钙在肠道内的吸收率高于乳酸钙、葡萄糖酸钙和碳酸钙 [16]，但是很多研究表明，这些可选的含钙化合物的生物利用率实际上没有显著差别，这主要是由于膳食中影响钙的吸收利用的因素很多，如维生素 D_3 和维生素 K_2 的营养状况（可以促进钙的吸收）、摄入的钙 / 磷比例是否适宜、蛋白质摄入是否充足、膳食中是否含有过多的草酸和植酸等 [17]。

13.3.3.3 锌

在 GB 14880—2012 附录 C 表 C.1 中有 7 种可选的含锌化合物（硫酸锌、葡萄糖酸锌、氧化锌、乳酸锌、柠檬酸锌、氯化锌、乙酸锌）。对于元素锌来说，其化学形式，特别是化合物分子量的大小对它的吸收率是一个重要的影响因素。因为在人奶中的锌大部分和乳清中的小分子量配体结合在一起，所以，人奶中的锌有较高的吸收率，而在牛奶中，由于其中的锌 84% 和酪蛋白结合，分子量太大，难以离解，所以牛奶中的锌吸收率相对较低 [18]。

13.4 微量营养成分的稳定性及控制措施

食品中营养素的稳定性是食品科学技术行业一直关注的问题。早在 19 世纪，食品科学工作者就致力于食品中的活性成分在加工、运输和储藏过程中稳定性的研究。食品本身的物理化学性质、pH 值、水分含量以及加工工艺、温度及持续时间和加工过程中食品在空气和光中的暴露程度、包装形式等都会对食品中的活性成分的稳定性产生影响[19]。

13.4.1 复配维生素营养强化剂

作为应用于特殊医学用途婴儿配方食品中的复配营养强化剂产品来说，不仅要考虑影响复配维生素营养强化剂稳定性的因素，而且还要考虑单体营养素的稳定性以及混合后各种营养素之间的相互作用等。

13.4.1.1 单体维生素的稳定性

在 GB 25596—2010 和 GB 29922—2013 中给出了可用于特殊医学用途婴儿配方食品、全营养特殊医学用途配方食品、特定全营养特殊医学用途配方食品中必须添加的维生素，在 GB 14880—2012 中给出了相应化合物的来源。表 13-2 列出了允许用于特殊医学用途婴儿配方食品中的维生素类化合物来源及稳定性[20]。

表 13-2 允许用于特殊医学用途婴儿配方食品中的维生素类化合物来源及稳定性

营养素	化合物来源	不稳定因素描述
维生素 A	醋酸视黄酯（醋酸维生素 A）	很容易被氧化和异构化，特别是在暴露于光线（尤其是紫外线）、氧气、性质活泼的金属离子以及高温环境时
	棕榈酸视黄酯（棕榈酸维生素 A）	
	β- 胡萝卜素	
	全反式视黄醇	
维生素 D	麦角钙化醇（维生素 D_2）	光和酸可促进其异构化
	胆钙化醇（维生素 D_3）	
维生素 E	*d*-α- 生育酚	对氧十分敏感，氧化反应受光照射、热、碱，以及一些微量元素如铁和铜而加速
	dl-α- 生育酚	
	d-α- 醋酸生育酚	
	dl-α- 醋酸生育酚	
	混合生育酚浓缩物	
	d-α- 琥珀酸生育酚	
	dl-α- 琥珀酸生育酚	
维生素 K	植物甲萘醌	对光和碱敏感
维生素 B_1	盐酸硫胺素	在碱性溶液中极不稳定；紫外线可使其降解失去活性
	硝酸硫胺素	

续表

营养素	化合物来源	不稳定因素描述
维生素 B_2	核黄素	光照或紫外线可引起分解
	核黄素 -5′- 磷酸钠	
维生素 B_6	盐酸吡哆醇	在碱性溶液中易被破坏，在中性或碱性环境中对光敏感，易被破坏
	5′- 磷酸吡哆醛	
维生素 B_{12}	氰钴胺	遇强光或紫外线易被破坏
	盐酸氰钴胺	
	羟钴胺	
维生素 C	L- 抗坏血酸	在有氧、光、热和碱性环境下不稳定，特别是在有氧化酶及铜离子、铁离子等金属离子存在时，易促进其氧化破坏
	L- 抗坏血酸钠	
	L- 抗坏血酸钙	
	L- 抗坏血酸钾	
	抗坏血酸 -6- 棕榈酸盐（抗坏血酸棕榈酸酯）	
烟酸（尼克酸）	烟酸	—
	烟酰胺	
叶酸	叶酸（蝶酰谷氨酸）	对热、光线、酸性溶液均不稳定
泛酸	D- 泛酸钙	—
	D- 泛酸钠	
生物素	D- 生物素	—

从表 13-2 可以看出，除了烟酸、泛酸和生物素比较稳定外，其他 10 种维生素都是光敏营养素，其中，维生素 A、维生素 E、维生素 C 属于最不稳定的维生素，不仅不耐高温，暴露于空气中还易于氧化，而且，在有铁离子和铜离子同时存在时可加速其氧化变质。

13.4.1.2 复配维生素营养强化剂稳定性解决方案

要想解决复配维生素营养强化剂稳定性问题，首先要解决单体维生素的稳定性，尤其是最不稳定的维生素 A、维生素 E、维生素 C。微胶囊技术已经被广泛应用于食品工业生产中，用以保护这些微量营养素在生产加工过程中免受外界环境如光、热、氧等的影响而发生降解、氧化以及挥发性损失等，同时还可以防止各成分之间发生相互作用。

目前，有关营养素微胶囊的制备方法很多，包括原位聚合法、复凝聚法、锐孔凝固浴法、脂质体制备微胶囊、喷雾干燥法、喷雾冷冻干燥法、流化床包衣法、相分离法、溶剂蒸发法、层层自组装技术等[21]。然而用于特殊医学用途婴儿配方食品中的维生素预混料，必须考虑的是微胶囊所使用的壁材物料来源的合规性。阿拉伯胶和明胶属于GB 2760—2014《食品安全国家标准　食品添加剂使用标准》规定范围，用这种复合壁材，采用喷雾干燥技术制备的微囊化维生素A[22-23]符合特殊医学用途婴儿配方食品的要求；β-环糊精也已被列入食品添加剂管理，用这种壁材，采用喷雾干燥技术制备的微囊化维生素C[24]符合特殊医学用途婴儿配方食品的要求；麦芽糊精属于食品原料，用这种壁材，采用喷雾干燥技术制备的微囊化维生素E[7]符合特殊医学用途婴儿配方食品的要求。

13.4.2　复配矿物质营养强化剂稳定性及控制措施

13.4.2.1　单体矿物质的稳定性

在GB 25596—2010和GB 29922—2013中给出了特殊医学用途婴儿配方食品、全营养特殊医学用途配方食品、特定全营养特殊医学用途配方食品中必须添加的常量元素和微量元素，在GB 14880—2012中给出了相应化合物的来源。通过对这些化合物的物理化学性质进行研究，发现就化合物本身而言都是相对稳定的。

13.4.2.2　常量元素和微量元素对其他营养素稳定性的影响

如前所述，铁离子、铜离子等金属离子对维生素A、维生素E、维生素C具有较强的氧化和促进氧化作用，如铁可促进维生素C氧化；同时，这种促进氧化的作用也影响到终端产品中的宏量营养素——脂肪[25]，尤其是铁离子、铜离子等可促进鱼油来源的长链不饱和脂肪酸的氧化，导致产品出现异味（如鱼腥味）。因此，铁、铜化合物的添加会直接影响终端产品的稳定性。

13.4.2.3　矿物质预混料稳定性的解决方案

铁和铜均是人体必需的微量营养素，GB 25596—2010和GB 29922—2013中，铁的最低添加量分别是0.10mg/100kJ和0.25mg/100kJ，铜的最低添加量分别是8.5μg/100kJ和7μg/100kJ，铁的添加量都远高于铜的添加量。尽管二者都有氧化和促进氧化作用，但是，实验表明，铁的作用非常显著。因此，关于如何解决铁元素的添加问题的研究很多，目前能够用于特殊医学用途婴儿配方食品中的生物利用率最高的含铁化合物是硫酸亚铁，而且硫酸亚铁的微囊化技术已基本成熟[26-27]。

13.4.3 可选择性成分预混料稳定性及控制措施

13.4.3.1 可选择性成分的稳定性

在可选择性成分中，稳定性最差而且会对终端产品造成不良影响的主要是二十二碳六烯酸（DHA）和花生四烯酸（ARA）。这是因为DHA和ARA分子中富含不饱和双键，对氧气、光和热、二价离子非常敏感，极易被氧化降解。DHA和ARA的氧化酸败首先是造成食品中其本身含量的降低，使其功效受到影响；其次，氧化的产物对健康有害，摄入体内会引起脂质过氧化，诱发各种生理异常而引起疾病；而且氧化的长链多不饱和脂肪酸还会产生难以接受的异味（哈喇味），影响食用；最重要的是氧化产物还会与食品中的蛋白质反应，引发食品中其他氧敏感成分的氧化，从而使食品的营养价值及货架期受到影响。

13.4.3.2 微囊化DHA、ARA的稳定性

相关的研究结果显示，微囊化DHA和ARA添加到特殊医学用途婴儿配方食品中的稳定性相对比较高，前提是在加工过程中，DHA、ARA的微囊结构不被破坏[28-29]。因此，在特殊医学用途婴儿配方食品中微囊化DHA和ARA的使用已经很普遍。

13.5 复配营养强化剂的混合均匀度

不论是采用干法、湿法还是干湿复合工艺生产特殊医学用途婴儿配方食品，复配营养强化剂的混合均匀度都会直接影响终端产品的质量。

13.5.1 影响粉体复配营养强化剂混合均匀度的因素

特殊医学用途婴儿配方食品中必须添加的微量营养素有13种维生素和12种矿物质，其化合物来源有近百种。因此，影响混合均匀度的因素很多，但是至今针对复配营养强化剂混合均匀度的研究却很少。

13.5.1.1 关于粉体混合机理

粉体混合技术广泛应用于制药、粉末冶金、化工等行业，用于食品工业也有较长的历史。不论采用何种工艺和设备，从原理上基本可分为对流混合、剪切混

合以及扩散混合三种方式。所谓对流混合，也被称为移动混合，就是物料颗粒从一处移动到另一处，类似于流体的对流，使颗粒粉体移动较大的位置，在混合机内形成循环流；扩散混合就是相互接近的颗粒当相互交换位置时，相互掺和、渗透而进行的混合；剪切混合是在物料堆内部粒子之间的相对移动，由于物料群体中的粒子相互间形成剪切面的滑移和冲撞作用，引起局部混合[30-31]。

13.5.1.2　基于混合机理的影响因素

基于粉体混合的机理，不难看出被混合的单体物料的很多物理性质都会不同程度地影响粉体复配营养强化剂的混合均匀度。

（1）粉体颗粒的形状　不同颗粒形状的粉体，在对流混合过程中的混合效果差异性较大。

（2）粒径和粒度分布　粒径和粒度分布差异较大的粉体之间的混合难于实现扩散混合。

（3）粉体的流动性　粉体的流动性无法用单一的特性值来表达，常用休止角表示，一般是指粉体堆积层的自由斜面与水平面所形成的最大角。休止角越小，摩擦力越小，流动性越好，一般认为休止角≤ 30° 时流动性好，休止角≤ 40° 时可以满足生产过程中的流动性需求[32-33]。

13.5.2　常用的改善粉体复配营养强化剂混合均匀度的方法

常用的改善粉体复配营养强化剂混合均匀度的方法很多，但都存在需进一步研究的问题：

① 湿法制粒，缺点是不适于热敏性营养素；

② 干法压片制粒，缺点是工艺可控性较差；

③ 真空冷冻干燥，缺点是成本过高；

④ 喷雾干燥，缺点是不适于热敏性营养素；

⑤ 微囊化，缺点是不能将各种营养素同时包埋。

因此，如何保证复配营养强化剂的混合均匀度在国内外尚没有一个统一的方法，复配营养强化剂供应商都是根据特殊医学用途婴儿配方食品生产企业的具体要求，专门研发、定制符合混合均匀度要求的复配营养强化剂。

13.5.3　粉体复配营养强化剂混合均匀度问题的解决方案

影响复配营养强化剂混合均匀度的因素很多，包括各种营养素化合物来源的颗粒粒径、颗粒形状、颗粒密度及颗粒表面的水分含量等，而其中又以颗粒粒径的差异对混合均匀度的影响最大[34]。

在本章开始时我们就阐述过，由多种微量营养素组成的复配营养强化剂是一种技术含量较高的定制化产品，因此，解决混合均匀度的问题也是复配研发工作的重要部分。大量的试验研究结果表明，要解决复配营养强化剂的混合均匀度问题，主要涉及以下几个方面。

13.5.3.1 载体的选择与终端产品配方中宏量营养素物理性质的一致性

通常选择不同DE值的麦芽糊精作为复配营养强化剂的载体比较适宜。这就要求所选择的麦芽糊精与其他宏量营养素（蛋白粉、粉末油脂）具有相近的颗粒粒径、颗粒形状及颗粒表面水分含量。

13.5.3.2 微量营养素化合物来源的选择

对于脂溶性维生素（维生素A、维生素D、维生素E、维生素K）、光和氧敏感性维生素（维生素C）以及一些影响口感的成分（DHA、ARA、氯化胆碱、硫酸亚铁等）选用微囊化产品为原料较为适宜，而且所选用的微囊化产品的物理性质应与选用的载体具有相似性。

13.5.3.3 添加量极低的微量营养素添加方式

对于复配食品强化中添加量极低的微量营养素，例如，亚硒酸钠、碘酸钾、维生素A、维生素D、维生素K和维生素B_{12}等，应采用适当的载体，用逐级放大的方式预先稀释后再进行混合。

13.5.3.4 分类预混

需要分类预混，先制备不同类型的复配营养强化剂。

① 复配维生素营养强化剂；

② 复配矿物质营养强化剂；

③ 可选择性成分营养强化剂；

④ 单体营养强化剂（维生素A、氯化胆碱、左旋肉碱、亚硒酸钠等）。

13.5.3.5 对终产品生产企业合理使用复配营养强化剂的指导

复配营养强化剂供应商应指导特殊医学用途婴儿配方食品生产企业，在终产品生产过程中，按合理顺序和设计添加量添加不同类型的复配营养强化剂。

13.5.4 混合均匀度的评价

目前，针对食品用复配营养强化剂混合均匀度的评价尚无国家标准可依据，在国际上，有关制药领域粉体混合均匀度的评价方法研究很多，基本上可分为湿法和干法两类[35-36]。

13.5.4.1 粉体混合均匀度的湿法评价

可采用紫外 - 可见光分光光度法、高效液相色谱法和微生物法等湿法评价粉体的混合均匀度。

（1）紫外 - 可见光分光光度法　用紫外 - 可见光分光光度法来测定粉末混合物样品中的活性成分含量，进而评价粉体的混合均匀度，因其快速、简单，常用于监测粉体混合过程中的均匀度。这种方法的局限性是不适于所有粉体混合均匀度的检测。

（2）高效液相色谱法　高效液相色谱（HPLC）法是一种传统的离线湿法分离、定性和定量检测混合物中各组分的方法。

（3）微生物法　用微生物法可以快速检测食品中 B 族维生素的含量，如维生素 B_{12} 等[37]。

不论是紫外 - 可见光分光光度法，还是高效液相色谱法以及微生物法，其原理都是采用变异系数（CV）来评价粉体的混合均匀度。

13.5.4.2 粉体混合均匀度的干法评价

粉体物料混合效果的干法评价要用科学的方法对混合效果进行定量分析，准确判断混合均匀度。但是由于物料混合过程的复杂性，对粉体物料混合时颗粒的实际运动规律还有待深入研究，因此如何正确地评价物料的混合效果一直是研究的热点和难点。

目前，粉体混合效果干法评价方法主要包括化学分析法、示踪法和仪器分析法，其中仪器分析法越来越多地被使用，仪器分析法主要包括数字图像分析法、近红外光谱法、X 射线光谱法等。

（1）化学分析法　化学分析法是指混合结束后首先取样，然后使用合适的化学试剂处理样品，产生化学反应后，通过仪器或滴定的方式，定量某种物质含量，从而计算出粉体混合均匀度。

优点：所需仪器相对简单，测定成本低，定量准确，数据可靠。

缺点：相对耗时费力，所需时间较长，报告结果有一定的滞后性，无法做到实时在线监测。

（2）示踪法　示踪法测定粉体料混合均匀程度的原理是将少量的示踪剂颗粒（如磁性铁粉或有特殊颜色的惰性颗粒等）加入到要混合的物料中，然后用相应的检测手段观察或记录示踪颗粒的踪迹，最后计算出样本中示踪剂的数量，从而计算出混合均匀度。

优点：能够对混合均匀度进行分析，还可以对粉体混合的整个过程进行直观研究。

缺点：对示踪剂的选择性要求较高，如示踪剂既不能对最终混合物的功能和用途造成影响，又不能与混合物中的任一组分发生反应。因此，示踪剂的选择较为困难，导致示踪法的使用受到一定的限制。

（3）数字图像分析法　数字图像处理技术是指通过图像采集设备，如扫描仪将连续的图像，通过图像分析软件处理为计算机可以采集的信息。利用数字图像技术可以得到粉体物料混合截面图像中颗粒的很多信息，如粉体颗粒的粒径、圆形度、棱角系数等。通过建立模型，确定计算方法，以某一计算机采集到的信息作为评价指标，能够定量评价粉体颗粒混合的均匀性。

优点：直观，不破坏样品，可多次重复分析，简便快捷。

缺点：需要根据不同种类的物料混合建立不同的数学模型和统计方法，需要找到合适的评价指标，这一过程较为烦琐，无法建立统一标准，影响其广泛应用。

（4）近红外光谱法　近红外光谱是指介于中红外与可见光之间的电磁波，其波长在 780 ～ 2500nm。近红外光谱区与有机分子中含氢基团（—OH、—NH、—CH）振动的合频和各级倍频的吸收区一致，通过扫描样品的近红外光谱，可以得到样品中有机分子含氢基团的特征信息。通过样品的近红外光谱与准（参考）样品光谱集的对比，可以分析出样品中某一组分的含量，从而计算出混合均匀度。

优点：具有快速、高效、准确、不破坏样品等优点，并且近红外光谱具有在线监测的优势，可以实时了解粉体物料的混合情况，因此该技术的应用受到越来越多的重视。

缺点：其只能检测含氢基团的分子，只适用于有机物混料的分析，不适用于无机粉体物料混合效果的判定。

（5）X 射线光谱法　也可以采用 X 射线光谱法评价粉体混合均匀度。

优点：分析速度快、可用于在线测定等，并且其测得的数据稳定可靠，人为因素对其准确性影响小。

缺点：应用范围有限，只可以对无机粉体进行定量和定性分析，用来检测无机粉体的混料均匀度，受其原理限制无法对有机物混料过程进行分析测定，且仪器结构相对复杂，价格高，对检测人员的能力要求较高。

目前，对于食品用复配营养强化剂混合均匀度的干法评价，我国一般是采用化学分析法[38-39]。变异系数（CV）一般要求不高于5%[40]。

13.6 展望

随着单体营养素或营养成分研究方面取得的进展，也将会促进特殊医学用途婴儿配方食品中复配营养强化剂设计技术的进步。随着新材料、新工艺等新技术的涌现，将会不断有新的营养素化合物或营养成分被允许添加到婴儿配方食品中，如维生素K_2、6*S*-5-甲基四氢叶酸钙等。因此需要研究这些营养素或营养成分在复配产品中的稳定性以及与其他营养成分和物料的相容性，以设计出更好的复配营养强化剂产品以满足特殊医学状态婴儿的需要。

（张烜，董昊昱，张玉洁）

参考文献

[1] 中华人民共和国卫生部．食品安全国家标准　特殊医学用途婴儿配方食品通则：GB 25596—2010．[2010-12-21].

[2] 中华人民共和国国家卫生和计划生育委员会．食品安全国家标准　特殊医学用途配方食品通则：GB 29922—2013．[2013-12-26].

[3] 中华人民共和国卫生部．食品安全国家标准　食品营养强化剂使用标准：GB 14880—2012．[2012-03-15].

[4] 国家市场监督管理总局，国家标准化管理委员会．淀粉糖质量要求　第6部分：麦芽糊精：GB/T 20882.6—2021．[2021-12-31].

[5] 中华人民共和国国家质量监督检验检疫总局，中国国家标准化管理委员会．食用葡萄糖：GB/T 20880—2018．[2018-03-15].

[6] 中华人民共和国国家质量监督检验检疫总局，中国国家标准化管理委员会．食用玉米淀粉：GB/T 8885—2017．[2017-12-29].

[7] 中华人民共和国国家卫生健康委员会，国家市场监督管理总局．食品安全国家标准　乳糖：GB 25595—2018．[2018-06-21].

[8] 张凌泓．临床营养粉剂的冲调性评价及影响因素分析．武汉：华中农业大学食品科技学院，2011: 1-69.

[9] 解立斌，韩爱，于宏伟，等．营养素预混料稀释剂的物性研究．中国食品添加剂，2017(8): 107-115.

[10] 李建东．β-胡萝卜素颜色的研究和探讨．食品工业科技，2009, 30(11): 261-262.

[11] 王学东，李庆龙，夏文水，等．营养强化素对馒头粉加工品质影响的初步研究．食品科学，2005, 26(9): 107-211.

[12] 李翔宇，舒敏，郭小龙，等．DHA油脂稳定性及不良气味物质研究．食品科技，2015, 40(3): 305-308.

[13] 陈兆斌．氨基酸的苦味淬灭研究及评价模型的构建．南京：南京大学，2010: 1-64.

[14] Mimura E C M, Breganó J W, Dichi J B, et al. Comparison of ferrous sulfate and ferrous glycinate chelate for the treatment of iron deficiency anemia in gastrectomized patients. Nutrition, 2008, 24(7/8): 663-668.

[15] 刘鲁林，丁昕，常欣，等．铁营养强化剂的应用．中国食品添加剂，2009(z1): 163-168.
[16] 王晓燕，马冠生．钙生物利用率及其影响因素．中国学校卫生，2005, 26(9): 793-795.
[17] 荫士安，葛可佑．人体钙需要量研究进展．国外医学卫生学分册，1997, 24(1): 34-39.
[18] 杨兰奎，程义勇，王冬兰，等．乳酸锌和葡萄糖酸锌的生物利用率的比较．营养学报，1994, 16(1): 51-55.
[19] Miraglio A M. Nutrient stability overview. Food Product Design, 2003, 13 (1 Suppl): 80-82.
[20] 中国营养学会．中国居民膳食营养素参考摄入量（2013 版）．北京：科学出版社，2014: 306-416.
[21] 吕沛峰，高彦祥，毛立科，等．微胶囊技术及其在食品中的应用．中国食品添加剂，2017(12): 166-174.
[22] 张玉洁．微量营养素预混料的微囊化纳米制剂及其制备方法：109567169A. 2019-04-05.
[23] 王华，王泽南，赵晓光．维生素 A 微胶囊化工艺的研究．食品科学，2006, 27(11): 366-369.
[24] 井乐刚，赵新淮．维生素 C 微胶囊的制备及应用的研究进展．化工进展，2006, 25(11): 1256-1260.
[25] 张玉洁．维生素 E 粉及其制备方法：101703243B. 2013-01-16.
[26] 李金影，赵新淮，孙红梅．硫酸亚铁微胶囊的制备及其对乳粉氧化的调控作用．中国乳品工业，2008, 36(10): 16-18.
[27] 邵士凤，赵新淮，李金影，等．微胶囊化硫酸亚铁的研究．食品科技，2008, 33(4): 99-102.
[28] 曹美丽，佟成付，王雪飞．DHA/AA 在婴幼儿配方乳粉添加中氧化稳定性的研究．食品科技，2014, 39(3): 267-271.
[29] 姜艳喜，马雯，华家才，等．DHA 和 ARA 微胶囊应用稳定性分析．中国乳品工业，2017, 45(8): 18-21.
[30] 解立斌，霍军生，黄建．食品粉粒体混合：混合机理与混合均匀度影响因素探讨．中国食品添加剂，2011(4): 63-67.
[31] 孙楠，秦家峰，张锡兵．粉体混合原理及混合质量分析．中国制药装备，2012(5): 42-45.
[32] 田耀华．制药工业粉体混合设备选用探讨．中国制药装备，2006(17): 14-19.
[33] 尹长军．粉体混合原理及常见工艺难题．科技创新与应用，2017(25): 70-72.
[34] 解立斌，霍军生，黄建．提高营养强化剂在粉粒体食品中混合均匀度的方法探讨．中国食品添加剂，2011(5): 49-53.
[35] 康虎，国德旺，马丽娥．粉体物料混合均匀度评价研究进展．广州化工，2015, 45(8): 30-32.
[36] Asachi M, Nourafkan E, Hassanpour A. A review of current techniques for the evaluation of powder mixing. Advanced Powder Technology, 2018, 29(7): 1525-1549.
[37] 吴环，刘冬虹，张慧，等．微生物法快速检测食品中维生素 B_{12} 含量的应用研究．中国乳业，2014, 148(4): 42-44.
[38] 董昊昱，陈晓鲁，霍军生．微量营养素的物性与预混料均匀性的研究．乳品工业，2002, 30(2): 17-19.
[39] 董昊昱，刘建宇，李玉柱，等．预混营养素混合均匀度作为质量控制指标的研究．食品科学，2002, 23(1): 53-55.
[40] 李卫平，田建刚，杨卫东．食品营养强化剂预混料生产与应用技术的探讨 // 中国食品添加剂和配料协会营养强化剂及特种营养食品专业委员 2008 年年会论文集．浙江新昌：中国食品添加剂和配料协会，2008: 140-143.

第 14 章

复配营养强化剂的生产控制

特殊医学用途婴儿配方食品中的复配营养强化剂，是根据产品中主要物料特性，将多种不同含量的矿物盐、维生素等各种营养强化剂按一定配比充分混合后，提供给特殊医学用途婴儿配方食品生产商添加到产品中的一类产品。尽管复配营养强化剂的生产工艺并不复杂，但是特殊医学用途配方食品应依照食品安全国家标准规定的品种、范围、用量合理使用食品添加剂和食品营养强化剂[1]，要求复配营养强化剂中各种微量营养元素的含量必须非常准确，而且大部分生产的复配营养强化剂无法进行灭菌处理，这都对复配营养强化剂及其生产过程的安全性与环境卫生提出了较高要求。为了获取持续且良好的生产过程控制效果，建立有效的产品质量管理体系是最有效的方法。目前复配营养强化剂生产商宜建立的管理体系有 ISO 9001 质量管理体系、FSSC 22000、ISO 22000 食品安全管理体系等。相关的食品生产企业应结合实际情况，根据危害分析及关键控制点（hazard analysis and critical control point，HACCP）原理制定并组织实施食品的 HACCP 计划，系统控制显著危害风险点，确保将危害防止、消除或降低到可接受水平，保证特殊医学用途婴儿配方食品安全[2]。

14.1 配料过程控制

配料工序是生产中最为重要的工序，配料的准确性直接影响预混料的质量、成本和安全性，多设置为食品安全体系中的关键控制点（CCP）。目前普遍采用的配料方式主要有全自动配料系统、人工称重配料系统和半自动配料系统等几种（表 14-1）。正确选择不同精度的配料秤和采取适宜的配料方式是确保配料准确的关键。特殊医学用途婴幼儿配方食品对于复配营养强化剂行业属于定制型产品，每批次生产量不确定，导致同一个产品不同批次生产时对配料的允许误差不一样，而且该类型产品原料组成品种多、添加量差异大，应采用基于计算机控制系统的大、中、小不同称量精度的秤体，在系统自动控制下分别进行配料，以提高配料准确度及精准度。

表 14-1　复配营养强化剂常用配料设备一览表

序号	设备配料方式	配料优势	配料劣势
1	全自动配料系统	自动化程度高，生产效率快，可实现全密闭式配料	不适用于微量（批次投料量低于 1kg 的）添加物料的配料
2	半自动配料系统	兼容性优于全自动配料，适合中小型订单生产	自动化程度差，无法实现全密闭式配料
3	人工称重配料系统	切换品种快，适合小型多元化订单生产	人工操作易出错，生产效率低

14.2 混合过程控制

优质的复配营养强化剂最大也是最核心的特点是各种微量元素能够均匀分布，即要求复配营养强化剂应具备良好的混合均匀性，目前业内通常要求该类产品的变异系数（CV）小于等于 5%。为满足复配营养强化剂的混合均匀度要求，选择适合的混合设备尤为重要，目前常用的混合设备类型有行星锥形混合机、卧式螺带混合机、卧式双轴桨叶混合机、犁刀式混合机等（表 14-2）。制备复配营养强化剂预混料混合过程的控制应注意以下四个方面。

表 14-2 复配营养强化剂常用混合设备一览表

序号	混合设备类型	优势	劣势
1	行星锥形混合机	节省车间空间，不需要额外的物料暂存仓	混合机死角物料多，下料口易漏料，不易彻底清洁
2	卧式螺带混合机	混合效果好，物料兼容性高	混合效率低，残留物料多，清洁耗时多
3	卧式双轴桨叶混合机	混合效率高，易清洁	产品配方兼容性差
4	犁刀式混合机	混合效率高	清洁耗时多，产品配方兼容性差

14.2.1 装载量的控制

混合机在投入使用前应对其装载量进行验证，确定准确的符合设备正常使用的混合装载量范围。同时要注意满载系数的控制，配方的改变会导致产品的密度变大或变小，要根据不同的配方确定符合设备正常使用的参数范围。

14.2.2 角料或残留物料的控制

不同的混合机具有不同的混合死角和残留料，在生产过程中应制定合理的处理措施，确保同一批次产品质量一致。

14.2.3 混合时间的控制

混合机在投入使用前应通过试验确定合理的混合时间，并定期对混合均匀度进行监控，需要注意的是产品配方的改变或原料的变更都会对混合均匀度产生影响，在产品量产前应充分评估混合机对该产品的适用性，必要时应对调整后的配方重新验证混合均匀度，确定合理的混合时间，该参数多设置为食品安全体系中的 CCP 点。

14.2.4 混合方式的控制

对于部分装载量大于 300kg 的混合机，为满足复配营养强化剂混合均匀度的要求，宜采用二次混合工艺，即对添加量少、浓度高的微量组分进行稀释预混合，然后再添加其他各种常量元素进行主混合。

14.3 包装控制

目前特殊医学用途婴幼儿配方食品复配营养强化剂多数为定制型产品，采用便于客户生产的小包装为主，客户使用时无须二次称量配料，可直接拆包投料，此时的精准称量尤其重要。由于复配营养强化剂是多种微量元素的混合体，在运输过程中容易产生分层，影响产品的混合均匀性；除此之外，复配营养强化剂多为粉剂，具有易吸潮、怕光、怕热的特性，为保证运输和存储过程中产品的稳定性，包装材料宜选择铝箔袋半真空包装加牛皮纸箱。包装过程中应注意以下四点。

14.3.1 称量控制

包装环节宜选用适合量程的秤体进行精准称量，并在外包装前进行复称，确保包装重量精准。在日常生产管理中要定期校准称量设备，生产前后对称量设备进行标定，以确保设备在生产期间处于良好状态。

14.3.2 半真空包装控制

根据不同物料性质设置不同的真空度，既能防止物料运输分层，又可避免物料结块。

14.3.3 封口控制

目前复配营养强化剂多采用 4 层复合型铝箔袋包装，包装袋封口工序应使用试验的方式对封口机参数进行验证确认，制定符合包装袋封口质量要求的工作参数，并在生产过程中定时检查封口机工作参数，确保产品包装封口良好，避免出现热封不完全、封口发脆、热封后袋子翘曲等问题。

14.3.4 清洁控制

由于复配营养强化剂本身易产尘的特性，在切换品种前应对生产线进行彻底清洁，避免交叉污染的产生。

14.4 生产现场异物控制

随着人们对食品安全意识的不断提高以及国家对食品安全问题的重视，在复配营养强化剂行业确保生产过程中不受到异物的侵害，避免食品受到间接污染的问题也越来越受到客户的关注。食品企业应建立防止异物的管理规定，分析可能的污染源和污染途径，并制订相应的控制计划和控制程序[3]。异物控制宜从以下五个方面入手。

14.4.1 人员控制

人员进入作业区应穿着工作服，工作服的设计、选材和制作应适应不同作业区的要求，降低交叉污染食品的风险；应合理选择工作服口袋的位置、使用的连接扣件等，降低内容物或扣件掉落污染食品的风险。工作服穿戴前后进行毛发检查及去除管理，避免人员带入异物。

14.4.2 设备控制

设备、工器具等与食品接触的表面应使用光滑、无吸收性、易于清洁保养和消毒的材料制成，在正常生产条件下不会与食品、清洁剂及消毒剂发生反应，并应保持完好无损。

14.4.3 原料控制

原辅料在接收或使用前应经过检测、检查或通过检测报告来验证其对规定的符合性，用于物料传递的通道的设计应最大限度减少异物和虫害的进入[4]。原辅料入厂时宜每批进行异物检测，确保合格后放行入库供生产使用；原料通过风淋消毒隧道进入车间，完成包装表面异物吹扫，会大大降低异物带入的风险。

14.4.4 工艺控制

配料工序前或投料工序中应设置合理的筛分设备，对所有原料过筛后使用，通过过筛完成第一步异物剔除；为防止生产设备内部部件掉落或磨损产生的金属异物，生产线中应合理设置强力除铁器和金属探测器对金属异物进行剔除控制，且过筛及金属检测多设置为食品安全体系中的CCP点。

14.4.5 环境控制

原辅料库、生产车间宜配置防虫设施，由专业公司定期进行服务管理，跟踪虫害活动轨迹，每月进行汇总分析，避免虫害的侵入；制定易碎品管理程序，照明设施、玻璃镜片等均加装防护罩并粘贴防爆膜，定期检查确认完好性。

14.5 生产环境微生物控制

目前复配营养强化剂国家标准中并未对微生物进行控制，但特殊医学用途婴儿配方食品行业对微生物均要求相对严格，为确保复配营养强化剂符合行业要求，微生物方面控制应注意以下两点。

14.5.1 原辅料微生物控制

原辅料是生产合格产品的关键因素，复配营养强化剂是多种物料经物理混合产生，不会产生其他物质，所以合格的原料是产成品合格的重要基础，原辅料每批均应进行微生物检测。

14.5.2 环境微生物监控及控制

根据GB 14881—2013《食品安全国家标准 食品生产通用卫生规范》中食品加工过程微生物监控指南要求制订环境微生物监控计划并实施；食品行业普遍采用臭氧对空间进行杀菌，直接接触面使用75%酒精杀菌，其他常用的消毒剂包括含氯消毒剂、过氧化物类消毒剂、醛类消毒剂、醇类消毒剂、含碘消毒剂、酚类消毒剂、环氧乙烷和季铵盐类消毒剂。

（马希朋，孙宏志，马炳金，石利芬）

参考文献

[1] 中华人民共和国国家卫生和计划生育委员会．食品安全国家标准　特殊医学用途配方食品良好生产规范：GB 29923—2013．[2013-12-26].

[2] 中国国家认证认可监督管理委员会. 危害分析与关键控制点（HACCP）体系认证实施规则. 北京：中国标准出版社，2021.
[3] 中华人民共和国国家卫生和计划生育委员会. 食品安全国家标准　食品生产通用卫生规范：GB 14881—2013. [2013-05-24].
[4] 北京市市场监督管理局. 食品生产企业质量提升指南：DB11/T 1797—2020. [2020-12-24].

特殊医学状况婴幼儿配方食品

Formulas for Special Medical Purposes Intended for Infants and Young Children

第15章

复配营养强化剂的质量控制

特殊医学用途婴儿配方食品是特殊医学状况婴儿赖以生存的口粮。它肩负着供给特殊医学状况婴儿正常生命活动所需的营养物质和能量，保障身体各项功能正常运行的重要使命，是维持特殊医学状况婴幼儿生命、生长发育和健康的重要物质基础。因此，特殊医学用途婴儿配方食品的质量安全，不仅是一个经济问题，更是一个重大的社会民生问题。复配营养强化剂，作为特殊医学用途婴儿配方食品中的一个重要组成部分，保证质量安全是重中之重！

15.1 质量安全体系管理

采用质量安全管理体系管理是复配营养强化剂管理组织的一项战略决策，能够帮助生产者提高整体绩效，为推动组织可持续发展奠定良好基础。ISO 9001 质量管理体系、FSSC 22000 食品安全体系是一种科学、合理的管理体系。尤其是 FSSC 22000 食品安全体系是针对整个食品链进行过程控制的预防性体系，它整合了 ISO 22000:2005 食品安全标准及食品安全公共可用规范（PAS）220:2008，鼓励在全球范围内大力推广实施。

FSSC 22000[1] 将整个食品链分为了八大行业类别，即 A、C、D、E、F、G、I、K。根据不同行业类别所包含的活动和产品，执行不同的审核、认证和注册规范性文件。其中复配营养强化剂行业类别是 K，隶属于生物化学品生产模块。K 行业类别规范性审核认证文件有 ISO 22000：2018、ISO/TS 22002-1：2009、FSSC 22000 附加要求。由于 FSSC 22000 审核认证体系更加精准科学，对认证该体系的复配营养强化剂组织提高质量安全管理水平发挥了更大的作用，它是复配营养强化剂管理组织进行质量管理和食品安全管理时优先考虑的认证体系。

15.2 混合均匀度的控制

对于复配营养强化剂产品质量控制来说，如何将不同重量的，颗粒大小、添加量多少、流动性大小不同的物料混合均匀，是质量控制的一项重要任务。因此，必须引入混合均匀度的概念。

15.2.1 混合均匀度测量设计

在我国，用于人类营养的复配营养强化剂的发展晚于应用于饲料营养中的预混料。因此，用于该行业的混合均匀度设计是参照 GB/T 5918—2008《饲料产品混合均匀度的测定》[2] 发展而来的。采用混合均匀度值以同一批次中同一原料不同位置的 10 个含量浓度的变异系数 CV 值表示。CV 值越大，混合均匀度越差。不同点在于，用于人类营养的营养强化剂不同配方中营养强化剂的原料各不相同，不能指定某一个元素浓度作为衡量混合均匀度的指标，也不能采用加入色素示踪剂的方法进行测量。所以，在混合均匀度测量设计阶段，需要将配方中的各个代表物料都进行测量。

饲料行业预混料混合均匀的标准是控制变异系数 CV ≤ 10% 为合格，用于人类营养的复配营养强化剂的混合均匀的标准是变异系数 CV ≤ 5%[3] 为合格。测量的具体操作为：在混合操作程序结束后，从第一锅料装袋开始取样到第一锅料取样结束，取样示例如图 15-1 所示，对半成品物料进行取样检测。以测定其中的含量作为验证依据，变异系数≤ 5% 为合格。

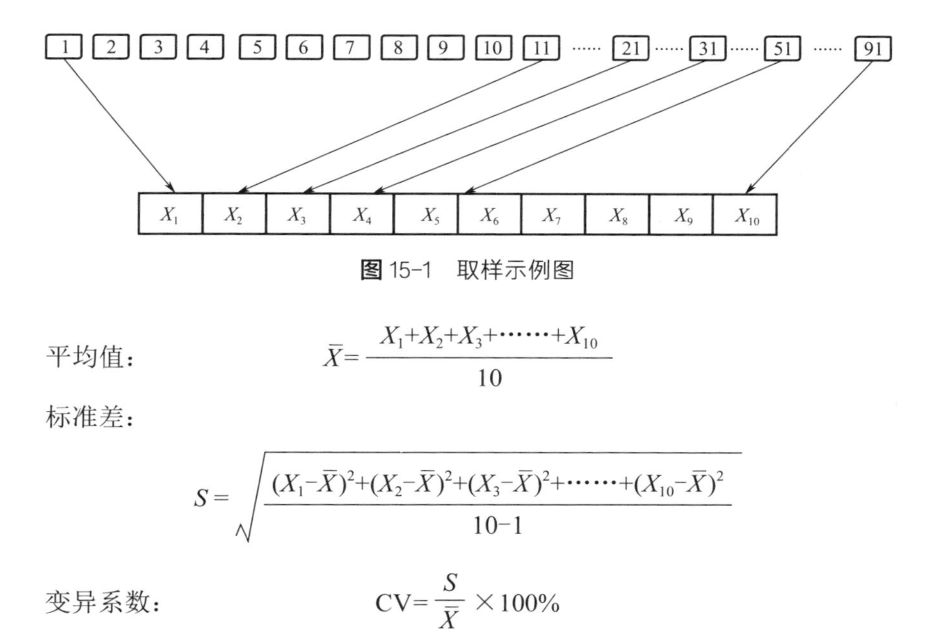

图 15-1　取样示例图

平均值：

$$\bar{X}=\frac{X_1+X_2+X_3+\cdots\cdots+X_{10}}{10}$$

标准差：

$$S=\sqrt{\frac{(X_1-\bar{X})^2+(X_2-\bar{X})^2+(X_3-\bar{X})^2+\cdots\cdots+(X_{10}-\bar{X})^2}{10-1}}$$

变异系数：

$$\mathrm{CV}=\frac{S}{\bar{X}}\times 100\%$$

式中，X 为营养素含量测定值；$\bar{X}$ 为营养素含量均值；S 为标准差；CV 为变异系数。

15.2.2　混合均匀度验证

在混合设备和物料品种没有重大变化的情况下，复配营养强化剂的混合均匀度需要定期进行检测验证 [4]，例如一年一次。验证时宜选取维生素和矿物质中添加量为不同数量级别的营养素为标的物（mg、μg 等），例如维生素中维生素 C 和维生素 B_{12}、矿物质中铁和硒；混合机的填充系数为配方生产时的所有填充量，例如 30%、50%、80% 等。测定不同混合浓度原料的混合均匀度，以保证复配营养强化剂产品持续混合均匀。

15.3 特殊原料的风险指标控制

15.3.1 牛磺酸、酒石酸氢胆碱、氯化胆碱原料的环氧乙烷控制

近年来，环氧乙烷是高端婴幼儿食品行业，特别是特殊医学用途婴儿配方食品行业质量风险控制的一个重要指标。欧盟法规（EU）2015/868[5] 中列出了不同食品类别对环氧乙烷的限量要求，其中特殊医学用途婴儿配方食品的允许残留量为≤ 0.01mg/kg。

在特殊医学用途婴儿配方食品复配营养强化剂配方中，牛磺酸、氯化胆碱和酒石酸氢胆碱这三个原料要特别关注环氧乙烷的残留。这三个营养素产品，均通过化学合成方法生产。合成牛磺酸原料一般为亚硫酸氢钠、环氧乙烷、液氨和硫酸；合成氯化胆碱的原料通常为三甲胺、环氧乙烷、盐酸；合成酒石酸氢胆碱的原料组成为三甲胺、环氧乙烷、酒石酸。以某知名企业氯化胆碱生产工艺图为例，氯化胆碱生产工艺流程如图 15-2 所示，通过对工艺流程的分析可知，由于环氧乙烷直接用于原料合成反应，反应结束后通过过滤、结晶、离心、干燥进行纯化。因此氯化胆碱成品环氧乙烷残留超标的风险比较高，需要在原料接收环节对环氧乙烷指标进行控制。

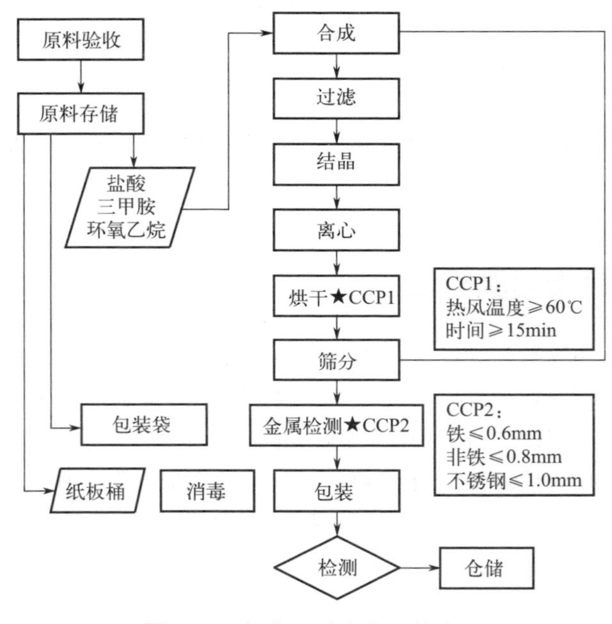

图 15-2　氯化胆碱生产工艺流程

15.3.2 柠檬酸钾、柠檬酸钠原料的氯酸盐、高氯酸盐控制

氯酸盐、高氯酸盐是高端婴幼儿食品行业中另外一个重要的质量风险控制物[6]。氯酸盐为无色片状结晶或白色颗粒粉末，是强氧化剂。自然界中存在氯酸盐和高氯酸盐，已在茶叶、蔬菜及乳粉中发现氯酸盐和高氯酸盐；氯酸盐的另外一个来源是含氯消毒剂。自来水和设备常用含氯消毒剂，如漂白粉、二氧化氯等。氯原子对微生物有很强的杀伤力，同时也会和水中的有机质发生反应，产生多种副产物，其中之一就是氯酸盐。不管是高氯酸盐还是氯酸盐都会阻碍甲状腺吸收碘。根据摄入量的不同，氯酸盐对健康造成不良影响的程度不同，尤其在婴幼儿阶段，足够的甲状腺激素对于其生长发育发挥着至关重要的作用。此外，氯酸盐还能破坏红细胞，从而影响血液运输氧气的功能。

最常见的柠檬酸钾生产方法是将柠檬酸溶于水和氢氧化钾发生反应生成柠檬酸钾。氢氧化钾是离子膜电解氧化钾而得到。由于电解的特性，使氢氧化钾中含有 40 ～ 100mg/kg 的氯酸盐，该氯酸盐会进入最终的柠檬酸钾产品中。

柠檬酸钠同理。因此柠檬酸钾、柠檬酸钠成品氯酸盐、高氯酸盐残留超标的风险比较高，需要在原料接收环节对氯酸盐、高氯酸盐含量指标进行监控。

15.4 产品过敏原的风险控制

15.4.1 过敏原的危害性

过敏原又称为致敏原。根据 GB/T 23779—2009[7] 的定义，致敏原是能够诱发机体发生过敏反应的抗原物质。食品过敏原大部分是自然生成的蛋白质。目前有160 多种食品含有过敏原，常见的有奶类、树果类、菜籽、豆类、蛋类、巧克力、香辛料、鲜果、海产品等。除此之外，其他成分，如味精、食用色素、亚硫酸盐、二氧化硫等，也可引起类似反应。当这些食品过敏原（通常是蛋白质）进入体内时，被体内的免疫系统当成入侵的病原，发生免疫反应，会对人体造成不良影响。

一些过敏者的身体会将正常无害的物质以为是有害的东西，产生抗体，这种物质就成为一种“过敏原”。并且由此而引起免疫系统一连串的反应，包括抗体的释放，而这些抗体又引起人体内一些化学物质的释放，例如组胺会引起皮肤发痒、流鼻涕、咳嗽或者呼吸困难，严重的甚至会导致死亡。

因此，过敏原的危害性不可忽视，特殊医学用途婴儿配方食品尤其要重视过

敏原的识别和标识。在条件允许的情况下，特殊医学用途婴儿配方食品中应尽量减少或不使用过敏原物质。用于特殊医学用途婴儿配方食品的复配营养强化剂的辅料设计，应尽量避免使用乳糖这一致敏原。

15.4.2 不同国家食品标识应标识的致敏原成分

值得注意的是，由于不同国家的科技水平、管理水平以及社会发展的不平衡和国民体质的不同，各个国家的过敏原有所差异。美国的花生过敏更常见，亚洲的甲壳贝类食品过敏更容易发生。表 15-1 列出了中国、美国、欧盟、澳大利亚和新西兰的过敏原种类。出口不同国家的特殊医学用途婴儿配方食品应依据当地的致敏原成分表识别过敏原成分，同理，用于特殊医学用途婴儿配方食品的复配营养强化剂亦应如此。

表 15-1　不同国家食品标识应标识的致敏原成分表

<table>
<tr><th>国别</th><th>食品种类</th><th>致敏原食品</th><th>法规要求</th></tr>
<tr><td rowspan="8">中国
（8 种）</td><td>含麸质的谷类及其制品</td><td>小麦、黑麦、大麦、燕麦、玉米等</td><td rowspan="8">GB/T 23779—2009 预包装食品中的致敏原成分</td></tr>
<tr><td>甲壳贝类及其制品</td><td>蟹、虾</td></tr>
<tr><td>鱼类及其制品</td><td>鲈鱼、鳕鱼</td></tr>
<tr><td>蛋类及其制品</td><td>鸡蛋、鸭蛋</td></tr>
<tr><td>花生及其制品</td><td>花生</td></tr>
<tr><td>大豆及其制品</td><td>大豆</td></tr>
<tr><td>乳及其制品</td><td>牛奶、乳糖</td></tr>
<tr><td>坚果及其制品</td><td>杏仁、腰果、胡桃、板栗</td></tr>
<tr><td rowspan="8">美国
（8 种）</td><td>乳</td><td>牛奶、乳糖</td><td rowspan="8">1.《食品致敏原标识和消费者保护法》
2. 除表中主要 8 类外，还有芹菜、芥菜、芝麻、二氧化硫或亚硫酸盐含量在 10mg/kg 以上
3. 食品中的“无麸质”标识，麸质含量大于 20mg/kg 不得使用“无麸质”标签</td></tr>
<tr><td>蛋</td><td>鸡蛋、鸭蛋</td></tr>
<tr><td>鱼</td><td>鲈鱼、鳕鱼</td></tr>
<tr><td>甲壳贝类</td><td>蟹、虾</td></tr>
<tr><td>树生坚果</td><td>杏仁、板栗、腰果、胡桃</td></tr>
<tr><td>含麸质的谷类</td><td>小麦、黑麦、大麦、燕麦</td></tr>
<tr><td>花生</td><td>花生</td></tr>
<tr><td>大豆</td><td>大豆</td></tr>
</table>

续表

国别	食品种类	致敏原食品	法规要求
欧盟（14种）	含麸质的谷类及其制品	小麦、黑麦、大麦、燕麦	1. 欧盟指令2007/68/EC附件Ⅲa和（11）调控涉及的成分 2. 欧盟指令2009/41/EC （1）主要内容：针对提供给麸质不耐受的人群的食品成分和标签方面的规定 （2）于2012年1月1日开始实施 （3）终产品中麸质含量不超过100mg/kg，食品标签上产品名称可标示“极低量的麸质”；如果不超过20mg/kg可标示“无麸质”
	甲壳贝类及其制品	蟹、虾	
	蛋类及其制品	鸡蛋、鸭蛋	
	鱼类及其制品	鲈鱼、鳕鱼	
	花生及其制品	花生	
	大豆及其制品	大豆	
	乳及其制品	牛奶、乳糖	
	坚果及其制品	杏仁、板栗、腰果、胡桃	
	芹菜及其制品	芹菜	
	芥菜及其制品	芥菜	
	芝麻及其制品	黑芝麻、白芝麻	
	二氧化硫或亚硫酸盐含量在10mg/kg以上制品	蜜饯食品（话梅、陈皮）	
	羽扇豆及其制品	羽扇豆（鲁冰花）	
	软体动物及其制品	牡蛎、蜗牛	
澳大利亚和新西兰（8种）	含有麸质及其制品的谷类	小麦、黑麦、大麦、燕麦	1.《澳大利亚新西兰食品标准法典》 2.《食品致敏原管理和标签企业指南》
	甲壳贝类及其制品	蟹、虾	
	鸡蛋及其制品	鸡蛋	
	鱼类及其制品	鲈鱼、鳕鱼	
	乳及其制品	牛奶	
	花生、大豆及其制品	花生、大豆	
	亚硫酸盐含量大于10mg/kg的制品		
	坚果、芝麻及其制品	杏仁、腰果、核桃	

15.4.3 过敏原的检测

用于特殊医学用途婴幼儿配方食品的复配营养强化剂中是否含有过敏原，除了配方设计中避免使用过敏原物质外，产品过敏原检测也是重要的一个环节，以排除原料本身、原料储存、原料运输及生产过程中过敏原的交叉污染。

目前，我国开发了酶联免疫吸附测定法（enzyme-linked immunosorbent assay，ELISA），用于检测大豆、牛奶、麸质、β-乳球蛋白、酪蛋白等五种致敏原成分。

15.5 展望

随着检测技术和手段以及方法学研究的进步，复配营养强化剂的质量控制手段也将进一步提高。混合均匀度作为复配营养强化剂质量的关键控制指标有望使用仪器分析法实现在线监测，X 射线荧光光谱分析也是业内给予希望最大的分析方法之一。

（董昊昱，马希朋，何兰梦，王娟）

参考文献

[1] FSSC 22000，食品安全体系认证．www.fssc22000.com.

[2] 国家标准化管理委员会，国家质量监督检验检疫总局．饲料产品混合均匀度的测定：GB/T 5918—2008．北京：中国标准出版社，2008.

[3] 董昊昱，刘建宇，李玉柱等．预混营养素混合均匀度作为质量控制指标的研究 . 食品科学，2002，23(1)：53-55.

[4] Asachi M, Nourafkan E, Hassanpour A. A review of current techniques for the evaluation of powder mixing. Advanced Powder Technology, 2018, 29(7): 1525-1549.

[5]（EU）2015/868. https://eur-lex.europa.eu/homepage.html?locale=en.

[6] 李琴，孟伟，张金良等．高氯酸盐的健康危害研究现状．毒理学杂志，2009, (03).

[7] 国家标准化管理委员会，国家质量监督检验检疫总局．预包装食品中的致敏原成分：GB/T 23779—2009．北京：中国标准出版社，2009.

第16章

复配营养强化剂的检测

特殊医学用途婴幼儿配方食品是用于有特定医学状况婴儿的配方食品。此类食品都是经过科学设计并合理配制而成的。GB 25596—2010《食品安全国家标准　特殊医学用途婴儿配方食品通则》[1]和GB 29922—2013《食品安全国家标准　特殊医学用途配方食品通则》[2]都对其中的各营养成分的含量有明确规定。因此，应用于特殊医学用途配方食品中间产品的复配营养强化剂，对其各营养成分在检测过程中实施严格的质量控制就显得非常重要。

目前特殊医学用途婴儿配方食品的检测有相关检测标准，其所使用的宏量营养素和添加剂以及营养强化剂也有相应的产品标准，但对添加到特殊医学用途配方食品中的中间产品“复配营养强化剂”没有规定其中各营养素成分的检测方法，与之相关的国家标准也仅有 GB 26687—2011《食品安全国家标准　复配食品添加剂通则》[3]，且该通则主要规定了复配食品添加剂的质量要求，至今还未见到复配营养强化剂相关国家及行业的检测标准。

笔者及其课题组成员经过多年的对复配营养强化剂中各营养素成分检测方法的研究，摸索、积累了一些相关检测经验。这些检测方法一部分参考了婴幼儿配方食品与乳品的检测标准，如胆碱、核苷酸；另外一部分营养素成分检测方法是在现有食品、饲料检测标准的基础上进行调整，如泛酸、叶酸；还有一部分检测方法是采用仪器厂家开发的方法，如采用电感耦合等离子体质谱仪（inductively coupled plasma mass spectrometer，ICP-MS）测定碘的含量。目前，这些检测方法除了在实验室进行了反复验证之外，还在部分相关终端产品生产企业中推广应用。本章仅列举其中一部分检测方法，同时也探讨了如何准确测定复配营养强化剂中各种营养成分的含量及相关检测过程中的质量控制。

16.1　检测误差来源

由于特殊医学用途婴儿配方食品也属于食品范畴，其基质主要成分大多数情况下也是食品原料，因此食物基质会不同程度地干扰检测结果。检测误差的来源有：

① 食物基质的影响　食品大多数营养成分的检测是在复杂组分中进行的微量检测，涉及诸多分离、萃取、纯化步骤，比药品的纯度检测要复杂，而且检测结果的变异也很大。

② 检测仪器设备的误差。

③ 分析者之间的误差。

④ 实验室之间的检测误差。

16.2　复配营养强化剂分析的实验室质量控制

实验室应对整个检测活动实施质量控制[4]，以保证检测结果的有效性。由于复配营养强化剂中各营养素成分的检测没有相关统一的国家标准，所以目前实验室的质量控制很难通过标准样品、能力验证、测量审核或实验室比对等外部方式进行，更多的是实施内部质量控制。实验室内部质量控制环节和因素较多，本节主要介绍资源配置和检测过程两个方面。

16.2.1 资源配置控制要求

16.2.1.1 检测人员基本技术技能

检测人员应充分了解各类营养素的性质及特点，理解检测方法原理，掌握相关仪器的操作和维护保养知识，具备一定的专业检测技能和经验，以保证出具的检测结果准确可靠。

16.2.1.2 仪器设备

不同检测项目对仪器设备的精密度要求不同，仪器设备应满足相关检测项目的要求。仪器设备应按规定进行检定或校准，并定期进行期间核查，设备和标准物质应满足计量溯源性要求。设备应正确使用并进行日常维护保养，以保证仪器设备处于稳定可靠的状态。对仪器设备状态的检测还应包括标准物质、基准参考材料和各类化学试剂的制备等。

16.2.1.3 环境和设施

环境设施在保证实验室安全的情况下应符合检测要求。各营养素性质不同，如维生素 A 和维生素 D 的性质不稳定，在光照下易被破坏，检测过程就需要避光操作。故应依据营养素各自的性质对环境设施采取措施进行有效控制。

16.2.2 检测过程的质量控制

16.2.2.1 编制检测方法作业指导书

编制检测方法作业指导书是为了规范和指导检测员进行检测。作业指导书除了详细说明方法原理、使用的化学试剂、仪器设备、分析步骤等外，还应明确描述检测过程中的关键控制点和注意事项。在目前复配营养强化剂中各营养素成分的检测没有相关检测标准的情况下，编制作业指导书是非常必要的，以保证检测过程的完整和统一。

16.2.2.2 建立质量控制图 [5]

在实际检测活动中影响检测结果的因素很多，每一个因素都受时间和空间等的影响，即使在理想条件下获得的一组检测结果也会存在一定的随机误差。质量控制图可以及时直观地发现检测过程中可能出现的误差及异常情况，保证检测数据的有效性。建立质量控制图的基本思路如下所述。

（1）选择合适的质控样品　质控样品要具有可靠的代表性，质控样品选择时应考虑以下因素：①尽量采用与被测样品相同的基质（载体）。不同复配营养强化剂的基质（载体）不同，检测前首先应了解样品基质（载体），在检测时对具有相同基质（载体）的质控样品进行检测。②待测成分的浓度范围应与被测样品在相同数量级。③赋有定值。④数量足够。有条件的实验室，可以基于质控标准品，制备不同基质的基准参考材料用于日常检测的质量控制。

（2）质量控制图的绘制　实验室内部质量控制常用的控制图有均值图（$\bar{X}$- 图）和极差图（R- 图）。实验室可以根据实际情况采用不同类型的质量控制图。质量控制图的组成有：中心线，上下警告限，上下控制限，上下辅助限。以下以均值图（$\bar{X}$- 图）为例简单介绍如何绘制质控图，$\bar{X}$- 质控图示图如图 16-1 所示，步骤具体如下：

① 用相同检测方法在不同时间段内重复检测同一个质控样品，至少累积 20 个正常数据。

② 计算 20 个检测数据的平均值 $\bar{X}$ 和标准偏差 S。

③ 绘出各线：中心线，上下辅助限 $\bar{X}\pm S$，上下警告限 $\bar{X}\pm 2S$，上下控制限 $\bar{X}\pm 3S$。

④ 绘制后对控制图进行检验，标明内容。

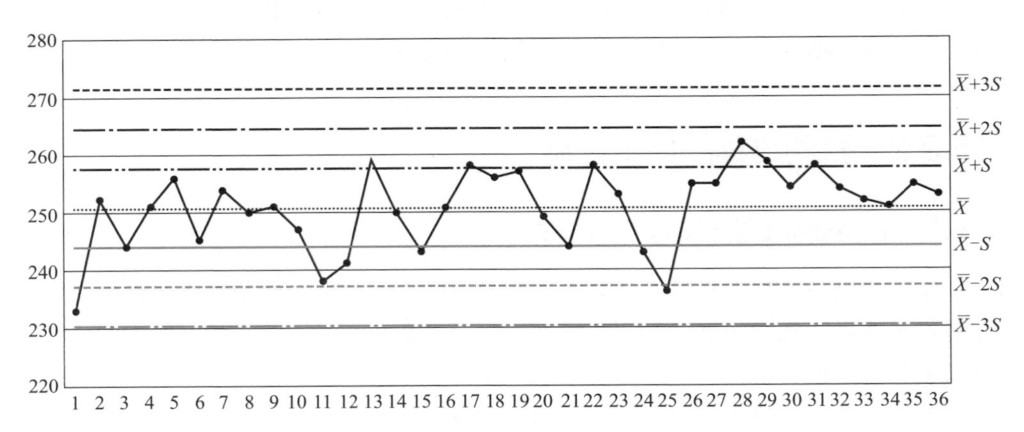

图 16-1　$\bar{X}$- 质控图示图

（3）质量控制图的使用　在检测过程中每批检测样品均需要附带质控样品。检测顺序为空白、样品、质控样品。每批检测样品量可根据实际情况作出适当调整。如检测系统稳定，则在后续的检测中适当加大检测批量，如检测系统为不稳定状态，则应减少批量。在检测整个过程中质控样品与检测样品应同时进行，质控样品的测定结果点在控制图上，就可以判断检验分析过程是否处于控制状态。

16.2.2.3 评估测量不确定度

测量不确定度是用于表征合理赋予被测量的值的分散性，与测量结果关联的参数。对于如何进行测量不确定度的评估，可以参照《化学分析中不确定度的评估指南》（CNAS-GL006：2019）[6] 中的要求进行。在方法使用过程中定期评定测量不确定度，以满足各相关方对检测结果的要求。

16.3 建议

16.3.1 尽快出台复配营养强化剂的相关检测标准

特殊医学用途配方食品中各营养素成分的检测有相应的国家检测标准，随着特殊医学用途配方食品在市场的广泛应用，添加到其中的复配营养强化剂中各营养素成分的检测也更为重要。但目前无论是国家、国际、行业或地方都没有统一明确的检测标准，这给生产企业和实验室造成一定困扰。所以希望相关部门能尽快出台复配营养强化剂的相关检测标准，为生产企业和检测部门提供指导和帮助。

16.3.2 加强同行业间的检测技术交流

复配营养强化剂含各类维生素和矿物质，配方不同，样品前处理、仪器设备和测试参数也不同，并且检测过程中干扰情况较多，故需要加强实验室同行业间的交流，以促进检测技术的不断完善和提高，最终获得更加可靠的检测数据。

16.3.3 重视科学研究

迄今，国际层面营养素强化剂预混料的研究与应用历史还较短，在我国该类产品应用于婴幼儿配方食品已有三十多年，而用于特殊医学用途婴儿配方食品的历史还不到 10 年，因此尚需开展深入的研究，包括不同化学形式微量营养素的生物利用率和稳定性研究、微量营养素之间的相互作用和对产品质量的影响以及对策、微量营养素预混料与终产品中其他物料的相容性、不同微量营养素的配比以及不稳定化合物的遮蔽或包埋工艺研究和检测方法学研究等。

（李剑，张静，赵娜，王守靖，庄连超）

参考文献

[1] 中华人民共和国卫生部．食品安全国家标准　特殊医学用途婴儿配方食品通则：GB 25596—2010．北京：中国标准出版社，2010.

[2] 中华人民共和国卫生部．食品安全国家标准　特殊医学用途配方食品通则：GB 29922—2013．北京：中国标准出版社，2013.

[3] 中华人民共和国卫生部．食品安全国家标准　复配食品添加剂通则：GB 26687—2011．北京：中国标准出版社，2011.

[4] 国家质量监督检验检疫总局　国家标准化管理委员会．实验室质量控制规范 - 食品理化检测：GB/T 27404—2008．北京：中国标准出版社，2008.

[5] 中国合格评定国家认可委员会．CNAS-GL027: 2023，化学分析实验室内部质量控制指南——控制图的应用．https://www.cnas.org.cn/rkgf/sysrk/rkzn/index.shtml.

[6] 中国合格评定国家认可委员会．CNAS-GL006: 2019，化学分析中不确定度的评估指南．https://www.cnas.org.cn/rkgf/sysrk/rkyyzz/index.shtml.

第 17 章

特殊医学用途配方食品生产工艺及选择

特殊医学用途配方食品存在于市场，从产品性状上可分为粉剂产品、液态产品、固态产品、半固态产品四大类，其中粉剂类产品在特殊医学用途配方食品中的占比约 40%、液态类产品的占比约 50%[1]。特殊医学用途配方食品生产工厂，不论是从整体设计，还是车间设计，都是由生产工艺设计及辅助类工艺设计（包括采暖、通风、给排水、供汽 & 气、供电等）组成，生产工艺设计是整体设计的主体及中心，生产工艺设计得是否合理直接会影响产品质量、产品成本以及日后从业人员的生产工作强度等问题，所以生产工艺的确定在整体工厂设计中占有重要地位。根据生产工艺设计的不同，可将特殊医学用途配方食品的生产工艺分为干法生产工艺、湿法生产工艺和干湿法复合生产工艺三种。产品性状的不同，决定了生产工艺的设计不同，产品的生产工艺设计是否合适，决定着生产出的产品是否存在产品质量风险，因此在特殊医学用途配方食品的生产中，生产工艺的选择尤为重要。

17.1 生产工艺分类

特殊医学用途配方食品的生产是在产品性状不同的基础上，进行生产工艺分类，本章主要介绍粉剂产品和液态产品，详细生产工艺选择及分类见表 17-1。

表 17-1 特殊医学用途配方食品生产工艺

产品性状	湿法生产工艺	干法生产工艺	干湿法复合生产工艺
粉剂	●	●	●
液态	●	—	—

注：● 表示可选择。

17.2 湿法生产工艺及适用产品

湿法生产工艺是指先将所有产品使用的原辅料溶解成一定比例的料液，按配方要求和产品性状的不同，进行生产粉剂类产品或液态类产品的制备方法。从此定义可知此方法适用于生产粉剂类产品及液态类产品。

17.2.1 粉剂类产品

17.2.1.1 湿法粉剂类产品生产工艺流程

依据粉剂类产品的特性及生产要求、《特殊医学用途配方食品生产许可审查细则》要求、《食品安全国家标准 特殊医学用途配方食品良好生产规范》要求，湿法粉剂类产品的生产工艺流程如图 17-1 所示。

（1）优点 以湿法工艺生产粉剂类产品的优点是各种原辅料在标准化混合过程中可以充分溶解，产品成分分布均匀，理化指标稳定，营养成分均衡，在生产过程中可以对料液进行杀菌，有效避免或减少过程污染，可以较好地保证最终产品的质量，同时粉剂类产品更方便储存、携带和使用。

（2）缺点 以湿法工艺生产粉剂类产品并不是所有的生产工厂都能够做到的，如湿法工艺涉及的环节比较多、占用空间面积相对较大、设备投资相对成本较高、人员相对投入量较多、生产能耗相对偏大等，同时采用单一湿法工艺，在干燥过程中，部分热敏性营养素容易被破坏或分解。

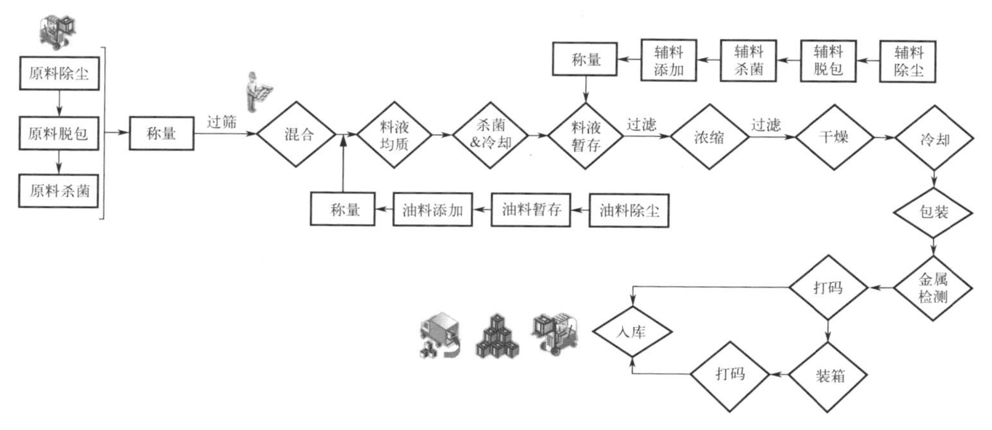

图 17-1　湿法粉剂类产品生产工艺

17.2.1.2　适用粉剂类产品

如全营养配方食品、特定全营养配方食品、特殊医学用途婴儿配方食品（如：无乳糖产品、低乳糖产品、乳蛋白部分水解产品、乳蛋白深度水解产品、早产/低出生体重婴儿产品等）等。

17.2.2　液态类产品

17.2.2.1　湿法液态类产品生产工艺流程

依据液态类产品的特性及生产要求、《特殊医学用途配方食品生产许可审查细则》要求、《食品安全国家标准　特殊医学用途配方食品良好生产规范》要求，液态类产品的生产工艺流程如图 17-2 所示。

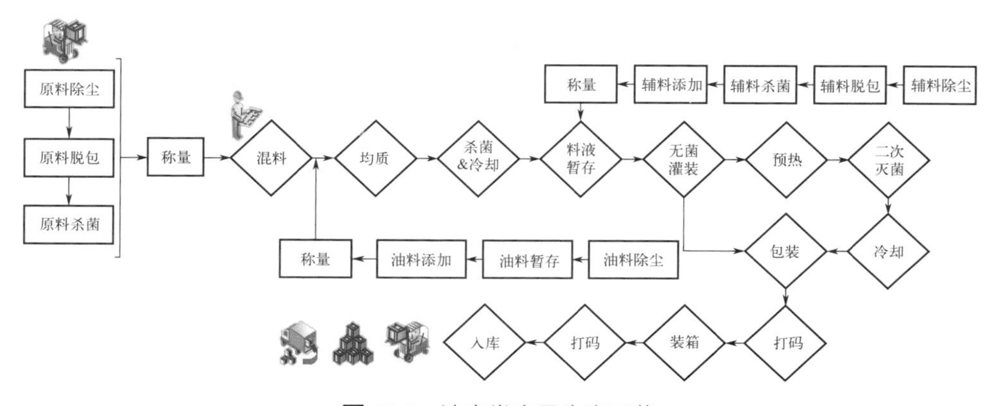

图 17-2　液态类产品生产工艺

（1）优点　以湿法生产工艺生产液态类产品的优点是设备投入相对不大，人员投入相对较少，成本投资相对较低，各种原辅料在标准化混合过程中可以充分溶解，产品成分分布均匀，理化指标稳定，营养成分均衡，在生产过程中可以对料液进行有效杀菌，避免或减少过程污染，可以很好地保证最终产品的质量，并满足进食受限、消化吸收障碍或代谢紊乱等特殊人群的需求。

（2）缺点　以湿法生产工艺生产液态类产品的缺点是液态类产品工艺环节相对较多，对包装机械要求较高，部分产品保存条件受限、保质期相对不长，并且由于营养素种类繁多，产品在储藏过程中容易出现如脂肪上浮、蛋白质絮凝、相分离等物理失稳现象，以及油脂氧化、营养素降解、风味劣变等品质变化[2]（部分特殊产品除外，如电解质类产品等）。

17.2.2.2　适用液态类产品

湿法生产工艺适用于生产全营养配方食品、特定全营养配方食品、非全营养配方食品等。

17.3　干法生产工艺及适用产品

干法生产工艺是指将产品所需各种原辅料，依品种及类别按配方要求进行一定比例的均匀混合而生产出所需配方产品的制备方法。

17.3.1　干法生产工艺流程

依据干法工艺特性及生产要求、《特殊医学用途配方食品生产许可审查细则》要求、《食品安全国家标准　特殊医学用途配方食品良好生产规范》要求，干法生产工艺主要以生产粉剂类产品为主，其详细生产工艺流程如图 17-3 所示。

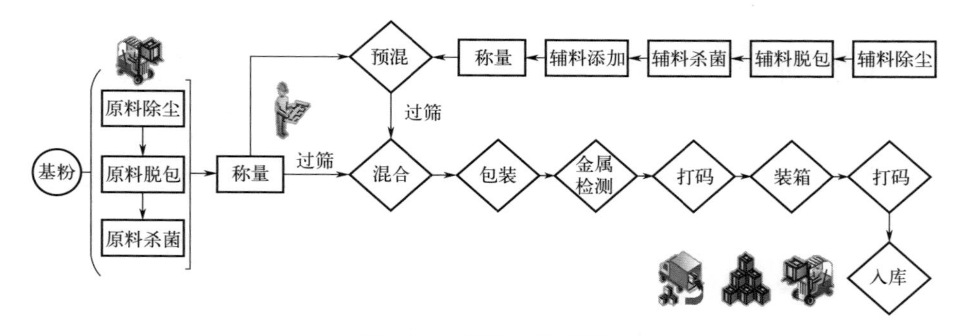

图 17-3　干法生产工艺

17.3.2 优点与缺点

（1）优点　生产工艺简单，生产环节较少，设备投入量不多且投资成本低，人员需求量少，生产车间占地面积小，生产能耗不高。

（2）缺点　适用产品类型单一，只适合粉剂类产品生产，生产过程中很难实现原料杀菌，微生物控制难度较大，对原料质量要求较高，洁净车间面积要求也大，车间洁净度要求较高。由于不同种原料间存在密度和粒径的不同，干法生产过程中产品的均匀度控制尤为重要。

17.3.3 适用粉剂类产品

全营养配方食品、特定全营养配方食品、特殊医学用途婴儿配方食品（如无乳糖产品、低乳糖产品、乳蛋白部分水解产品、乳蛋白深度水解产品、氨基酸配方产品、母乳营养补充剂、氨基酸代谢障碍配方产品、早产 / 低出生体重婴儿配方产品等）等。

17.4 干湿法复合生产工艺及适用产品

干湿法复合生产工艺是指在整个产品生产过程中既包含上述湿法生产工艺，又包含上述干法生产工艺的产品生产过程。

17.4.1 工艺流程

依据湿法和干法生产工艺特性及生产要求、《特殊医学用途配方食品生产许可审查细则》要求、《食品安全国家标准　特殊医学用途配方食品良好生产规范》要求，干湿法复合生产工艺主要用于生产粉剂类产品，其详细生产工艺流程如图 17-4 所示。

17.4.2 优点与缺点

干湿法复合生产工艺主要适合粉剂类产品的生产，在保留产品更好风味及性状的同时，产品配方可添加对热非常敏感的营养原料，相对于湿法生产同类配方成本消耗较低，产品质量更可控。但干湿法复合生产工艺投资大，工艺环节多，工厂规模大，更适合产品大批量的生产加工。

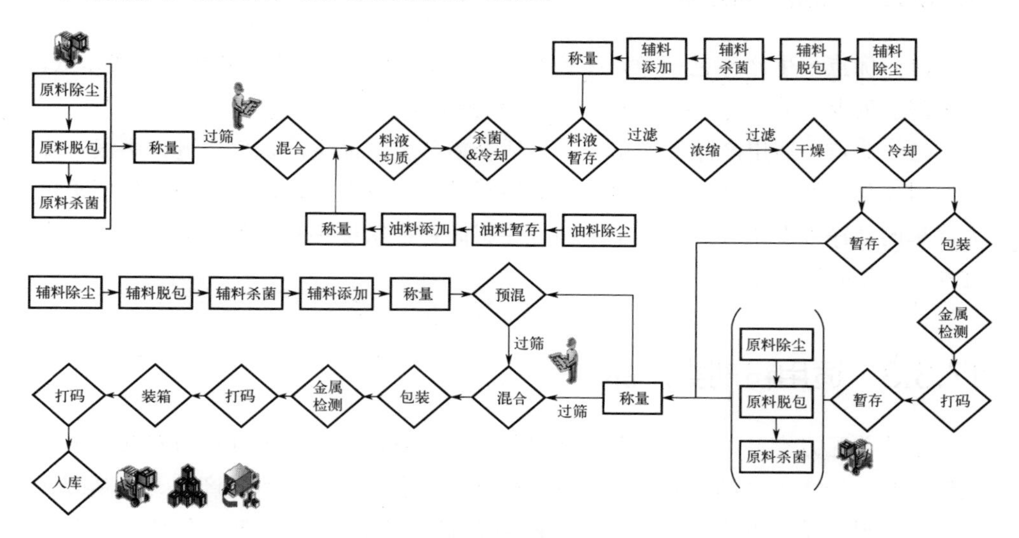

图 17-4　干湿法复合生产工艺

17.4.3　适用粉剂类产品

全营养配方食品、特定全营养配方食品、特殊医学用途配方食品（如无乳糖产品、低乳糖产品、乳蛋白部分水解产品、乳蛋白深度水解产品、氨基酸配方产品、母乳营养补充剂、氨基酸代谢障碍配方产品、早产 / 低出生体重婴儿配方产品等）等。

17.5　展望

相比普通食品，特殊医学用途配方食品对配方组成的稳定性以及成分混合的均匀性有着更加严苛的要求，因此其生产工艺较复杂，对工艺要求也较高。需要分析现有不同剂型特殊医学用途配方食品生产工艺的现状，结合食品工业机械的发展和创新，在现有特殊医学用途配方食品生产工艺的基础上，融入射频 / 微波磁场杀菌和干燥技术 [3]、高压 / 超高压杀菌技术 [4]、低温等离子体杀菌技术 [5]、膜过滤技术 [6]、喷雾冷冻干燥工艺 [7] 等，不断优化生产工艺、改进升级设备，减少工艺环节，更好地保证产品质量的安全和稳定，使得生产管理更容易、质量控制更有效。

特殊医学用途配方食品的生产工艺是关键，它涉及原材料选择、配方设计、生产过程控制以及产品质量保障等方面，未来特殊医学用途配方食品的生产工艺也将更加注重个性化营养、创新原料、高效生产、科学研究和可持续发展。同时这也将有助于满足不断增长的特殊人群的营养需求，并提高产品的质量和安全性。

（刘百旭，王坤朋，杨康玉，张宇，王心祥，姜毓君）

参考文献

[1] 陈斌，董海胜，藏彭，等．特殊医学用途配方食品生产工艺研究现状及展望．食品科学技术学报，2018, 36(5): 1-8.

[2] 李子琰，刘媛，刘光，等．贮藏条件对全营养乳剂型特医食品品质特性和稳定性影响．食品安全质量检测学报，2021, 12(3): 931-939.

[3] 陈年．午餐肉软罐头射频加热工艺研究．咸阳：西北农林科技大学，2014.

[4] Technology-Food Technology; Data from Beijing Forestry University Advance Knowledge in Food Technology (Impact of ultrahigh pressure on microbial characteristics of rose pomace beverage: A comparative study against conventional heat pasteurization). Food Weekly News,2020.

[5] 张关涛，张东杰，等．低温等离子体技术在食品杀菌中应用的研究进展．食品工业科技，2022, 43(12): 417-426.

[6] 甘元英．水玻璃 - 聚乙烯醇复合超滤膜系统应用于饮料过滤及无菌包装研究．重庆：西南大学，2020.

[7] 张盛宇．胰蛋白酶干燥工艺优化及喷雾冷冻设备研发．苏州：苏州大学，2017.

特殊医学状况婴幼儿配方食品

Formulas for Special Medical Purposes Intended for Infants and Young Children

第18章

特殊医学用途配方食品适用生产设备

因特殊医学用途配方食品形态或剂型不同，所以涉及的生产工艺不同，生产过程中使用的设备也不相同。产品的质量直接与生产设备有着密切的联系，设备的选择是保证产品加工效率及生产稳定性的重要条件，同时设备的好坏会直接影响产品的质量，设备的选择是否符合产品特性及生产工艺要求，将会决定生产线中生产的产品质量是否稳定、可控，以及成本、效率是否最佳。本章通过介绍部分设备特性及适用范围，探讨了不同工艺下适合特殊医学用途配方食品生产的部分设备，旨在为特殊医学用途配方食品工厂建设规划提供参考。

18.1 设备分类

特殊医学用途配方食品的生产加工设备，从功能、生产工艺要求及产品特性分类为：

①筛分设备；②混料设备；③碟片式分离设备；④高压均质设备；⑤过滤设备；⑥杀菌设备；⑦换热设备；⑧蒸发浓缩设备；⑨干燥设备；⑩ 物料输送设备；⑪ 包装设备；⑫ 储存设备；⑬ 异物检测设备；⑭ 清洗设备；⑮ 辅助生产设备等。

18.2 特殊医学用途配方食品生产设备选择的关注点

特殊医学用途配方食品是为特定疾病状态下的人群提供的一种特殊食品，对患者的治疗、康复及机体功能维持发挥重要作用。在特殊医学用途配方食品的生产过程中，所使用的设备需符合产品生产工艺要求和产品特性，可以持续稳定地保证产品质量，并且设备有可能会接触到产品，所以，在选择设备时，要求设备材质不能产生霉味、异味，具可耐氧化、耐腐蚀，同时设备的表面应具备光滑且易于清洁的特性，便于彻底清洁和消毒，以确保产品的卫生质量[1]。这些是特殊医学用途配方食品生产企业选用设备时重点应关注的问题。

18.2.1 生产工艺要求

设备的选择与采用的生产工艺有关，采用湿法生产工艺、干法生产工艺还是干湿复合法生产工艺使用的设备差别很大。

18.2.1.1 湿法生产工艺要求

① 配备必要的筛分设备，对原料进行过筛，确保原料无结块及无大块异物混入。

② 配备必要的混合设备，在水合作用下充分溶解各种原料，确保各种营养物质分布均匀。

③ 配备必要的分离设备，对液态原料（如牛奶、羊奶等）进行除杂质、除菌等，确保液态原料干净、卫生。

④ 配备必要的高压均质设备，对配料中脂肪进行分散或标准化，使脂肪均匀分布，确保产品中脂肪的稳定。

⑤ 配备必要的过滤设备，有效过滤掉工艺操作及原料中带入的杂质。

⑥ 配备必要的杀菌设备，对不同原料自身含有的或操作过程中带入的微生物，进行灭杀菌或标准化控制，保证符合加工过程或产品标准的微生物要求。

⑦ 配备必要的蒸发浓缩设备，将液态料液中的多余水分去除，增加后序加工效率（注：粉剂类产品生产选配）。

⑧ 配备必要的干燥设备，对液态料液进行有效烘干，形成粉状产品（注：粉剂类产品生产选配）。

⑨ 配备必要的物料输送设备，确保与包装设备的对接、暂存和转运。

⑩ 配备必要的包装设备，对杀菌后的液态类产品或干燥后的粉剂类产品，进行包装（注：依据产品形态或剂型的不同，选择的包装设备也不同）。

⑪ 配备必要的异物检测设备，对液态或粉剂的原料和包装前或包装后的产品进行异物检查，确保产品安全。

⑫ 配备必要的清洗消毒设备，对生产过程中的管路、设备进行内部自动清洗、消毒，确保生产相关设备的清洁。

⑬ 配备必要的辅助设备，根据生产线或工厂的产能需求选择，保证生产设备正常运转和生产工况的需求，如空压机、制氮机、锅炉、变电系统、空调系统等。

18.2.1.2 干法生产工艺要求

① 配备必要的筛分设备，对原料进行过筛，确保原料无结块及无大块异物混入。

② 配备必要的原料混合设备，在机械力或气力作用下充分混合各种原料，确保各种原料混合均匀。

③ 配备必要的物料输送设备，确保与包装设备的对接、暂存和转运。

④ 配备必要的包装设备，对混合均匀的粉剂类产品进行包装。

⑤ 配备必要的异物检测设备，对粉剂类产品包装前或包装后的产品进行异物检查，确保产品安全。

⑥ 配备必要的辅助设备，根据生产线或工厂的产能需求选择，保证生产设备正常运转和生产工况的需求，如空压机、制氮机、变电系统、空调系统等。

18.2.1.3 干湿复合法生产工艺要求

以上湿法生产工艺加上干法生产工艺全部要求。

18.2.2 产品特性的要求

液态类产品要求中湿法生产工艺必须配备设备要求。

粉剂类产品要求中湿法生产工艺、干法生产工艺、干湿复合法生产工艺必须配备设备要求。

18.3 特殊医学用途配方食品生产设备特性

18.3.1 筛分设备

筛分设备是将颗粒大小不同的混合物料，经过筛网按粒度大小分成若干不同粒度级产品的机械设备[2]，主要是利用旋转、振动、往复、摇动等动作将各种原料经过筛网，按物料粒度大小分成若干个等级，或将其中的水分、杂质等去除，再进行下一步的加工和提高产品品质时所用的机械设备。其主要设备类型有：固定筛、辊轴筛、滚筒筛、摇动筛、振动筛、其他筛等[3]。食品生产中更多选用振动筛类设备。

18.3.1.1 振动筛（圆筛 / 直线筛）

振动电机作为直线振动筛的振动源，应具有设计合理、结构简单、紧凑、激振效率高、节能、安装调试方便等优点。此类设备适用于粉剂类物料（图 18-1）。

图 18-1 振动筛

18.3.1.2 振筛一体投料站

该设备结构简单，由人工投料仓、防压投料平台、粗筛网、振动筛系统、过滤系统、集尘系统、反吹气囊及振动电机等部件组成。它可以有效地控制投料过程中的粉尘飞扬，保证操作环境的空气洁净度。此设备适用粉类物料操作（图 18-2）。

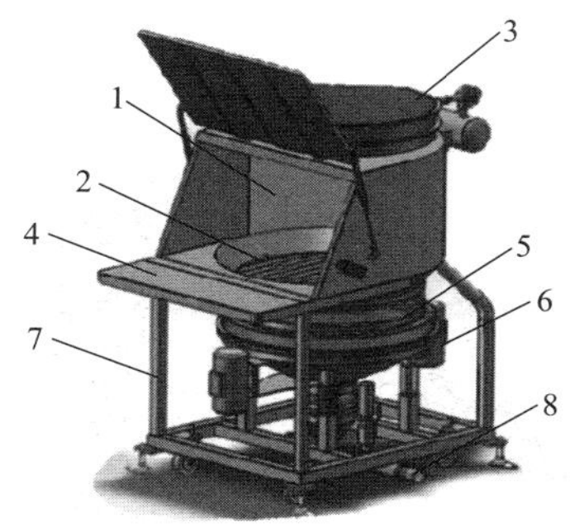

图 18-2　振筛一体投料站

1—人工投料仓；2—粗滤筛板；3—集尘过滤反吹系统；
4—防压投料平台；5—振动筛系统；6—偏心振动电机；7—可移动支架；8—出料口

18.3.2　混料设备

混料设备是通过机械作用或气流带动物料往复翻动和转动，形成扩散混合或对流混合，达到物料混合均匀的设备。混料设备也分为粉类物料设备、液态物料设备，主要应用于食品、药品、化妆品、化工等行业。其主要设备类型有常压高速剪切混料机、真空高速剪切机、滚筒式混合机、固定式桨叶混合机、气流混合机等。

18.3.2.1　常压高速剪切混料机

常压高速剪切混料机是在常压状态下，以直接或间接投料的方式将加工原料和料液混合，使定子和转子包埋在料液中，通过带切刀的转子高速转动，使各种物料高效、快速、均匀水合，达到充分溶解同时兼具乳化的效果[4]。它具有结构简单、运行稳定、噪声小、清洗方便、机动灵活等特点。此设备适用于粉类物料和液态物料（图 18-3）。

18.3.2.2　真空高速剪切机

真空高速剪切机是在常规高速剪切机结构的基础上，在密闭状态下，利用真空负压原理，将水合原料吸入高速旋转的剪切机，在真空状态下可以降低在混料过程中空气的混入，也可以有效抑制在水合过程中产生大量气泡，可有效降低产品在换热过程中结焦，同时也可以减少在均质过程中的气穴现象，使均质效果达到最佳。此设备适用于粉类物料和液态物料（图 18-4）。

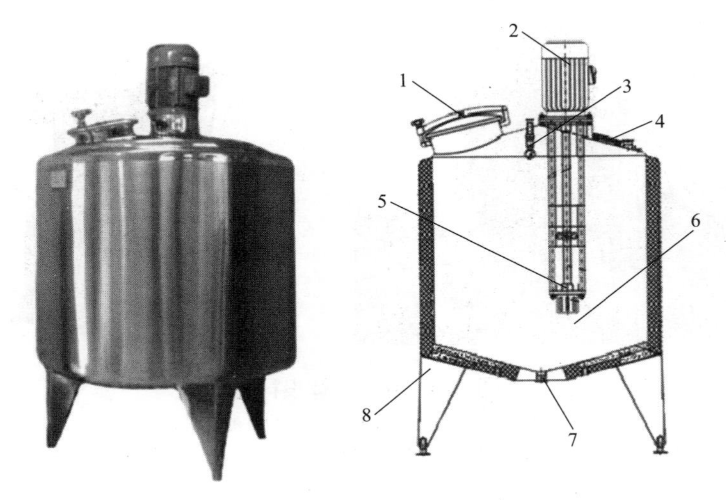

图 18-3 常压高速剪切机

1—人孔；2—传动电机；3—CIP 喷头；4—进料口；5—剪切头；6—剪切罐；7—排料口；8—罐体支腿

CIP（clean in place），就地清洗 / 原地清洗

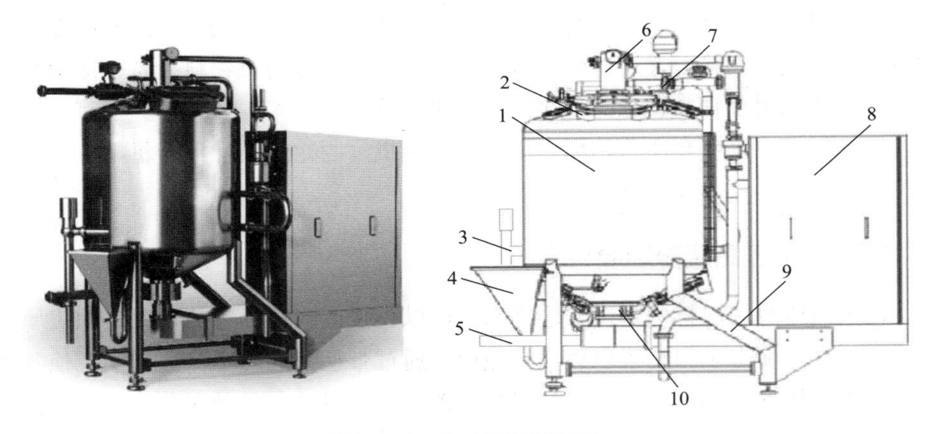

图 18-4 真空高速剪切机

1—真空混料罐；2—安全阀；3—抽料口；4—外部加料口；5—出料口；

6—真空抽气系统；7—CIP 系统；8—真空动力设备柜；9—设备支架装置；10—高速动力剪切头

18.3.2.3 滚筒式混合机

滚筒式混合机由托架装置、减速动力系统、转筒料仓、进料器、出料器、控制电柜等主要部件组成，其设计结构简单、方便灵活、物料颗粒破损小。转筒在匀速的转动过程中，通过转筒内壁固定的隔板，使物料在筒内形成全方位连续翻动，物料相互交错混合，达到快速混合均匀的效果。此设备适用于粉类物料（图 18-5）。

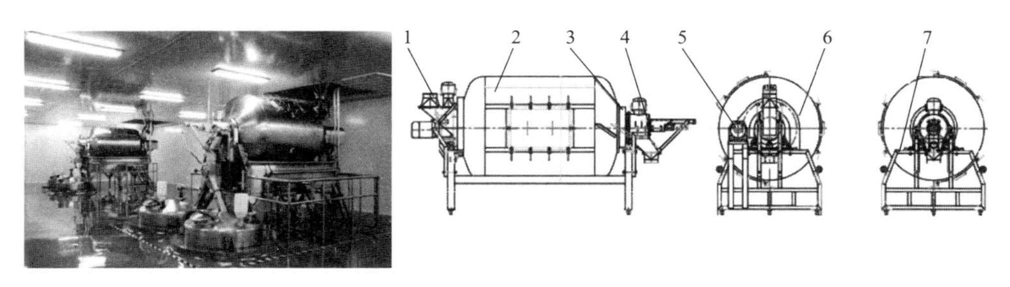

图 18-5　滚筒式混合机

1—进料器；2—转筒料仓；3—护板；4—出料器；5—减速动力系统；6—插板；7—设备托架

18.3.2.4　固定式桨叶混合机

固定式桨叶混合机有单桨和双桨两种，大多是桨叶与外壳可抽拉和可分离的U形结构，由驱动电机、减速机、驱动皮带、料仓、搅拌桨叶、出料挡板等部分组成。这种U形结构的设计保证了被混合的物料在料仓内运动时受到最小阻力，更好地保护物料的颗粒性状。正反两轴桨叶带动物料旋转，以此物料来回运动，形成一个流态化的低动力、高效失重混合环境，桨叶带动物料流动中物料形成涡流产生混合作用[5]，使物料快速、充分混合，抽拉式结构更方便清扫、清洁。此设备适用于粉剂物料（图18-6）。

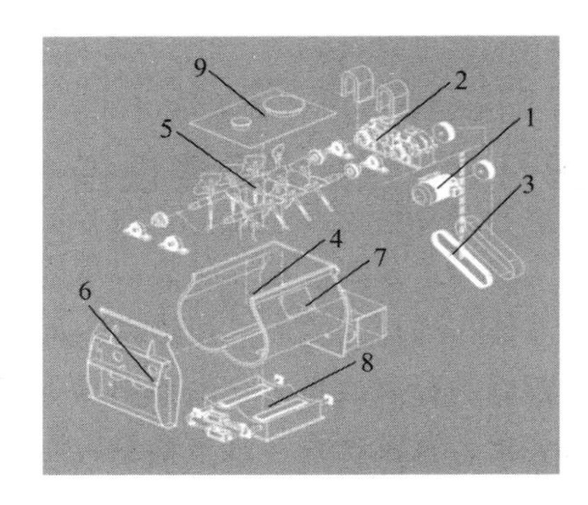

图 18-6　固定式桨叶混合机

1—驱动电机；2—双轴减速机；3—驱动皮带；4—设备U形料仓；
5—搅拌桨叶；6—料仓挡板；7—清理门孔；8—出料挡板组件；9—顶盖板

18.3.2.5　气流式混合机

气流式混合机占地面积相对较小，操作方便，结构简单，容易清洁，主要由进气系统、排气过滤系统、混合料仓、进气混合头、出料阀等部件组成。其基本工作原理是物料经负压或正压输送到混合料仓内，利用压缩气体以脉冲方式冲击物料上升、扩散、沉降[6]，形成扩散混合、对流混合，达到短时内充分混合的目的。此设备适用于粉剂物料（图 18-7）。

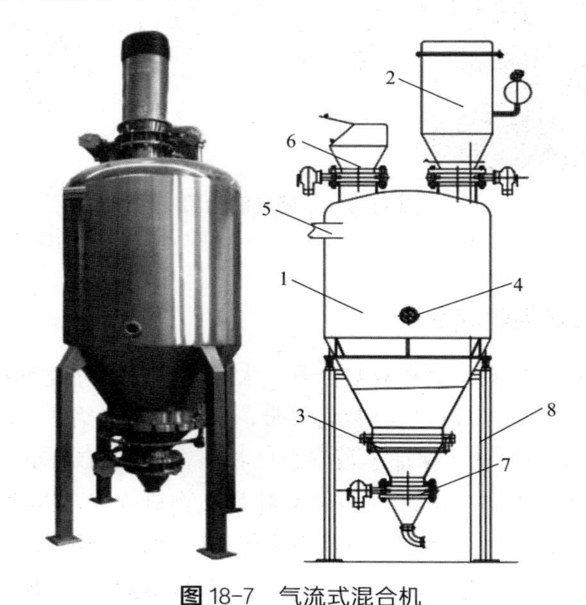

图 18-7　气流式混合机

1—气流混合料仓；2—排气过滤系统；3—进气混合头；
4—观察视镜；5—进料口；6—小料投料仓；7—出料阀；8—设备支架

18.3.3　碟片式分离设备

碟片式分离机是一种离心沉降式离心机[7]，其转速高，碟片间隙很小，非黏性液体在碟片间隙内高速流动，形成稳定的层流，从而保证高度分散的状态，故有较好的分离效果。它主要由以下部分组成：进出料装置、排渣装置、转鼓、配水装置、垂直轴系、水平轴系、测速装置、刹车装置、机架、电机等[8]。碟片式分离机运转平稳，振动小，噪声低，分离效率高，自动化控制程度高。此设备适用于液体物料的操作和使用（图 18-8）。

18.3.4　高压均质设备

高压均质机是以高压往复泵为动力传递和输送物料的机构，它可将液态物料或以液体为载体的固体颗粒输送至工作阀（一级均质阀及二级均质阀）部分，在高压下产生强烈剪切、撞击、空穴和湍流涡旋作用，从而使液态物料或以液体为载体的固体颗粒得到超微细化，最终达到均质的效果。它主要由传动装置、柱塞泵、均质阀等部件组成[9]。此设备适用于液体物料（图 18-9）。

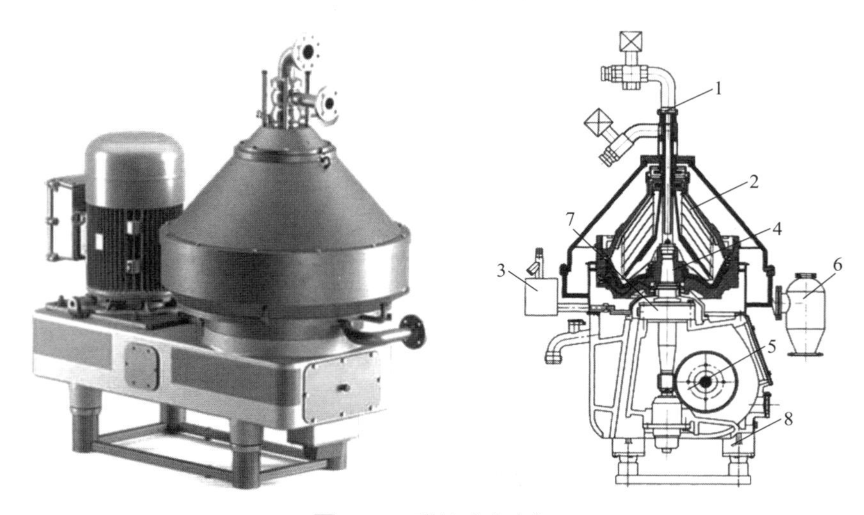

图 18-8　碟片式分离机

1—进出料装置；2—转鼓；3—配水装置；
4—垂直轴系；5—水平轴系；6—排渣装置；7—刹车装置；8—机架

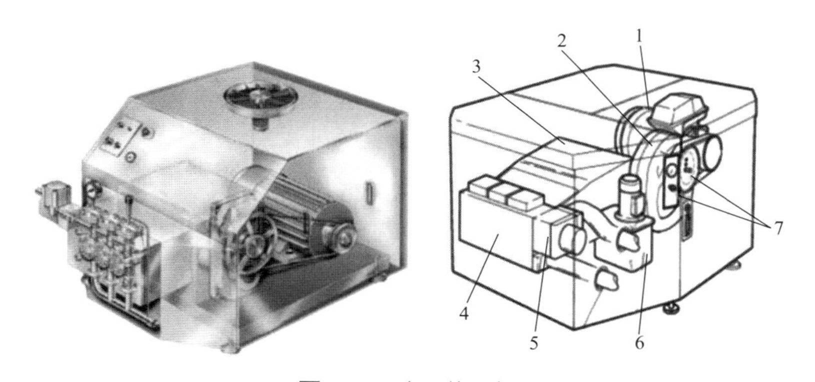

图 18-9　高压均质机

1—传动装置；2—减速器；3—曲轴箱；
4—柱塞泵头；5—均质阀；6—液压控制阀；7—设备控制器

18.3.5　过滤设备

在特殊医学用途配方食品生产过程中，过滤设备主要用于前端原料溶解后的杂质分离及杂质污染的预防，利用滤网或过滤介质进行过滤，固相颗粒小于过滤网或过滤介质层中孔隙，微细的固相颗粒在滤网或过滤介质层孔隙中被捕捉，过滤效率较高[10]，同时特殊的滤网或过滤介质还具有吸附等特殊效果。生产工艺设计中常见过滤设备有筒式过滤器、管道式过滤器等，它们的结构简单，方便清洗、安装和维护保养。

18.3.5.1 单联和双联过滤器

单联高压过滤器和双联高压过滤器，主要由滤筒、网架、滤网、泄压装置等组成，相对占地面积较小，操作方便，结构简单，易于清洗、安装、维修。此设备适用于液体物料（图 18-10）。

(a) 单联过滤器　(b) 双联过滤器　(c) 过滤袋

图 18-10　筒式过滤器

18.3.5.2 管道式过滤器

管道式过滤器直接或间接与输送管路镶嵌，体积小，可抽拉清洗、快装拆卸。主要用于除去液体中少量固体颗粒，可保护设备的正常工作，当液体通过滤网滤筒后，杂质被阻挡，清洁的滤液由过滤器出口排出，当需要清洗时，只需要将可拆卸的滤筒取出，处理后重新装入即可。此设备适用于液体物料（图 18-11）。

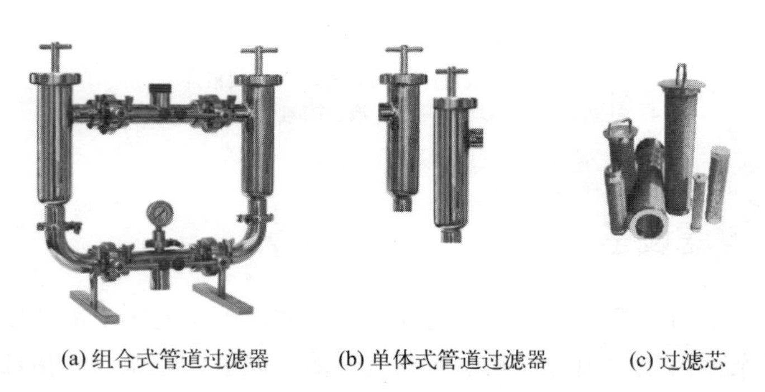

(a) 组合式管道过滤器　(b) 单体式管道过滤器　(c) 过滤芯

图 18-11　管道式过滤器

18.3.6 杀菌设备

在特殊医学用途婴儿配方食品生产过程中，杀菌设备用于湿法前端物料溶解后的杀菌或干法原料混合前的外包装杀菌，主要作用为控制产品的微生物指标，保证原料中以及生产过程中带入的微生物经过杀菌后符合生产加工和产品要求。实际生产中使用到的设备类型有套管式杀菌器、板片式杀菌器和紫外线杀菌器等。

18.3.6.1 套管式杀菌器

套管式杀菌器以蒸汽、热水、冷水作为介质，尤其对黏度较大的液态料液杀菌效果较好。套管式杀菌与其他杀菌方式不同，采用双面套管式的加热方法对物料进行加热杀菌，使料液受热温度更加均匀，不易结垢[11]，这种杀菌方式最适合于生产过程中黏度较高的料液杀菌。套管式杀菌器主要由加热管架、加热管、辅助动力泵、温度操控系统、回流阀、CIP 清洗罐、设备支架等部件组成，其结构简单、清洗方便、维修便捷。此设备适用于液体物料（图 18-12）。

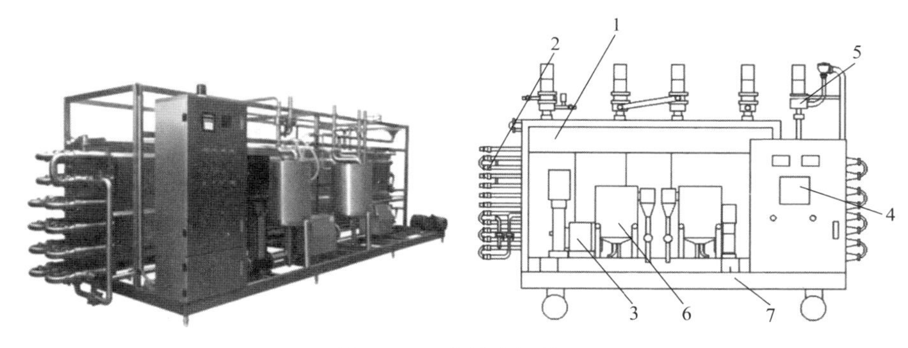

图 18-12　套管式杀菌器

1—加热管架；2—加热管；3—辅助动力泵；
4—温控操作系统；5—回流阀；6—CIP 清洗罐；7—设备支架

18.3.6.2 板片式杀菌器

板片式杀菌器以热水、冷水作为换热介质。其主要由换热部分、分界板、导杆、压紧板、支架、物料泵及温度控制装置等部分组成。换热部分由许多具有花纹的不锈钢薄片重叠组合而成，相邻两片之间的花纹构成料液及热介质的通道。料液流经夹层时，液层很薄，加热片面积大，料液升温较快，热交换效果好。因板片与板片之间空隙小，流体通过时会产生很高的流速，板片凹凸花纹使流速和方向不断突然改变，形成湍流状态，能有效破坏料液升温时的边界层，减少了边界层的热阻，故有较高的传热效率。其具有结构紧凑、维护方便、便于清洁、板片方便拆卸、传热面积易改变等优势[12]。此设备适用于液体物料（图 18-13）。

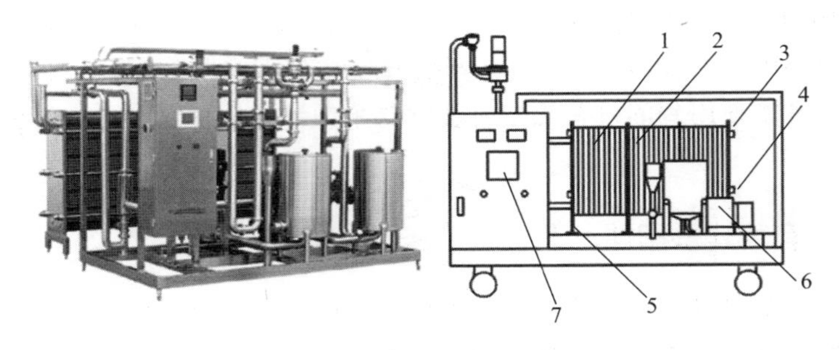

图 18-13　板片式杀菌器

1—换热部分；2—分界板；3—压紧板；
4—导杆；5—支架；6—物料泵；7—温控操作系统

18.3.6.3　隧道式紫外线杀菌机

紫外线杀菌是一种安全可靠的消毒技术，广谱性高，不用添加化学药剂，没有二次污染，通过短时间的照射即可实现高效率的杀毒灭菌效果[13]。隧道式紫外线杀菌机是充分利用紫外线的杀菌原理，基于可编程逻辑控制器（PLC）、伺服电机和链式传送带功能设计出的封闭式照射杀菌设备。它主要由传送链板、除尘器、吸尘器、紫外线光装置、防护罩、控制系统等部分组成。此设备适用于固态原料外包装杀菌（图 18-14）。

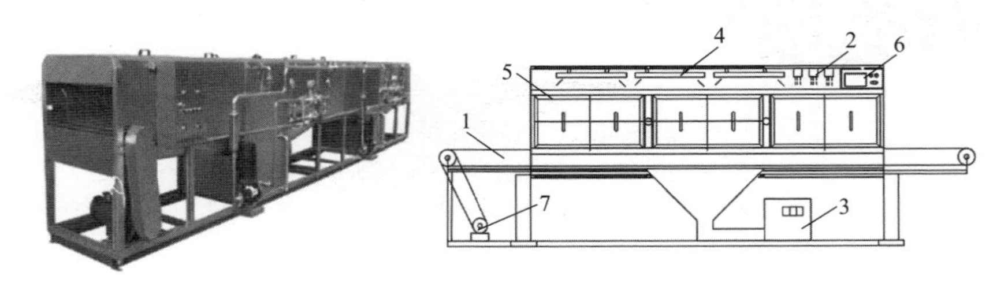

图 18-14　隧道式紫外线杀菌机

1—传送链板；2—除尘出风口；3—吸尘器；
4—紫外线光源；5—防护罩；6—PLC 控制系统；7—驱动伺服电机

18.3.7　换热设备

换热器是依靠热能传送的一种装置，又叫热交换器，其作用是使用不同温度液体直接或间接接触，完成热量传递[14]。特殊医学用途婴幼儿配方食品的生产过程中常见的换热设备主要有板片式单段换热器、板片式多段换热器[15]。板片是板片式换热器的关键工作部件，一般采用不锈钢冲压制成多种形状，使用较多的有波纹片和网流片两种。波纹片上冲压有与流体流向垂直或成一定角度的波纹，当流体流过时，可使流体形成波动流动，多次改变方向造成激烈的涡流，以消除表面滞流层，从而提高片面与流体间的传热效率。板片式换热器具有较高的传热系数，一般为管壳式换热器的 2 ～ 5 倍[16]。板片式换热器的作用主要是用来给物料预热、杀菌及降温等。

18.3.7.1　板片式单段换热器

板片式单段换热器是由若干冲压成型的金属薄片组合而成的单组高效换热器。其由板片、固定压紧板、活动压紧板、定位导杆、紧固螺栓、支架等部件组成，热传递效率高，相对占地面积小，拆装方便，清洗快捷，如图 18-15 所示。

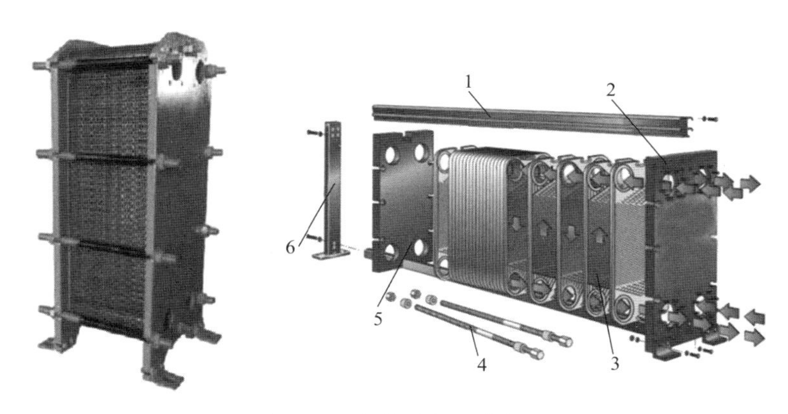

图 18-15　板片式单段换热器

1—定位导杆；2—固定压紧板；
3—板片和垫片；4—紧固螺栓；5—活动压紧板；6—支架

18.3.7.2　板片式多段换热器

板片式多段换热器可以提供三种以上介质换热使用，是将同一框架上的板束分为两段或三段，每一段分别供两种介质进行换热[17]，其由若干冲压成型的金属板片组合而成，结构主要由板片、固定压紧板、活动压紧板、隔板、定位导杆、紧固螺栓、支架等部件组成，热传递效率非常高，占地面积相对小，拆装方便，清洗快捷，如图 18-16 所示。

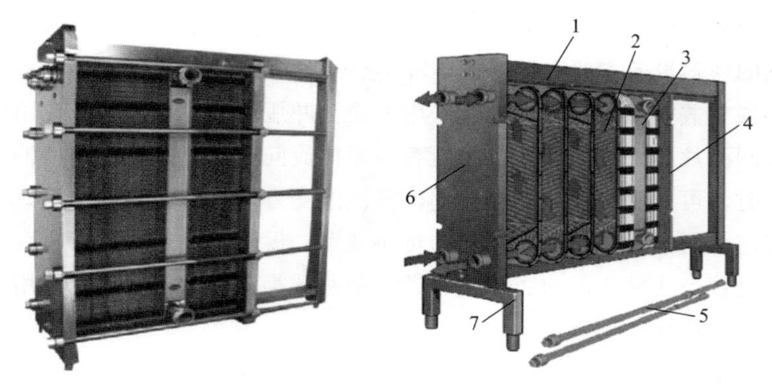

图 18-16　板片式多段换热器

1—定位导杆；2—板片和垫片；3—隔板；4—活动压紧板；5—紧固螺栓；6—固定压紧板；7—支架

18.3.8　蒸发浓缩设备

蒸发浓缩是指通过加热，蒸发溶液中的溶剂，从而使溶质浓度增大[18]。在特殊医学用途配方食品的生产过程中，利用蒸发浓缩设备通过加热的方法，将料液中的部分水分脱掉，使料液的浓度增加，减少后续干燥的工作负荷，提高加工效率，减少加工过程的损失。蒸发器的主要结构有两部分，即加热室和分离室。由于种类不同，又可以依照加热室相关的结构以及相应的操作、液体流动的具体情况分为循环型、单效型和多效型三种。

18.3.8.1　循环蒸发器

当需要低浓度或者加工产品量较小时常采用循环式蒸发器。其主要由平衡罐、进料泵、预热 & 冷却装置、温度调节装置、真空室、循环泵、真空泵等组成（图 18-17）。

18.3.8.2　单效蒸发器

单效蒸发器一般是指单一的蒸发器，它在进行溶液蒸发时所产生的二次蒸汽不再被利用，可以是间歇式、半间歇式或连续分批方式操作。其主要由预热器、加热器、蒸发器、冷却器、物料泵、真空系统等组成[19]，适合小规模生产、料液处理量不大的情况下使用（图 18-18）。

18.3.8.3　多效蒸发器

多效蒸发器是由多个单效蒸发器组成的系统，利用前一效蒸发器产生的二次蒸汽引入下效蒸发器作为加热蒸汽，并在下效蒸发器中冷凝成水，如此依次进行[20]。根据进料流量与二次蒸汽的流动方式不同，可分为平流、并流、逆流和混流四种形式[21]。多效蒸发器由于传热效率高、加热速度快，更多地用于大规模生产及原料处理量非常大的情况。它主要由各效加热蒸发器、分离器、冷凝器、热压泵、杀菌器、保温管、真空系统、各效料液输送泵、冷凝排水系统、电器仪表、阀门等组成（图 18-19）。

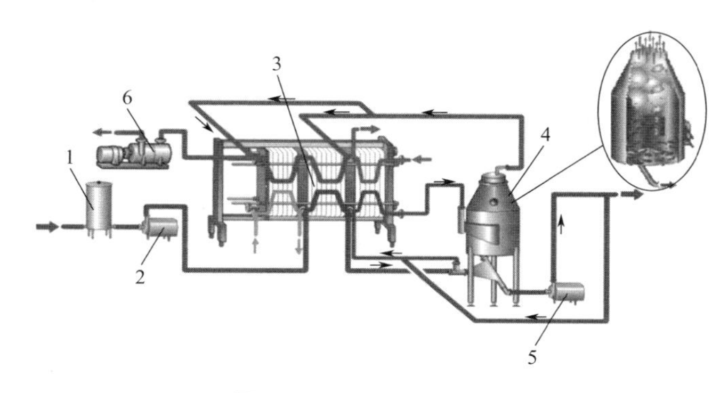

图 18-17　循环型蒸发器

1—物料平衡罐；2—进料泵；
3—预热 & 冷却器；4—真空蒸发室；5—循环泵；6—真空泵

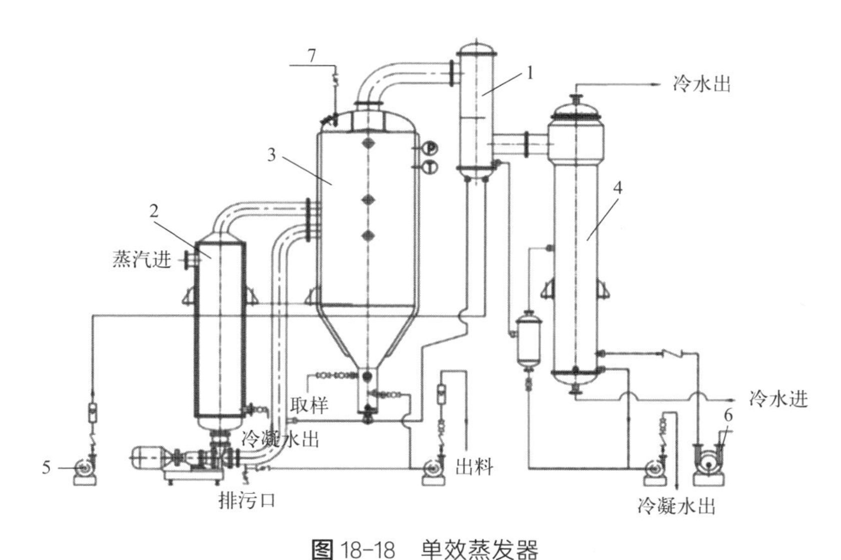

图 18-18　单效蒸发器

1—预热器；2—加热器；3—蒸发器；
4—冷却器；5—进料泵；6—真空泵；7—CIP 清洗器

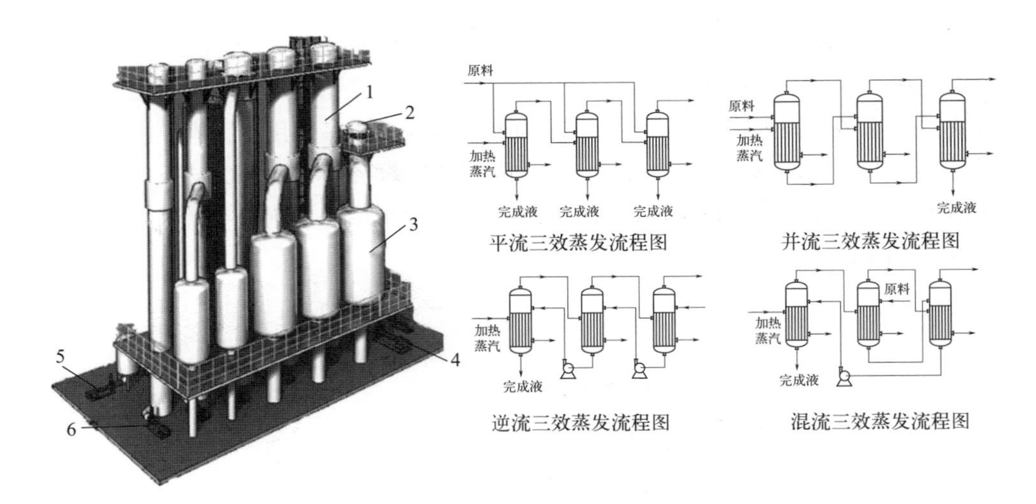

图 18-19 多效蒸发器

1—蒸发器；2—冷凝器；3—分离器；4—真空泵；5 物料泵；6—冷凝水泵

18.3.9 干燥设备

干燥设备又称干燥机或干燥塔。干燥就是利用热能使湿物料中的湿分（水分或其他溶剂）汽化，水气或蒸汽经气流带走或由真空泵将其抽出除去，以获得规定含湿量的固体物料。干燥的目的是满足物料使用或进一步加工的需要。干燥设备的种类繁多，有喷雾干燥、气流干燥、流化床干燥、旋转快速干燥、振动流化床干燥、流化床喷雾造粒、冷冻干燥等设备；根据操作方式、加热方式以及用途的不同，干燥设备也有不同的结构。特殊医学用途配方食品生产过程中常用的干燥设备有喷雾干燥、振动流化床干燥、冷冻干燥设备等。

18.3.9.1 喷雾干燥设备

喷雾干燥设备是干燥设备中发展最快的设备之一，常规的喷雾方法有旋转喷雾、压力喷雾和气流雾化[22]。料液在雾化器的作用下变成雾滴，热空气和雾滴直接接触，利用热能蒸发掉料液中的水分，获取粉粒形状产品。喷雾干燥生产速度快，产品分散性好、流动性强、溶解性好，生产过程简单、操作方便。喷雾干燥适用范围广，同时也适用于热敏性原料的处理。该设备主要由塔体、喷雾系统、捕粉系统、热风加热器、进风机、排风机等组成，适用于大规模连续性粉剂类产品（图 18-20）。

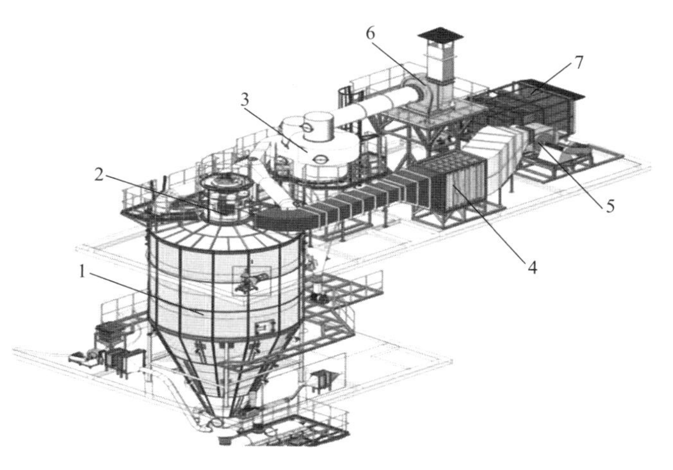

图 18-20　喷雾干燥塔

1—塔体；2—喷雾系统；3—捕粉系统；4—热风加热系统；5—进风机；6—排风机；7—取风系统

18.3.9.2　振动流化床干燥器

振动流化床干燥器是物料依靠机械振动和穿孔气流双重作用流化，并在振动作用力下向前作活塞形式的移动，利用对流、传导、辐射向料层供给热量，达到干燥目的。振动电机产生激振力使机器振动，物料在给定方向的激振力作用下跳跃前进，同时床底输入热风使物料处于流化状态，物料颗粒与热风充分接触，进行剧烈的传热传质[23]，因此可以显著地降低能量消耗。振动流化床干燥器主要由振动床、进风机、排风机、进料斗、旋风分离器、布袋捕尘器、振动支架等组成。干燥器流化均匀，无死角，温度分布均匀，热效率高，振动力平稳，可调性强，适用于散粒状物料的干燥（图 18-21）。

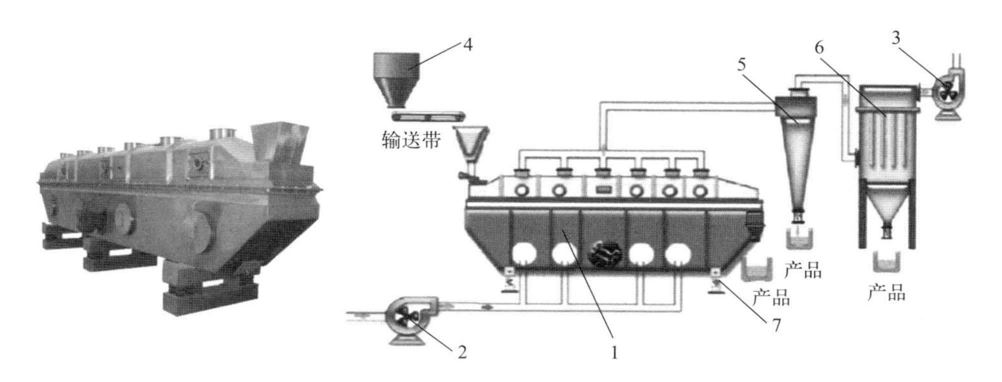

图 18-21　振动流化床干燥器

1—振动床；2—进风机；3—排风机；4—进料斗；5—旋风分离器；6—布袋除尘器；7—振动支架

18.3.10 物料输送设备

特殊医学用途婴幼儿配方食品在市场销售中，常见产品有粉剂类产品、液态类产品、半固态类产品。因产品性状不同，在生产过程中使用的物料输送设备也有较大差异。其由传送带、卫生泵、粉剂类原料压力输送装置等组成。

18.3.10.1 传送带

传送带为食品生产中常用的原料输送设备，常用于前段原料或最后产品转序过程中。特殊医学用途婴儿配方食品生产中常使用的传送带有皮带式传送带、链板式传送带以及滚轮式传送带三种（图 18-22）。其结构简单、拆装方便，主要由支架、输送带 / 轮（皮带 / 链板 / 滚轮）、改向装置、护架等组成。

(a) 皮带式传送带

(b) 链板式传送带

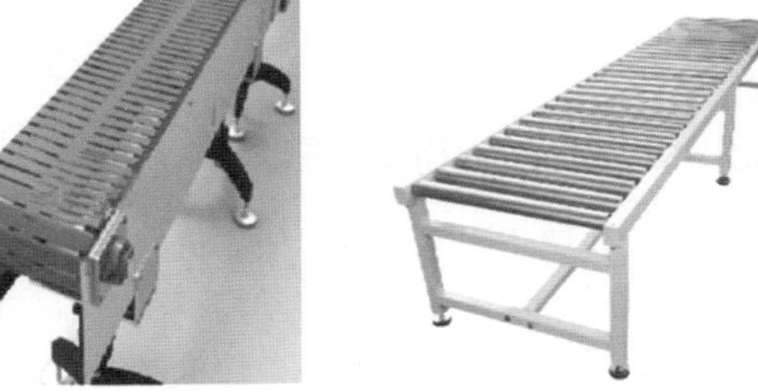

(c) 滚轮式传送带

图 18-22　传送带

18.3.10.2 卫生泵

泵是最典型、应用面最广的一种机械，作为工作机，它将原动机的机械能转换成液体动能和势能，从而实现液体输送、增压或提供推进动力[24]。卫生泵广泛用于食品生产中的液态产品输送，从泵的材质要求来看，卫生泵必须由 316L 不锈钢制成；泵腔内无卫生死角，可在线清洗（CIP）[25]；密封材质为食品级材料，按输送料液的流动性可分为离心泵、自吸泵、转子泵等（图 18-23）。在实际生产过程中，离心泵主要用于低黏度且不含气体的料液输送；自吸泵主要用于低黏度含气体、无颗粒料液的输送（如 CIP 清洗液等）；转子泵常用于高黏度含气且存在一些软质颗粒的料液输送。它们的主要结构由电机、泵头、底座三大部分组成。

18.3.10.3 粉体输送装置

现阶段国内外的粉体输送设备主要分为机械输送设备和气力输送设备两大类[26]

（如粉车输送、皮带输送、螺杆输送、正压输送、负压输送等），分别代表着两种不同的粉体输送技术。目前由于特殊医学用途配方食品生产过程中对于产品及生产环境要求较高，物料输送多采用密闭移动式粉仓、密闭螺杆输送或气力输送。

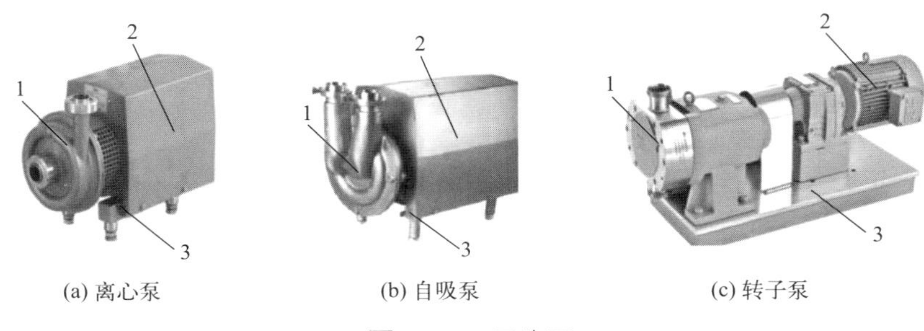

(a) 离心泵　(b) 自吸泵　(c) 转子泵

图 18-23　卫生泵

1—泵头；2—电机；3—底座

（1）密闭移动式粉仓　一般为食品级 SUS304 不锈钢材质制造，仓内无死角，便于清洁、消毒，配有可移脚轮，方便推移和物料转运，主要结构由物料入口、粉仓、支架、脚轮、推移把手构成（图 18-24）。

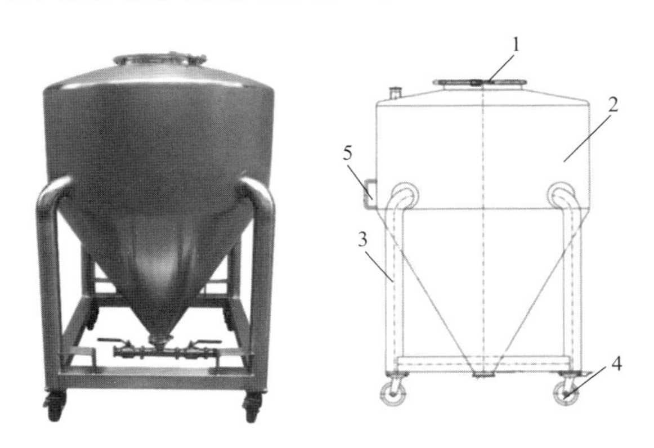

图 18-24　密闭移动式粉仓

1—快开式物料入口；2—粉仓；3—支架；4—脚轮；5—推移把手

（2）螺杆输送装置　具有输送效率高，工作安全可靠、结构简单、功能灵活、密封性好、噪声小和外形美观等特点。主要由驱动器、螺杆、输送管、料斗等部件构成（图 18-25）。

（3）气力输送　是利用密闭的有压管道，将粉末（粒）状物质通过气流输送的技术。其具有输送效率高、设备结构简单、长距离输送不受外界环境变化影响等特点，而且在远距离输送过程中可以实现汇合、分流、分级、粉碎等工艺操作[27]。气力输送装置的结构简单、操作方便，可作水平、垂直或倾斜方向的输送。气力输送可以是正压密相输送，也可以是负压稀相输送（图18-26）。

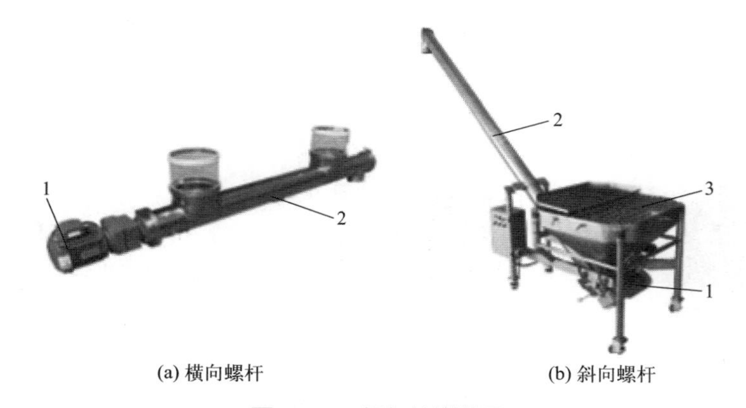

(a) 横向螺杆　　(b) 斜向螺杆

图18-25　螺杆输送装置

1—驱动电机；2—螺杆；3—料斗

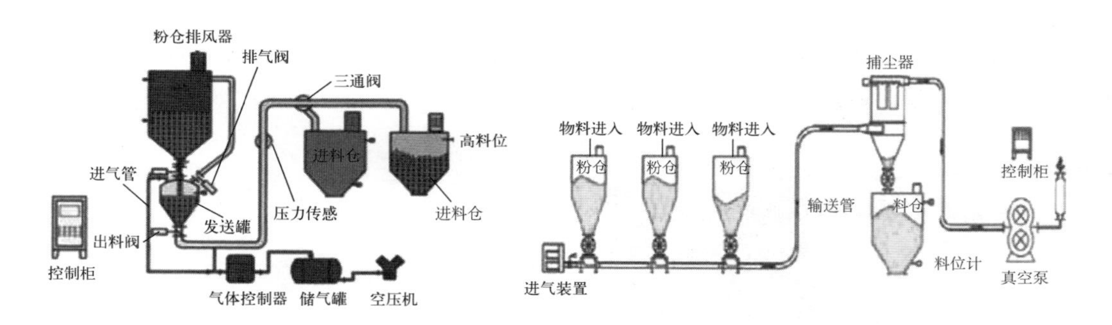

(a) 正压密相输送系统　　(b) 负压稀相输送系统

图18-26　气力输送装置

18.3.11　包装设备

依据特殊医学用途配方食品的产品形状及产品特性不同（粉剂类、液态类、半固态类产品），其产品包装及使用方式也不相同。粉剂类产品常见包装形式有袋装、铁听装、条装、盒装等；液态产品有瓶装、袋装、听装等；半固态产品基本为袋装及铁听装。

18.3.11.1　粉剂类产品

（1）袋装产品包装设备　粉剂袋装产品包装设备可分为大袋包装机、小袋包装机等。包装机是集机、电、光、仪于一体，具有自动定量、自动充填、自动调整计量误差等功能的食品加工机械，其包装速度快、精度高。常使用的包装材料有纸 & 聚乙烯、玻璃纸 & 聚乙烯、聚酯 & 镀铝 & 聚乙烯、聚酯 & 聚乙烯、双向拉伸聚丙烯薄膜（BOPP）等可热封的复合包装材料（图 18-27）。

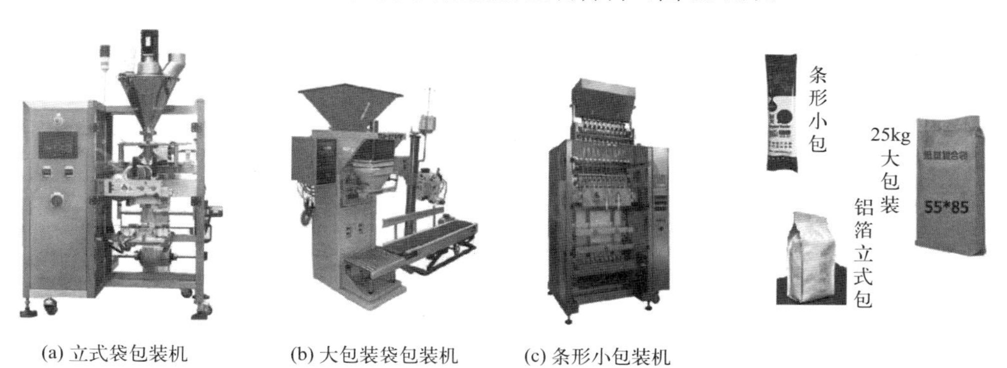

(a) 立式袋包装机　(b) 大包装袋包装机　(c) 条形小包装机

图 18-27　各种袋装产品包装机

（2）铁听产品包装设备　铁听包装机组通常主要由充填机、传送带和封罐机等组成，机器由单片机控制，具有自动称量、自动充填、自动调整计量误差、自动封盖等功能，其包装速度快、精度高。常使用的包装材料有马口铁罐、聚乙烯（PE）瓶等，可用于粉剂和液态产品包装（图 18-28）。

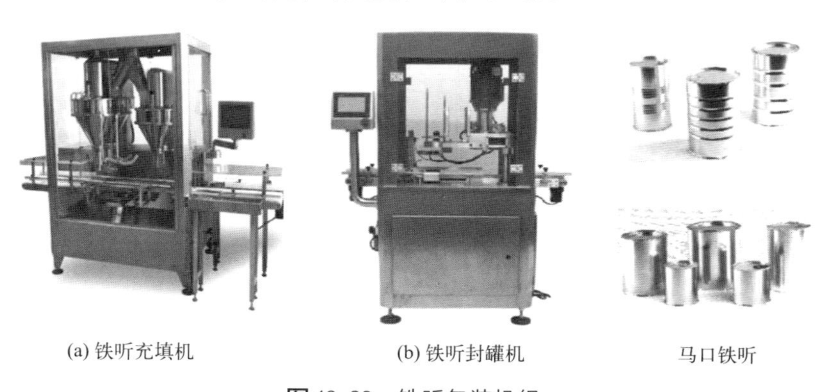

(a) 铁听充填机　(b) 铁听封罐机　马口铁听

图 18-28　铁听包装机组

18.3.11.2　液态类产品

（1）瓶装产品灌装设备　液态产品的灌装设备种类较多，特殊医学用途配方食品中液态产品的灌装更适合用自流式直线灌装机，这类设备可分为单体设备和组线一体设备。自流式直线灌装机多属于全自动灌装设备，可与全自动旋盖设备、全自动清洗设备搭配使用。该设备具有适用瓶型较广（如桶、瓶、壶、袋均适用），计量可调范围大，定量精度高，灌装过程封闭、无污染等特点。其主要由计量系统、灌装系统组、自控系统组组成。组线一体灌装设备是将全自动制瓶设备或预制瓶全自动翻转式冲瓶设备、全自动等位式灌装设备与全自动旋盖设备结合在一起的多机联体设备。这类设备传动效率高、自动化程度强、结构紧凑、工作稳定、速度快，适合大批量产品的生产（图 18-29）。

灌装机　　灌装机组

自流式直线灌装机

图 18-29　瓶装产品灌装机组

（2）袋装产品灌装设备　袋装液体包装机多为全自动包装机，设备全部采用不锈钢制成，以高位平衡罐或自吸泵定量充填，自动热合封切，自动打印日期，具有制袋尺寸、包装重量、封切温度调节方便、灵活等特点（图 18-30）。

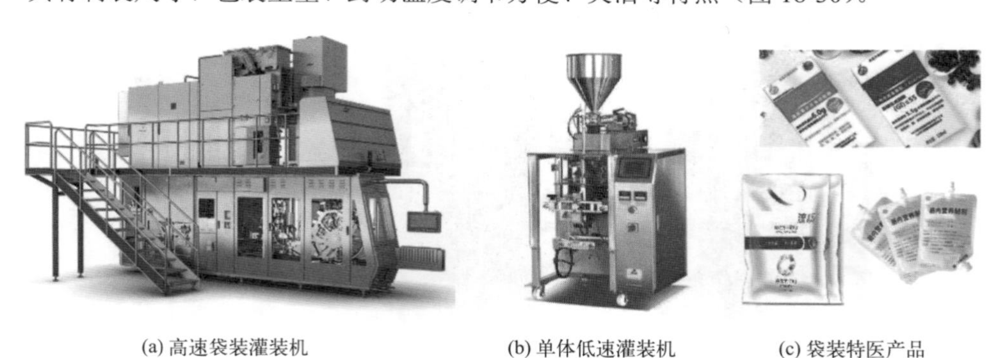

(a) 高速袋装灌装机　(b) 单体低速灌装机　(c) 袋装特医产品

图 18-30　袋装产品灌装机组

18.3.12　储存设备

在特殊医学用途配方食品生产过程中所涉及的储存设备较多，这类设备多为罐类。按工序的不同，可分为原料罐，主要是储存生产用水、料液、原料粉或生产用油脂类原料等；混合罐，主要用于湿法工艺环节，进行原料与原料间的混合或溶解、暂存等；平衡罐，主要解决生产线中流量的稳定性、料液中气体的挥发、异常料液的隔离处理等问题；成品储存罐，用于生产线终产品的暂存和转序（图 18-31）。

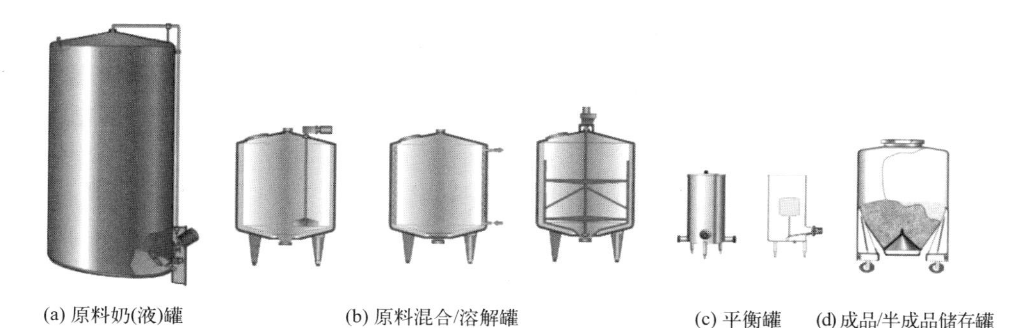

图 18-31　储存设备（液体、粉类、油脂等）

18.3.13　异物检测设备

食品中的异物是指食品中出现的任何不同于该食品的物质[28]。这些异物不但影响了产品的口味及品质，而且因为异物体积小，用肉眼很难发现，非常容易被消费者误食，对消费者的健康形成了巨大的威胁，所以在食品加工过程中异物检测设备是保障食品安全的重要设备之一。由于所处的工艺环节不同，异物检测设备的形式也不同，按其设备的形式及工况安装主要有通道式异物检测器、下落式异物检测器、管道式异物检测器等。

18.3.13.1　通道式异物检测器

通道式异物检测器一般呈方形或长方形通道，配以输送带机构，带有自动剔除装置，或者提供报警信号。输送带上的物品经过检测器时，一旦有异物或金属就自动剔除或停止输送。主要针对成品和半成品的在线检测，提供出货前的最终检查。适用于液体、粉剂、半固体或固体产品的检测。包装形式可以为袋装、盒装、条装等（图 18-32）。

18.3.13.2　下落式异物检测器

下落式金属异物检测器带有自动剔除装置。食品生产和包装过程中是不能含有异物或金属的，但由于部分产品的特性及工艺的要求，同时产品还需要考虑到密封性、避光性等较高的要求时，必须采用金属复合膜进行包装。此类产品或工艺就需要选择在产品包装前进行检测。下落式金属异物检测器可有效地解决这类工艺及产品需求问题，它常用于片剂、胶囊、粉末状的物料或产品的检测（图 18-32）。

18.3.13.3　管道式异物检测器

管道式异物检测器更多地用于监控流体产品的部分生产过程及环节，可实时在线剔除异常物料或产品，确保原料及产品安全转序。这类检测设备常用于产品以金属包装或产品包装后无法用其他异物检测器来检测的工况。它常用于液态或黏稠状物品在罐装或封装前的检测，可以有效地防止产品异物的混入（图 18-32）。

(a) 通道式异物检测器

(b) 下落式异物检测器

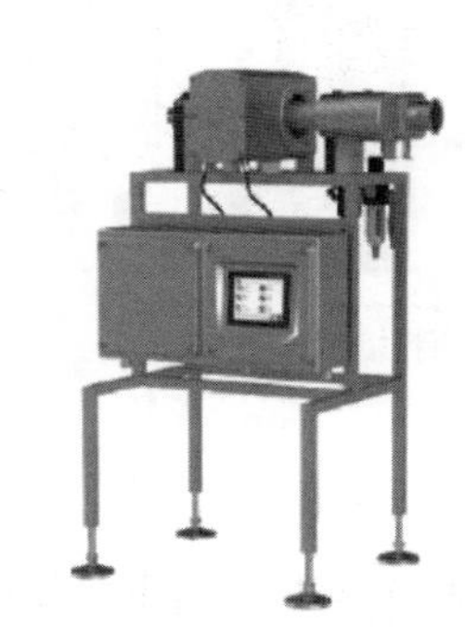

(c) 管道式异物检测器

图 18-32　异物检测设备

18.3.14　清洗设备

在特殊医学用途配方食品生产过程中，清洗设备主要是在湿法生产工艺环节使用，其清洗设备为“CIP 在线自动清洗设备”。CIP 在线清洗系统主要由多个清洗液储存罐及管道、分布器、增压泵、回流泵、气动阀阵、酸碱计量系统、板式换热系统 、温度控制系统、电导率检测系统、液位控制系统、PLC 触摸屏及控制柜等部件组成。其成本低、清洗效率高，运行稳定，且符合 GMP 及行业标准的要求（图 18-33）。

图 18-33　清洗设备

1—清洗液储存罐；2—加热系统；3—增压泵；4—控制柜；5—温控器

18.3.15 辅助生产设备

按特殊医学用途配方食品生产工艺的不同，可将辅助生产设备划分为干法生产工艺辅助生产设备、湿法 / 干湿混合法生产工艺辅助生产设备。

18.3.15.1 干法生产工艺辅助生产设备

主要有电力供给系统、压缩空气供给系统、氮气供给系统、污水处理系统（按属地食品生产要求）等。详细内容可参照食品工厂规划及设计要求。

18.3.15.2 湿法 / 干湿混合法生产工艺辅助设备

主要有蒸汽供给系统、系统电力供给系统、压缩空气供给系统、氮气供给系统、污水处理系统（按属地食品生产要求）等。详细内容可参照食品工厂规划及设计要求。

18.4 展望

随着社会的发展，人们对自身的营养与健康状况也更加重视，我国特殊医学用途配方食品市场也迎来了新的发展机遇。尽管我国的机械设备在过去的几十年内发展十分迅速，在各方面也有所进步，但在生物技术领域的机械设备与发达国家相比尚有差距。因此，为尽快缩小与发达国家的差距，在技术上应瞄准国际先进水平，向多功能节能方向发展，向全自动化智能方向发展，向机型专用化、多样化方向发展，创造具有中国特色的高新技术产品，为特殊医学用途配方食品行业的发展助力。

（刘百旭，王坤明，杨康玉，王心祥）

参考文献

[1] 廖志伟．食品机械设备选型原则及方法分析．企业技术开发，2018，37(7):81-101.

[2] 王新文，庞锟锋，于驰．改革开放以来我国振动筛分设备的发展 // 中国煤炭学会选煤专业委员会．2020 年全国选煤学术交流会论文集．选煤技术，2020: 52-57.

[3] 段志善，郭宝良．我国振动筛分设备的现状与发展方向．矿山机械，2009, 37(4): 1-5.

[4] 杨诗斌，徐凯，张志森．高剪切及高压均质机理研究及其在食品工业中的应用．粮油加工与食品机械，2002, 4: 33-35.

[5] 马健，肖培军，任金山，等．双轴桨叶式混合机结构工艺与故障分析．粮食与食品工业，2018, 25(3): 51-53.

[6] 沈俊兰，王春芳，陈安石，等．脉冲式气流混合机的设计与应用．浙江化工，2011, 42(1): 21-22.

[7] 杨志儒．碟式分离机的研究与优化设计．兰州：兰州理工大学，2008.
[8] 曲淑艳，寇佳迅，赵海东．浅谈碟式分离机的运行与维护．机械，2011, 38(增刊): 165-166.
[9] 杨雒亚洲，鲁永强，王文磊．高压均质机的原理及应用．中国乳品工业，2007, 35(10): 55-58.
[10] 黄来军．液体过滤器的研究 . 化工装备技术，2000, 21(4): 4-5.
[11] 刘殿宇．套管式杀菌机的应用设计 . 饮料工业，2017, 20(1): 21-22
[12] 蒋玲花．板式换热器的流动与传热分析及结构优化 . 镇江：江苏科技大学，2015.
[13] 陶权，莫英付，李志．一种基于 PLC 和触摸屏的隧道式消毒机控制系统．中国科技信息，2022, 14: 131-133.
[14] 李彦洲．板式换热器板片换热和流动特性的研究．长春：长春工业大学，2014.
[15] 陈琼光．板式换热器板片结构参数对换热性能影响的分析．沈阳：东北大学，2016.
[16] 白玮．浅谈板式换热器的换热和压降方式研究．科技传播，2010, 18: 149.
[17] 黄超，卢奇，周振，等．多段板式换热器设计选型影响因素．广州化工，2020, 12: 116-119, 183.
[18] 李舒艺，伍振峰，跃鹏飞，等．中药提取液浓缩工艺和设备现状及问题分析．世界科学技术 - 中医药现代化，2016, 18(10): 1782-1789.
[19] 王振宇，郭鹏飞，胡长江，等．浅析单效蒸发器运行中出现的问题及处理措施．安徽化工，2021, 47(4): 108-110.
[20] 李秋荣．多效蒸发的节能优化与控制研究．天津：河北工业大学，2016.
[21] 李东山，曾劲松．多效蒸发节能的研究．包装与食品机械，2002, 20(6): 5-8.
[22] 王喜忠，于才渊，刘永霞．中国干燥设备现状及进展．无机盐工业，2003, 35(2): 4-6.
[23] 陈箐清，吕慧侠，周建平．流化床干燥设备进展的研究．机电信息，2009, 8: 10-14.
[24] 罗兴锜，吴大转．泵技术进展与发展趋势．水力发电学报，2020, 39(6): 1-17.
[25] Anonymous. Sanitary pumps range. Dairy Industries International, 2019, 10: 43.
[26] 杜文青．粉体机械输送设备与气力输送设备应用比较．世界有色金属，2018, 13: 45-46.
[27] 高杰，刘志超，李忱．气力输送技术的应用及发展浅析．沈阳工程学院学报（自然科学版），2022, 18(2): 54-71.
[28] 张宏康．食品中的异物探测方法．粮油食品科技，2001, 9(5): 41-44.

第19章

特殊医学用途婴儿配方食品生产质量控制体系

特殊医学用途婴儿配方食品是针对特定疾病状态下婴幼儿所提供的一种特殊食品，可对患者的治疗、康复及机体功能的维持发挥重要作用。因此特殊医学用途婴儿配方食品的质量是保证这个特殊群体食用安全的重要指标之一，同时也是特殊医学用途婴儿配方食品生产加工过程中的重要关注点。特殊医学用途婴儿配方食品的质量控制和安全控制，是一项复杂、连贯而全面的系统工作，需要从相关人员配置（涉及生产、质量、研发、检验、设备等）、产品配方的设计与研发、产品的原料采购、产品的生产过程、生产环境监控以及产品检测等诸多方面进行合理、系统的管理，才可以实现生产质量的有效控制。

19.1 生产质量控制体系架构

特殊医学用途婴儿配方食品是在我国刚刚起步的一种针对于特殊人群的食品，因为受众群体的特殊性，所以对其产品的安全性也有着同样高标准的要求。要想保证产品质量安全，建立和运行一套严谨、科学、适合的质量控制体系是非常重要的，包括：符合特殊医学用途配方食品 GMP 的规定[1]、完善的人员管理、健全的管理体系、科学的配方设计与管理、严格的采购要求、严谨的生产过程管控、细致的环境监控、严苛的检测等。生产质量控制体系架构如图 19-1 所示。

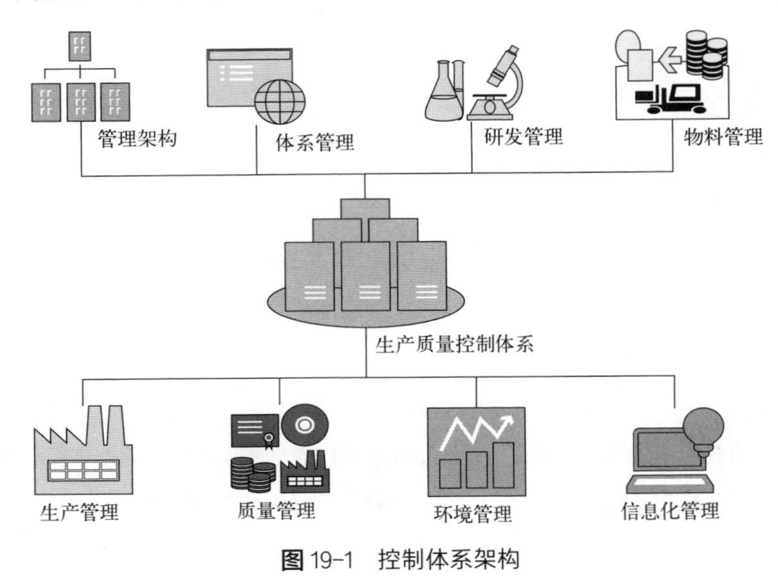

图 19-1 控制体系架构

19.2 生产质量控制体系的规划

生产质量控制体系的规划包括人员管理规划、体系管理规划、研发管理规划、物料管理规划、生产管理规划、质量管理规划、环境管理规划、信息化管理规划等内容。

19.2.1 人员管理规划

人员组织机构的合理设置，是确保整个组织分工明确、职责清晰，及每一个部门工作正常运行的重要前提条件，有助于保证整个组织管理流程的畅通。企业作为一个经济组织，要实现自己的发展战略目标，就必须保证组织机构的有效正常运转。而组织机构制定和实施企业人力资源规划，则是实现发展战略目标的重要工作。人力资源规划又称人力资源计划，必须适应组织总体计划。企业规划的目的是使企业的各种资源（人、财、物）彼此协调并实现内部供需平衡，而人（或人力资源）是企业内最活跃的因素，因此人力资源规划是企业规划中起决定性作用的规划。人力资源规划的总目标是：确保企业各类工作岗位在适当的时机，获得适当的人员（包括数量、质量、层次和结构等），实现人力资源与其他资源的最佳配置，有效地激励员工，最大限度地开发和利用人力资源潜力，从而最终实现员工、企业、客户、社会利益一致基础上的企业经济和社会效益最大化。一个合适的人员结构可以使公司的各项业务活动更顺利地进行，可以减少 / 避免矛盾与摩擦和不必要的协调，进而提高公司的运作效率。人员管理规划示例见图 19-2。

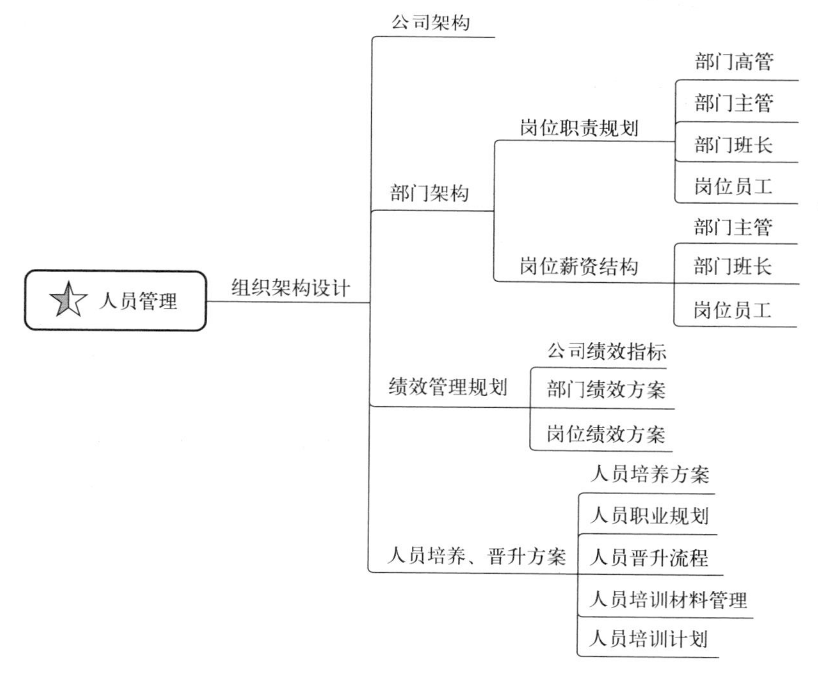

图 19-2　人员管理规划

19.2.2　体系管理规划

企业的发展与管理离不开各种管理体系的支持。建立一套适用、有效的综合管理体系，不但可以使企业管理系统化、标准化、合理化，同时也可以提高员工的职业技能，规范员工操作，保障生产运营安全、产品质量安全，提升产品质量，降低生产成本，促进企业间的相互信任及合作等（图 19-3）。

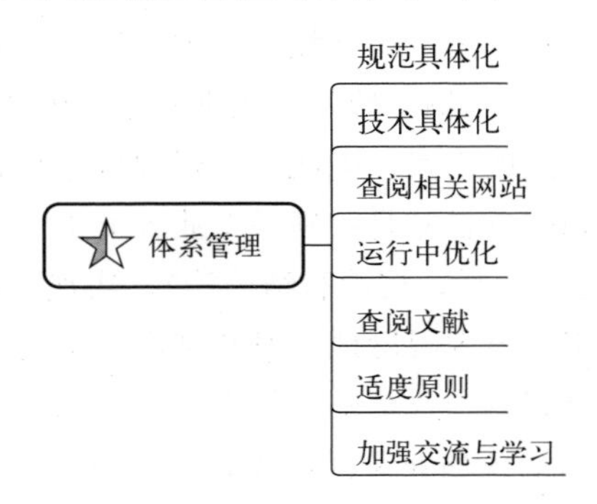

图 19-3　体系管理规划

19.2.3　研发管理规划

研发工作不仅仅是技术开发工作，其范围涵盖了新产品的全生命周期，从产品设计的产生、产品概念形成、产品市场研究、产品设计、产品实现、产品开发、产品测试、产品商业化运行监督直至产品市场流通等整个过程。研发管理主要包括配方管理、新品研发管理、质量跟踪管理和产品营养知识培训管理等（图 19-4）。配方管理应严格按照国家颁布的《婴幼儿配方乳粉产品配方注册管理办法》严格实行。生产后的产品应对其质量进行实时动态追踪，全面确保食品质量安全，同时也应对相关从业人员进行产品营养和相关知识的培训，由专人负责管理，保证产品受众的准确。研发项目结束后，总结、评估研发阶段的产品成本控制情况，出具新品研发完成阶段性成本控制及鉴定报告，完成新品研发阶段过程成本的管控。全面规范的研发管理，会减少企业未来的产品质量风险，降低未来产品的成本，加大产品的市场竞争优势。

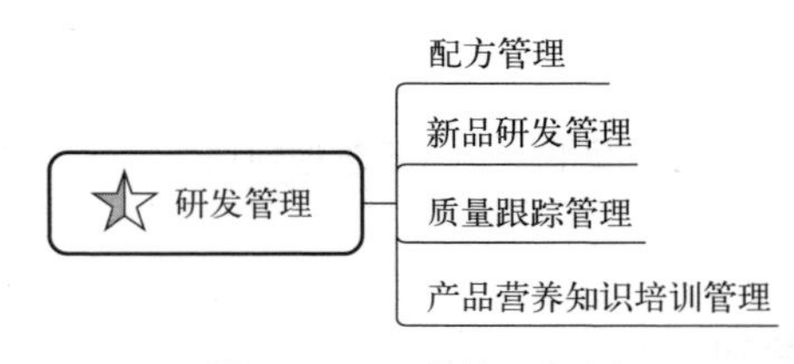

图 19-4　研发管理规划

19.2.4 物料管理规划

物料管理是对企业生产经营活动中所需的各种物料的采购、验收、保管、供应、计划、组织、控制等管理活动的总称[2]，主要包括采购管理；原、辅、包材验收；原、辅、包材库房、领用、退库制度；特殊原料管理；安全库存管理；原辅料周转管理等。

19.2.4.1 供应商管理体系

供应商是企业生产的合作伙伴，尤其是在原辅包关联审批的政策下，供应商的供货能力、产品质量以及质量管理体系的完善程度是生产企业在物色和选择供应商时需要考虑的因素。物料的管理尤其是供应商的管理在生产企业质量管理过程中起着越来越重要的作用。供应商的管理体系能确保在产品生产过程中使用质量合格的物料和获得优质的服务，供应商管理是物料管理的源头，对供应商的评估通常需要跨职能团队，例如生产、质量、采购、仓库等共同参与[3]。物料在验收时应检查到货物每个包装容器的外包装是否破损污染，是否发生渗漏、虫蛀或鼠害；根据送货单检查货物料的品名、规格、数量是否与送货单上写的一致，包装容器外标签是否完整以及与内容是否一致，运输车辆内外是否清洁，核对供应商是否是合格供应商、是否有供应商提供的合格检验报告单，同时将物料的接收情况如实填写到物料验收记录中[4]。

19.2.4.2 物料储存管理体系

物料储存管理应符合区域管理、标识管理的要求，物料应当以适当的方式储存以使其质量免受不利因素光照、温度、湿度、虫害等的影响，故应进行区域管理，使物料的储存符合其储存条件，并对温湿度进行监控和记录，定期进行趋势分析，评估温湿度控制的有效性。虫害控制方面，应对当地的气候、虫害类型进行评估，采取灭蚊蝇灯、挡鼠板、虫害粘捕器等工具对库房内的虫害进行控制，并定期进行评估分析，确认虫害控制措施的有效性[5]。在物料使用过程中，为了防止物料混淆、差错、交叉污染，必须对生产过程中物料的领取、传递、使用、暂存、退库、报废等各环节制订相应的管理规程，保证生产过程中的物料始终处于质量控制状态，避免因物料处理不当而影响产品质量[6]。

总之，规划好物料管理（图 19-5），能协调企业内部各职能部门之间的关系，从企业整体角度控制物料“流”，做到供应好、周转快、消耗低、费用省，取得好的经济效益，保障产品所需要高质量原料的供应，保证企业生产运营顺利进行。

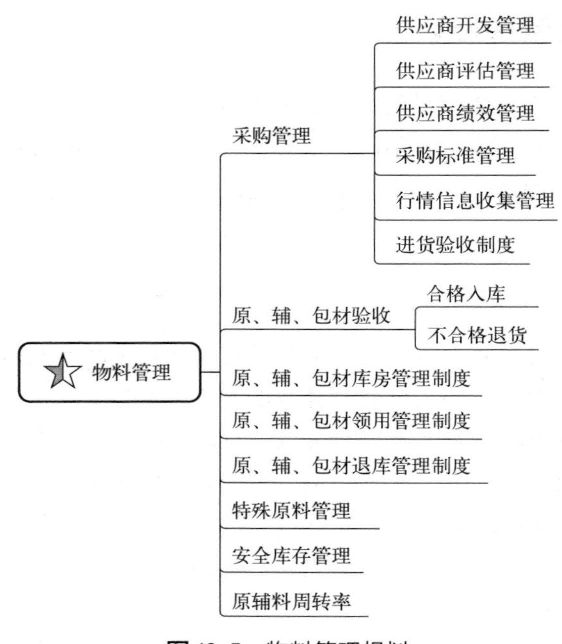

图 19-5　物料管理规划

19.2.5　生产管理规划

生产管理就是对生产过程中的各环节进行控制，这个过程是对企业生产系统完成全面设置和全面管理的总称[7]。生产管理环节永远是企业健康和可持续发展的重要环节，其对企业管理的重要性不仅体现在是其重要组成部分，而且它能够促进企业管理的发展，也能够扩大企业管理的作用等。生产管理，也可以称之为作业管理或者生产控制，主要体现了一个企业对其生产的物品或者提供服务所需的直接资源的有效管理。生产管理的最终目标就是为了实现高效、低耗、灵活、准时，为客户提供满意的服务。其涵盖内容如图 19-6 所示。

19.2.6　质量管理规划

产品质量是企业具有竞争力的前提，涉及企业的生存与发展，质量管理是企业保证或者提升产品质量而涉及的指挥、协调、控制活动（图 19-7）。质量管理对于企业非常重要，需要注重管理体系的建设，提高质量控制的效率。质量管理需要有计划地进行组织，确保管理措施易于实现，采用标准化的企业管理形式，可保障企业生产出高质量的产品，也可对企业的经营措施具体化。企业的质量管理体系要求应遵循 GB/T 19001（ISO 9001）标准，坚持实用性的质量管理原则。

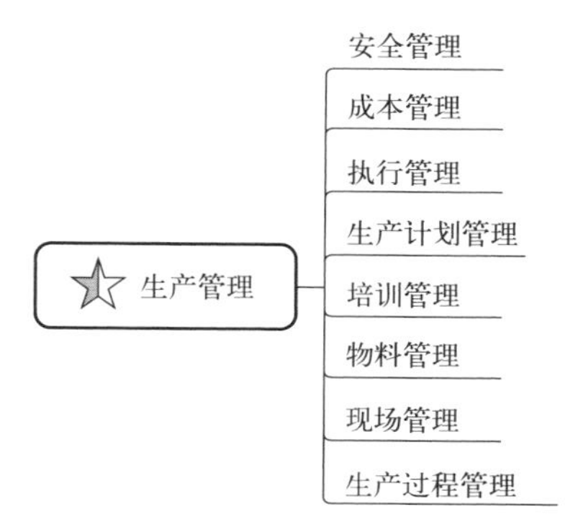

图 19-6　生产管理规划

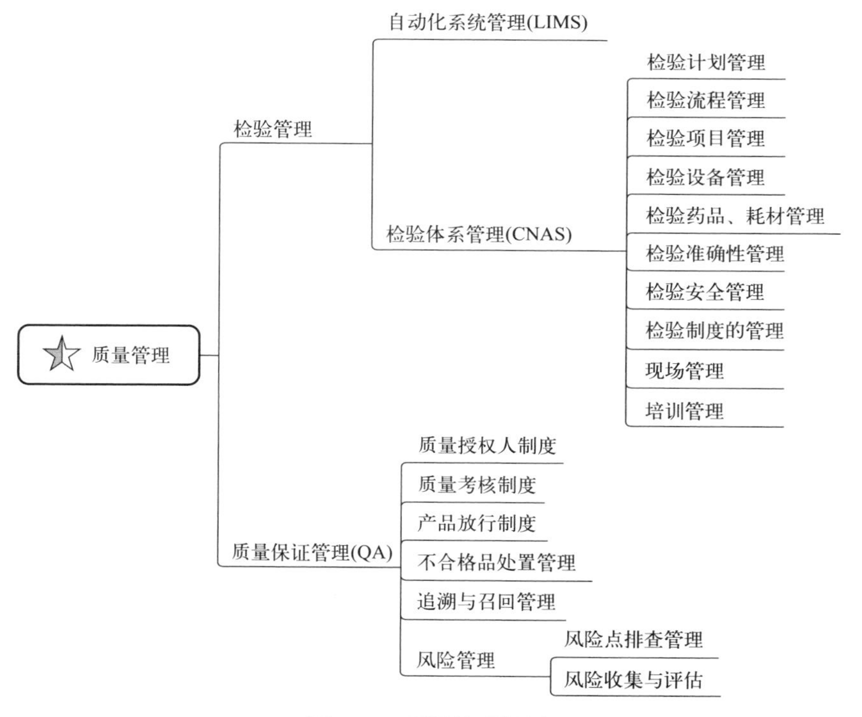

图 19-7　质量管理规划

19.2.6.1　质量管理措施的执行

质量管理规划要有助于质量管理措施的执行，提高质量控制的标准化水平，使质量管理得到有效落实。另外，也需要关注质量控制的核心，注重管理措施的通用性，将工作质量与产品质量结合起来，提高质量控制方法的有效性，使管理体系发挥出自身的价值。质量管理体系应具有长远规划，确保各个阶段目标能够顺利完成，提高质量控制方法的合理性，构建完善的质量管理价值体系[8]。

19.2.6.2 发挥质量监督员的作用

在产品质量管理方面，质量监督人员应发挥重要作用，严格遵守质量监督的要求，并且能够以身作则，规范自身的监督行为，保证监督工作落实的公正性[9]。质量控制需要注重产品工艺的把握，确保生产工艺的合理性，排除生产工艺对质量的不利影响，采用规范化的生产形式，促进企业质量控制的落实，保障产品能够顺利完成生产[10]。

质量管理需要注重常态化，合理对质量评价标准进行应用，提高质量控制措施的有效性。质量管理过程中，需要具有对应的检验记录，保障质量控制过程能够实现交接，降低质量问题的发生概率[11]，增强产品的市场竞争力，提高品牌美誉度，降低成本。

19.2.7 环境管理规划

环境管理是指工厂把对环境的关注结合到企业管理活动中，把因环境问题造成的风险成本降到最低限度，使环境管理成为企业生产运营管理的一部分[12]。食品生产工厂的环境管理，主要是针对内、外环境的污染水平进行监督和控制，其受污染程度及风险，是直接影响产品质量安全的一项重要因素。环境风险是食品生产加工场所中的各类不确定性环境因素可能对食品生产加工活动造成的不良影响[13]，结合食品生产加工的实际情况，可将食品生产加工的环境风险细化为自然环境风险和其他环境风险。其中，自然环境风险是指可能对食品生产加工过程或食品生产加工中使用材料的质量与效果产生影响的温度、湿度、水和空气等自然因素引起的风险；其他环境风险是指可能对食品生产加工产生影响的空间区域的卫生、布局和管理等风险内容。在实际的食品生产加工中，自然环境风险主要体现为因气温过高导致生产加工材料变质腐烂等情况，其他环境风险主要体现为因生产加工厂区布局不合理、材料流通不畅，造成的材料堆积变质等情况。环境风险是间接性且不易被发现的风险类型。考虑到环境风险产生原因的多样性，生产加工主体要持续不断地对环境加以优化。

① 加强环境质量监测。企业等生产主体要对食品生产加工场所内部环境进行持续、动态的监测，确保生产加工现场的温度、空气和水等自然因素达到食品生产加工的标准要求[14]。

② 加强食品生产加工区域环境管理，企业主体要根据原材料的不同类型、属性，对食品加工生产原材料进行分类、分区域管理，并尽量减少材料不必要的流动，确保材料储存、管理环境的达标。

③ 企业要加强对食品生产加工区域定期的清扫、消毒工作，科学管控区域内可能因环境因素恶化而引起的材料或食品变质情况。

对于环境进行有效的管理和监控（图 19-8），不但可以保证防止产品质量问题的发生，同时也是降低生产成本的一个重要途径。

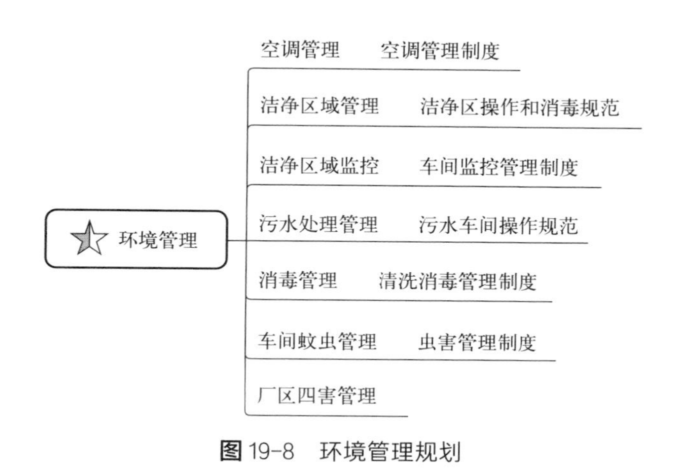

图 19-8　环境管理规划

19.2.8　信息化管理规划

随着当前网络信息化技术的不断发展，在企业管理组织中，管理信息系统是一项不可或缺的组成部分，它对于企业发展可产生直接影响。企业信息系统是指利用信息技术、网络设施以及办公设备等，通过信息媒介的方式对数据进行统计与核算，管理信息系统的最终目标是促进企业建设与发展，为企业提供科学的管理方案与决策信息，是促进企业管理工作质量提升的关键所在。科学的管理信息系统能够使资源与数据整合更加便利，使企业得以构建完善的管理模式，改变传统管理模式，解决传统管理模式中存在的多项问题，从而全面推动企业管理工作质量提高。将网络信息化技术运用到企业生产管理各过程（图 19-9），对于企业生产管理水平的大幅度提升具有重要作用，信息化网络生产管理不仅可以对企业生产环节、生产速度以及生产质量有效掌握，还可以清楚地知晓生产工人的工作绩效，而且信息化网络生产管理还对企业生产效率的提升、生产成本的降低以及产品质量的保障和质量问题的查找都具有重要的意义。

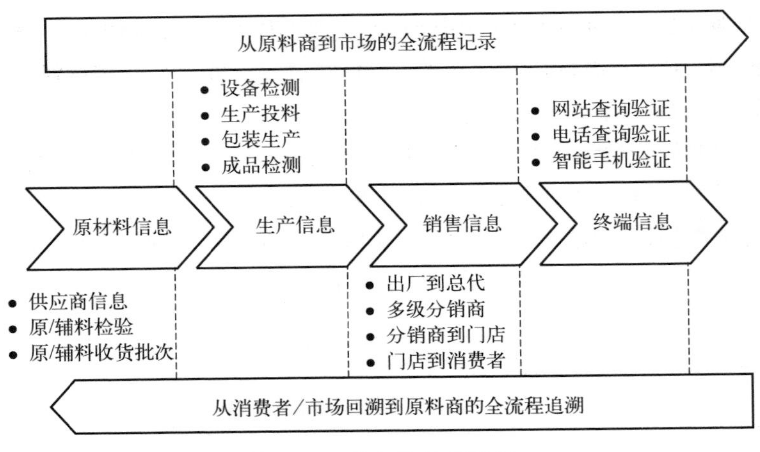

图 19-9　信息化管理规划

19.3　生产质量控制

食品质量安全不但关系到食品生产厂家的生存与发展，同时更关系到消费者的生命和健康，尤其是特殊医学用途婴儿配方食品是作为特殊医学状况孩子的唯一或主要营养来源，因此需要强化对食品生产企业的质量控制，保证生产全过程中的质量安全[15]。依据特殊医学用途婴儿配方食品的性态，以下重点介绍粉剂类产品和液态类产品生产过程的质量控制要求。

19.3.1　粉剂类产品

按照粉剂类产品（以干法生产工艺为例）的生产工艺流程，生产质量控制涵盖重点生产过程，即投料、营养素添加、混合、金属检测、包装等过程的质量控制。

19.3.1.1　投料过程中的质量控制

（1）脱包与杀菌

① 脱包　食品原料、食品添加剂和食品相关产品进入清洁作业区前，应进入缓冲间，经风淋去除外包装粉尘后再进入脱包间，除去外包装，并且在脱包过程中要检查直接接触物料的包装物是否有破损、虫害及其他污染的痕迹，以及物料是否有结块、色泽异常等其他情况[16]（出现这些情况的原料不得使用）。

② 杀菌 脱去外包装的物料应经过隧道除尘[16]、杀菌后，方可进入清洁作业区。

（2）投料

① 在投料前和投料过程中，应检查直接接触物料的包装物有无破损，如发现破损或其他异常情况，不得使用。

② 每一个批次开始投料前，用75%乙醇对操作人员的手部进行消毒。

③ 投料前，应仔细核对物料的名称、数量等信息[16]，并按工艺文件规定的投料顺序进行投料。

④ 投料过程中，采用自动划袋机或者整体式不锈钢刀，禁止使用壁纸刀片，防止刀片断裂，给产品带来异物风险。每袋物料投放完毕后，需人工检查内袋边角，避免物料残留。

⑤ 严格按照配方要求投料，每投完一个批次物料后，进行记录[16]。

（3）计量和复核

① 称量前，用75%酒精对操作人员的手部以及使用的工器具进行消毒。

② 称量前应当检查称量设备，确保其性能和精度符合称量要求。

③ 称量前应当检查并记录原料的名称、规格、生产日期（或批号）、保质期和供货者的名称等内容，称量结束后应对物料名称、规格、数量、生产日期、称量日期等进行标识[16]。

④ 对于称量后剩余的物料，需采用热封口的形式，对物料进行排气、密封，放置于相应区域的物料暂存间。

⑤ 物料在称量、配料过程中应双人复核物料名称、规格、生产日期（批次）、数量、保质期等信息，确保与产品配方的要求一致，填写记录并对称量、复核后的物料进行标识，采用计算机信息系统实现称量、配料、混合、复核等自动化控制的，可以不采用人工复核[16]，但计算机信息系统应有防错设计并需要定期校验。

19.3.1.2 营养素添加过程中的质量控制

（1）微量营养素量的放大

① 依据预混机的混合性能/容积，使用配制一批次所用的定量的基粉或者原料与需要添加的营养素进行预混放大，建议混合比例为1∶10或1∶20。

② 通过预混放大后的物料，需要采用密闭、输送的方式进入下一道工序。

（2）计量和复核

① 称量前，用75%酒精对操作者的手部以及工器具进行消毒。

② 称量前应检查称量设备，确保其性能和精度符合称量的要求。

③ 对于整套的微量营养素预混料，应进行定期复秤。

④ 预混前需根据预混配方对物料品种、重量等进行双人复核，确保投料准确。预混结束后对已预混好的物料名称、规格、日期等进行标识[16]。

⑤ 对于称量后剩余的微量营养素预混料，需采用热封口形式，对物料进行排气、密封，放置于相应区域的物料暂存间。

19.3.1.3 混合过程的质量控制

① 企业应建立“物料混合作业要求”，并严格执行与定期检查、记录。

② 企业需根据配方和作业要求进行投料、混合并且定期（建议：每年一次[16]）对混合后的物料进行均匀性试验，确定混料时间和混料气压压力值，以确保混合后物料的各项指标符合配方设计要求。

③ 混合过程应实现全过程自动化控制，无异常不需要人工干预。

④ 混合后的半成品不能裸露存放，应采用密闭暂存设备储存[16]。

⑤ 制定清洁消毒制度，定期对相应区域的环境、设备进行清洁、消毒，并检查和验证，从而保证产品质量。

19.3.1.4 金属检测过程的质量控制

① 在产品包装之前应进行金属检测或包装后配备 X 射线检测器等在线检测金属异物，并配备剔除设备[16]，保证包装后的产品不含有金属和其他异物。

② 企业应制定异物和金属检测作业要求，在每批次或每天包装前，对异物/金属检测器进行校验，并做好记录。

③ 金属类异物检测限为：$\Phi \geqslant 1.5mm$；非金属类异物检测限为：$\Phi \geqslant 2.0mm$[16]。

19.3.1.5 包装过程的质量控制

① 产品包装前应再次核对即将投入使用的半成品、包装材料的标识，确保半成品、包装材料的正确使用，并做好记录。

② 应采用自动包装机对产品进行包装。

③ 包装前，对包装机计量装置进行校验，确保产品净含量符合标准要求并做好记录。

④ 包装材料应清洁、无毒且符合国家相关规定；应根据原材料验收要求，对包装材料做进厂检验，合格后方可使用。

⑤ 企业应制定包装质量要求，明确包装形式、规格、净含量、封口质量、密封性等企业内控指标，并严格执行和定期进行检查。

⑥ 注重包装首件产品的批号、包装质量等的检查和复核，确保包装合格率。

⑦ 为确保生产过程投料准确、与配方相符，保持生产投入和产出，在批次包装后，应及时对成品出成率进行核算。

19.3.2 液态产品

按照液态产品（湿法生产工艺）实现过程，生产质量控制重点涵盖投料、混合、均质、杀菌、冷却、灌装六个工序过程的质量控制。

19.3.2.1 投料过程控制

（1）称重

① 称量前，用 75% 酒精对操作人员的手部以及工器具进行消毒。

② 称量前，根据电子秤的量程，使用标准砝码，对秤进行“5 点法”校正，确保其性能和精度符合称量的要求。

③ 称量前应当检查并记录原料的名称、规格、生产日期（或批号）、保质期和供货者的名称等内容，称量结束后应对物料名称、规格、数量、生产日期、称量日期等进行标识[16]。

④ 对于称量后剩余的物料，需采用热封口的形式，对物料进行排气、密封，放置于相应区域的物料暂存间。

（2）复核　物料在称量、配料过程中应双人复核物料名称、规格、生产日期（批次）、数量、保质期等信息，确保其与产品配方的要求一致，填写记录并对称量、复核后的物料进行标识，采用计算机信息系统实现称量、配料、混合、复核等自动化控制的，可以不采用人工复核[16]，但计算机信息系统应有防错设计并需要定期校验。

（3）投料顺序　为了确保物料混合均匀、充分溶解，企业应根据所投物料的溶解特性，制定每种物料的投料顺序，原则上先投入溶解度较低的物料，再投入溶解度较高的物料，依此类推。

19.3.2.2 混料过程控制

① 一般使用常压高速剪切混料机和负压高速剪切混料机对水合物料进行高速剪切，并于混料罐进行循环混料，混料时间结合工序衔接和设备性能，建议控制在 20 ～ 30min。

② 为了使物料充分溶解，混料液温度建议控制在 45 ～ 55℃。

③ 混料过程中，由操作人员记录每一罐 / 缸的温度和时间，确保控制参数稳定。

19.3.2.3 均质过程控制

① 均质机在开机前，需由操作人员进行设备使用前点检（如检查油位、冷却水开启等），确保控制参数稳定，设备启动后运行稳定。

② 为保证均质效果，物料在均质前需进行预热，建议温度控制在 55 ～ 80℃ [16]，均质效果最佳。

③ 物料经过均质（采用二级均质，建议低压均质压力：3 ～ 4MPa，高压均质压力：16 ～ 20MPa）后，可使料液中的脂肪颗粒（直径：1 ～ 10μm）破碎成细小的、无团块的脂肪球（直径：0.2 ～ 2μm）并均匀分布。

19.3.2.4 杀菌过程控制

根据产品的特性及产品保质期的要求，料液的杀菌一般采用低温巴氏杀菌法、高温巴氏杀菌法和超高温杀菌法。

① 低温巴氏杀菌法　建议杀菌温度控制在 62.8 ～ 65.6℃，30min[17]。

② 高温巴氏杀菌法　建议杀菌温度控制在 72 ～ 75℃，15 ～ 40s 或 80 ～ 85℃，10 ～ 15s[17]。

③ 超高温杀菌法　建议杀菌温度控制在 135 ～ 150℃，2 ～ 6s[18]。

19.3.2.5 冷却过程控制

① 经过杀菌后的物料，需进行冷却，建议冷却温度≤ 7℃ [12]。

② 冷却介质：一般使用较为安全的 0 ～ 3℃冰水作为介质对物料进行冷却。

19.3.2.6 无菌灌装

① 灌装过程应在清洁作业区进行，清洁区人员、环境要求，应符合《特殊医学用途配方食品生产许可审查细则》2019 版、《食品安全国家标准　特殊医学用途配方食品良好生产规范》（GB 29923—2013）等相关法律法规的要求。

② 已消毒的包装材料，需放置在清洁作业区暂存。

③ 开机前检查双氧水浓度一次，建议双氧水浓度在 32% ～ 40%[12]，检查循环是否正常，并且建议每半小时检查一次封口和双氧水循环情况。

19.4 展望

目前针对特殊医学用途配方食品已经初步建立适合我国国情的相关法规标准

体系，为其注册和规范化管理奠定了基础。随着相关法律法规及审查细则的出台，生产、流通、监管等各个环节的要求相对会更加细致和完善，这也将不断促进特医产业的发展。随着科学技术的发展以及监管理念和机制的变化等，以往发布的法规标准等也在不断进行修订完善，可更好地为特殊医学用途配方食品（特医食品）监管和产业发展提供支撑。基于特殊医学用途配方食品适用的特殊群体，通过强化和完善相关的法律法规、规范及标准，可更有效地控制全过程的风险，为产品质量保驾护航，助力特医行业快速发展。

（刘百旭，刘天琦，王心祥）

参考文献

[1] 陈智仙，张彦，张双庆．我国特殊医学用途配方食品 GMP 与药品 GMP 的比较．中国药事，2018, 32(4): 494-501.

[2] 王翠萍．R 公司物料管理改进研究．长春：吉林大学，2021.

[3] OECD. OECD Good Laboratory Practice: Frequently asked questions (FAQ). [2020-06-15] [2022-03-23].

[4] 张保元．物料管理现状分析和优化建议．大众标准化，2020, 2: 184, 186.

[5] 孔秀君．制药企业生产环节中的物料控制管理研究．现代经济信息，2019, 13: 109.

[6] 郁松玉．医药公司物料管理策略研究．武汉：华中科技大学，2018.

[7] 郑桂平．XZ 企业生产管理流程优化研究．长春：吉林大学，2017.

[8] 冯水清．浅谈企业质量管理体系运行有效性提升以制造企业为例．中国商论，2021, 3: 120-121.

[9] 马忠民．高质量发展视域下企业质量管理体系有效性提升策略．中小企业管理与科技（下旬刊），2020, 1: 38-40.

[10] 刘自山．提升油田企业质量管理体系有效性的探讨．中国石油和化工标准与质量，2019, 16: 14-15.

[11] 刘树盛．新常态下企业质量管理体系有效性价值提升技术．科技创新导报，2019, 23: 182-183.

[12] 龙昀光，潘杰义，冯泰文．精益生产与企业环境管理对制造业可持续发展绩效的影响研究．软科学，2018, 4: 72-75.

[13] 马晓燕，李敏，陈光霞．探析如何做好食品安全风险监测中的质量管理工作．中国农村卫生，2020, 24: 37.

[14] 朱琳．食品生产加工环节安全问题研究．中国新技术新产品，2019, 16: 147-148.

[15] 王丹．浅析食品生产企业产品质量控制的措施．食品安全导刊，2021, 6: 91, 93.

[16] 国家食品药品监督管理总局．婴幼儿配方乳粉生产许可审查细则（2022 版）（市场监管总局公告 2022 年第 38 号）．[2022-11-18].

[17] 王象欣，张秋梅，魏雪冬，等．不同类型热处理方式对牛乳品质的影响．中国乳品工业，2019, 4: 22-25.

[18] 王潇栋，孔阳芷，张艳玲，等．杀菌技术的作用机制及在食品领域中的应用．中国酿造，2022, 41(2): 5-12.

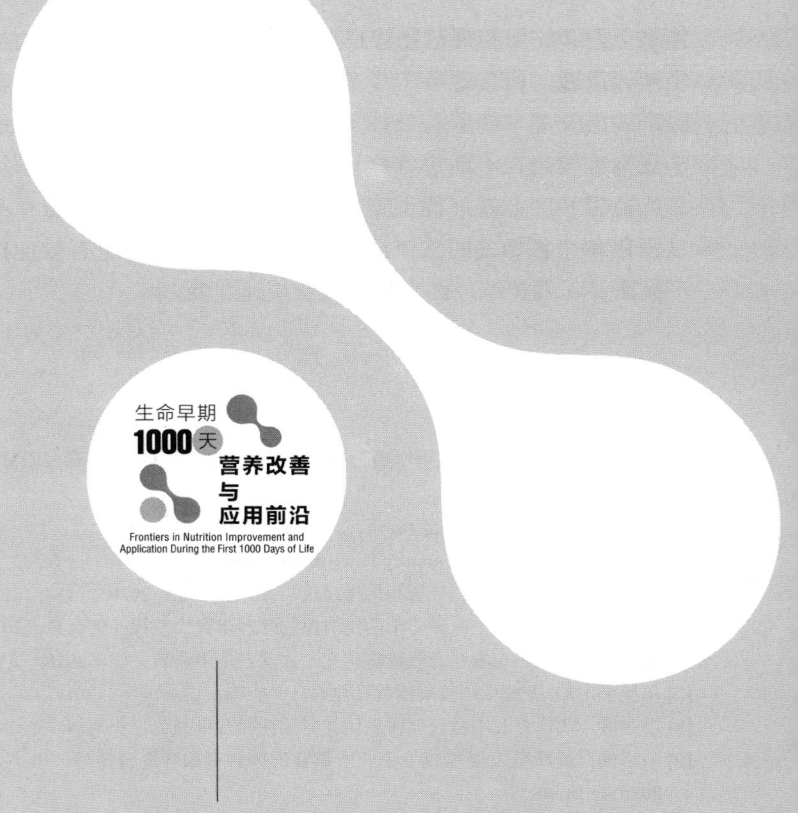

特殊医学状况婴幼儿配方食品

Formulas for Special Medical Purposes Intended for Infants and Young Children

第20章 特殊医学用途婴儿配方食品共线生产及清场

特殊医学用途婴儿配方食品食用对象的特殊性决定了对其产品质量要求非常严格。因而对共线生产的不同种类特殊医学用途婴儿配方食品的质量风险控制应更为严格。依据产品生产工艺，我们对特殊医学用途婴儿配方食品共线生产中可能出现的产品质量风险进行分析，对各类风险因素进行了系统性、规范性的预防、控制和验证。根据共线产品的性状、产品的等级要求，合理设计产品共线时的排产计划、清场、清洗消毒、生产线清洁验证，并通过不同工艺生产过程的关键控制，以保障共线产品的质量安全。

20.1 产品共线生产

由于特殊医学用途婴儿配方食品的目标人群和产量有限，其产品的生产常会因设备利用率、能耗、成本、管理等[1]方面的原因，需要与其他配方的特殊医学用途配方食品共线生产。因此共线生产的产品安全性以及对产品质量的影响，是特殊医学用途婴儿配方食品生产企业面临的相对较复杂的问题。

20.1.1 产品共线生产的风险分析

特殊医学用途婴儿配方食品中不同的产品在生产过程中，因对原辅料、中间产品、待包产品、包材、成品等的要求不同，在共线生产时，都可能会影响到最终产品的功能和营养成分指标。因此，在相同工艺条件下，不同功能的产品在共线生产时，存在着较多影响产品质量的风险，只有准确地对各类风险因素进行识别、评估和分析，制定相应严格的共线生产要求，才可以有效地控制风险，保证产品质量。

20.1.2 共线生产的风险种类

产品共线生产过程中可能存在的风险包括直接污染、交叉污染、混淆和差错等，如表 20-1 所列。

表 20-1 共线生产风险分析

风险类型	直接污染	交叉污染	混淆	差错
危害级别	☆☆☆	☆☆☆	☆☆☆	☆☆

注：☆☆☆表示危害严重；☆☆表示危害较重。

20.1.2.1 直接污染

即在生产、取样、包装或重新包装、储存或运输等操作过程中，原辅料、半成品、待包装产品、成品受到具体化学因素（酸、碱、消毒剂等）、生物因素（微生物）以及物理杂质或异物的不利影响。

20.1.2.2 交叉污染

即原辅料或产品与另外一种原辅料或产品之间的污染，例如深度水解配方婴儿奶粉与低乳糖婴儿配方奶粉共线生产，低乳糖婴儿配方奶粉中的整蛋白可能对深度水解配方婴儿奶粉中的水解蛋白产品造成污染（存在过敏原）。

20.1.2.3 混淆

即一种或一种以上的其他原材料、成品、半成品与标明品名或正在生产和使用的原材料、成品、半成品相混淆。

20.1.2.4 差错

即由于标示或标识不清楚，错误地将不同的原料 / 半成品 / 成品按照相同的物质使用，且已经造成了不良后果。

20.1.3 产品共线生产原则

特殊医学用途婴儿配方食品不同于普通的常规食品，所以两种或两种以上的特殊医学用途婴儿配方食品、婴儿配方奶粉或其他要求较高的食品选择共线生产时，需要对生产工艺、生产流程、产品性状、产品功能、产品等级、产品品类等进行充分的风险评估、论证，并制定相应完善、有效的预防措施，以保障产品质量的安全。表 20-2 所列为产品共线生产时的风险情况分析。

表 20-2　产品共线生产时的风险情况分析

类别	关键原则	共线风险情况
生产工艺	相同或相似	产品本质结构变化、最终产品指标变化
生产流程	相同或相似	工序间的差异会直接导致产品质量的变化
产品性状	相同或相似	产品性状的不同直接影响产品可实现性
产品功能	相同或相似	相互污染，直接影响最终产品检测指标及最终产品质量
产品等级	相同或相似	相互污染，直接影响最终产品微生物含量，导致达不到限量要求
产品品类	相同或相似	相互污染，直接影响最终产品检测指标或微生物含量，导致达不到限量要求

20.1.4 产品共线生产注意事项

20.1.4.1 产品生产排产

在产品生产先后过程中，产品间的主要影响为相互污染，所以在生产安排上要有优先等级考虑。具体的排序原则有：要将产品质量要求等级最高的排在前面，依此要求类推，以免在交叉生产过程中，造成产品之间的微生物污染；在同等级要求的产品中，要将容易与其他产品原料间产生功能性污染的产品安排在前，最低等级要求的产品安排在后。例如：特殊医学用途婴儿配方食品与特殊医学用途配方食品共线生产时，特殊医学用途婴儿配方食品生产应排在前面；或特殊医学用途婴儿配方食品与婴幼儿配方食品共线生产时，特殊医学用途婴儿配方食品生产应排在前面。

20.1.4.2　清洗消毒

产品生产加工过程中，加工设备及管道的清洗消毒非常重要，这也是预防污染的重要措施之一。由低等级要求产品向高等级要求产品切换生产，或向可能与其他产品原料产生功能性污染的产品切换时，设备及管道必须进行清洗消毒且需经过验证后再进行接续生产。加工设备及管道在使用后会产生一些沉积物，如不能及时、彻底清洗消毒，将会直接影响后续生产的产品质量。清洗就是把设备及管道中的污物或沉积物去掉。“污物”一般指的是存在于设备或管道接触表面的微生物生长所需的营养物质或物料的残留。消毒是在清洗之后进行，用消毒液破坏微生物的繁殖体或繁殖环境，进而减少或消除微生物生长、繁殖的风险。例如：特殊医学用途婴儿配方食品生产之后再生产特殊医学用途婴儿无乳糖配方食品时，必须进行清洗消毒且经过验证后，才可以再生产特殊医学用途婴儿无乳糖配方食品。

20.1.4.3　生产线清洁验证

如何评价一个清洁程序和方法的可行性和有效性，需要清洁验证来完成[2]。应当根据涉及的物料，合理地确定活性物质残留、清洁剂和微生物污染的限度标准[3]，通过对清洗后设备的表面、内部，采用目检、化学和微生物的方法，进行乳糖含量与蛋白质分子量分析，同时进行杂质验证、电导率验证、微生物涂抹验证、清洗死角的目视检查等，证明设备清洁消毒过程的合理性、有效性，避免产品被残留物料和微生物污染，防止在生产过程中发生污染和交叉污染，保证去除设备中的各种残留物，使之总量低至不影响下批产品的生产，保证产品生产过程中从一个产品切换到另一个产品的质量安全性。

20.2　共线生产工艺的关键控制点

共线生产存在的最大风险是污染和交叉污染。污染与交叉污染从工艺角度进行考虑和分析，更多的是发生在原辅料可以直接接触的环节，由于物料与物料或设备与物料间可能产生的污染，在共线生产时确定各工艺关键控制点就显得更为重要。依据生产工艺的不同，特殊医学用途婴儿配方食品的工艺关键控制点如图 20-1 ～图 20-3 所示，其中的▨标注即为关键控制工艺点。

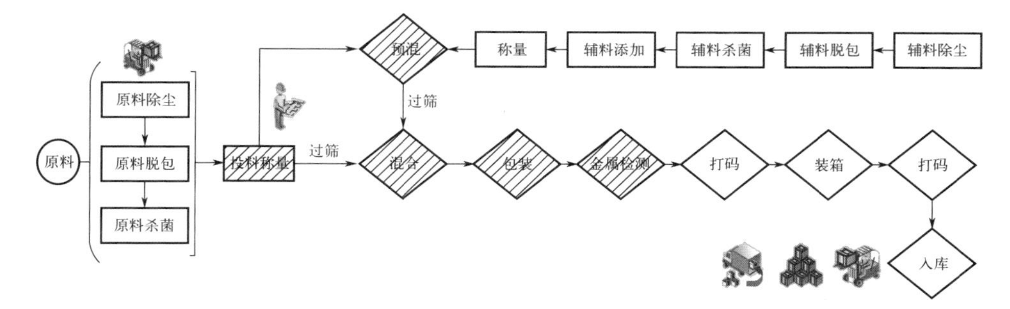

图 20-1　适用于粉剂类产品生产的干法生产工艺关键控制点

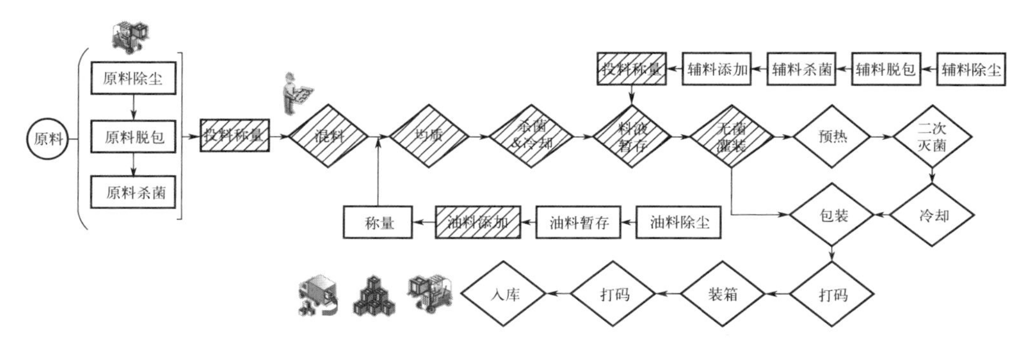

图 20-2　适用于液态类产品生产的湿法生产工艺关键控制点

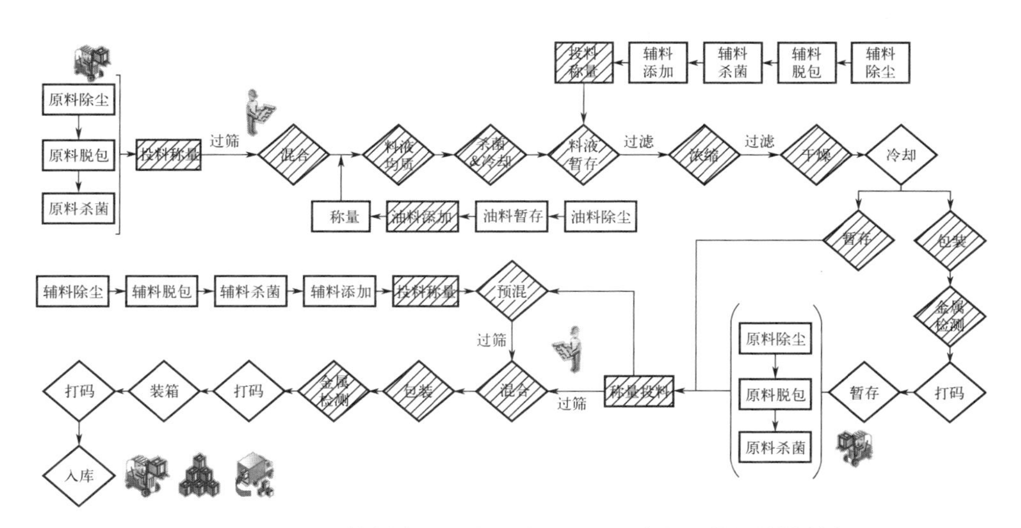

图 20-3　适用于粉剂类产品生产的干湿混合生产工艺关键控制点

20.3 产品共线生产的清场

清场的目的是避免由于使用同一设备、场所和由于设备设施不洁净而带来的污染和混淆[4]。及时有效的清场、核查、检验和确认是避免直接污染、交叉污染或混淆差错，保证产品质量的重要环节。

20.3.1 清场措施

20.3.1.1 清除物料

一个品种的产品生产结束后，检查物料平衡无误后，需清除生产现场所有相关物料，具体包括：已生产完的批次或品项产品生产使用的原辅料、包装材料、半成品、成品、剩余材料、散装品、印刷的标志物等。分别对剩余物料进行标识后退回仓库。不合格物料按“不合格品管理要求或程序”进行清理、退库、储存或销毁。

20.3.1.2 清理文字材料

对于当前批次、当前品项生产前使用的指令单或生产配方、生产转序单，以及生产过程中使用的各种与当前批次、当前品项有关的记录及生产操作指导规程、生产过程要求、制度等相关的文件性材料进行清除、交还、交接或归档。

20.3.1.3 销毁不良品、废标和废包材

生产过程中，对于在线产生的不良品（包含成品、半成品等），以及包装过程中产生的废膜、废标、废盒、废箱等相关物品，进行统计记录，清除出生产区域并按相关要求进行销毁处理。

20.3.1.4 清洁生产现场

生产结束后对于生产区域设备内外、称量器具、工作台以及周围环境进行清洁消毒，达到无尘、无死角、无原辅料残留、无污垢，门窗、室内照明灯、风管、墙面、地面、开关盒等清洁无积尘、无污垢。

20.3.2 清场程序

清场工作不是随意的过程，必须按照工厂生产和质量管理部门的要求根据工

厂生产实际情况制订的清场工作程序进行。在生产结束后、更换品种前或设备故障维修前后，风险可能直接导致产品前污染，应彻底清理作业场所，未取得清场合格确认指示之前，不得进行下一个品种的生产。清场本着由内到外、由上到下、由高等级区域到低等级区域，由设备、设施到墙面、地面的原则进行。程序流程如图 20-4 所示。

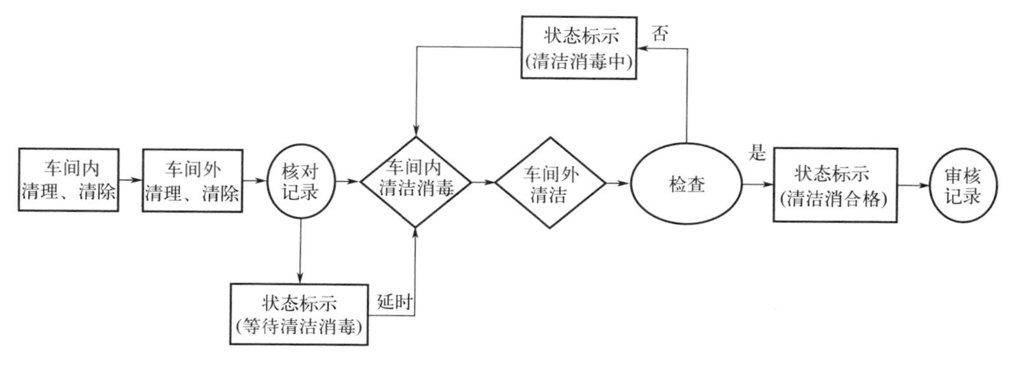

图 20-4　清场程序

20.3.3　设备清洁步骤

清洁包括多个步骤，在常见清洁过程中，可能随不同工艺设备类型而发生变化[5]。常见的清洁步骤如表 20-3 所列。

表 20-3　清洁工艺步骤

步骤	功能	说明
真空或预洗	去除易溶的或者不黏附在设备表面的残留物	在清洗步骤前减少污渍存留量
使用清洁溶液清洗	去除可溶的和干燥的污渍，通过降解、加热和 / 或用清洗剂润湿的办法使污渍溶解	通常在较高温度下进行，初步去除污渍和生物负荷；可能包括酸性试剂、碱性试剂、某种溶剂或者溶剂的混合物
漂洗	除去悬浮或已溶解的污渍，并去除清洗剂溶液（如有）	可能包含一系列的脉动淋洗，可能包含溶剂淋洗及最后的终洗
干燥	去除水和其他溶剂	可能通过空气或氮气吹扫或通过加热完成

直接影响每一步清洗效果的四个基本参数是：时间（time）、方式（action）、浓度（concentration）和温度（temperature），通常简称这四个参数为 TACT。时间通常代表每个清洗环节所需的时间；方式通常代表清洗的方法，如浸泡、擦洗、冲洗或湍流等；浓度通常代表清洗剂的使用量；温度通常代表清洗时每一个环节

清洗液的温度。

20.3.4 设备清洗方式

因设备功能、工艺需求、人员参与程度和设备的自动化程度不同，设备清洗可分为手动清洗和自动清洗；同时因清洗地点不同，设备清洗又分为在线清洗（CIP）和非在线清洗（COP），在线和非在线清洗都可以是手动或自动清洗。在线清洗常用于大型设备，如配料、喷雾干燥、浓缩等系统的清洗。某些设备也会因实际需要而采用自动清洗与手动清洗相结合的方式进行，如配料罐等体积较小的设备，可以连接喷淋球同其他辅助设备一起进行在线自动清洗，也可以在使用后进行手工清洁，但无论采取哪种清洁方式，均需要进行清洁验证。

20.3.5 设备清洁验证取样

为了验证设备的清洁效果，需量化设备接触表面的残留量，此时的取样方法很重要[6]。根据待取样设备结构特点、待检测物质的性质以及残留限度的接受标准选择适宜的取样方法[7]，取样方法应能够具备可操作性，取样回收率测试应能够达到可接受标准，且不会因取样人员的不同而造成结果有较大差异。常见的清洁验证取样方法包括擦拭取样、淋洗取样、目视检查和浸泡取样等。

20.4 展望

目前对于共线生产的专业评估方法还不是很多，并且由于不同级别产品预期用途不同，以及共线生产时给产品质量和消费者带来的风险和危害程度各不相同，所以应当利用科学的方法与经验，对不同级别或要求的产品共线生产时的质量风险进行风险评估[8]，此外还需借助一些药品的分析经验和方法，评定共线风险等级，对失效模式和影响分析（failure mode and effects analysis，FMEA）在不同级别产品共线生产风险分析中的具体应用进行探讨：①对不同种类微生物的控制，以及其暴露风险评估，可进行深入研究；②在产品生产过程中，对可能出现的各风险点建立预测模型（如微生物、元素指标等）；③产品共线生产清场是食品制造中的一个关键过程，清洁验证是一个周期性的活动。根据 2020 年 ISPE 发布的最新的有关于清洁验证生命周期指南，指出清洁验证的生命周期包括了三个阶段：清洁工艺设计、清洁工艺验证和持续清洁验证。对此，不仅需要专业的验证人员对清洁验证中的数据进行持续分析，也需要一线的人员具有相当的专业知识，在设备的清洗和操作过程中，能够及时敏锐地发现清洁过程中各参数及设备的变化，意识到这些变化对清洁验证乃至产品的影响。

（刘百旭，王坤朋，杨康玉，张宇，王心祥，姜毓君）

参考文献

[1] 周玉柏，牛志彬．质量风险管理在药品共线生产中应用的研究进展．智慧健康，2019, 5(11): 59-61.

[2] 黎阳．浅谈药品生产设备清洁验证．中国药事，2008, 22(8): 654-656.

[3] European Commission. EU Guidelines to Good Manufacturing Practice Medicinal Products for Human and Veterinary Use: Volume 4 Annex 1 Manufacture of Sterile Medicinal Products. Brussels: [2008-11-25].

[4] 赵宝龙，齐惠敏．怎样做好药品生产的清场工作．中国药事，1999, 13(6): 371-372.

[5] 王亚蕊．多产品共线生产清洁验证评估及实施研究．成都：西华大学，2021.

[6] 徐影．粉针剂清洁验证的探讨——以头孢类产品直接接触设备的清洁为例．北京：北京大学，2013.

[7] 陈维腾．实用的多功能生产线清洁验证方法实践．海峡药学，2015, 27(1): 95-99.

[8] 费帆．不同级别产品共线生产的可行性探讨以食品添加剂琼脂和药用辅料琼脂为例．福建轻纺，2016, 5: 43-46.

特殊医学状况婴幼儿配方食品

Formulas for Special Medical Purposes Intended for Infants and Young Children

第21章

特殊医学用途婴儿配方食品现场审核注意事项

2015年12月8日，经国家食品药品监督管理总局局务会议审议通过，公布《特殊医学用途配方食品注册管理办法》，并于2016年7月1日起施行[1]。管理办法的实施，是为了规范特殊医学用途配方食品注册行为，加强注册管理[1]，保证特殊医学用途配方食品质量安全。所以针对特医食品生产企业，如何从生产能力、检测能力、研发能力方面满足要求，本章介绍了设备符合性、工艺符合性、原辅料符合性、人员符合性、现场记录及制度符合性、区域划分符合性、交叉污染防控符合性、标识/标示符合性、清场符合性、辅助能源符合性、产品质量追溯符合性11个核查要点及相关注册事项。

21.1 设备符合性

企业应当配备与生产的产品品种和数量相适应的生产设备，设备的性能和精度应能满足生产加工的要求，并按工艺流程有序排列，避免引起交叉污染[2]，并能满足 GB 14881—2013《食品安全国家标准　食品生产通用卫生规范》、GB 29923—2013《食品安全国家标准　特殊医学用途配方食品良好生产规范》等法规的要求[3]。

21.1.1 生产设备[2]

（1）材料选择　与食品直接接触的生产设备和器具的内壁应采用不与物料反应、不吸附物料的材料，并应光滑、平整、无死角、耐腐蚀且易于清洗，建议使用 304/316 不锈钢材质。

（2）设备布局和工艺流程　应当与批准注册的产品配方、生产工艺等技术要求保持一致。

（3）现场设备型号、产能等信息　应当与配方注册上报的材料保持一致[4]。

（4）主要工艺设备及检定　企业生产设备应当按照工艺流程有序排列、合理布局，便于清洁、消毒和维护，避免交叉污染。

① 液态产品设备　准清洁作业区必要设备：预处理设备（配料、称量、热处理、杀菌或灭菌、中间储存、原料脱包、包材消毒、理罐等设备）；清洁作业区必要设备：配料设备、称量设备、无菌灌装等设备。对于灌装、封盖后灭菌的产品，其灌装、封盖后的灭菌工序可在一般作业区进行。以上设备也可依据工艺要求进行调整优化。

② 固态（含粉状）产品设备　准清洁作业区必要设备：预处理设备（配料、称量、原料内包装清洁或隧道杀菌、包装材料消毒、中间储存等设备）、杀菌、浓缩、干燥、流化床冷却等设备；清洁作业区必要设备：配料设备、称量设备、投料振动筛、预混机、混合机、中间储存仓、金检仪、灌装机等设备。以上设备也可依据工艺要求进行调整优化。

③ 设备定期校准　用于生产的计量器具和关键仪表应定期进行校准或检定，同时按工序形成计量器具台账并及时更新。

（5）建立生产设备管理制度　设备使用前应进行验证或确认，生产前应检查设备是否处于正常状态，出现故障应及时排除，确保各项性能满足工艺要求。维修后的设备应进行再次验证或确认。制定设备使用、清洁、维护和维修的操作规程，并保存相应记录。设备台账、说明书、档案等应齐全、完整。

21.1.2 检验设备

关于检验设备方面，涉及设备操作人员要求、设备分类管理、设备的信息管理、量值溯源、设备标识与设备的维护保养等[2]。

21.1.2.1 设备操作人员要求

企业应针对检测人员基本资质、岗位要求、行为规范等，建立关于检验人员管理要求的管理制度。

① 严格按照设备说明书或操作规程进行设备的启动、运行与停机。

② 坚守工作岗位，特殊仪器工作时，使用人员不得离开。

③ 操作人员要掌握设备的主要性能和用途，熟练操作，保证出具的结果准确，能够独立处理一些常见的问题，不能解决的异常情况立即报告上级主管人员，不得擅自进行拆卸调试，非仪器操作人员不得进行操作使用。

④ 对于精密仪器，操作人员要经培训考核合格后才能上机操作。

⑤ 操作人员发现设备有异常情况时，应立即停机，通知上级主管人员，确保仪器正常后方可运行。

⑥ 严格执行交接班制度，按要求填写设备使用记录和维护记录。

⑦ 依据设备运行期间核查相关要求完成核查工作，并形成相应的核查记录。

21.1.2.2 设备分类管理

企业应当具备与自行检验项目相适应的检验设备和试剂[2]，相关食品安全国家标准和产品注册涉及的检验项目、检验方法修订或变更后，应及时配备相应的检验设备设施和试剂。

（1）检测中心常用的仪器　原子吸收分光光度计、气相色谱仪、气相色谱质谱联用仪、高效液相色谱仪、原子荧光分光光度计、凯氏定氮仪、高压灭菌锅、旋转蒸发仪、冰箱、离心机、超净台、万分之一天平、显微镜、马弗炉、生化培养箱、不溶度指数搅拌器、高速冷冻离心机等。

（2）精密仪器的管理

① 仪器的放置环境　应根据仪器安装条件进行选定，确保仪器防震、防尘、防腐蚀、工作电压稳定[5]，原子吸收分光光度计要单独接线，高效液相色谱仪、气相色谱仪、原子吸收分光光度计、原子荧光分光光度计和气质联用色谱仪要配置排风设施，确保人员安全。

② 建立档案和记录　仪器应根据实际使用情况建立相应的设备档案、使用记录和维护记录。

（3）非精密仪器的管理

① 仪器的放置环境应符合仪器的安装环境要求。

② 仪器应根据实际使用情况建立相应的设备档案、使用记录和维护记录，其中干燥箱（指参与检验出具结果的）、培养箱还应建立温度监控记录。

（4）计量仪器的管理　计量仪器要定期做期间核查，期间核查按照仪器设备期间核查相关要求执行，对于仪器设备期间核查制度中没有涉及的计量仪器，要依据仪器设备的点检规定执行。通过点检准确掌握仪器的性能状况，维持和改善仪器工作性能，预防事故发生，减少停机时间，延长仪器寿命，降低维修费用，保证仪器正常工作。

21.1.2.3　设备信息管理

设备信息是设备管理工作中的重要组成部分，对设备监督、监控管理起指导作用。检验仪器设备必须有清单、台账、档案、量值溯源计划和仪器设备标识，档案齐全，管理有序，仪器设备实行标识管理。

（1）台账中须包括仪器设备名称、型号或规格、制造商、出厂编号、设备编号、购置日期、出厂日期、启用日期、放置地点、接收状态、使用状态等。

（2）仪器设备每台需建立档案，档案应包括以下内容：

① 仪器购置申请、合同、说明书原件、产品合格证、保修单，若是旧设备也要尽可能搜集。

② 验收记录，旧设备尽可能搜集。

③ 检定 / 校验记录及检定证书，旧设备尽可能搜集。

④ 保养维护记录、仪器使用记录、仪器作业指导书，可以单独归档。

⑤ 报修的相关记录。

21.1.2.4　量值溯源

所有计量设备须进行溯源，国家强制检定的计量仪器（天平、锅炉压力表、氧气表、乙炔表、温度表等）检定周期按照国家检定规程执行。

（1）检测中心负责人负责编制检测中心的量值溯源计划，并按照计划送检或由计量检定人员现场进行检定。

（2）量值溯源计划的内容包括：计量仪器名称、型号，原检定或校准证书编号、检定或校准周期，检定机构名称，最近检定或校准日期、计划检定或校准日期。

21.1.2.5　设备标识

（1）仪器设备标识　仪器设备标识包括设备信息卡和设备状态标识，标识要统一规格、大小。标识粘贴应不影响操作和读数，位置明显、不易脱落、便于检查，如发现标识损坏、模糊、丢失时要及时进行更换。

（2）设备信息卡　设备信息卡中包括设备名称、设备型号、设备内部编号、检测项目、仪器状态、使用维护人。

（3）设备状态标识　根据检定/校准结果对仪器设备粘贴状态标识，标识内容包含检定单位名称、有效期或下次检定日期；限用标识应有准予使用的范围；停用标识应有停用日期和批准人。

21.1.2.6　设备维护保养

设备保养内容是根据实际使用中技术情况的变化、设备结构、使用条件、环境条件等确定，设备保养内容分为例行保养和维修保养。

（1）例行保养　设备的例行保养是各级保养的基础，直接关系到运行安全、能源的消耗以及设备的使用寿命。例行保养作业由设备操作人负责执行，其作业中心内容以清洁、补给、安全、检视为主，坚持开机运行之前、运行中、关机结束后的三检制度。对设备进行例行保养不需要形成设备维护保养记录。

（2）维修保养　设备的维修保养是在以预防为主的前提下，把设备保养作业项目按其周期分级执行，分为：一级保养、二级保养、三级保养，各企业对设备进行维修保养后要及时填写维护保养记录。

21.1.3　研发设备

企业应具有与研发品种相适应的场所、设备和设施[3]，如用于做加速试验的恒温恒湿培养箱；用于做稳定性试验的培养箱；用于做试产的小型设备以及水浴箱等其他辅助设备。

（1）设备应定期进行校准或检定，同时形成设备台账，并及时更新。

（2）现场设备型号等信息应当与配方注册上报材料保持一致。

（3）制定设备使用、清洁、维护和维修的操作规程并保存相应记录，具体内容同生产设备管理。

21.1.4　设备有效性

（1）设备的性能和精度应能满足生产加工的要求。用于混合的设备应能保证物料混合均匀；干燥设备的进风应当有空气过滤装置，排风应当有防止空气倒流装置，过滤装置应定期检查和维护；用于生产的计量器具和关键仪表应定期进行校准或检定。

（2）生产粉状特殊医学用途配方食品过程中，从热处理到干燥前的输送管道和设备应保持密闭，并定期进行彻底的清洁、消毒。

（3）主要设备更换时，主要设备修理时，产品质量发生波动时，工艺调整、配方改变时，设备停用三个月以上重新使用时，杀菌、灭菌装置初次使用前或对其进行改造后及工艺调整后，必须结合工艺对设备能力进行验证：

① 对关键设备，每一年进行一次设备能力验证。

② 设备能力验证与相关质量体系要求验证同时进行，并保留验证记录，验证发现问题应及时解决。

③ 当主要设备或工艺发生变更时，应向属地直管或监管部门进行变更申请报备，必要时需接受现场核查。

21.1.5 建立设备操作规程

企业应建立主要设备的操作规程并定期对员工进行理论和实际操作培训，保证关键设备、关键控制点、关键岗位能得到标准化控制，保证产品质量安全。

21.2 工艺符合性

21.2.1 设备主要参数控制

生产过程中的工艺控制参数应符合产品注册时的技术要求，并进行记录[3]，部分设备主要参数控制范围建议如下：

（1）前处理工序　混料温度：50℃ ±5℃[6]；巴氏杀菌温度：一般控制在 80℃ ±5℃[7]；中间储存冷却温度：≤ 7℃[8]。

（2）杀菌工序　列管式杀菌，温度控制在 86 ～ 94℃[9]。

（3）喷雾干燥工序　进风温度控制在 150 ～ 190℃[10]。

21.2.2 工艺控制点

生产主体应成立食品安全管理机构[2]，从原辅材料接收、生产过程到成品的储存、运输各个环节，通过对生产工艺过程的危害分析，识别出可能存在的危害，并对识别出的危害进行评估，确定关键控制点：

（1）辅料和包材验收　生产主体需制定原辅料验收标准。由仓储部门验证厂家资质、产品标准、随货原厂检验报告单；检测部门按照原辅料验收要求逐项进行验证或检验。

（2）配料　由研发部下达标准配方单，并由生产部专人负责原辅料的计量、核对、添加，专人核对营养素添加量。

（3）蒸发器杀菌　采用仪表监测，建议每小时记录一次杀菌温度，检测中心对每批产品进行微生物检测验证。

（4）喷雾干燥　采用仪表监测排风温度，建议每小时记录一次，检测中心对每批产品进行微生物检测验证。

（5）混合　严格监控混合机的混合时间。

（6）包装　关键控制点：金属类异物检测限为 $\Phi \geqslant 2.0\text{mm}$，对金属检测仪每日进行校对并记录[2]。

21.3　原辅料符合性

针对原辅料符合性的验证，需要工厂研发、采供、检验部门协作，由研发人员根据原辅料的国家标准制定原辅料的验收标准，采供人员依据原辅料标准验收厂家提供的随货报告和型式检测报告采供，检测人员依据原辅料验收标准出具工厂的自检报告。

21.3.1　企业标准

① 企业自行验收标准的制定需严于国家标准或行业标准。企业标准由企业制定，由企业法人代表或法人代表授权的主管领导批准、发布。企业可以根据本企业产品特点制定企业标准。可以结合本企业产品的实际参照执行。

② 企业应结合产品的技术标准、国家标准及企业的市场需求来制定企业标准，在生产和经营过程中有可依据的上级标准，企业就可以参考相关标准和文献起草产品的企业标准。在企业标准起草的过程中，应当尽可能参考与其产品相关的上级标准。

21.3.2　国家标准

① 依据产品配方选择现行有效的原料、辅料国家标准，并有效执行。

② 针对国家标准内容实施员工的上岗培训、考核。

21.4　人员符合性

企业应当配备与所生产特殊医学用途配方食品相适应的食品安全管理人员和食品安全专业技术人员（包括生产管理人员、研发人员、检验人员等）[11]，制定人员花名册，并设立特殊医学用途配方食品研发机构，至少应设立生产管理部门、食品安全管理机构、质检机构。

检验人员应具备按照特殊医学用途婴儿配方食品国家标准规定的全部项目逐批检验的能力。人员管理应符合《特殊医学用途配方食品生产许可审查细则》中对人员的要求。

21.4.1　特殊部门

① 企业应依照《中华人民共和国食品安全法》《国家食品安全事故应急预案》有关规定成立食品安全管理机构，当突然发生严重影响食品安全的紧急情况时，应及时做好准备和响应。对可能引发的食品安全事故，要做到早发现、早报告、早控制，最大限度减少食品安全事故的危害，保障消费者身体健康与生命安全。

② 食品安全管理机构，负责企业的食品安全管理，明确食品安全管理职责，负责按照 GB 29923 的要求建立、实施和持续改进生产质量管理体系。对特殊医学用途配方食品的生产实施从原料进厂到成品出厂全过程的安全质量控制，保证产品符合法律法规和相关标准的要求。

③ 食品安全管理机构中的各部门应有明确的管理职责，并确保与质量、安全相关的管理职责落实到位。各部门应有效分工，避免职责交叉、重复或缺位。对厂区内外环境、厂房设施和设备的维护和管理、生产过程质量安全管理、卫生管理、品质追踪等制定相应的管理制度，并明确管理负责人与职责。

④ 企业负责人应当组织落实食品安全管理制度，对本企业的食品安全工作全面负责。

21.4.2　质检小组

① 企业应组织符合资质的人员成立质检小组，其职责应建立包括检验方法、检验规程等内容的检验质量体系文件，对产品标准要求规定的全部项目进行规定

并对检验方法进行验证。

② 质检小组应掌握工艺参数控制、操作规程、记录规范性等生产相关内容，制订过程产品、环境监测计划，并定期进行在线产品的生产过程监督和检测工作。

21.5 现场记录及制度符合性

企业应当按照产品批准注册的技术要求和GB 29923关于生产工艺特定处理步骤的要求，制定配料、称量、热处理、中间储存、杀菌（商业无菌）、干燥（粉状产品）、冷却、混合、内包装（灌装）等生产工序的工艺文件，明确关键控制环节、技术参数及要求。

21.5.1 常规文件

21.5.1.1 重要制度的建立

企业应建立的重要制度包括：从业人员健康管理制度、进货查验记录制度、原料供应商审核制度、原料采购验收管理制度、原料储存管理制度、领料控制要求等。

21.5.1.2 设立生产关键环节控制要求，建立相应管理制度

① 建立生产各工序操作规范[2]，包括原辅料卫生控制、称量配料控制、各工序生产加工的时间和温度等内容。

② 建立空调运行控制制度[2]，有效控制空气的洁净度和湿度。应定期对清洁作业区、准清洁作业区的空气洁净度进行监测并保存监测记录，确保其空气洁净度符合要求。

③ 建立微生物监控计划[2]。粉状特殊医学用途配方食品应根据GB 29923附录B的要求，对清洁作业区环境中沙门菌、阪崎肠杆菌和其他肠杆菌制订环境监控计划，并制定发现阳性监控结果时的评估及相关批次产品的处置措施，确保放行产品符合国家食品安全标准的要求。

④ 建立人员卫生控制制度[2]，规范人员健康检查、疾病通报、受伤通报、疾病设施控制、人员卫生管理、卫生设施的管理和维护、来访者卫生等方面的管控。

⑤ 建立生产工艺控制制度[2]。生产过程中的生产工艺及工艺控制参数应符合产品注册时的技术要求，并有相关生产工艺控制记录。液态特殊医学用途配方食

品采用商业无菌操作的，应参照 GB 29923 附录 C 的要求，制定相关生产工艺控制要求。

⑥ 建立产品防护管理制度[2]，明确混合、溶解后的半成品应采用密闭暂存设备储存，不得裸露存放；冷却后的产品应采用密闭暂存设备储存。生产粉状产品过程中，从热处理到干燥前的输送管道和设备应保持密闭，并按规定进行清洁、消毒；无后续灭菌 / 杀菌工艺的粉状产品不得采用将半成品裸露在清洁作业区的作业方式（如人工筛粉、粉车晾粉等）。应制定因设备故障、停电停水等特殊原因中断生产时的产品处置办法，保证对不符合标准的产品按不合格产品处置。当进行现场维修、维护及施工等工作时，应采取适当措施避免污染食品。

⑦ 建立产品包装控制制度[2]。产品包装前应再次核对即将投入使用的包装材料的标识，确保包装材料正确使用，并做好记录。

⑧ 建立产品共线生产与风险管控制度[2]。不同品种的产品在同一条生产线上生产时，应经充分的食品安全风险分析（包括但不限于食物蛋白过敏风险），制定有效清洁措施且经有效验证，防止交叉污染，确保产品切换不对下一批产品品质产生影响，并应符合产品批准注册时的相应要求。

⑨ 建立清场管理制度[2]。应明确所生产产品的批次定义。不同品种的产品在同一条生产线上生产时，应有效清洁并保存清场记录，确保产品切换不对下一批产品品质产生影响。

⑩ 建立清洁消毒制度[2]。应根据原料、产品和工艺特点，选择适合的清洁剂、消毒剂，并针对生产设备和环境制定有效的清洁消毒制度（包括清洁和消毒计划、操作规程及监督流程），并做好相关记录，保证生产场所、设备和设施等的清洁卫生。

⑪ 建立生产设备管理制度[2]。设备使用前应进行验证或确认，生产前应检查设备是否处于正常状态，出现故障应及时排除，确保各项性能满足工艺要求。制定设备使用、清洁、维护和维修的操作规程，并保存相应记录。设备台账、说明书、档案等应齐全、完整。

⑫ 建立原料检验管理制度[2]。根据生产需求和保证质量安全的需要，制定原料检验（或验收）管理制度，规定食品原料、食品添加剂和食品相关产品的进货检验（或验收）标准、程序和判定准则。购入的含乳原料要对国家标准要求的项目及限制成分（如三聚氰胺）等项目批批检验。

⑬ 建立半成品检验管理制度[2]。根据生产过程控制需求，设立监控半成品质量安全的检验管理制度，对半成品的质量安全情况进行监控。

⑭ 建立成品出厂检验管理制度[2]。按照产品执行的食品安全国家标准和产品批准注册的技术要求，对出厂成品进行逐批全项目检验。

⑮ 企业应当规定产品的储存和运输要求[2]。产品的储存和运输应符合产品标

签所标识的储存条件。应定期检查库存产品，必要时应有温度记录和（或）湿度记录。

⑯ 应建立不安全食品召回制度[2]，规定发现不安全食品时的停止生产、召回和处置不安全食品的相关要求。当发现某一批次或类别的产品含有或可能含有对消费者健康造成危害的成分时，应按照国家相关规定启动产品召回程序，及时向相关部门通告，并作好相关记录。应对召回的食品采取无害化处理、销毁等措施，并将食品召回和处理情况向相关部门报告。

⑰ 应建立不合格品管理制度[2]，对发现的食品原料、食品添加剂、食品相关产品以及半成品、成品中的不合格品进行标识、储存、管理和处置。出厂检验不合格的成品不得作为原料生产食品。

⑱ 应建立食品安全自查制度[2]。

⑲ 应建立食品安全事故处置方案[2]。

⑳ 应建立生产验证方案[2]，对包括厂房和设备设施的安装、运行、性能以及生产工艺、质量控制方法等进行确认和产品验证。当影响产品质量（包括营养成分）的主要因素，如工艺、质量控制方法、主要原辅料、主要生产设备等发生改变时，以及生产一定周期后，应进行再验证，评估变化情况是否符合国家食品安全的要求。

㉑ 应建立卫生监控制度[2]。针对生产环境、食品加工人员、设备及设施等的卫生监控制度，确立监控的范围、对象和频率，定期对卫生状况进行监控，记录并保存监控结果，发现问题应及时进行整改。

㉒ 应建立虫害控制制度[2]。应准确绘制虫害控制平面图，标明捕鼠器、粘鼠板、灭蝇灯、室外诱饵投放点、生化信息素捕杀装置等放置的位置，定期检查虫害控制情况。发现有虫害痕迹时，应追查来源，及时消除隐患。

㉓ 应建立清洁剂、消毒剂等化学品的管理制度[2]。除清洁消毒必需和工艺需要，不应在生产场所使用和存放可能污染食品的化学品。清洁剂、消毒剂等应采用适宜的容器妥善保存，并明显标示、分类储存，领用时应准确计量，做好使用记录。

㉔ 应建立清洁消毒用具管理制度[2]。清洁消毒前后的设备和工器具应分开放置，妥善保管，避免交叉污染。用于不同洁净级别作业区的清洁工具应有明确标识，不得混用。

㉕ 应建立产品留样制度[2]。每批产品均应留样，留样数量应满足复检要求。储存产品留样的场所应满足产品储存条件要求。产品留样应保存至保质期满，并有记录。

㉖ 应建立文件、记录管理制度[2]。建立文件管理制度，规定文件的批准、分

发和使用要求，确保各相关场所使用的文件均为有效版本。建立记录管理制度，对从原料采购、生产加工、出厂检验直至产品销售的所有环节应详细记录，记录保存期限不得少于产品保质期满后六个月。

㉗ 应建立工作服清洗保洁制度[2]。准清洁作业区、清洁作业区工作服应及时更换并清洗，必要时应消毒。生产中应注意保持工作服干净完好，如受到污染，应及时更换。

㉘ 应建立产品追溯制度[2]。应确定产品分批原则和批号编制方式，合理划分生产批次，采用产品批号等方式进行标识，建立从原料采购、生产加工、出厂检验直至产品销售的所有环节的记录系统。确保对产品从原料采购到产品销售的所有环节都可进行有效追溯。

㉙ 应建立客户投诉处理管理制度[2]。对客户提出的书面或口头意见、投诉，企业相关管理部门应作记录并查找原因，妥善处理。

㉚ 建立生产用水控制制度、制水设备操作规范[2]。与食品直接接触的生产用水、设备清洗用水、制冰和蒸汽用水等应符合《生活饮用水卫生标准》（GB 5749）的相关规定。生产液体产品时，与产品直接接触的生产用水应根据产品的特点制得（如去离子法、离子交换法、反渗透法或其他适当的加工方法），以确保满足产品质量和工艺的要求。

21.5.2 记录

① 企业建立的台账和生产过程的重要记录包括：进货验收记录、进货台账、环境场所清洁记录、生产设备清洗消毒记录、库房保管记录、生产投料记录、关键控制点控制记录、出厂检验记录、产品检验留样记录、不合格产品处置记录、不合格原料处理记录、产品销售记录、不合格产品召回记录、退货处置记录、从业人员健康检查记录、学习培训记录、消费者投诉受理记录、风险收集记录、食品安全事故处置记录、检验设备使用记录、停产复产记录、产品出厂放行记录、食品原料、食品添加剂和食品相关产品的采购、验收、储存和运输记录等。

② 建立微生物污染的温度控制和时间监控记录，明确空气湿度关键限值，并有效实施。

③ 加工过程的微生物监控应符合 GB 14881 的相关规定。应参照 GB 14881—2013 附录 A，结合生产工艺及《食品安全国家标准 特殊医学用途配方食品通则》和《食品安全国家标准 特殊医学用途婴儿配方食品通则》等相关产品标准的要求，制订环境监测计划，有效实施并记录。

④ 在使用时对食品添加剂和食品营养强化剂准确称量，并做好记录。

⑤ 热处理工序应作为确保特殊医学用途配方食品安全的关键控制点。热处理中时间（含灭酶时间）、温度等关键工艺参数应有记录。

⑥ 仓库中的产品应定期检查，必要时应有温度记录和（或）湿度记录。

⑦ 产品的储存和运输应有相应的记录，产品出厂有出货记录，以便发现问题时，可迅速召回。

⑧ 各项记录均应由执行人员和有关督导人员复核签名或签章，记录内容如有修改，应保证可以清楚辨认原文内容（修改应规范），并由修改人在修改文字附近签名或签章。

⑨ 所有生产和品质管理记录应由相关部门审核，以确定所有处理均符合规定，如发现异常现象，应立即处理。

21.5.3 特殊文件

① 生产企业应当建立物料平衡检查制度，产品应按产量和数量进行物料平衡检查。如有显著差异，应查明原因，在得出合理解释、确认无潜在质量事故后，方可按正常产品处理。

② 制定稳定性考察记录。应同时建立考察方案及考察报告，考察方案内容要全面，考察项目、考察时间等的设置要科学合理。

③ 应采用有效的异物控制措施，预防和检查异物，如设置筛网、强磁铁、金属探测器等，对这些措施的实施过程应进行监控或有效性验证[2]。

21.6 区域划分符合性

生产车间应当按照生产工艺和防止交叉污染的要求划分作业区的洁净级别，原则上分为一般作业区、准清洁作业区和清洁作业区[2]。不同洁净级别的作业区域之间、湿区域与干燥区域之间应当设置有效的分隔。原则上生产车间及各洁净级别作业区的具体划分如表 21-1 所示。

表 21-1 特殊医学用途婴幼儿配方食品生产车间及作业区划分表[2]

产品类型	清洁作业区	准清洁作业区	一般作业区
液态产品	与空气环境接触的工序所在的车间（如称量、配料、灌装等）；有特殊清洁要求的区域（如存放已清洁消毒的内包装材料的暂存间等）	原料预处理、热处理、杀菌（或灭菌）、原料内包装清洁、包装材料消毒、理罐（听）等车间以及其他加工车间等	原料外包装清洁、外包装、收乳（使用生鲜乳为原料的）等车间以及原料、包装材料和成品仓库等

续表

产品类型	清洁作业区	准清洁作业区	一般作业区
固态（含粉状）产品	固态（含粉状）产品的裸露待包装的半成品储存、充填及内包装等车间；干法生产工艺的称量、配料、投料、预混、混料等车间	原料预处理、湿法加工区域（如称量配料、浓缩干燥等）、原料内包装清洁或隧道杀菌、包装材料消毒、理罐（听）等车间以及其他加工车间等	原料外包装清洁、外包装、收乳（使用生鲜乳为原料的）等车间以及原料、包装材料和成品仓库等

注：对于灌装、封盖后灭菌的液态产品，其灌装、封盖后的灭菌工序可在一般作业区进行。

21.7 交叉污染防控符合性

不同产品交叉污染的防控类别，可分为区域防控、人员防控、物料防控、气流防控四个方面。

21.7.1 防控方案

21.7.1.1 区域防控

① 应按照生产工艺和卫生、质量要求，划分作业区洁净级别，原则上分为一般作业区、准清洁作业区和清洁作业区，并且不同洁净级别的作业区域之间应设置有效的分隔。生产粉状产品的清洁作业区应当控制环境温度和空气湿度，无特殊要求时，温度应≤ 25℃、相对湿度应≤ 65%[2]。

② 清洁作业区需保持干燥，供水管线不应穿越主要生产作业面的上部空间，防止二次污染的发生[2]。

③ 清洁作业区的入口应设置二次更衣室，二次更衣室内应设置阻拦式鞋柜、独立清洁作业区工作服存放柜及消毒设施。更衣室对应的不同洁净级别区域两边的门应防止同时被开启，更换清洁作业区工作服的房间的空气洁净度应达到清洁作业区的要求[2]。

④ 应做好穿越建筑物楼板、天花板和墙面的各类管道、电缆与穿孔间隙间的围封和密封。

21.7.1.2 人员防控[2]

① 准清洁作业区及一般作业区的工作服应符合相应区域的卫生要求，并配备

帽子和工作鞋；清洁作业区的工作服应为连体式或一次性工作服，并配备帽子（或头罩）、口罩和工作鞋（或鞋罩）。

② 清洁作业区人员使用前后的工作服应分开存放。

③ 人员进入生产作业区前的净化流程一般为：

a. 准清洁作业区：换鞋（穿戴鞋套或工作鞋靴消毒）→更外衣→洗手→更准清洁作业区工作服→手消毒。

b. 清洁作业区：换鞋（穿戴鞋套或工作鞋靴消毒）→更准清洁作业区工作服或外衣（人员不经过准清洁区的）→洗手（人员不经过准清洁作业区的或必要时）→手消毒→更清洁作业区工作服→手消毒。

21.7.1.3 物料防控[2]

① 食品原料、食品添加剂和包装材料在进入仓储区前可对外包装进行必要的清洁。原料、半成品、成品、包装材料等应当依据性质的不同分设储存场所，必要时应设有具备温度监控设施的冷藏（冻）库。同一仓库储存性质不同的物品时，应适当分离或分隔（如分类、分架、分区存放等），并有明显的标识。

② 应设置专用物流通道以及废物通道等。对于通过管道输送的粉状原料或产品进入清洁作业区，需要设计和安装适当的空气过滤系统。

③ 加工材料应合理堆放，标识清晰，避免因不当堆积形成不利于清洁的场所。

④ 在有气体（蒸汽及有毒有害气体）或粉尘产生而有可能污染食品的区域，应有适当的排除、收集或控制装置。

⑤ 用于食品输送或包装、清洁食品接触面或设备的压缩空气或其他惰性气体应经过除油、除水、洁净过滤、除菌（必要时）等处理。

⑥ 盛装废弃物、加工副产品以及不可食用物或危险物质的容器应特别标识、构造合理且不透水，必要时容器应封闭，防止污染食品。应在适当地点设置废弃物临时存放设施，并依废弃物特性分类存放。易腐败的废弃物应及时清除。

⑦ 对于含有过敏原的原材料应分区摆放，并做好标识标记，以避免交叉污染。

21.7.1.4 气流防控[2]

① 清洁作业区应安装具有过滤装置的独立空气净化系统，并保持正压（清洁作业区与非清洁作业区之间的压差应大于等于 10Pa），防止未净化空气进入清洁作业区而造成交叉污染。

② 进气口应距地面或屋面 2m 以上，远离污染源和排气口，并设有空气过滤设备。

③ 用于食品输送或包装、清洁食品接触面或设备的压缩空气或其他惰性气体应进行过滤净化处理。

21.7.2 防控验证[2]

① 固态产品清洁作业区和准清洁作业区的空气洁净度应符合以下要求，并应定期对温湿度、换气次数、细菌总数进行检测并记录，每年应安排进行第三方检测一次（表 21-2）。

表 21-2 固态产品清洁作业区和准清洁作业区的空气洁净度控制要求

项目		要求		检验方法
		准清洁作业区	清洁作业区	
尘埃数 /（个 m^3）	≥ 0.5μm	—	≤ 7000000	按 GB/T 16292 测定，测定状态为静态
	≥ 5μm	—	≤ 60000	
换气次数①（每小时）		—	10 ～ 15	—
细菌总数 /（CFU/ 皿）		≤ 30	≤ 15	按 GB/T 18204.1 中自然沉降法测定

① 换气次数适用于层高小于 4.0m 的清洁作业区。

② 冷藏（冻）库，应装设可正确指示库内温度的温度计、温度测定器或温度自动记录仪等监测温度的设施，对温度进行适时监控，并记录。

③ 人流、物流交叉防护措施的完好性，企业应结合实际制定相应的检查制度，定期进行检查并记录。

④ 对清洁作业区环境中沙门菌、阪崎肠杆菌和其他肠杆菌制订环境监控计划，并根据计划要求进行监测和记录（注：不生产婴儿类特殊医学用途配方食品可以不做阪崎肠杆菌的检测与监控）。

21.8 标识 / 标示符合性

企业应规定原辅材料、半成品、成品的标识，以防止品种、检验状态不同而误用、混用。

21.8.1 分类

标识分为三类，即物料信息标识、检验状态标识、产品唯一性标识。

（1）物料信息标识　指物料名称、生产日期、批次、数量等信息，用于原辅材料、半成品、成品在库房储存过程中以及生产车间暂存时等的标识，防止误用、混用，使用标识牌的方式进行标示。

（2）检验状态标识　指针对原辅材料、半成品、成品的待检、检验中、合格、不合格等检验状态，用于原辅材料、半成品、成品在库房储存过程中、生产车间暂存时等的检验状态的标识，防止不同状态被误用，使用标识牌的方式进行标示。

（3）产品唯一性标识　为了保证产品生产全过程的可追溯性，为半成品、成品设计唯一性编码，即生产批次，使用记录的方式进行标示。

21.8.2　企业应建立规范设备标识管理规定

建立生产、检验等部门的设备信息标识、设备运行状态标识、设备检定或校准标识、管道标识等的管理规范。

（1）设备信息标识　设备信息标识包括设备名称、设备编号、设备操作负责人、设备维保负责人等。

（2）设备运行状态标识　设备运行状态分为运行、停机、维修、封存、保养、待料，根据设备所处的状态进行标示。

（3）设备检定或校准标识

① 企业应制定《计量器具管理规定》，对现场使用的压力表、温湿度表、真空表、压差表、安全阀、台秤、电子秤、定量包装机、计量罐等计量设备在使用前或检定 / 校准有效期结束时，由相关部门负责联系法定计量检定部门或第三方计量器具校准机构进行检定或校准。

② 计量器具进行检定或校准后，应根据检定 / 校准报告及时更新台账内检定有效期，以便下次检定校准工作的开展。

（4）管道标识　企业应结合 GB 7231—2003《工业管道的基本识别色、识别符号和安全标识》，对于本企业所有管路需要按照管道内流体的种类、名称、流向进行标示。

21.9　清场符合性

为确保产品在生产过程中不同批次、不同配方、不同品种在同一条生产线上生产时，转换不出现交叉污染或混淆，预防相关的安全隐患，达到食品安全管理体系的标准要求[2]，企业应建立清场管理要求。现场审核时，重点做到制度要求与实际动态生产执行相一致。

21.9.1 清场的具体内容及要求

当生产过程中发生批次转换和配方、品种转换时，必须及时进行清场，填写清场记录；清场工作由各岗员工进行，清场应按由里到外、由上到下的顺序进行。

21.9.1.1 更换批次的清场

（1）物料清理

① 前处理配料工序：对当班生产剩余的辅料进行盘点，盘点内容包括品名、生产批次、使用数量、库存数量、供货商，并要求检查人和复查人确认上述信息无误后在记录上签名。重点需清理的项目有：原辅料、配方表、标识等项目。

② 混合工序：对当班生产剩余的半成品、辅料进行盘点，盘点内容包括品名、生产批次、使用数量、库存数量，并要求检查人和复查人确认上述信息无误后在记录上签名。重点需清理的项目有：半成品辅料、配方表、标识等项目。

③ 包装工序：对当班所用的包材品名、使用量、消耗量、结余量进行盘点、确认。重点需清理的项目有：包材、成品粉、标识等项目。

④ 将本批的成品粉、包装材料、废弃物、剩余的原辅料、与生产工艺无关的文件分类清点并做清场处理，不允许在生产现场摆放。

（2）清洁场地

① 每日生产结束后对清洁区、准清洁区的所有设备表面、工器具不留死角地进行全面清洁、消毒。

② 将产生的废弃物按垃圾处理程序及时清理。

21.9.1.2 品种转换时的清场

（1）清场流程

更换 / 核准标准配方及产品标识→将剩余包装、原辅材料进行清点→将与即将生产品种无关的物料退库→领用包装、原辅材料（同时消毒包装材料）

（2）工作要点

① 将各区域当班的生产标识、标准配方及时撤出现场，以免遗落后给下一个班次的生产形成错误信息。

② 核对标准配方表：根据生产计划转换品种时，由专人对配方表进行核对，确定该配方表为目前执行的配方后方可下发至生产工序。

③ 更换标准配方表及产品标识：由生产部经理下发更换品种的品名指令单至

生产和包装主任，各工序需做好更换产品标识的工作。

④ 返库：接到更换品种通知后，各工序清点剩余原辅材料、包材并进行核实，确定数量后全部进行退库处理，需做到车间无任何原品种的辅料，确保转换品种后不存在投错料的风险。

⑤ 准备包装、原辅材料：根据标准配方和计划产量，领取相应包装材料和原辅材料并发放到相应工序，并经过复核，确认无误后等待生产使用。

（3）清场后现场的要求

① 现场设备、工器具等应经过清洗消毒，定位摆放整齐。

② 现场不存放与即将生产的品种或批次或配方无关的物料、包材。

③ 不允许有与本次生产无关的标识与配方。

21.9.2　清场记录

（1）清场记录内容至少包括：工序名称、品名、生产批次、清场时间、检查项目及结果等，清场负责人及复查人应在记录上签名，清场记录纳入本批的批记录中。

（2）每班由车间主任负责检查记录填写情况并抽查账物相符情况。

（3）每半月由生产部经理、车间核算员对辅料 / 包材使用情况进行抽查。

21.9.3　清场检查验收

① 清场结束合格后，由当班的班长进行自检，车间主任监督检查。

② 品控部门配合生产进行清场工作，品控员进行复查，并填写检查记录。

21.10　辅助能源符合性

企业应对生产用水、生产用气等的使用进行严格管控，制定相应的控制措施，保证能源供给的安全和及时。

21.10.1　生产用水 [2]

① 企业需制定生产用水控制要求。与食品直接接触的生产用水、设备清洗用水、制冰和蒸汽用水等应符合《生活饮用水卫生标准》（GB 5749）的相关规定，

并定期检测且每年进行第三方检测，提供合格检测报告[2]。

② 对于食品加工中蒸发或干燥工序中的回收水、循环使用的水可以再次使用，但应确保其对食品安全和产品特性不造成危害，必要时应进行水处理，并应有效监控。

③ 生产制水车间现场要有制水机组运行记录及制水操作要求。

④ 需提供制水设备的维护保养记录，过滤滤芯、杀菌灯的更换记录，各水罐的定期清洗消毒记录。

21.10.2　生产用气

① 用于食品输送或包装、清洁食品接触面或设备的压缩空气或其他惰性气体应经过除油、除水、洁净过滤、除菌（必要时）等处理。

② 生产制气车间现场要有制气机组运行记录及制气作业指导书。

③ 提供空气压缩机及其他辅助生产设备（如制氮机、冻干机等）的维护保养记录以及过滤器的更换记录。

④ 提供惰性气体（如氮气）的监测计划及检测报告。

21.10.3　生产用汽

① 生产使用蒸汽应满足生产工艺要求，确保生产工艺参数控制稳定。

② 制定生产用汽工序操作规程，明确蒸汽压力值，并且保证实际生产所提供的蒸汽压力值应符合操作规程要求。

21.11　产品质量追溯符合性

企业应建立全产品链，即从生产到成品销售全过程的追溯信息记录，形成食品安全追溯体系，实现对产品实施全程可记录、可追溯、可管控、可召回、可查询，保障产品的质量安全。

21.11.1　提供产品追溯要求

追溯要求中应明确产品分批原则和批号编制方式，合理划分生产批次，采用产品批号等方式进行标识，建立从原料采购、生产加工、出厂检验直至产品销售的所有环节的记录系统，确保对产品进行有效追溯，明确各部门的岗位职责。追溯要求主要内容如下。

21.11.1.1 产品全程追溯信息

① 产品配方信息，包括产品配方设计信息、产品配方信息。

② 原辅料信息，包括供应商信息、采购信息、进货查验信息、使用信息、保管信息。

③ 生产加工信息，包括生产指令信息、生产条件信息、原辅材料使用信息、操作信息、生产验证信息、干湿法工艺记录、成品管理记录。

④ 检验信息，包括原辅材料检验信息、过程检验信息、半成品检验信息、成品检验信息、惰性气体检验信息、其他检验信息等记录。

⑤ 产品留样信息，包括产品留样记录、留样室环境监测记录、留样处置记录。

⑥ 产品仓储信息，包括成品入库单、成品出库、入库台账。

⑦ 产品放行信息，包括产品放行记录。

⑧ 产品发货信息，包括成品出库单、成品出库、入库台账、车辆检查记录。

⑨ 销售管理记录，包括销售记录。

⑩ 风险信息收集记录，包括消费者投诉信息、风险产品处置记录。

⑪ 追溯演练信息，包括追溯演练记录。

⑫ 产品召回信息，包括召回计划、召回公告、召回明细。

21.11.1.2 追溯系统

① 企业可以利用计算机系统保管查询以上追溯信息。

② 公司建立产品信息网站查询系统，消费者可以通过网站查询产品标签、外包装、质量标准、出厂检验报告等信息。

③ 批生产记录包括半成品批生产记录、成品批生产记录，将以上追溯信息记录中与每批次半成品、成品生产、检验直接相关的记录在生产结束后整理装订成册，经质量受权人或转授人审批后由质量部进行保管。

21.11.2 提供产品召回要求

当发现某一批次或类别的产品含有或可能含有对消费者健康造成危害的因素时，依据《食品召回管理办法》（国家食品药品监督管理总局令 第 12 号）规定，结合企业的实际情况，制订召回程序并做好相应记录，主要内容如下所述。

21.11.2.1 企业应成立召回小组，确定组织架构和职责权限。

21.11.2.2 召回程序内容

（1）召回的各种概念要求　明确召回等级（包括：一级召回、二级召回、三级召回）的定义、不符合项目以及完成召回期限。

（2）产品召回计划内容

① 食品生产者的名称、住所、法定代表人、具体负责人、联系方式等基本情况。

② 食品名称、商标、规格、生产日期、批次、数量以及召回的区域范围。

③ 召回原因及危害后果。

④ 召回等级、流程及时限。

⑤ 召回通知或者公告的内容及发布方式。

⑥ 相关食品生产经营者的义务和责任。

⑦ 召回食品的处置措施、费用承担情况。

⑧ 召回的预期效果。

（3）召回公告内容

① 食品生产者的名称、住所、法定代表人、具体负责人、联系电话、电子邮箱等。

② 食品名称、商标、规格、生产日期、批次等。

③ 召回原因、等级、起止日期、区域范围。

④ 相关食品生产经营者的义务和消费者退货及赔偿的流程。

（4）实施召回内容

① 产品召回流程说明（一般性质量问题）。

② 产品召回流程说明（严重性质量问题）。

（5）召回产品的验收和处置　明确验收和处置流程，并做好记录，召回产品要做好有效产品隔离待处理。

（6）处置方式　提供《不合格品管理制度》，明确不合格品的处置方式及处置流程。

21.11.3 提供《客户投诉处理规定》

对客户提出的书面或口头意见、投诉，企业应作记录并查找原因，妥善处理。主要内容如下所述。

（1）企业应明确客户投诉组织架构和职责权限

（2）客户投诉处理内容

① 投诉的受理（建议涵盖以下内容）

a. 投诉者的姓名、性别、年龄、民族、文化程度、职业、详细住址、电话、传真、邮政编码等。

b. 被投诉的产品名称、规格、生产日期 / 批次、购买地点。

c. 投诉的事由或事情经过（包括发生时间、地点）。

d. 投诉者出具的实物证据及资料。

e. 投诉者要求补偿的方法或解决问题的具体要求。

f. 区域主管的姓名、电话等。

② 投诉的先行赔偿。

③ 投诉调查（建议涵盖以下内容）

a. 顾客投诉内容（产品、批号、投诉原因、其他等）是否属实。

b. 顾客投诉的真实目的；顾客投诉的理由是否充分合理等。

c. 调查完毕后，填写《消费者投诉处理记录》，连同样品反馈给公司。

④ 投诉处理意见及回复（建议涵盖以下内容）

a. 公司接到《消费者投诉处理记录》后，根据调查结果等做出给予消费者的赔付意见，回复给销售人员进行处理，必要时，公司销售部到现场进行处理。

b. 公司质量部门接到《消费者投诉处理记录》后，需要查找问题产生的原因并进行分析，制定纠正措施，同时回复给销售部门，必要时提供投诉处理的现场支持。

c. 企业销售人员需掌握投诉处理相关的知识，如国家法律法规（包括产品质量法、消费者权益保护法、食品安全法、国家赔偿法等）及产品知识，能对顾客提出的问题给予专业严谨的答复。

⑤ 公司投诉处理的时限：企业应明确客户投诉处理各环节的时限，确保客户投诉处理及时、有效。

⑥ 投诉信息汇总及问题改进：企业质量部门应每月组织生产部、研发部等相关的部门对全月的质量问题投诉进行汇总、分析，对重复发生的问题重点进行分析，如需对工艺、设备、管理文件进行改进，共同评审后交负责部门实施。

21.12 展望

2015 年 4 月 24 日修订通过的《食品安全法》第七十四条规定：“国家对保健食品、特殊医学用途配方食品和婴幼儿配方食品等特殊食品实行严格监督管理”；

第八十条规定："特殊医学用途配方食品应当经国务院食品药品监督管理部门注册"，这些已从法律层面要求了特殊医学用途配方食品，需按照特殊食品进行注册管理。2016 年 3 月 7 日，国家食品药品监督管理总局发布《特殊医学用途配方食品注册管理办法》(总局第 24 号令)，于 2016 年 7 月 1 日起执行。"注册管理办法"中明确了注册的要求及现场审核的要点，为预想加入特医行业的企业指明了方向，但由于我国特殊医学用途配方食品起步较晚，现阶段还处于发展的初期，进入企业基础不一，为加快行业发展及规范，建议主管部门投入更多的宣传及教育，引导标准及规范使用者对标准要求进行正确理解和使用，使企业正确理解产品注册及准入要求；监管部门正确使用标准要求开展注册及生产、流通的监督管理；医务人员充分了解产品的标准营养特性，依据实际临床需求使用相适合的产品，从而顺利推动特殊医学用途配方食品的注册、生产、销售、监管，快速推动特殊医学用途配方食品行业的发展，以便快速弥补我国特殊医学用途配方食品临床需求的匮乏。

（刘百旭，王坤朋，王思玥，张宇，王心祥，姜毓君）

参考文献

[1] 国家市场监督管理总局.《特殊医学用途配方食品注册管理办法》(市场监管总局令第 24 号). [2015-12-08].

[2] 国家市场监督管理总局.《特殊医学用途配方食品生产许可审查细则》(市场监管总局公告 2019 年第 5 号).

[3] 国家食品药品监管总局.《特殊医学用途配方食品生产企业现场核查要点及判断原则（试行)》(市场监管总局公告 2016 年第 123 号).

[4] 韩勇. 精密仪器规范化安全管理和安全使用. 地质勘探安全，1995, 1: 39-40.

[5] 兰天，马莺，李溪胜. pH 值与温度对乳粉复水性的影响. 中国乳品工业，2014, 42(12): 23-26.

[6] 李勇，夏骏，徐国茂，等. 不同灭菌工艺和贮存条件对牛奶品质的影响. 江西畜牧兽医杂志，2016, 1: 14-16.

[7] 国家市场监督管理总局.《婴幼儿配方乳粉生产许可审查细则（2022 版)》(市场监管总局公告 2022 年第 38 号). [2022-11-18].

[8] 刘殿宇. 蒸发器杀菌温度控制的研究 [J]. 中国乳品工业，2005, 33(3): 238-241.

[9] 束天锋. 低温真空喷雾干燥乳粉的工艺参数优化. 合肥：安徽农业大学，2015.

[10] 中华人民共和国国家卫生和计划生育委员会. 食品安全国家标准　特殊医学用途配方食品良好生产规范：GB 29923—2013. [2013-12-26].

第 22 章

特殊医学用途婴儿配方食品的原料种类与要求

自 2010 年 12 月起，《食品安全国家标准　特殊医学用途婴儿配方食品通则》（GB 25596—2010）的发布，到 2015 年《中华人民共和国食品安全法》的修订，我国 FSMP 行业在新的法律定位和要求下，有了崭新的发展机遇和变化。随之发布的法规标准、管理办法以及相关配套文件，更为准确地为特殊医学用途婴儿配方食品的安全性、科学性、营养充足性及临床效果[1]建立了保障。特殊医学用途婴儿配方食品的食品原料选择和使用，也会直接影响到产品是否符合注册要求、是否符合法规标准要求。所以使用合理、合规、科学、安全的食品原料才能有效地保障产品的安全性、科学性、营养充足性及临床应用效果。

本章将重点论述可提供能量和营养素（蛋白质、脂肪和碳水化合物）原料在特殊医学用途婴儿配方食品中的应用、可用于特殊医学用途婴儿配方食品的微量营养素（包括矿物质和维生素）以及可选择性成分，具体也可参见本书第 11 章复配营养强化剂在特殊医学用途婴儿配方食品中的应用和第 12 章复配营养强化剂相关法规标准。

22.1 原料要求

特殊医学用途婴儿配方食品是以蛋白质、脂肪、碳水化合物、维生素、矿物质、可选择性营养成分为主要原料，分别按照目标人群的营养需求量、特定的特殊医学状况及对应的相关国家标准要求，进行专门配方设计和生产的特殊食品。生产使用的食品原料、营养强化剂、食品添加剂等，均需要符合《食品安全法》《食品安全国家标准　食品添加剂使用标准》(GB 2760)、《食品安全国家标准　食品营养强化剂使用标准》(GB 14880)等食品安全国家标准和(或)国务院卫生行政部门的公告要求，同时特殊医学用途婴儿配方食品使用的食品原料和食品添加剂，还需要符合产品特定配方的技术要求。产品使用的原料无相关食品安全国家标准的，应提供食品原料质量要求及使用依据，同时应符合产品注册时的技术要求，禁止使用危害婴儿营养与健康的物质，其他要求如下所述。

22.1.1 国家食品安全标准

① 使用食品原料和食品添加剂需要充分考虑产品适用人群的特殊医学状况。

② 使用的食品原料和食品添加剂需要符合产品特定配方设计要求(如：无乳糖配方、低乳糖配方、乳蛋白部分水解配方、乳蛋白深度水解配方、氨基酸配方、早产/低出生体重婴儿配方、母乳补充剂、氨基酸代谢障碍配方等)。

③ 特殊医学用途配方食品中使用的食品原料和食品添加剂不应含有谷蛋白[2]。

④ 加入的淀粉应经过预糊化处理[1]。

⑤ 不得使用氢化油脂、果糖和经辐照处理过的原料[1]。

⑥ 乳清粉灰分应≤ 1.5%，乳清蛋白粉灰分应≤ 5.5%[1]。

⑦ 直接进入干混工序(无后续灭菌/杀菌工艺)的原料，微生物指标应当达到终产品标准的要求[1]。

⑧ 乳蛋白深度水解或氨基酸配方食品不应使用食物蛋白。

22.1.2 《特殊医学用途配方食品注册申请材料项目与要求(试行)(2017 修订版)》

《特殊医学用途配方食品注册申请材料项目与要求(试行)(2017 修订版)》中

规定“不得添加标准中规定的营养素和可选择性成分以外的其他生物活性物质”，强调“所用食品原料、食品辅料、营养强化剂、食品添加剂的品种、等级和质量要求应当符合相应的食品安全国家标准和（或）相关规定。进口注册产品使用的食品原料、食品辅料、营养强化剂、食品添加剂，其质量安全标准与食品安全国家标准有差异的，应提供符合食品安全国家标准相关材料”。同时要求“产品配方中含有或在营养成分表中标示的可选择性成分，产品标准要求中应标示其含量且应符合相应产品类别相关食品安全国家标准规定”。

22.2 蛋白质类原料

蛋白质是人体必需的重要营养素之一，机体所有的生命活动都需要蛋白质参与，它是构成细胞的基础，也是生命的主要承载者。结合特殊医学用途婴儿配方食品针对的婴儿群体和特殊医学状况，为了降低喂养婴儿的肠道吸收负担，降低致敏概率，特殊医学用途婴儿配方食品中蛋白质的最佳来源可为乳蛋白、牛奶蛋白、乳清蛋白等，也可以是来自乳蛋白的水解物（如乳清蛋白水解物等）或者单体氨基酸，规定蛋白质原料不应使用含有谷蛋白的原料。

22.2.1 质量要求

特殊医学用途婴儿配方食品中常使用的蛋白质类原料质量要求见表 22-1，允许使用的氨基酸原料质量要求见表 22-2。

表 22-1　常使用的蛋白质类原料质量要求

原料名称 / 类别	原料来源	原料标准	原料要求
乳蛋白	生乳	GB 19301	① 批批检测三聚氰胺 ② 符合国家相关原料标准要求 ③ 符合国家相关风险监控要求 ④ 产犊后七天的初乳、应用抗生素期间和休药期间的乳汁、变质乳不应用作生乳来源
	全脂乳粉（WMP）	GB 19644	
牛奶蛋白	分离牛奶蛋白（MPI）	暂无国标	① 批批检测三聚氰胺 ② 符合国家相关原料标准要求 ③ 符合国家相关风险监控要求
	浓缩牛奶蛋白（MPC）		
	水解牛奶蛋白		

续表

原料名称 / 类别	原料来源	原料标准	原料要求
乳清蛋白	乳清蛋白粉 脱盐乳清粉 分离乳清蛋白粉（WPI） 浓缩乳清蛋白（WPC） 水解乳清蛋白粉	GB 11674	① 批批检测三聚氰胺 ② 符合国家相关原料标准要求 ③ 符合国家相关风险监控要求 ④ 乳清粉灰分≤ 1.5% ⑤ 乳清蛋白粉灰分≤ 5.5%
	乳铁蛋白	GB 1903.17	① 批批检测三聚氰胺 ② 符合国家相关原料标准要求 ③ 符合国家相关风险监控要求 ④ 使用限量符合 GB 14880 规定
乳酪蛋白	酪蛋白 水解酪蛋白	GB 31638	① 批批检测三聚氰胺 ② 符合国家相关原料标准要求 ③ 符合国家相关风险监控要求
	酪蛋白酸钠	GB 1886.212	

注：原料标准年代号以最新年代号为参考（本表未标示）。

表 22-2　允许使用的氨基酸原料质量要求

序号	氨基酸	化合物来源	化学名称	原料标准	原料要求
1	天冬氨酸	L- 天冬氨酸	L- 氨基丁二酸	暂无国标	不得使用非食用的动植物原料作为单体氨基酸的来源
		L- 天冬氨酸镁	L- 氨基丁二酸镁	暂无国标	
2	苏氨酸	L- 苏氨酸	L-2- 氨基 -3- 羟基丁酸	GB 1886.343	
3	丝氨酸	L- 丝氨酸	L-2- 氨基 -3- 羟基丙酸	暂无国标	
4	谷氨酸	L- 谷氨酸	*α*- 氨基戊二酸	暂无国标	
		L- 谷氨酸钾	*α*- 氨基戊二酸钾	暂无国标	
5	谷氨酰胺①	L- 谷氨酰胺	2- 氨基 -4- 酰胺基丁酸	暂无国标	
6	脯氨酸	L- 脯氨酸	吡咯烷 -2- 羧酸	暂无国标	
7	甘氨酸	甘氨酸	氨基乙酸	GB 25542	
8	丙氨酸	L- 丙氨酸	L-2- 氨基丙酸	GB 25543	
9	胱氨酸	L- 胱氨酸	L-3,3′- 二硫双（2- 氨基丙酸）	暂无国标	
		L- 半胱氨酸	L-*α*- 氨基 -*β*- 巯基丙酸	暂无国标	
		L- 盐酸半胱氨酸	L-2- 氨基 -3- 巯基丙酸盐酸盐	GB 1886.75	
10	缬氨酸	L- 缬氨酸②	L-2- 氨基 -3- 甲基丁酸	暂无国标	
11	蛋氨酸	L- 蛋氨酸	2- 氨基 -4- 甲巯基丁酸	暂无国标	
		N- 乙酰基 -L- 甲硫氨酸	*N*- 乙酰 -2- 氨基 -4- 甲巯基丁酸	暂无国标	
12	亮氨酸	L- 亮氨酸	L-2- 氨基 -4- 甲基戊酸	暂无国标	

续表

序号	氨基酸	化合物来源	化学名称	原料标准	原料要求
13	异亮氨酸	L- 异亮氨酸	L-2- 氨基 -3- 甲基戊酸	暂无国标	不得使用非食用的动植物原料作为单体氨基酸的来源
14	酪氨酸	L- 酪氨酸	*S*- 氨基 -3（4- 羟基苯基）丙酸	暂无国标	
15	苯丙氨酸	L- 苯丙氨酸③	L-2- 氨基 -3- 苯丙酸	暂无国标	
16	赖氨酸	L- 盐酸赖氨酸	L-2,6- 二氨基己酸盐酸盐	GB 1903.1	
		L- 赖氨酸醋酸盐	L-2,6- 二氨基己酸醋酸盐	暂无国标	
17	精氨酸	L- 精氨酸	L-2- 氨基 -5- 胍基戊酸	GB 28306	
		L- 盐酸精氨酸④	L-2- 氨基 -5- 胍基戊酸盐酸盐	暂无国标	
18	组氨酸	L- 组氨酸	α- 氨基 -β- 咪唑基丙酸	暂无国标	
		L- 盐酸组氨酸	L-2- 氨基 -3- 咪唑基丙酸盐酸盐	暂无国标	
19	色氨酸	L- 色氨酸⑤	L-2- 氨基 -3- 吲哚基 -1- 丙酸	暂无国标	

①谷氨酰胺，QB/T 5633.2 氨基酸、氨基酸盐及其类似物 第 2 部分：L- 谷氨酰胺。

② L- 缬氨酸，QB/T 5633.1 氨基酸、氨基酸盐及其类似物 第 1 部分：支链氨基酸（L- 亮氨酸、L- 异亮氨酸、L- 缬氨酸）。

③ L- 苯丙氨酸，QB/T 4264 L- 苯丙氨酸。

④ L- 盐酸精氨酸，QB/T 5633.5 氨基酸、氨基酸盐及其类似物 第 5 部分：L- 精氨酸及 L- 盐酸精氨酸。

⑤ L- 色氨酸，QB/T 5633.4 氨基酸、氨基酸盐及其类似物 第 4 部分：L- 色氨酸。

注：部分单体氨基酸的原料要求有行业标准作为参考，如 QB/T 为国家轻工业局推荐性行业标准。

22.2.2 不同产品对蛋白质原料的质量要求

目前我国食品安全国家标准 GB 29922 中规定了 6 类特殊医学用途婴儿配方食品，按产品分类对蛋白质的原料要求见表 22-3。

表 22-3 基于产品分类的蛋白质原料使用要求

产品类别	蛋白质原料技术要求
无乳糖配方或低乳糖配方	配方中蛋白质由乳蛋白提供
乳蛋白部分水解配方	乳蛋白经加工分解成小分子乳蛋白、肽段和氨基酸
乳蛋白深度水解配方或氨基酸配方	① 配方中不含食物蛋白 ② 使用的氨基酸来源应符合 GB 14880 或 GB 25596 中附录 B 的规定
早产 / 低出生体重婴儿配方	蛋白质含量应高于 GB 25596 中 4.4 规定（蛋白质指标）
母乳营养补充剂	可选择性地添加蛋白质，其含量可依据早产 / 低出生体重儿的营养需求及公认的母乳数据进行适当调整，与母乳配合使用可满足早产 / 低出生体重儿的生长发育需求

续表

产品类别	蛋白质原料技术要求
氨基酸代谢障碍配方①	不含或仅含少量与代谢障碍有关的氨基酸，其他的氨基酸组成和含量可根据氨基酸代谢障碍做适当调整； 所使用的氨基酸来源应符合 GB 14880 或 GB 25596 中附录 B 的规定

① 针对不同的氨基酸代谢疾病，应在配方食品中去除相应的氨基酸，并适当调整其他氨基酸组成以确保提供足够的必需及非必需氨基酸，以满足患儿生长发育需要。GB 25596—2010 中明确提出：“根据患有特殊紊乱、疾病或医疗状况婴儿的特殊营养需求，可选择性地添加 GB 14880 或本标准附录 B 中列出的 L 型单体氨基酸及其盐类，所使用的 L 型单体氨基酸质量应符合附录 B 的规定”。

22.2.3 蛋白质和单体氨基酸原料使用情况

截至 2023 年 5 月 10 日，我国已注册特殊用途婴儿配方食品中蛋白质和单体氨基酸原料的使用情况详见表 22-4 和表 22-5。实际蛋白质的食物来源可分为动物性蛋白和植物性蛋白，动物性蛋白大多为完全蛋白，植物蛋白中的大豆蛋白为完全蛋白，在蛋白质补充剂中被广泛使用，推断因为婴儿为特殊人群，大豆蛋白中含有较高的异黄酮类物质可能会对婴儿产生某些风险，故特殊医学用途婴儿配方食品中均选用动物蛋白来源。

表 22-4　特殊医学用途婴儿配方食品常用蛋白质原料使用情况

类别	名称	执行标准	获批特殊产品中使用次数
乳清蛋白	乳清蛋白	GB 11674 食品安全国家标准　乳清粉和乳清蛋白粉	12
	浓缩乳清蛋白	同上标准	8
	分离乳清蛋白	同上标准	8
	脱盐乳清粉	同上标准	6
	水解乳清蛋白	同上标准	5
	部分水解乳清蛋白粉	同上标准	2
	乳清	同上标准	1
乳蛋白	脱脂乳粉	GB 19644 食品安全国家标准　乳粉	8
	全脂乳粉	GB 19644 食品安全国家标准　乳粉	5
	浓缩脱脂乳	暂无国标	1
	脱脂巴氏杀菌乳	GB 19645 食品安全国家标准　巴氏杀菌乳	1
	浓缩脱脂牛奶	参照上述标准	1
	浓缩牛奶蛋白	参照上述标准	2
	生牛乳	GB 19301 食品安全国家标准 生乳	1

续表

类别	名称	执行标准	获批特殊产品中使用次数
酪蛋白	酪蛋白	GB 31638 食品安全国家标准 酪蛋白	6
	酪蛋白酸钾	参照上述标准	2
	水解酪蛋白粉	参照上述标准	1
乳铁蛋白	乳铁蛋白	GB 1903.17 食品安全国家标准　食品营养强化剂　乳铁蛋白	2

表 22-5　特殊医学用途婴儿配方食品中氨基酸原料使用情况

氨基酸	化合物来源	执行标准	获批产品中使用次数
天冬氨酸	L- 天冬氨酸	暂无国家标准（国标）	3
	L- 天冬氨酸镁	暂无国标	3
苏氨酸	L- 苏氨酸	GB 1886.343—2021 食品安全国家标准 食品添加剂 L- 苏氨酸	3
丝氨酸	L- 丝氨酸	暂无国标	3
谷氨酰胺	L- 谷氨酰胺	QB/T 5633.2 氨基酸、氨基酸盐及其类似物 第 2 部分：L- 谷氨酰胺	3
脯氨酸	L- 脯氨酸	暂无国标	3
甘氨酸	甘氨酸	GB 25542—2010 食品安全国家标准　食品添加剂 甘氨酸（氨基乙酸）	3
丙氨酸	L- 丙氨酸	GB 25543-2010 食品安全国家标准 食品添加剂 L- 丙氨酸	3
胱氨酸	L- 胱氨酸	暂无国标	4
缬氨酸	L- 缬氨酸	QB/T 5633.1 氨基酸、氨基酸盐及其类似物　第 1 部分：支链氨基酸（L- 亮氨酸、L- 异亮氨酸、L- 缬氨酸）	4
蛋氨酸	L- 蛋氨酸	暂无国标	3
亮氨酸	L- 亮氨酸	暂无国标	3
异亮氨酸	L- 异亮氨酸	暂无国标	3
酪氨酸	L- 酪氨酸	暂无国标	4
苯丙氨酸	L- 苯丙氨酸	QB/T 4264—2011 L- 苯丙氨酸	4
赖氨酸	L- 赖氨酸醋酸盐	暂无国标	3
精氨酸	L- 精氨酸	GB 28306—2012 食品安全国家标准 食品添加剂 L- 精氨酸	5
组氨酸	L- 组氨酸	暂无国标	7
色氨酸	L- 色氨酸	QB/T 5633.4—2022 氨基酸、氨基酸盐及其类似物　第 4 部分：L- 色氨酸	3

22.3 脂肪类原料

脂肪是人体补充能量的重要来源之一，是维持身体正常生长发育的必要营养素，同时也是身体重要的供能和储能形式。正常孕妇分娩的婴儿体脂率为 7% ～ 10.6%[3]，婴儿体内储存的脂肪可以提供婴儿生长发育所必需的脂肪酸；脂肪是由一分子甘油和三分子脂肪酸组成的甘油三酯，由于脂肪酸碳链长度的不同可分为短链甘油三酯（SCT）、中链甘油三酯（MCT）和长链甘油三酯（LCT）。中链甘油三酯一般是指碳链长度为 8 ～ 12 的饱和脂肪酸，天然的中碳链甘油三酯主要存在于椰子油、棕榈仁油、牛奶及其制品和母乳中，也是婴儿脂肪的重要来源之一；中碳链甘油三酯相对于长碳链甘油三酯分子量更小，更易溶于水，水解速度更快，更容易消化吸收[4]。脂肪酸按碳链中是否存在碳原子双键以及所含碳原子的双键数目，又分为饱和脂肪酸、单不饱和脂肪酸和多不饱和脂肪酸，多不饱和脂肪酸中 n-6 的亚油酸和 n-3 的 α- 亚麻酸是人体必需的脂肪酸；亚油酸主要存在于植物油脂中，一般植物油脂含有 30% 以上的亚油酸，其中亚油酸含量较高的有葵花籽油、红花籽油、核桃油、玉米油、棉籽油、燕麦油、芝麻油、大豆油等；作为 α- 亚麻酸主要来源的植物油脂有亚麻籽油、胡桃仁油、大豆油等；同样类属于多不饱和脂肪酸的二十二碳六烯酸（DHA）主要存在于海洋生物体中[5]，如鱼类、虾类、海藻等。常见用于特殊医学用途婴儿配方食品中的脂肪类原料如表 22-6 所示。

表 22-6　常见使用的脂肪类原料的质量要求

<table>
<tr><th>原料名称 / 类别</th><th>原料来源</th><th>原料标准</th><th>原料要求</th></tr>
<tr><td rowspan="12">植物油脂</td><td>大豆油</td><td>GB/T 1535</td><td rowspan="12">① 符合邻苯二甲酸二 (2- 乙基) 己酯（DEHP）限量：1.5mg/kg
② 符合邻苯二甲酸二丁酯（DBP）限量：0.3mg/kg
③ 符合氯丙醇酯限量要求
④ 符合缩水甘油酯限量要求</td></tr>
<tr><td>玉米油</td><td>GB/T 19111</td></tr>
<tr><td>菜籽油</td><td>GB/T 1536</td></tr>
<tr><td>葵花籽油</td><td>GB/T 10464</td></tr>
<tr><td>亚麻籽油</td><td>GB/T 8235</td></tr>
<tr><td>棕榈油</td><td>GB/T 15680</td></tr>
<tr><td>棕榈仁油</td><td>GB/T 18009</td></tr>
<tr><td>核桃油</td><td>GB/T 22327</td></tr>
<tr><td>红花籽油</td><td>GB/T 22465</td></tr>
<tr><td>椰子油</td><td>GB 2716</td></tr>
<tr><td>植物脂肪粉</td><td>暂无国标</td></tr>
<tr><td>食用植物调和油 / 其他</td><td>GB 2716</td></tr>
</table>

续表

原料名称 / 类别	原料来源	原料标准	原料要求
其他油脂	无水奶油	GB 19646	① 符合邻苯二甲酸二 (2- 乙基) 己酯（DEHP）限量：1.5mg/kg ② 符合邻苯二甲酸二丁酯（DBP）限量：0.3mg/kg ③ 符合氯丙醇酯限量要求 ④ 符合缩水甘油酯限量要求
	二十二碳六烯酸油脂（金枪鱼油）	GB 1903.26	
	二十二碳六烯酸油脂（发酵法）	GB 26400	
	二十二碳六烯酸油脂粉	QB/T 5632	
	花生四烯酸油脂（发酵法）	GB 26401	
	花生四烯酸油脂粉	QB/T 5631	
	中链甘油三酯（油）	暂无国标[①]	
	中链甘油三酯（粉）	暂无国标[①]	
	长链甘油三酯（油）	暂无国标[①]	
	长链甘油三酯（粉）	暂无国标[①]	

① 参照 GB 2716《食品安全国家标准　植物油》。

22.3.1　植物油

植物油约含 10% ～ 20% 的饱和脂肪酸和 80% ～ 90% 的不饱和脂肪酸。大部分植物油中多不饱和脂肪酸含量较高，红花油中亚油酸约为 75%，葵花籽油、豆油、玉米油中亚油酸含量在 50% 以上，γ- 亚麻酸仅存在于母乳和特殊植物油中。

22.3.2　动物油脂

动物性食物以畜肉类脂肪含量最为丰富，多为饱和脂肪酸，一般含 40% ～ 60% 的饱和脂肪酸、30% ～ 50% 的单不饱和脂肪酸，多不饱和脂肪酸含量相对较少（鱼油除外）。常用动物油脂为奶油和鱼油。

22.3.3　脂肪酸

脂肪酸是脂类的重要结构组分，已经鉴定出母乳中脂肪酸有 200 多种，常见的有 30 ～ 40 种。特殊医学用途婴儿配方食品中常用的脂肪酸主要为花生四烯酸油脂和二十二碳六烯酸油脂。

22.3.4　中链脂肪酸

自然界中链甘油三酯主要来源于母乳、牛奶及其制品、棕榈仁油和椰子油等。

母乳中的中链脂肪酸约占总脂肪酸的5%~10%，中链脂肪酸对新生儿和婴儿的代谢具有重要意义，尤其是对早产儿，中链脂肪酸易被消化、吸收、代谢，可即时为婴幼儿提供能量，对婴儿生长发育起着非常重要的作用[6]。

22.3.5 已注册特殊用途婴儿配方食品中脂肪原料使用情况

特殊医学用途婴儿配方食品中常用的脂肪原料主要包括花生四烯酸油脂、椰子油、葵花籽油、二十二碳六烯酸油脂、中链甘油三酯、大豆油、菜籽油（低芥酸菜籽油）、玉米油、棕榈油、金枪鱼油、无水奶油、棕榈仁油、亚麻籽油、红花籽油、花生四烯酸油脂（AA）、1,3-二油酸-2-棕榈酸甘油三酯等。具体特殊医学用途婴儿配方食品中常用的脂肪原料、原料来源、执行标准以及在40个已获批特殊医学用途婴儿配方食品中的使用次数等内容详见表22-7。

表22-7 特殊医学用途婴儿配方食品常用脂肪原料使用情况

类别	名称	执行标准	获批产品中使用次数
植物油	椰子油	GB 2716	30
	葵花籽油	GB/T 10464	28
	菜籽油	GB/T 1536	7
	低芥酸菜籽油	GB/T 1536	13
	大豆油	GB/T 1535	18
	玉米油	GB/T 19111	11
	棕榈油	GB/T 15680	10
	棕榈仁油	GB/T 18009	1
	亚麻籽油	GB/T 8235	1
动物油脂	金枪鱼油	SC/T 3502	7
	无水奶油	GB 19646	3
脂肪酸	花生四烯酸油脂	GB 26401	32
	二十二碳六烯酸油脂（藻油）	GB 26400	26
	二十二碳六烯酸油脂（金枪鱼油）	GB 1903.26	/
	二十二碳六烯酸油脂粉	暂无国标	/
中链甘油三酯	中链甘油三酯	暂无国标	20

22.4 碳水化合物类原料

碳水化合物是由碳、氢、氧三种元素组成的一大类化合物，是自然界存在最多、分布最广的重要有机化合物，也是人类最经济和最主要的能量来源，在维持人体健康所需要的能量中，55% ～ 65% 由碳水化合物提供[7]；碳水化合物经人体消化为多糖后被吸收，吸收后参与细胞的组成和多种活动，一部分葡萄糖会留在血液内，另一部分则以糖原的形式被储存起来，部分葡萄糖也会转变为脂肪提供能量。此外，碳水化合物还有节约蛋白质、调节脂肪代谢、抗生酮、提供膳食纤维、解毒以及增强肠道功能的作用[8]。

22.4.1 碳水化合物种类

碳水化合物也称糖类化合物，按单糖的数量可分为单糖、双糖、寡糖、多糖等。

（1）单糖　是指分子结构中含有 3 ～ 6 个碳原子的糖。常见单糖包括葡萄糖、果糖、半乳糖等。

（2）双糖　由有两个相同或不同的单糖分子脱水缩合而成的糖。常见的双糖包括乳糖（半乳糖 + 葡萄糖）、蔗糖（葡萄糖 + 果糖）、麦芽糖（葡萄糖 + 葡萄糖）等。

（3）寡糖　又称低聚糖，是指由 3 ～ 10 个单糖以糖苷键聚合而成的糖。常见的寡糖包括低聚异麦芽糖、低聚果糖、低聚半乳糖、大豆低聚糖等。部分低聚糖可以被肠道有益菌（双歧杆菌）利用，促进有益菌活化和增殖，它们也可促进矿物质吸收、预防脂肪代谢紊乱等，因此膳食纤维已被广泛应用于临床[9-10]。

（4）多糖　又称聚糖，是由 10 个以上的单糖分子脱水缩合并以糖苷键连接而成的高分子聚合物。根据营养学新分类方法，多糖可分为淀粉多糖和非淀粉多糖。常见多糖包括淀粉、抗性糊精、多聚果糖、麦芽糊精、膳食纤维等。膳食纤维在碳水化合物中是一类不同于其他碳水化合物的物质，它是不易被人体消化的一大类糖类物质的统称，主要包括聚葡萄糖、抗性类糊精及其他植物多糖等[11]。

22.4.2 常用于特殊医学用途婴儿配方食品的碳水化合物原料

22.4.2.1 要求

GB 25596—2010《食品安全国家标准　特殊医学用途婴儿配方食品通则》中技术要求部分中关于必需成分的规定：对于特殊医学用途婴儿配方食品，除特殊需求（如乳糖不耐受）外，首选碳水化合物应为乳糖和（或）葡萄糖聚合物。只有经过预糊化后的淀粉才可以加入到特殊医学用途婴儿配方食品中。不得使用果糖。且该国家标准附录 A“（表 A.1）常见特殊医学用途婴幼儿配方食品”中无乳糖配方或低乳糖配方的“配方主要技术要求”中指出：配方中以其他碳水化合物完全或部分代替乳糖；乳蛋白部分水解配方的“配方主要技术要求”中明确指出：配方中可用其他碳水化合物完全或部分代替乳糖。《特殊医学用途婴儿配方食品通则》GB 25596—2010 问答中关于乳蛋白部分水解配方食品的规定是：乳蛋白部分水解配方食品是将牛奶蛋白经过加热和（或）酶水解为小分子乳蛋白、肽段和氨基酸，以降低大分子牛奶蛋白的致敏性。根据不同配方，此类产品的碳水化合物既可以完全使用乳糖，也可以使用其他碳水化合物部分或全部替代乳糖。其他碳水化合物指葡萄糖聚合物或经过预糊化的淀粉，但不能使用果糖。除此之外，问答中关于无乳糖配方或低乳糖配方食品的规定有：无乳糖或低乳糖配方食品适用于原发或继发乳糖不耐受的婴儿。根据 GB 28050—2011 的规定，粉状无乳糖配方食品中乳糖含量应低于 0.5g/100g；粉状低乳糖配方食品中乳糖含量应低于 2g/100g。液态产品可以按照稀释倍数做相应折算。

22.4.2.2 种类

常见用于特殊医学用途婴儿配方食品的碳水化合物类原料种类及产品质量要求如表 22-8 所示。

表 22-8　常用碳水化合物原料的种类和质量要求

<table>
<tr><th>原料名称 / 类别</th><th>原料来源</th><th>原料标准</th><th>原料要求</th></tr>
<tr><td rowspan="5">葡萄糖类</td><td>葡萄糖浆 / 粉（淀粉糖）</td><td>GB/T 20882.2</td><td rowspan="5">① 符合国家相关原料标准要求
② 符合国家相关风险监控要求</td></tr>
<tr><td>固体葡萄糖浆（淀粉糖）</td><td>GB/T 20882.2</td></tr>
<tr><td>固体玉米糖浆（淀粉糖）</td><td>GB/T 20882.2</td></tr>
<tr><td>食用葡萄糖</td><td>GB/T 20880</td></tr>
<tr><td>无水葡萄糖</td><td>GB/T 20880</td></tr>
<tr><td>乳糖</td><td>乳糖</td><td>GB 25595</td><td>① 批批检测三聚氰胺
② 符合国家相关原料标准要求
③ 符合国家相关风险监控要求</td></tr>
<tr><td>麦芽糖</td><td>麦芽糖</td><td>GB/T 20883</td><td rowspan="8">① 符合国家相关原料标准要求
② 符合国家相关风险监控要求
③ 淀粉原料需经过预糊化后使用</td></tr>
<tr><td>白砂糖</td><td>白砂糖（甘蔗 / 甜菜 / 原糖）</td><td>GB/T 317</td></tr>
<tr><td>低聚糖麦芽糖</td><td>低聚糖麦芽糖</td><td>GB/T 20881</td></tr>
<tr><td rowspan="2">低聚糖</td><td>低聚果糖</td><td>GB/T 23528.2</td></tr>
<tr><td>低聚半乳糖</td><td>GB 1903.27</td></tr>
<tr><td>预糊化淀粉</td><td>马铃薯淀粉 / 其他食用淀粉</td><td>GB/T 38573</td></tr>
<tr><td>麦芽糊精</td><td>麦芽糊精</td><td>GB/T 20882.6</td></tr>
<tr><td>多聚果糖</td><td>多聚果糖</td><td>GB 1903.30</td></tr>
</table>

（1）乳糖　是从牛（羊）乳或乳清中提取出来的碳水化合物，以无水或含一分子结晶水的形式存在，或以这两种混合物的形式存在。

（2）葡萄糖　是最常见的糖，也是自然界最丰富的有机物之一。以淀粉或淀粉质为原料，经液化、糖化所得的葡萄糖液，再经过精制、浓缩、蒸发结晶制得的产品为无水葡萄糖。以淀粉或淀粉质为原料，经液化、糖化所得的葡萄糖液，再经过精制、浓缩、冷却结晶制得的含有一个结晶水的产品为一水葡萄糖。

（3）蔗糖　俗称白砂糖、砂糖或红糖，由一分子 D- 葡萄糖的半缩醛羟基与一分子 D- 果糖的半缩醛羟基缩合脱水而成。甘蔗、甜菜及槭树汁中含量较为丰富。

（4）葡萄糖浆　以淀粉或淀粉质为原料，经全酶法、酸法、酶酸法或酸酶法水解、精制而得的含有葡萄糖的混合糖浆为聚葡萄糖。从玉米淀粉获得的葡萄糖浆为玉米糖浆。

（5）麦芽糊精　以淀粉或淀粉质为原料，经酶法低度水解、精制、干燥或不干燥制得的糖类聚合物为麦芽糊精。

（6）预糊化淀粉　是将淀粉预先糊化处理得到的产品，如马铃薯淀粉（经预糊化处理）等。

（7）低聚果糖　由蔗糖分子的果糖残基上结合 1 ～ 3 个果糖而组成，主要存在于水果、蔬菜中，如洋葱、大蒜、香蕉等中。天然的和微生物酶法得到的低聚果糖多为直链状。低聚果糖难以被人体消化吸收，是一种水溶性膳食纤维，可以被大肠中的双歧杆菌利用，增殖双歧杆菌。婴儿配方奶粉中经常添加低聚果糖与低聚半乳糖。目前，低聚果糖执行 GB 1903.40《食品安全国家标准　食品营养强化剂　低聚果糖》。

（8）低聚半乳糖　是以乳糖为原料，经芽孢杆菌 ATCC 31382 或米曲霉生产的 β- 半乳糖苷酶催化水解半乳糖苷键，将乳糖水解成为半乳糖和葡萄糖，同时通过转移半乳糖苷的作用，将水解下来的半乳糖苷转移到乳糖分子，生成的食品营养强化剂低聚半乳糖。目前，低聚半乳糖执行 GB 1903.27《食品安全国家标准　食品营养强化剂　低聚半乳糖》。

（9）多聚果糖　是以菊苣或菊芋根为原料，采用酸 / 碱处理或其他方式去除杂质，使用干燥等工艺制得的食品营养强化剂。

（10）棉子糖　是以甜菜糖蜜为原料，通过柱色谱分离装置提取，再经精制、干燥等工艺制成的食用营养强化剂。目前棉子糖执行 GB 31618《食品安全国家标准　食品营养强化剂 棉子糖》。

（11）聚葡萄糖　是由葡萄糖、山梨糖醇、柠檬酸或磷酸按一定比例混合，在高温下加热聚合并精制的聚葡萄糖产品及中和、脱色后的食品添加剂。目前，聚葡萄糖执行 GB 25541《食品安全国家标准　食品添加剂　聚葡萄糖》。

22.4.3 已注册特殊用途婴儿配方食品中碳水化合物原料使用情况

特殊医学用途婴儿配方食品中常用的碳水化合物（可利用碳水化合物）原料主要包括麦芽糊精、葡萄糖浆/粉、乳糖、淀粉糖、食用葡萄糖、白砂糖、玉米糖浆、马铃薯淀粉（经预糊化处理）等。常用膳食纤维包括低聚果糖、低聚半乳糖、多聚果糖等。具体特殊医学用途婴儿配方食品中常用的碳水化合物及膳食纤维原料、原料来源、执行标准以及它们在40个已获批特殊医学用途婴儿配方食品中的使用次数等内容详见表22-9。

表22-9 特殊医学用途婴儿配方食品常用碳水化合物原料汇总

名称	执行标准	获批产品中使用次数
食用葡萄糖	GB/T 20880	3
无水葡萄糖		2
葡萄糖浆（粉）	GB/T 20882.2	20
白砂糖	GB/T 317	3
乳糖	GB 25595	14
麦芽糊精	GB/T 20882.6	24
固体淀粉糖	GB 15203	11
马铃薯淀粉（经预糊化处理）	GB/T 38573	1
低聚果糖	GB 1903.40	6
低聚半乳糖	GB 1903.27	4
多聚果糖	GB 1903.30	1

22.5 展望

自2016年我国《特殊医学用途配方食品注册管理办法》实施以来，针对于特殊医学用途婴儿配方食品的原料有了更为严格的要求，具体是要求产品所使用的食品原料，应符合相对应的食品安全国家标准、规定和（或）公告，如无相关食品安全国家标准、规定和（或）公告的，则应提供符合产品特性和（或）行业法规、监管的相应质量要求及使用依据等。

目前我国特殊医学用途婴儿配方食品中常用的原料中还有部分可用的蛋白质原料、脂肪原料、碳水化合物原料等处于尚无标准规范或使用要求的状态，如：脂肪原料中的植物脂肪粉、中链甘油三酯、长链甘油三酯；牛奶蛋白中的分离牛奶蛋白（MPI）、浓缩牛奶蛋白（MPC）、水解牛奶蛋白以及大量的游离氨基酸等。然而，在特殊医学用途婴儿配方食品产品开发、设计和申报过程中还需要提供质量要求和（或）使用要求作为科学依据，这也导致一些没有相应标准规范的可用原料，目前在特殊医学用途婴儿配方食品中使用存在一定的难度和不确定性，一定程度上影响了我国特殊医学用途婴儿配方食品的开发和创新。

由于特殊医学用途配方食品在我国起步较晚，所以无论法规标准、技术水平还是产业发展等方面都存在很多不足，还需要不断完善和改进。

首先，在法规标准方面，虽然 GB 25596—2010《食品安全国家标准　特殊医学用途婴儿配方食品通则》中对原料的使用提出了要求，但实际使用过程中很多原料缺乏标准依据，而我国注册许可文件中要求所使用的原料符合相对应的食品安全国家标准或规定，如没有配套标准则需提供原料质量要求及使用依据，这在很大程度上限制了没有标准原料的应用。在此基础上，可参考保健食品或欧盟对特殊医学用途婴儿配方食品的管理，建立可用于此类食品中的原料名单，以规范原料的应用和管理。

其次，从已批准的特殊医学用途婴儿配方食品的数量和产品类别来看，国产特医食品只有 16 个，数量很少，而且乳蛋白深度水解配方或氨基酸配方以及氨基酸代谢障碍配方食品所批准的产品均为进口产品，说明我们在这方面的技术储备尚且不足，亟须提升这方面的技术水平并培养专业的研发人才。

最后，特医食品的研发申报周期很长，至少需要三年的时间，企业的投入大、风险高，这在很大程度上制约着特医行业的发展。所以，一方面需要政府的政策扶持和激励，另一方面，也需要有实力的特医食品生产企业加强科技投入和创新，打破技术壁垒，共同推进特医食品产业的发展。

（刘百旭，洪杰，刘颖，冷俊凤，刘天琦，杨康玉）

参考文献

[1] 中华人民共和国卫生部．食品安全国家标准　特殊医学用途婴儿配方食品通则：GB 25596—2010．[2010-12-21].

[2] 中华人民共和国国家卫生和计划生育委员会．食品安全国家标准　特殊医学用途配方食品通则：GB 29922—2013．[2013-12-26].

[3] 叶樱琳，郭晓蒙，郑燕伟，等．肥胖孕妇分娩新生儿的体脂率及其影响因素．中华妇幼临床医学杂志（电子版），2021, 17(05): 536-544.

[4] 张星弛，韩培涛，李晓莉，等．中链甘油三酯的研究进展．食品研究与开发，2017, 38(23): 220-224.

[5] Garg M L, Leitch J, Blake R J, et al. Long chain *n*-3 polyunsaturated fatty acid incorporation into human atrium following fish oil supplementation. Lipids, 2006, 41: 1127-1132.

[6] Jacobi S K, Odle J. Nutritional factors influencing intestinal health of the neonate. Adv Nutr, 2012, 3(5):

687-696.
[7] 中国营养学会．中国居民膳食营养素参考摄入量：2013 版．北京：科学出版社，2014.
[8] 郭俊生．现代营养与食品安全学．上海：第二军医大学出版社，2006: 13-14.
[9] 薛菲，陈燕．膳食纤维与人类健康的研究进展．中国食品添加剂，2014, 2: 208-213.
[10] 吴婕，郝娟，马永轩等．膳食纤维在特殊医学用途配方食品中的应用研究进展．食品与发酵科技，2020, 56(5): 86-90.
[11] 王艳丽，刘凌等．食纤维的微观结构及功能特性研究．中国食品添加剂，2014, 2: 98-103.

第 23 章

特殊医学用途婴儿配方食品的发展趋势与展望

特殊医学用途婴儿配方食品是指针对患有特殊紊乱、疾病或医疗状况等特殊医学状况婴儿的特殊营养需求而专门设计制成的粉状或液态配方食品[1,2]。尽管世界卫生组织和很多国家（包括中国）提倡婴儿出生后最初 6 个月应纯母乳喂养[3]，但是由于有些母亲的母乳分泌不足或者患有疾病等情况，使婴儿难以通过母乳获取营养，因而婴儿配方食品被认为是母乳的替代品[4]。然而，仍有少部分婴儿因早产 / 低出生体重、乳蛋白过敏等特殊医学状况，无法完全通过母乳或普通的婴儿配方食品来获取早期生长发育所需要的营养，因而特殊医学用途婴儿配方食品就成了解决这种问题的最佳手段[5]。目前，我国已被列入特殊医学用途婴儿配方食品的产品可用于患有乳糖不耐受、乳蛋白过敏高风险、食物蛋白质过敏、早产 / 低出生体重（母乳强化剂）和氨基酸代谢障碍的婴儿，这类食品标准的制定和产品的研发应建立在对母乳成分最新科学认识的基础上[6]。随着中国《食品安全法》将特殊医学用途婴儿配方食品纳入特殊食品进行注册管理，相应的标准法规也不断完善，这将加速越来越多的特殊医学用途婴儿配方食品进入我国市场。随着国家全面放开“二胎”和“三胎”政策的实施，尤其是高龄妊娠比例的增加，将导致特殊医学状况婴儿的占比升高，这也将增加对特殊医学用途婴儿配方食品的需求，可以预测我国特殊医学用途婴儿配方食品的市场前景良好[7,8]。因此，需要不断完善我国特殊医学用途婴儿配方食品的法规标准体系，应鼓励生产企业在合乎国家标准和规范的情况下研发和注册多种形式的产品[9,10]，以推动我国特殊医学用途婴儿配方食品产业健康发展。

23.1 特殊医学用途婴儿配方食品法规化和产业化的发展趋势

23.1.1 特殊医学用途婴儿配方食品法规标准的发展

23.1.1.1 产品标准

① 随着我国医疗体系的逐渐成熟，为了满足市场与监管需求[11]，我国引入了“特医食品”的概念。为解决产品开发和临床需求提出的问题，2010 年，中国国家卫生和计划生育委员会（现国家卫生健康委员会）制定并发布了我国第一个特殊医学用途食品安全国家标准，即《食品安全国家标准　特殊医学用途婴儿配方食品通则》（GB 25596—2010）[12]。该标准明确了特殊医学用途婴儿配方食品与非婴儿特殊医学用途配方食品的概念。

② 2013 年，国家卫生和计划生育委员会又制定并发布了适用于 1 岁以上人群的特殊医学用途配方食品国家标准《食品安全国家标准　特殊医学用途配方食品通则》（GB 29922—2013）[13]。

上述两项标准中明确规定了特殊医学用途配方食品中可使用营养成分的最大值和最小值，对常见的氨基酸代谢障碍配方食品中应限制的氨基酸种类及含量作出了相关规定[1, 14, 15]。

23.1.1.2 良好生产规范

为了保证特殊医学用途配方食品的安全性，规范相关企业的生产行为，国家卫生和计划生育委员会还发布了《食品安全国家标准　特殊医学用途配方食品良好生产规范》（GB 29923—2013）[16]，对特医食品在原料采购、加工、包装、储存和运输等生产环节中的场所、设施、人员提出了强制性的基本要求和管理准则。

23.1.1.3 施行注册管理

2015 年，由第十二届全国人民代表大会常务委员会第十四次会议修订通过的《食品安全法》（2015 修订）在第四章第四节中用了 10 条的篇幅，专门在法律层面对特殊食品的管理做出了明确规定[17]。《食品安全法》（2015 修订）明确指出国家对婴幼儿配方食品、保健食品和特殊医学用途配方食品等特殊食品实行严格监督管理，并从监管的角度对这三类特殊食品企业提出了要求，其中规定对特殊医学用途配方食品和特殊医学用途婴儿配方食品实施注册管理。注册是特殊医学用途食品的关键环节，国家监督管理部门负责对特殊医学用途婴儿配方食品实施注册制管理[18]。

2016年由国家食品药品监督管理总局发布的《特殊医学用途配方食品注册管理办法》[19]中正式明确了该类产品的定义和适用范围，制订了相应的产品注册管理程序。《特殊医学用途配方食品注册管理办法》的制定对指导和规范我国特殊医学用途配方食品的注册管理工作发挥了重要作用，正式启动了我国该类产品的市场准入。

23.1.1.4 注册相关管理的配套文件

食品标签是向消费者传递信息、展示产品特征的一种方式[20]。《食品安全法》（2015修订）指出，特殊医学用途配方食品注册时，应当提交产品配方、生产工艺、标签、说明书以及表明产品安全性、营养充足性和特殊医学用途临床效果的材料[21]。为此，国家食品药品监督管理总局还发布了《特殊医学用途配方食品注册申请材料项目与要求（试行）》《特殊医学用途配方食品标签、说明书样稿要求（试行）》《特殊医学用途配方食品注册生产企业现场核查要点及判断原则（试行）》等相关配套文件。

完善的国家产业注册管理措施能够引导市场上特殊医学用途产业朝着生产规范化、布局合理化的方向发展。当前，我国已基本建立了特殊医学用途配方食品的法规标准体系[22]，对该类产品实施严格的监管要求，这对保证特医食品的安全、营养充足性以及临床喂养效果提供了保障。

23.1.2 特殊医学用途婴儿配方食品企业面临的挑战和发展对策

在国家和监管部门通过采取加强市场监督管理和制定完善的法规标准等一系列的手段规范特殊医学用途婴儿配方食品的发展时，作为市场中重要成员的相关企业也应该采取相应的措施予以配合，共同推动特殊医学用途婴儿配方食品产业健康发展。生产特殊医学用途婴儿配方食品的相关企业方应该做到及时跟进该行业发展的前沿，及时了解、学习并掌握国家和监管部门出具的相关政策和法规标准文件，准确解读相关的企业注册文件以及产品上市的具体要求，对于企业自身是否满足国家对特殊医学用途食品企业的要求以及自身的产品能否上市要先有一个基本的定位，从而进一步明确发展道路。但就目前来看，一些生产特殊医学用途婴儿配方食品的相关企业还存在一些不足，需要在未来的一段时间内及时进行调整。

23.1.2.1 加强科技攻关，完善产业链

由于我国的特殊医学用途配方食品刚刚起步，我们的科研和创新能力与发达

国家相比还有很大的差距。我国在特殊医学用途配方食品方面的加工生产技术以及研发也并不先进，企业的产业链还需要进一步完善。由于缺乏研发能力，国内目前的产品注册企业更加偏重于企业的生产能力，而对于创新和创造的能力太过于稀缺，仅仅依靠仿制他人的产品，这使得在我国市场上的特殊医学用途婴儿配方食品同质化较为严重，品质和成本都不占优势，因此也无法推动特殊医学用途婴儿配方食品在我国的快速发展。这就要求我们的企业必须具备研发和创新能力，要与时俱进，学习国外企业产品的优势。目前全球特殊医学用途配方食品企业的研究主要集中在产品配方的研发和设计上，对于婴儿配方奶粉和乳饮品来说，乳粉的干燥和乳品的乳化技术是研发的重点。在汲取国外产品优势的前提下，我国企业还要根据国人的体质作出相应的改变，如国外特殊医学用途产品的渗透压普遍较高，而我国人群，尤其是婴儿，其胃肠道耐受性较差很容易引起腹泻，因此国内相关企业在进行产品开发时应关注适用于目标人群的渗透压研究，改善产品冲泡时的质地均匀性和喂养时的流动性[23]。综上所述，我国特殊医学用途配方食品企业在未来发展的一个重要方向是在学习吸取国外相关产品研发生产技术的基础上，更应注重产品的研发与创新，包括原料的优选（尤其是可用于婴幼儿的新食品原料）、配方设计、工艺优化等。

23.1.2.2 加强产学研，产品向多元化发展

我国特殊医学用途婴儿配方食品的企业过于单一化，而特殊医学用途配方食品的研发涉及多学科、多领域。因此对于标准制定和产品创新与研发，还需要更多企业参与。然而截至2020年已注册的特殊医学用途婴儿配方食品中，国产企业仅14家。因此，应加强供给侧结构性改革，鼓励相关企业转型发展，联合研究机构、高等院校等多方面可利用的资源，参与特殊医学用途配方食品的研发与生产，丰富特殊医学用途配方食品的市场，推动我国特殊医学用途婴儿配方食品产业健康发展。

23.1.2.3 关注产品质量

要更加注重产品质量，不断改进创新产品设计，也要注重消费者的反馈，这样才会在不断改进中取得进步和品质提升。配方设计及其工艺是特殊医学用途婴儿配方食品推广的核心，在保证产品质量与研发工艺的前提下，还要考虑国人的体质问题。新研发的产品要进行一定的感官优化。我国对于食物的喜好程度要求较高，在满足特定营养的前提下，还要兼顾产品冲调时的溶解特性以及口感滋气味，如何让产品可以更好地适应广大消费者也成为企业研发的难点和重点。

23.1.3 企业相关的其他挑战及发展

目前，关于特殊医学用途婴儿配方食品的销售途径有很多，如：作为食品可以在线下超市、社区以及线上网络营销，以及作为医用品在医院或者药房销售。不同销售渠道的价格不一，而且有些适用于特殊疾病状况的配方食品消费者无法在国内购买，只能通过进口等其他途径来获取所需产品，这就导致通常难以在医师 / 营养师的指导下使用。特殊医学用途婴儿配方食品需要在医师和临床营养师的指导下使用，然而目前我国的营养师团队良莠不齐，各地的相关队伍建设与发展不平衡，而且该类产品尚未完全融入临床路径，这类产品用于临床的营养治疗或辅助治疗作用也有待临床医生和管理部门的认可，这制约了特殊医学用途婴儿配方食品的使用空间与产业发展。

大量的临床实验研究表明，营养治疗或营养辅助治疗比单纯药物治疗具有更高的安全性和经济效益[24]。我国特殊医学状况婴儿的数量并不少，早产婴儿发生率约 9.9%，婴幼儿牛奶蛋白质过敏发生率为 3.5%，乳糖不耐受发生率处于较高的水平，这些特殊医学状况的婴儿需要相应的特殊医学用途婴儿配方食品来满足其营养需求或主要营养需求。然而，目前的一些特殊医学状况婴儿的看护人对特殊医学用途婴儿配方食品的应用认知了解甚少。同时，也存在部分临床医生对特殊医学用途婴儿配方食品的关注和了解不足等状况。医生作为医疗行业的主体，应当更加充分掌握不同疾病状况所对应的特殊医学用途婴儿配方食品的使用要求，以及营养治疗可能发挥的作用，以满足不同医学状况婴儿的特殊营养需求。

企业的发展需要国家政策的鞭策与管理，我国已逐步加强对特殊医学用途婴儿配方食品的监管。特殊医学用途婴儿配方食品的监督管理应该在借鉴国外经验的基础上，结合我国国人的体质要求和实际需求，及时发现并减少并发症的发生，从而减少医疗负担。为此，建议建立特殊医学用途婴儿配方食品的临床应用效果监测平台，形成逐级上报机制，初步建立特殊医学用途婴儿配方产品的使用不良反应数据库。在特殊医学用途婴儿配方食品的使用过程中，搜集这类产品应用于特殊医学状况婴儿的真实效果评价数据，通过特殊医学用途婴儿配方食品临床监管体系获得真实的科研数据；并将评价数据反馈到生产方，进而优化产品配方或生产工艺，形成以使用者为导向，生产具有中国特色的创新型产品。

23.2 新配方发展趋势

目前，我国的特殊医学用途配方食品仍处于早期发展阶段，与发达国家相比仍有较大差距。例如，国外的产品形态有固态，如粉状和棒状等，也有半固态和液态；根据使用途径有口服和管饲；根据营养素来源可分为全营养产品和非全营养产品；根据适用特定疾病人群可分为普通配方和疾病特异性配方；还有适合不同年龄的特殊医学用途配方食品。国内市场的产品主要是粉剂，产品种类较少，口味、质感、形态等同质化较为严重。并且目前可以在临床中应用的特殊医学用途配方食品种类较少，不能满足某些特殊医学状况患者的临床营养需求。随着精准化（个性化）营养的发展和人们对特殊医学用途配方食品认知度的提高，特殊医学用途配方食品的需求将会显著增加[25]。

23.2.1 组件类产品

目前我国允许产品注册的特殊医学用途婴儿配方食品品类中没有组件类产品，由于婴儿期疾病发生发展迅速和营养素需求较高，某些组件类产品的应用有助于改善患儿的营养状况、缓解病情。例如，电解质组件，适用于由于呕吐、腹泻、发热、运动过量或者创伤引起的电解质丢失人群；蛋白质组件，用于需要补充蛋白质的婴儿；增稠组件，适用于有吞咽障碍的人群；营养素组件，用于提高母乳质量（如DHA+叶黄素），为孕期的孕妇及胎儿以及哺乳期的乳母及婴儿提供营养支持等。

23.2.2 非全营养配方产品

针对婴儿的特定疾病状况，临床上也需要某些非全营养类特殊医学用途婴儿配方食品，用于改善特定疾病状况下的特殊营养需求，例如：①有些非全营养配方产品有助于创伤愈合的人群；②用于无β-脂蛋白血症、胆汁淤积、乳糜胸、脂肪酸氧化缺陷、戊二酸尿Ⅱ型、高脂蛋白血症、低β-脂蛋白血症、碳水化合物/脂肪吸收障碍、X-连锁的肾上腺脑白质营养不良或其他需要增加蛋白质/维生素/矿物质的人群的非全营养配方产品；③高蛋白配方，用于能量需求低以及存在蛋白质-能量营养不良或者压力性溃疡人群。

23.2.3 其他配方产品

还有许多其他特殊医学用途婴儿配方食品在国外已经应用多年，且有良好的临床喂养结局。例如：①氨基酸代谢障碍配方产品，适用于针对苯丙酮尿症、枫糖尿症、丙酸血症/甲基丙二酸血症、戊二酸血症Ⅰ型、尿素循环障碍等氨基酸代谢障碍人群。②特定营养调整配方产品，低钙无维生素D婴儿配方食品，适用于威廉姆斯综合征、骨质疏松、原发性新生儿甲状旁腺功能亢进引起的血钙过高婴儿，或者其他需要低钙且无维生素 D 的配方食品；调节血钙配方，适用于需要降低矿物质摄入量，如肾功能受损的婴儿；配方中的钙磷比能够帮助调节婴儿血钙水平，包括高钙血症以及高磷血症继发的低钙血症；无蛋白质配方食品，适用于需要额外补充能量、矿物质、维生素且需要限制蛋白质的婴幼儿。

23.3 展望

在国家生育政策放开“三胎”实施下，产妇高龄化和多胎妊娠的比例明显升高，早产等特殊医学状况患儿的发生率呈现升高趋势，已知早产是 5 岁以下儿童及婴儿死亡的重要原因。同时，近年我国婴儿出现早期过敏的发生率达到3.8%[26]。婴幼儿氨基酸代谢障碍和乳糖不耐受在一些地区的发生率也在逐年增加。这些数据表明，加快我国特殊医学用途婴儿配方食品的发展已刻不容缓。然而，目前我国特殊医学用途配方食品的发展尚处在起步阶段，产品的发展（种类与规模）较为缓慢，不能满足市场需求。婴儿本身就是脆弱群体，而有特殊医学状况的婴儿更需要给予特别的关注和呵护。未来的发展方向应重点放在新生儿的早期营养，尤其是精准营养等方面。针对新生儿可能出现的特殊医学状况设计适用的配方食品，以满足婴儿生命早期乃至往后生长发育的营养需求。

由于特殊医学用途婴儿配方食品涉及面非常广，要求包括食品、生物以及化学等多学科相互渗透，还涉及食品加工、临床医学与营养、食品安全等多个方面的知识，特殊医学用途配方食品注定与普通食品有质的区别，要更加注重产学研的结合，既需要科研力量的投入，也需要生产企业的通力合作。我国是人口大国，随着临床营养的发展，特殊状况的婴儿对这类食品的需求不断增长，因此特殊医学用途婴儿配方食品在未来的发展潜力巨大。当然，面对未来发展的大环境，我国在特殊医学用途婴儿配方食品产业发展方面还存在一些不足，需要引起重视。

23.3.1 鼓励企业加大科研投入

当前我国在特殊医学用途配方食品方面的科研投入尚不足以及研究水平还相对较低，现有的特殊医学用途配方食品的基础研究以及工艺技术研究方面还有很多欠缺，更多的还是沿用国外的研究数据、仿制国外特殊医学用途配方食品的工艺配方，缺乏创新和研发成果储备，导致我国特殊医学用途配方食品同质化较严重。

另外，我国临床营养学科也处于发展阶段，关于特殊医学用途婴儿配方食品的临床数据大多参考国外。同时产品种类单一，如氨基酸代谢障碍配方只有1个适用于苯丙酮尿症的进口产品[27]。这就要求我国相关企业要着力增强企业与科研机构（如医疗机构、研究院校）合作，加大特殊医学用途配方食品行业财政资金投入，鼓励科技创新，从而打破国外的技术壁垒，形成以消费者为导向、“产学研用”相结合的研发平台，生产具有中国特色、符合国人体质的创新型产品。

23.3.2 加强基础研究，避免低水平重复

特殊医学用途婴儿配方食品属于新兴的食品产业，我国在该领域的发展还存在一些问题，前期除了缺乏行业引导力以外，科研投入及基础性研究也严重不足，这使得特殊医学用途婴儿配方食品在研发生产全链条过程中出现核心技术缺失、原料资源浪费、产品同质化严重等不良现象[28]。同时我国特殊医学用途婴儿配方食品注册管理制度还处于初始阶段，具备实际生产能力的相关注册企业并不多，导致在很长一段时间内我国对于这种食品大多依赖于进口[29]。这就要求我国特医行业要加强对特殊医学用途婴儿配方食品的原理及加工工艺优化方面的研究，提高我国在特殊医学用途婴儿配方食品关键领域中解决瓶颈问题的速度和效率；针对特殊医学状况婴儿开展基础应用研究和核心技术问题的联合攻关，打破国外的壁垒。

23.3.3 完善相关法律法规

我国曾经长期将特殊医学用途配方食品按照药品要求进行注册和生产销售[30]，主要原因在于我国对特殊医学用途配方食品相关的法规标准出台较晚，使得我国对于该类食品没有清楚的认知和定位，严重影响相关行业的发展。例如，目前我国可用于特殊医学用途配方食品的原料标准不健全，使某些国际上临床证明有效的原料难以在国内进行注册；相关标准的缺失使得现行的特殊医学用途配方食品的注册许可需要耗费相当长时间，有时还难以获得许可。因此，需要完善产品注册许可程序并增加注册许可的透明度，积极加强政府主管部门与监管部门以及企业之间的沟通，解决企业产品注册审批、生产过程以及后期的销售等各种问题，并加强与医院管理等部门的沟通（解决特定全营养产品的临床试验），根据实际情况不断完善特殊医学用途婴儿配方食品的法规和标准，引领该食品行业朝着更加规范化、合理化的方向迈进。

23.3.4 加强产品上市后的监管

随着特殊医学用途婴儿配方食品被越来越多的消费者认可，使得该产品社会的需求量越来越大。由于消费者对特殊医学用途婴儿配方食品了解不足，且这类产品一般价格高、数量少、利润空间大且供需不平衡，从而为不法分子提供了便利。首先，特殊医学用途配方食品是食品而不是药品，更不能作为药物的替代品来治疗疾病[31]。其次，监管相关部门要加大监管力度，及时发现企业和社会上存在的销售虚假产品、夸大吹嘘产品功能和误导消费者行为等违法活动，并实行严厉打击、严肃处罚。同时尝试建立良性的举报奖惩制度，进一步明确和规范举报方式、举报人保护、提供奖励等措施，结合大众的力量，增强社会监督能力，共同为特殊医学用途配方食品行业营造一个良好的环境。第三，企业自身也要做好相应的管理工作，配合国家监管部门的相关工作，深入强化科普宣传，提高社会各界对特殊医学用途婴儿配方食品的认知水平。第四，鼓励协会等社会组织以合理合法的形式开展消费者营养健康教育，提高医务工作者和消费者对特殊医学用途配方食品的正确认知，引导大众合理科学使用，保障特殊人群的生命安全，从而对该特殊行业进行规范有序的管理。最后，我国在特殊医学用途婴儿配方食品方面的法规标准的制定、企业研发能力、临床实验研究等方面还需要进一步完善和增强，为打造科技创新水平高、竞争力强、社会责任感强的特殊医学用途配方食品企业营造良好的环境。

23.3.5 制定鼓励政策，加强人才培养

特殊医学用途婴儿配方食品体系已经在我国建立起来。在此基础上，国家应加大投入力度，出台相关人才引进的政策，鼓励财政部门支持该行业的发展，加强人才培养。同时利用好高校院所和科研单位，着力于青年科研人才的培养，为特殊医学用途婴儿配方食品的科研创新提供技术人才支持。对于新进入特殊医学用途食品企业的员工，要加强食品安全、临床营养、工艺研发等相关领域的培训与学习，完善特殊医学用途配方食品相关从业人员培养体系。国家和食品监管部门除了要加强对相关人员专业知识的学习培训外，更应通过各种传播途径科普宣传特殊医学用途婴儿配方食品的专业知识，使生产企业、监管人员、医疗工作者、消费者等能更准确地了解、执行和消费对应产品。借鉴关于特殊医学用途食品体系已经成熟的国家的做法，不断完善和推进我国的特殊医学用途婴儿配方食品体系。

23.3.6 积极培育市场，提高消费者对该类产品的认知度

早期对于特殊医学用途配方食品的宣传教育尚且不足，使得社会各界包括监管人员、医务工作者、特殊人群、普通消费者等对该类食品的认知有所欠缺。随着我国临床营养学科的不断建设，大部分临床科室对特殊医学用途配方食品有了一定了解。越来越多的临床应用研究证明，特殊医学用途婴儿配方食品不仅仅只发挥其作为食品的属性，在对于具有特殊状况的患病人群更是体现出积极的治疗和辅助治疗作用。比如苯丙酮尿症配方产品应用于氨基酸代谢障碍的患儿，可避免其发生神经系统发育障碍，进而获得较好的生长发育结局；具有低出生体重和早产状况的人群可食用相应的配方食品，可获得最佳的生长追赶；乳糖不耐受配方食品可缓解或防止该类患者出现乳糖不耐受问题；氨基酸配方食品用于过敏的儿童，可预防发生乳蛋白过敏的风险等。对于这些患有特殊医学状况的儿童，相应的配方食品均获得很好的治疗效果。因此，提高政府主管部门、消费者对特殊医学用途婴儿配方食品的认知度以及对该类产品在临床应用中发挥的治疗和辅助治疗作用的认可和接受能力，对扩大该类产品在我国市场的销售路径具有重要影响。

我国特殊医学用途婴儿配方食品正朝着蓬勃发展的方向不断前进。在此基础上，国家和政府应该加强监管范围和力度，做好相关法规标准的制定与把控。企业也应该加强科研投入，做好基础研究，积极与科研院校和医疗单位合作，加强科研能力和临床试验能力，做好多方协同创新。各相关单位人员要做好特殊医学用途婴儿配方食品知识的普及和引导，引领科学正常的消费，让消费者和大众形成一个正确的认识，避免让不法分子有机可乘，共同推动特殊医学用途婴儿配方食品的研发工作和产业发展。未来，随着以功能需求为导向的政策、法规标准不断更新出台，我国特殊医学用途婴儿配方食品将具有广阔的市场空间和发展前景。

（姜毓君，张宇，孙一林，吴红，荫士安）

参考文献

[1] 国家食品安全风险评估中心，中国营养学会法规标准工作委员会，中华医学会肠外肠内营养学分会编．特殊医学用途配方食品系列标准实施指南．北京：中国标准出版社，2015.

[2] 柯燕娜，张玉柱，鲍笑岭，等．酶比色法测定特殊医学用途婴儿配方食品中的胆碱含量．乳业科学与技术，2020, 43(1): 15-18.

[3] 刘燕，林茜，匡晓妮，等．母乳喂养与神经行为发育的相关研究．中国儿童保健杂志，2012, 20 (2): 1143.

[4] 王颂萍，任发政，罗洁，等．婴幼儿配方奶粉研究进展．农业机械学报，2015, 46(4): 200-210.

[5] 韩军花，杨玮．特殊医学用途婴儿配方食品．中国标准导报，2015, 2 (6): 29-30．
[6] 郦韬珉，田志宏．我国急需修改和完善婴儿配方奶粉国家标准．食品安全导刊，2008 (5): 42-43．
[7] 王春颖，李晓军，马跃英．特殊医学用途配方食品的现状分析．农产品加工，2018, 6 (11): 63-67, 70.
[8] 李美英，李雅慧，姜雨，等．浅析我国特殊医学用途配方食品监管概况．食品工业科技，2016, 37(18): 387-390．
[9] 崔玉涛．正确认识特殊医学用途配方食品．临床儿科杂志，2014, 32(9): 804-807．
[10] 辛宇鹤，刘博，王慧．浅析婴幼儿食品监管法律制度的不足与完善．法制与社会：旬刊，2013, 9: 20-22.
[11] 马永轩，张名位，张瑞芬，等．我国特殊医学用途配方食品的现状．食品研究与开发，2018, 39(21): 4．
[12] 中华人民共和国卫生部．食品安全国家标准　特殊医学用途婴儿配方食品通则: GB 25596—2010. 北京：中国标准出版社，2010．
[13] 华家才，姜艳喜，黄强，等．国内外特殊医学用途婴儿配方食品标准分析．浙江科技学院学报，2014, 26(5): 371-378．
[14] 李湖中，孙大发，屈鹏峰，等．国内外特殊医学用途配方食品法规标准与安全管理对比分析．中国食物与营养，2020, 26(5): 29-34．
[15] 中国营养保健食品协会．特殊医学用途配方食品相关法规标准汇编．北京：中国医药科技出版社，2017.
[16] 韩军花，杨玮．特殊医学用途配方食品良好生产规范．中国标准导报，2015, 9: 20-22．
[17] 于杨曜，林路索．完善我国特殊医学用途配方食品监管的思考．食品工业，2018, 39(12): 251-256．
[18] 国家食品药品监督管理总局．《特殊医学用途配方食品注册管理办法》解读．2016．[2015-07-12].
[19] 国家食品药品监督管理总局．特殊医学用途配方食品注册管理办法．2016 年 3 月 7 日国家食品药品监督管理总局令第 24 号．
[20] 杨月欣．掀起食品营养革命的新时代——《预包装食品营养标签通则》解读．中国卫生标准管理，2013, 3(02): 29-35．
[21] 闫祺．国家政策出台特殊医学用途配方食品迎来市场机遇．2016．[2015-07-12].
[22] 韩军花，李晓瑜．特殊食品国内外法规标准比对研究．北京：中国医药科技出版社，2017．
[23] 吴国辉．特殊医学用途婴幼儿配方食品的渗透压研究．现代食品，2021．
[24] 李淼，张燕，史云杰．特殊医学用途配方食品数据库的建立和分析．全国营养科学大会，2015．
[25] 中国营养保健食品协会．中国特殊食品产业发展蓝皮书．北京：中国健康传媒集团、中国医药科技出版社，2021．
[26] Dunlop J H, Keet C A. Epidemiology of food allergy. Immunology and Allergy Clinics of North America, 2018, 38 (1): 13-25．
[27] 李美英，邓少伟，李雅慧，等．我国特殊医学用途婴儿配方食品现状．食品与生物技术学报，2021, 40(5): 104-111．
[28] 张立实，李晓蒙．我国特殊医学用途配方食品的发展及其监管．中国食品卫生杂志，2023, 35(2): 151-155．
[29] 邱斌，徐同成，刘丽娜．我国特殊医学用途配方食品产业现状．中国食物与营养，2015(2): 32-33．
[30] 肖平辉．美国医疗食品监管经验对中国特殊医学用途配方食品的启示．食品与发酵工业，2017, 43(1): 271．
[31] 张雯，梁淑霞．中国或将成为最大的特医食品市场．食品安全导刊，2017 (10): 26-27．

特殊医学状况婴幼儿配方食品

Formulas for Special Medical Purposes Intended for Infants and Young Children

第 24 章

特殊医学用途配方食品的卫生经济学意义

我国每年新出生婴儿约 1000 万以上，由于种种原因，其中部分婴儿不能或不能完全用母乳喂养或食用普通婴儿配方食品（奶粉），例如，乳蛋白过敏和 / 或乳糖不耐受婴儿、低出生体重儿和 / 或早产儿、先天性氨基酸代谢障碍的婴儿，就需要选择相应的特殊医学用途婴儿配方奶粉作为这些婴儿在生命早期甚至相当长时间内赖以生存的主要甚至是唯一的营养成分和能量来源。基于不同调查的患病率估算，我国患有特殊医学状况或有特殊营养需求的婴儿数量如表 24-1 所示。

表 24-1　估计的我国特殊医学状况或特殊营养需求婴儿数量

特殊营养需求婴儿			患病率 /%	估算实际患病人数①/（人 / 年）
特殊医学用途婴儿配方食品（适用于 0～12 月龄）	早产 / 低出生体重婴儿配方		7	84 万
	牛奶蛋白过敏		2.69	32 万
	无乳糖配方		NA	NA
	氨基酸代谢障碍配方	苯丙酮尿症	1/11800	1017
		枫糖尿症	1/139000	86
		高胱氨酸尿症	1/200000～1/335000	36～60
		酪氨酸血症	1/120000～1/100000	100～120
		甲基丙二酸血症	1/28000～1/10000	429～1200
		丙酸血症	0.6/100000～0.7/100000	72～84
		戊二酸血症Ⅰ型	1/60000	200
		异戊酸血症	1/160000	75
		尿素循环障碍	1/30000	400

① 以 2020 年新生儿 1200 万为基数。

注：1. 引自中国营养保健食品协会。《中国特殊食品产业发展蓝皮书》[1]，2021：293。

2. NA 指尚无参考数据。

卫生经济学是经济学的一门分支学科，下面将采用卫生经济学的方法，分析特殊医学用途配方食品的卫生经济学意义，将有利于达到最优筹集、开发、配置和利用卫生资源，提高公共卫生服务的社会效益和经济效益。

24.1　特殊医学用途配方食品应用的必要性

随着我国全面放开三孩政策的落地，在提升出生人口数量的同时，由于高龄妊娠比例增加[2]，妊娠并发症以及伴随不良妊娠结局的风险明显升高[3, 4]，例如，早产儿、低出生体重儿、乳蛋白过敏、氨基酸代谢障碍等，这种局面无疑将会增加对特殊医学用途婴儿配方食品的需求。

对于这些特殊医学状况的婴儿，如果不能早期开始进行针对性营养干预，如使用特殊医学用途婴儿配方食品，轻者会发生营养不良、追赶生长延迟、大脑神经系统发育严重滞后、学习认知功能下降，重者会导致大脑发育受损，甚至痴呆（如未及时干预的苯丙酮尿症）以及死亡等严重后果，其结果不但会对个人健康造成影响，也会直接和间接地造成家庭和社会的经济损失。因此，对于这种情况的婴儿，及时进行喂养和营养干预，获得的回报率被认为是最大的，也是投入产出比最高的，因为及时合理地喂养和营养干预，可使这些特殊医学状况婴儿获得接近正常儿童的生长发育程度和生活能力[5,6]。

疾病状况可以导致机体的组织结构受损或被破坏。因此，营养不良和/或疾病所导致的炎性反应、代谢改变以及疾病恢复、组织修复等生理病理过程中，需要增加能量、蛋白质及其他营养成分的供给，以利于加快组织修复。同时，通常疾病状况或特殊医学状况会导致食欲改变、进食能力和对食物的消化吸收能力下降，由于机体代谢改变、食物选择受限等原因又进一步限制了营养物质的摄入，尤其对于小年龄的儿童。如果疾病和康复过程中出现营养收支不平衡，会显著增加患者的营养不良风险，影响疾病的转归和儿童的生长发育。

24.2 生命早期营养相关疾病的健康结局及卫生经济学考量

营养是生命的重要物质基础，在维持正常的生长发育、生理功能、新陈代谢和组织修复中发挥重要作用。生命早期1000天营养不仅关系到婴幼儿时期的健康生长发育，更是关系到随后生命周期的健康状况和疾病发生发展轨迹。生命早期营养相关疾病支持使用特殊医学用途配方食品不仅为婴幼儿的健康生长发育提供了物质基础，而且可能影响到其成年后的健康结局以及相应的卫生经济学结局。但不幸的是，目前有关这方面的研究尚十分稀少，尤其是国内特殊医学用途配方食品的应用起步时间尚短，相关数据的积累尚需时日。下面以我国婴幼儿中常见的几种特殊医学状况为例，论述生命早期营养相关疾病的健康结局。

24.2.1 低出生体重或早产儿

低出生体重或早产儿由于宫内发育不良，各系统尚需时间成熟，营养需求与消化功能、循环功能等多系统存在严重冲突，临床上需要给予特殊的营养支持以平衡生长发育与功能缺失间的脆弱平衡。同时低出生体重或早产儿多并发呼吸窘迫、动脉导管未闭、继发肺部感染、坏死性小肠结肠炎、晚发败血症等疾病，进而导致大量使用抗生素、激素以及生命维持系统[7]，加上肠外营养的应用往往会推高早产或低出生体重儿早期的治疗费用。

有限的研究中仍然显示了特殊医学用途配方食品或肠内营养制剂在降低医疗成本方面的积极作用。一项对比了早产/低出生体重儿配方奶与母乳强化剂的临床研究显示，尽管在生长发育、白蛋白水平、住院期间不良事件等方面并无显著性差异，但给予早产 / 低出生体重儿配方奶组的肠外营养使用时间、住院时间和日均住院费用均显著少于强化母乳组（$P < 0.01$），体重增长速率显著高于强化母乳组（$P < 0.01$）[8]。从长期的社会经济学角度考量，相对于婴儿死亡或其成长后所承担的各种疾病风险所造成的健康损失，新生儿危重病房（NICU）的费用可能并不是最主要的。WHO 估计全球婴儿死亡中约 2/3 与早产相关。据《2020 年我国卫生健康事业发展统计公报》显示，我国婴儿死亡率为 0.54%。我国 2020 年出生人口约 1200 万，其中可能约有 4 万死亡与早产或低出生体重相关。依据缐孟瑶和徐海泉 [6] 的综述显示，每个婴儿死亡可导致 33.3 个伤残调整寿命年（DALY），2021 年中国人均 GDP 80976 元 [9]，可估算因早产死亡导致的经济损失可达 1000 亿元。尽管目前尚缺乏相关早产和低出生体重儿特殊医学配方食品的早期使用降低婴儿死亡率的数据，但适宜的营养支持可以提高婴儿存活在新生儿科已经成为共识。因此依然可以得出早产和低出生体重儿特殊医学配方食品具有可降低婴儿死亡率，保护远期劳动力，促进社会经济学效应的结论。近年来的多篇文献均提示低出生体重或早产与成年后的胰岛素抵抗和 2 型糖尿病、骨质疏松、肥胖、高血压、肾病等慢性非传染性疾病的发生相关 [10]。糖尿病、高血压、肾病等慢性非传染性疾病等的卫生经济学负担早有多篇报道。

24.2.2 牛奶蛋白过敏婴儿

牛奶蛋白过敏（CMA）是一类常见的人工喂养婴儿的过敏性疾病，患儿的治疗需要避免牛奶蛋白整蛋白的摄入。常用的牛奶蛋白过敏特殊医学用途配方食品包括深度水解和氨基酸婴儿配方奶粉、部分水解婴儿配方奶粉，或使用其他异种蛋白基质的婴儿配方奶粉。牛奶蛋白过敏儿使用特殊配方食品满足生长发育需求往往需要较多的社会医疗资源和家庭帮扶支持，但较少造成远期健康影响。荷兰的一项研究 [11] 表明，在平衡了儿科过敏专科医生、家庭保健医疗等因素后，4382 名牛奶蛋白过敏儿 0 ～ 1 岁间共消耗社会医疗资源 1128 万欧元，平均 2574 欧元 / 人。在一项总结了对 6998 名（CMA 与非 CMA 各半）婴儿长达 4.2 年的观察中，CMA 儿使用的药物显著多于非 CMA 儿（$P < 0.001$），CMA 所涉及的医疗费用较非 CMA 儿每人每年高£（英镑）1381.53[12]。同样，受限于有限的数据和复杂的婴儿喂养及发育状况，目前国内外牛奶蛋白过敏婴儿配方食品应用等卫生经济学研究数据仍然十分稀少。在近期发表的一项研究结果显示，使用深度水解婴儿配方食品，在婴儿生命的前 3 年中与标准婴儿配方奶粉相比，公共卫生支出降低了£119。但是氨基酸配方奶粉则比深度水解配方奶粉支出高出£1094[13]。在临床实践

中，长期使用氨基酸配方奶粉的过敏婴儿往往会伴有更严重的肠道和呼吸道并发状况，而部分婴儿在经过使用牛奶蛋白过敏配方奶粉和医学治疗后会逐步转回普通配方奶粉喂养，此时可能会再次发生过敏症状。这些状况都增加了其对深度医疗的需求，也就产生了不同的卫生经济结局，增加了对卫生经济分析的复杂性，从而产生出难以阐明的复杂结论。

部分水解乳蛋白配方奶粉可能降低乳蛋白过敏风险的发生，尤其在具有高过敏风险的婴儿中可能降低发生特异性皮炎等事件的风险[14]。从预防乳蛋白过敏发生的角度看可能具有较好的社会经济学效应。但这方面的进一步卫生经济分析尚未见报道。

24.2.3 苯丙酮尿症

苯丙酮尿症（PKU）是最常见的一种氨基酸代谢缺陷病。苯丙氨酸是人体必需氨基酸之一，与蛋白质合成、酪氨酸转化相关，酪氨酸又与甲状腺素、肾上腺素和黑色素等的合成相关。PKU 患者因相关酶的基因缺陷致苯丙氨酸代谢改变，苯丙氨酸发生异常累积。患者常发生生长发育迟缓、神经精神异常、智力发育迟缓等症状，影响其正常的生活和工作能力，造成相应的社会经济负担。德国的一项调查[15]显示，每位 18 岁以下的 PKU 患者每年消耗的医疗资源约为 3307 欧元。我国的一项苯丙酮尿症患儿免费特殊奶粉补助效果分析[16]中显示，体格发育正常的补助患儿占检查人数的 99.45%，智力发育正常的补助患儿占检查人数的 95.97%。使用苯丙酮尿症特殊配方食品，具有保护患儿正常生长发育和智力发育的效果，对保护患者人群的健康寿命年（HALY）具有积极作用。

24.3 增长较快的中国卫生总费用及财政投入

近些年来，我国卫生总费用及财政投入长期保持较快增长态势。根据国家卫健委报告的数据，过去二十多年间，我国卫生总费用增长速度高于经济合作组织和其他金砖国家[17]。2019 年，全国卫生总费用达到 6.58 万亿元[18]。全国居民人均医疗健康支出 1902 元，占人均总支出的 8.8%。全年居民寿险原保险收入 2.28 万亿元，健康险和意外伤害险原保险收入 0.82 万亿元，寿险业务给付 0.37 万亿元，健康险和意外伤害险业务赔款及给付 0.26 万亿元[19]。尽管政府持续加大对公共卫生的投入，但是仍存在整体财政投入偏低、增长缓慢的局面（低于 GDP 增长水平）[20]。

24.3.1 营养不良

医疗费用增加是全球性的问题。营养不良增加并发症发生率和死亡率，延迟伤口愈合，延长住院时间，增加了医疗费用。一般估计其发病率在社区为 10% 左右，在医院为 20% ～ 50%。营养不良是一种较为流行的疾病，是一个严重的公共卫生问题，也是迄今导致医疗费用增加的一个重要因素。营养不良不仅给患者本人带来额外的经济损失，而且给整个国家及社会也带来了巨大的经济负担。因此，合理营养支持有助于预防不良临床结局，通过改善患者预后而降低总医疗费用支出。

北京大学主持的中国健康与养老追踪调查（China Health and Retirement Longitudinal Study，CHARLS）覆盖了 150 个县级单位，450 个村级单位，1.7 万名 45 岁以上中老年人家庭和个人的微观数据，是研究中国中老年退休人群的健康状况、医疗保健、保险及收入状况的难得的开放数据库。张毓辉等 [21] 使用该调查 2013 年的数据，筛选其中 60 岁以上共计 7625 人的数据，定义营养不良为体质指数（BMI）低于 18.5，在过去的 1 年中显著减重，握力不足。采用多元线性回归、负二项回归、二部模型等方法研究营养不良对治疗费用和服务利用的影响。结果提示，营养不良导致老年人月人均门诊次数增加 17%，月人均门诊费用上升 9%。导致老年人年人均住院次数增加 32%，年人均住院费用上升 31%。总体上，老年营养不良导致我国 2015 年治疗费用增加 458.4 亿元（其中门诊增加 134.7 亿元，住院增加 323.7 亿元）。

24.3.2 生命早期的营养支持

由于整个生命过程中的影响因素过于复杂，目前，关于儿童和生命早期营养支持的卫生经济学研究尚缺乏足够的直接证据。Linthicum 等 [22] 应用中国营养与健康调查（china nutrition and health survey，CNHS）2009 年的数据，结合世界卫生组织（WHO）数据，估算因疾病相关营养不良所死亡或伤残调整寿命年（morality and disability-adjusted life years，DALY）为 610 万年，折合约 664 亿美元。其中，0 ～ 14 岁儿童的 DALY 损失为 153 万年，折合 1670 万美元。

我国在贫困地区儿童早期发展中实施的国家财政营养改善干预项目，例如，贫困地区儿童营养改善项目（免费为 6 ～ 24 月龄婴幼儿提供辅食营养补充品“营养包”）、消除婴幼儿贫血项目、增补叶酸预防神经管畸形项目等，将惠及数百万儿童，为生命最初 1000 天营造了良好的营养改善环境，降低了出生缺陷发生率和提高了生存质量以及后续发展潜能 [23]。

24.3.3 老年患者伴有营养不良的经济负担

老年人营养不良导致并发症发病率及死亡率增加，经济负担规模巨大。在中国发展研究基金会主持的中国老年人营养与健康研究报告[24]中指出，自1992年、2002年和2010年三个时间点来看，尽管传统意义的低体重营养不良率与一般成人相差不大且在不断改善中，但营养问题依然存在，在住院患者中尤为普遍。在中华医学会对中国14个大城市30家三甲医院的住院老年患者的营养筛查中发现，65%的老年住院患者处于营养不良或存在营养不良风险。课题组结合卫生费用核算方法对2012年全国卫生费用进行了分析，估算得到老年营养不良疾病经济负担总额为841.4亿元，其中直接负担639.3亿元。2012年中国60岁以上老年人治疗服务费用为6390.7亿元，占全国卫生费用总量的79.7%，即老年营养不良直接消耗了10%的老年人治疗资金，大约为8%的全国卫生总费用。同时，因疾病带来的生产力损失也达到202.1亿元。

24.4 应用临床营养支持的卫生经济学前景

在临床实践中，特殊医学用途配方食品或特殊医学用途婴儿配方食品作为临床营养支持治疗或辅助治疗的重要工具，在临床医生或临床营养师的指导下，单独食用或与其他食品配合食用，能够满足进食受限、消化吸收障碍、代谢紊乱或特定疾病状态人群对营养素或膳食的特定需要，显著降低临床患者的营养不良发生率或营养不良发生风险，还可增加临床治疗的效应和耐受；同时还具有促进免疫调控、减轻应激反应、维护胃肠功能与结构、降低炎性反应、促进伤口愈合等营养效应，进而促进临床疾病转归。卫生经济学研究使用特殊医学用途配方食品或特殊医学用途婴儿配方食品进行临床营养支持治疗的结局常集中在住院患者的医疗费用、住院时间以及再次入院率等方面。由于我国对于特殊医学用途配方食品和特殊医学用途婴儿配方食品的研究起步较晚，缺乏足够的使用经验和认知度，因此，需要借鉴国内外的肠内营养制剂、医学营养支持等临床应用经验，分析特殊医学用途配方食品作为临床营养支持使用的卫生经济学前景。

24.4.1 促进疾病恢复，降低医药费用开支

包括特殊医学用途配方食品、肠内营养制剂等的使用在内的临床营养支持治疗为患者提供了疾病康复所需的物质基础并有助于调节患者的代谢失衡，进而促

进疾病的恢复。相对于肠外营养支持，肠内营养支持具有简便易行、创伤较小、并发症和医源性感染低等优势，同时亦有助于维持和改善消化道功能。

在中华医学会肠外肠内营养学分会老年营养支持学组颁布的《中国老年患者肠外肠内营养应用指南（2020）》[25] 中指出，存在营养不良或者营养风险，且胃肠道功能正常或基本正常的老年患者应首选肠内营养；应根据其特点制订合理的肠内营养支持计划，以期改善营养状况，维护脏器功能，改善临床结局。

近年来正在加速兴起的加速康复外科（enhanced recovery after surgery，ERAS）亦指出，通过应用一系列具有循证医学证据的优化围术期处理措施，可减少手术患者围术期心理和生理的应激反应，从而达到快速康复的目的。ERAS 的核心机制之一就是肠功能的快速恢复，其围术期营养支持需围绕减轻手术应激反应、缓解术后肠麻痹开展，以此促进手术患者术后快速康复。在《加速康复外科围术期营养支持中国专家共识（2019 版）》[26] 中指出，为实现患者的快速康复，包括术前、术后以及出院后的围手术期的营养支持尤为重要，同时，肠内营养及口服营养补充剂具有有利于维持胃肠道的功能、促进康复等优势，尤其应受到重视。

在国际医学营养企业联盟（Medical Nutrition International Industry, MNI）所组织的回顾研究报告 [27] 中显示，口服营养补充在不影响患者的日常膳食的基础上增加了患者的蛋白质和能量摄入，并可能有助于刺激食欲。在住院和社区居住的患者群体中都显示出其营养性、功能性、临床适用性以及经济学方面的优势。大量的临床研究和系统研究均证实了使用口服营养补充剂进行临床营养支持有益于改善临床结局以及卫生医疗资源的分配。体重是代表患者长期预后的重要指标，体重的增加或无意识体重丢失的减少与患者预后结局的良好转归密切相关。

24.4.2 营养支持，缩短病程

在不同的特殊医学用途食品（FSMP）或肠内营养制剂的临床营养支持研究中，FSMP 和肠内营养制剂表现出各自在疾病辅助治疗中的改善作用，包括缩短住院时间、加速病床周转、降低再次住院率和提高生存率。

24.4.2.1 营养支持的整体效果

英国的一项研究结果显示，每年与营养不良相关的医疗费用估计高达 130 亿英镑，使用口服营养产品能够节省费用并且提升患者的满意度。文献显示，肠道喂养使个人节省约 220 欧元：为期 6 天的肠胃外营养总费用（包括输液和一次性用品）总计 314.44 欧元（不包括额外检查费用，例如，在放置中心静脉导管后进行常规胸部 X 射线检查或在肠胃外营养期间进行必要的实验室检查）。包括所有一次性用品在内的肠内营养方案的成本为 95.22 欧元。

（1）降低营养缺乏和感染的风险　中华医学会肠外肠内营养学分会（CSPEN）协作组成员王艳等基于北京某三级甲等医院消化内科住院患者开展了一项前瞻性队列研究，从费用支付者视角进行成本 - 效果分析。研究结果显示，对有营养风险的患者，接受营养支持群体与未接受营养支持群体相比感染性并发症发病率显著降低（6.8% 比 19.6%，$x^2 = 9.0$，$P = 0.003$），但住院总费用增高（$P = 0.0001$）。肠外营养、肠内营养、肠外营养 - 肠内营养联合应用以及未使用营养支持队列，经多因素调整后的成本分别是 5635 元、1212 元、5220 元和 1339 元，而“无感染性并发症患者比例”分别为 92.3%、96.4%、91.9% 和 80.4%，肠外营养、肠内营养和肠外营养 - 肠内营养支持与无营养支持队列相比，增量成本效果比分别为 36101 元、−794 元及 33748 元。该研究结果提示，对有营养风险的胃肠病患者接受营养支持有助于改善患者结局。协作组成员基于重庆某三级甲等医院消化内科及胃肠外科住院患者进行了另一项前瞻性队列研究。该研究分为合理营养支持、不合理营养支持、极不合理营养支持及糖电解质输液 4 个队列。为了提高检验效能，最终仅将合理营养支持队列和糖电解质输液队列纳入分析。结果显示，合理营养支持在降低感染性并发症发生率的同时，可能伴随费用降低或少量 (可接受的) 费用增加。高质量的随机对照研究或队列研究均可作为基于临床实际数据的卫生经济学分析的基础。

（2）促进疾病康复，缩短住院时间　营养支持在促进疾病康复、降低医药费用开支的同时，亦缩短了患者的住院时间。较短的住院时间，有利于加快病床的周转。患者的营养状况在相同的疾病条件下显著影响其住院时间的长短，在临床中通常可以预期体重正常的患者的住院时间短于明显的体重丢失患者。这一效益在使用口服营养补充的患者中尤显著于需要置管的全肠内营养的患者。Meta 分析结果显示[11]，使用口服营养补充可以显著降低住院及出院患者的入院时间 3.77 天，95% 置信区间（95%CI，7.37 ～ 0.17，$P = 0.04$），而同时，就单次入院而言，全肠内营养置管患者则无显著缩短。在波兰的一项多中心研究[28]中，在 1 年的回顾中，使用全肠内营养制剂支持的患者比经管使用家庭自制匀浆膳食的患者，在 1 年中总计入院时间减少了 27 天（11.9 天与 39.7 天，$P < 0.001$）。国内的几项小规模临床研究亦显示了同样的住院时间缩短情况。

（3）降低再次住院率　同样，营养支持改善患者的营养状况也明显减少了患者因同一疾病反复入院的风险，降低了患者的医疗负担。在 Philipson 的研究[29]中，口服营养补充患者在 30 天内再次因同一疾病入院的概率也降低了 6.7%。而在波兰的研究[28]中，经管肠内营养支持患者比经管家庭匀浆膳食患者的 1 年中入院次数也有显著减少（1.26 天 ±2.18 天与 1.98 天 ±2.42 天，$P < 0.001$）。Wong

等[30]的涵盖2011年1月1日至2021年8月31日期间16项研究的Meta分析结果显示，与标准治疗相比，给予营养补充或膳食咨询，可略微降低6个月死亡率（相对危险度RR = 0.83；0.69 ～ 1.00；I^2 = 16%；P = 0.06; 高质量证据），减少并发症（RR = 0.85；0.73 ～ 0.98；I^2 = 0%；P = 0.03；高质量证据），略微降低再入院率（RR = 0.83；0.66 ～ 1.03；I^2 = 55%；P = 0.10；低质量证据）。

24.4.2.2 在呼吸科的应用效果

在呼吸科，以高脂配方食品为基础、以降低呼吸熵为目标的呼吸系统疾病特殊配方食品对于慢性阻塞性肺疾病（COPD）表现出改善通气功能（1秒末通气量和最大通气量），有利于患者早日摆脱辅助通气，降低医疗费用[31]。在老年重症肺炎患者中使用含n-3多不饱和脂肪酸的肠内营养支持，观察组机械通气时间和ICU住院时间短于对照组（$P < 0.05$），两组脱离机械通气的成功率和多器官功能障碍综合征（MODS）的发生率无统计学差异。治疗后，观察组血红蛋白、血浆白蛋白、前白蛋白水平均高于对照组（$P < 0.05$），观察组血清IL-6、IL-1、TNF-α及CRP（C反应蛋白）水平均低于对照组（$P < 0.05$），观察组（T淋巴细胞的不同亚型）$CD3^+$、$CD4^+$、$CD4^+/CD8^+$均显著高于对照组[32]。

24.4.2.3 对糖尿病患者的改善效果

关于特异性肠内营养制剂通过临床使用对糖尿病患者平稳餐后血糖、降低餐后内源性胰岛素分泌、降低胰岛素注射、平缓血糖波动及减少低血糖事件等方面的效果均有大量文献报道。在中国台湾的一项重症监护病房住院的2型糖尿病病人的研究中，糖尿病特异性肠内营养制剂的应用不仅显著降低了患者的胰岛素使用量，降低了患者的死亡率（5.1%与12.3%），同时，ICU住院时间明显缩短（13.0天与15.1天），ICU总费用显著降低（6700美元与9200美元）[33]。与标准营养相比，糖尿病患者使用具有针对性的专门营养配方食品（特殊医学用途配方食品和肠内营养制剂）与降低住院时间和住院费用相关，住院时间约减少1天或0.17天，费用约降低2586美元或1356美元。

24.4.2.4 对肿瘤患者的营养支持效果

外科尤其是肿瘤外科是应用肠内营养支持较早也相对较多的科室。我国某三甲医院的数据亦显示在胃肠道恶性肿瘤住院手术患者中，采用肠内营养支持的患者并发症的发生率显著下降（31.94%与57.89%），住院时间减少，获营养支持的患者较未获得营养支持的患者在并发症处理费用方面减少约750元[34]。大连医科大学的王慧亦在其论文中证实食管癌围手术期病人免疫营养支持影响食管癌手术病人临床结局，围手术期应用免疫营养支持较仅术后应用免疫营养支持更有利于缩短病人住院时间，减少术后并发症。广州市第八医院的研究[35]比较了70例进行肠道恶性肿瘤手术治疗后的患者，根据营养支持方案的不同将患者分为肠内营养支持（EN）组和完全胃肠外营养支持（TPN）组。结果显示，术后第8天，两组患者体重、上臂围、血红蛋白水平、淋巴细胞计数、血浆总蛋白水平、白蛋白水平均无统计学意义（$P > 0.05$）。EN组患者肠蠕动恢复时间及首次肛门排便时间均短于TPN组，营养支持治疗费用为965.4元±18.9元，显著低于TPN组的2164.5元±56.3元（$P < 0.05$）。EN组患者术后并发症发生率（5.71%）低于TPN组的25.71%，差异具有统计学意义（$P < 0.05$）。提示EN的营养支持效果与TPN无明显差异，但EN能够促进患者肠动力的恢复，并发症更少，治疗费用更低。类似的结果在口腔鳞癌患者中亦有报道[36]，在常规膳食的基础上术前连续口服营养制剂7天以上，患者术后第7天血清白蛋白水平、术后第3天和第7天血清前白蛋白水平、出院时体质指数显著高于对照组，试验组患者术后恶心、呕吐、腹泻、便秘发生率显著降低，相比于对照组患者术后首次排气时间、术后住院天数显著缩短，总住院费用显著降低（$P < 0.05$）。中山大学孙逸仙纪念医院[37]比较了经腹腔肝癌原位切除术患者行肠内营养支持或全肠外营养支持的差异，结果显示肠内营养支持组术后静脉补充人血白蛋白总量明显少于肠外营养支持（静脉营养）组（$P < 0.05$）；胃肠功能恢复时间明显短于静脉营养组（25h与43h，$P < 0.05$）；术后住院时间（8天±2天）明显短于静脉营养组（10天±3天，$P < 0.05$）。肠内营养支持组的总住院费用亦明显少于静脉营养组。

24.4.2.5 在其他疾病中的应用效果

老年科、骨科、神经科以及外科住院患者中常见感染、压疮、胃肠道穿孔、贫血、心血管疾病等并发症。压疮是长期卧床病人中常见的并发症，由长期压疮继发的感染等合并症又常常导致患者的痛苦、营养状况的下降和疾病的迁延。这些并发症的发生常常导致患者的住院时间延长、治疗费用增加。营养不良或具有营养不良风险的患者中发展这类并发症的风险较营养状况良好的患者明显升高。Meta分析显示，老年住院患者中使用口服营养支持可以降低并发症的发生率（RR=0.86，95%CI，0.75～0.99）。

目前，我国尚处于经济发展时期，人口基数庞大，营养不良导致的卫生开销巨大，在临床和社区推广特殊医学用途配方食品和特殊医学用途婴儿配方食品对于节约社会保障基金、服务更广泛的人群具有重要意义，这类食品在临床和社区中的推广应用有助于促进疾病恢复、降低医药费用开支，缩短住院时间、加速病床周转，以及降低再次住院率和提高生存率。

24.5 精准营养延缓慢性病的发生发展

在精准营养方面，应根据患者的特定医学状况，及时合理地使用特殊医学用途配方食品，有助于改善患者的整体营养与健康状况，进一步延缓特定医学状况或营养相关慢性病的发生发展、提高生存质量和降低医药费用开支。以下以肌少症（肌肉衰减症）和早期阿尔茨海默病为例，说明特殊医学用途配方食品在精准营养中的应用。

24.5.1 肌肉衰减症患者的营养管理

肌肉衰减症是指与年龄相关的进行性骨骼肌量减少，伴有肌肉力量和（或）肌肉功能减退的一类临床综合征。肌肉衰减症可能导致不良结局，包括身体残疾、跌倒和骨折的风险增加、生存质量差、丧失独立活动的能力和死亡风险增加等。这些都将导致医疗资源的大量投入，并大幅增加医保系统的经济负担。

肌肉衰减症由很多因素导致，包括激素、神经退行性疾病、年龄、体力活动、炎症和营养因素等。在导致肌肉衰减症的原因中，蛋白质摄入不足、内脏氨基酸利用增加、肌肉对餐后合成代谢刺激的反应减弱以及维生素 D 缺乏是主要的营养相关因素。

大量证据表明，肌肉衰减症导致的残疾是可逆的，并且可以从干预中受益，特别是在病情的早期阶段。目前的证据表明，体育锻炼和营养干预是控制和降低肌肉衰减综合征风险的关键。营养管理在肌肉衰减症治疗中发挥着不可或缺的作用。肌肉衰减症患者营养管理的策略聚焦在克服导致疾病发展的营养相关因素方面。因此应格外重视优质蛋白质摄入量和营养状况的改善，使机体能充分利用餐后血液中氨基酸（特别是必需氨基酸）、克服老年肌肉对合成代谢刺激的迟钝反应并适当增加维生素 D 摄入量，这样，可有效延缓疾病的发展。

24.5.2 早期阿尔茨海默病患者的营养管理

阿尔茨海默病（AD）是一种多因素神经退行性疾病，起病隐匿，病程呈慢性进行性，是导致痴呆的主要原因。主要表现为渐进性记忆障碍、认知功能障碍、人格改变及语言障碍等神经精神症状，严重影响社交、职业与自主生活功能。

AD 是一种复杂的多因素疾病，涉及遗传和环境因素。认知障碍可能受到许多因素的影响，营养的作用也日益凸显。越来越多的流行病学研究表明，营养与罹患 AD 的风险之间存在重要联系。某些宏量和微量营养素在认知功能下降和罹患 AD 的风险中起重要作用。有研究表明，大量摄入某些营养素，如饱和脂肪和反式脂肪，会增加患 AD 的风险，而其他营养因素，如摄入更多的维生素 C、维生素 E、不饱和脂肪酸和鱼类食品，更高水平的维生素 B_{12} 和叶酸，以及更低的总脂肪量，与降低 AD 风险或减缓认知能力下降有关[25, 27, 29, 31, 38]。阿尔茨海默病患者的膳食管理旨在根据患者营养素水平降低，营养代谢和吸收变化的机理和临床研究，以及对“形成新神经突触营养需求增加”进行营养支持，来满足 AD 患者的特定营养需求。通过校正观察到的缺陷，提供营养前体和辅助因子支持神经突触形成，改善突触功能，对 AD 早期患者的记忆力有积极作用，可提高患者的生活质量。

24.6 展望

伴随特殊医学用途配方食品的不断发展，临床上使用特殊医学用途配方食品实施营养支持将有长足的发展。更多的应用必将为医学营养治疗、营养支持的短期效果及长期预后效果积累大量的数据。同时，医学营养干预的效果评价已从单纯的健康效果评价发展至更为综合的总体效益评价。营养干预项目的成本核算可包括干预成本、医疗资源成本、看护成本及社会资源投入等多个方面，现已发展出不同的核算方法。而成本 - 效益分析中的效益指标则包含了短期的临床治疗相关的住院时间、住院开销、再入院率等医院效益指标，还要考虑健康寿命年、疾病或疾病相关生长发育障碍和智力发育障碍等劳动力损失等内容。应用长期和宏观经济数据，从多维度进行成本 - 效益分析，评估对特殊医学状况儿童进行特殊医学用途配方食品干预的经济收益，将有助于从政策决策层面更好地推广特殊医学用途配方食品的应用。进一步关于特殊医学用途配方食品使用的卫生经济学效应研究仍需要更多的数据支持。

在我国，由于营养筛查和营养评估的手段有待发展，相关知识和应用普及尚不够广泛，再加上特殊医学用途配方食品的监管和临床准入途径的不畅通，导致特殊医学用途配方食品的临床应用受到严重制约，而且目前可利用的特殊医学用途配方食品的种类还较少，该产业的发展没有受到充分的重视和关注；在我国，人们普遍对特殊医学用途配方食品的认知度还较低，没有认识到该类产品在特定疾病治疗和转归中发挥的重要作用。在欧洲，50% 的营养不良和营养不良风险的住院患者得到了营养干预[27]。在韦军民教授带领的一项我国 18 个大城市的 34 家三甲医院住院患者调查[38]中，6638 名 18 岁以上住院患者，入院时营养不良风险、低体重和中重度营养不良的发生率分别为40.12%、8.92%和26.45%，而该发生率到出院时则分别为42.28%、8.91%和30.57%。结果提示，住院期间患者的营养不良和营养风险并未得到足够的处理，营养支持，特别是应用特殊医学用途配方食品进行医学营养支持的普及和推广尚任重道远。

（赵显峰，荫士安）

参考文献

[1] 中国营养保健食品协会．中国特殊食品产业发展蓝皮书．北京：中国健康传媒集团，中国医药科技出版社，2021．

[2] 陈红霞．高龄对妊娠高血压综合征患者妊娠结局的影响．河南医学研究，2018,27(3): 453-454．

[3] 中华医学会妇产科学分会妊娠期高血压疾病学组．高龄妇女妊娠前、妊娠期及分娩期管理专家共识（2019）．中华妇产科杂志，2019, 54(1): 24-26．

[4] 王亚平，董雪妮．高龄妊高症孕妇发生心血管并发症的影响因素分析．临床医学研究与实践，2022, 7(34): 37-40．

[5] 肖湘怡，唐振闯，杨祯妮，等．营养干预的经济学评价研究进展．中国食物营养，2021, 27(1): 63-68．

[6] 缐孟瑶，徐海泉．儿童营养干预经济学评价方法研究进展．中国公共卫生，2022, 38(12): 1607-1613．

[7] 王华，侯东敏，赵欣，等．78例极低出生体重儿住院费用调查及影响因素分析．中国病案，2016, 17(8): 56-59．

[8] 黄碧茵，郭青云，左雪梅，等．极低出生体重早产儿早期肠内喂养支持的临床随机对照研究．上海医学检验杂志，2019, 42(5): 278-282．

[9] 国家统计局．中华人民共和国2021年国民经济和社会发展统计公报．2022．

[10] 韩蕊，陈丽莉，石志平，等．低出生体重对生命远期代谢性疾病的影响．中国临床医生，2015, 43(4): 22-26．

[11] Sladkevicius E, Guest J F. Budget impact of managing cow milk allergy in the Netherlands. J Med Econ, 2010, 13(2): 273-283.

[12] Cawood A L, Meyer R, Grimshaw K E, et al. The health economic impact of cow's milk allergy in childhood: A retrospective cohort study. Clin Transl Allergy, 2022, 12(8): e12187.

[13] Martins R, Connolly M P, Minshall E. Cost-effectiveness Analysis of Hypoallergenic Milk Formulas for the Management of Cow's Milk Protein Allergy in the United Kingdom. J Health Econ Outcomes Res, 2021, 8(2): 14-25.

[14] von Berg A, Filipiak-Pittroff B, Kramer U, et al. The German Infant Nutritional Intervention Study (GINI) for the preventive effect of hydrolyzed infant formulas in infants at high risk for allergic diseases. Design and selected results. Allergol Select, 2017, 1(1): 28-38.

[15] Trefz F, Muntau A C, Schneider K M, et al. Health economic burden of patients with phenylketonuria (PKU)-A retrospective study of German health insurance claims data. Mol Genet Metab Rep, 2021, 27: 100764.

[16] 刘宇丹，张强，张玥娇，等．苯丙酮尿症患儿特殊奶粉免费补助效果初步分析．中国妇幼保健，2012, 27(8): 40-42．

[17] 中国发展研究基金会．中国商业健康保险研究．北京：中国发展出版社，2017．

[18] 国家统计局．中国统计年鉴2020．北京：中国统计出版社，2020．

[19] 国家统计局．中华人民共和国 2019 年国民经济和社会发展统计公报．2020．
[20] 单莹，孔凡磊，时涛，等．我国公共卫生财政投入现状的时空分析．中国卫生经济，2020, 39(9): 41-44．
[21] 张毓辉，樊琳琳，柴培培，等．我国老年营养不良对治疗服务利用和费用的影响分析．中国卫生经济，2017, 36(12): 91-94．
[22] Linthicum M T, Thornton Snider J, Vaithianathan R, et al. Economic burden of disease-associated malnutrition in China. Asia Pac J Public Health, 2015, 27(4): 407-417.
[23] 中国发展研究基金会．中国儿童发展报告 2017：反贫困与儿童早期发展．北京：中国发展出版社，2018．
[24] 中国发展研究基金会．中国老年人营养与健康报告．北京：中国发展出版社，2015．
[25] 中华医学会肠外肠内营养学分会老年营养支持学组．中国老年患者肠外肠内营养应用指南（2020）．中华老年医学杂志，2020, 39(2): 119-132．
[26] 中华医学会肠外肠内营养学分会，中国医药教育协会加速康复外科专业委员会．加速康复外科围术期营养支持中国专家共识（2019 版）．中华消化外科杂志，2019, 18(10): 897-902．
[27] Medical Nutrition International Industry. Better care through better nutrition: Value and effects of medical nutrition, A summary of the evidence base, MINI, 2018.
[28] Klek S, Hermanowicz A, Dziwiszek G, et al. Home enteral nutrition reduces complications, length of stay, and health care costs: results from a multicenter study. Am J Clin Nutr, 2014, 100(2): 609-615.
[29] Philipson T J, Snider J T, Lakdawalla D N, et al. Impact of oral nutritional supplementation on hospital outcomes. Am J Manag Care, 2013, 19(2): 121-128.
[30] Wong A, Huang Y, Sowa P M, et al. Effectiveness of dietary counseling with or without nutrition supplementation in hospitalized patients who are malnourished or at risk of malnutrition: A systematic review and meta-analysis. JPEN J Parenter Enteral Nutr, 2022, 46(7): 1502-1521.
[31] Hsieh M J, Yang T M, Tsai Y H. Nutritional supplementation in patients with chronic obstructive pulmonary disease. J Formos Med Assoc, 2016, 115(8): 595-601.
[32] 刘端绘，莫毅，陈泽宇，等．含 ω-3 多不饱和脂肪酸早期肠内营养对老年重症肺炎患者机械通气时间与炎性因子及免疫功能的影响．中国临床保健杂志，2021, 24(1): 80-84．
[33] Han Y Y, Lai S R, Partridge J S, et al. The clinical and economic impact of the use of diabetes-specific enteral formula on ICU patients with type 2 diabetes. Clin Nutr, 2017, 36(6): 1567-1572.
[34] 陈博，徐阿曼，胡孔旺，等．营养支持干预对有营养风险胃肠恶性肿瘤病人临床结局和成本－效果比的影响．肠外与肠内营养，2016, 23(2): 78-81．
[35] 但操，廖坚松．肠道恶性肿瘤术后早期肠内营养的临床应用．中国实用医药，2020, 15(18): 58-60．
[36] 王延，蒋通辉，庄海，等．术前肠内营养支持治疗在口腔鳞癌患者加速康复中的应用．中国口腔颌面外科杂志，2020, 18(2): 122-126．
[37] 姚金科，陈捷，商昌珍，等．腹腔镜肝癌切除术后早期肠内营养的临床应用价值．中华肝脏外科手术学电子杂志，2015, 4(3): 165-168．
[38] Zhu M, Wei J, Chen W, et al. Nutritional Risk and Nutritional Status at Admission and Discharge among Chinese Hospitalized Patients: A Prospective, Nationwide, Multicenter Study. J Am Coll Nutr, 2017, 36(5): 357-363.